침팬지와의 대화

NEXT of KIN

침팬지와의 대화

로저 파우츠 · 스티븐 투켈 밀스 지음 | 허진 옮김

NEXT OF KIN: MY CONVERSATIONS WITH CHIMPANZEES
by ROGER FOUTS and STEPHEN TUKEL MILLS

일러두기
- 각주는 옮긴이주다.
- 본문 내 사진은 각각 다음의 개인 및 단체가 저작권을 소유하고 있다.
  삽지 1, 14, 15쪽: April Ottey; 2, 3쪽(아래), 4, 5, 8, 9, 10, 11, 13쪽: Roger and Deborah Fouts; 3쪽(위): *Life*; 6, 7쪽: *Science Year: The World Book Science Annual 1974*, copyright ⓒ 1973 Field Enterprise Educational Corporation by permission of World Book, Inc.; 12쪽: PETA, Courtesy of People for the Ethical Treatment of Animals; 16쪽: Hillary Fouts.

이 책은 실로 꿰매어 제본하는 정통적인 사철 방식으로 만들어졌습니다.
사철 방식으로 제본된 책은 오랫동안 보관해도 손상되지 않습니다.

위쇼를 위하여

그리고 결코 고향으로 돌아갈 수 없는

모든 침팬지를 위해서

서문

드디어! 10년 넘게 나는 로저 파우츠에게 이 책을 쓰라고 졸라 왔다. 이것은 동물계에서 우리 인간이 다른 동물들과의 관계 속에 어떤 위치를 차지하고 있는지 가르쳐 주고, 동시에 과학의 어둡고 추한 면을 폭로하는 과학 실험에 대한 이야기다. 이 책은 젊은 학생(로저)과 작은 침팬지 소녀(워쇼)의 삶이 풀리지 않을 정도로 복잡하게 얽히게 된 사연을 차근차근 보여 준다. 또 로저가 어떻게 결단력과 용기를 가지고 워쇼를 종신형으로부터 구해 주었는지도 보여 준다. 로저는 번듯한 경력을 쌓을 수도 있었지만 워쇼를 위해 그것을 희생했다. 이것은 우리 시대 가장 놀라운 과학적, 인간적, 정신적 이야기다. 여기에는 정말 훌륭한 소설의 모든 요소 — 모험, 좌절, 악에 맞선 싸움, 용기, 그리고 당연히 사랑까지 — 가 들어 있다. 가끔은 눈물이 맺히기도 하지만 미소를 띄게 하는 이야기가 훨씬 많다. 심지어는 큰 소리로 웃음을 터뜨릴 때도 있다. 가장 믿기 힘든 부분은 로저와 워쇼 — 서로 다른 세계에서 왔지만 인간의 언어로 소통하는 두 존재 — 의 점차 깊어지는 관계에 대한 부분이다.

1971년 내가 처음으로 로저를 만났을 때 그는 젊은 박사 과정 학생이었다. 나는 오클라호마 노먼 대학교에서 강연을 하게 되었고, 거기서 미국 수화ASL로 대화를 나눈다는 침팬지들을 직접 보고 그들의 뛰어난 선생님 로저를 만날 수 있었다. 정말 놀라운 경험이었다. 내가 놀란 것은 워쇼의 지능 때문이 아니었다. 어쨌든 나는 직접 경험을 통해 침팬지의 지능과 사회적 의식을 잘 알고 있었으니 말이다. 나에게 정말 큰 인상을 준 것은 로저와 워쇼(당시 제멋대로 날뛰는 여섯 살이었다)가 함께 있을 때의 모습이었다. 나는 로저와 워쇼가 주변에서 일어나는 일들에 대해 이야기를 주고받는 모습을 보면서 둘 관계의 특성에 무척 놀랐다. 분명히 둘은 친구였고, 함께 일하고 있었다.

나는 수년 동안 곰베Gombe에서 침팬지를 연구하며 수많은 사실을 깨달았는데, 사람들은 그중에서도 인간과 비슷한 행동 — 도구를 이용하고 제작하는 능력, 50년이 넘는 평생 동안 지속되는 가족 간의 친밀한 유대 관계, 협동과 이타주의처럼 복잡한 사회적 상호 작용, 기쁨과 슬픔 같은 감정의 표현 — 에 가장 큰 흥미를 느꼈다. 로저는 워쇼 가족과 계속 대화를 나누며 침팬지 정신의 인지 작용을 볼 수 있는 창을 열어 주었고, 이로써 우리는 침팬지를 새로이 이해하게 되었다. 침팬지 역시 한때 인간 고유의 것이라 여겨지던 뛰어난 지적 능력을 가지고 있음이 분명하다. 침팬지는 조리 있게 생각하고 가까운 미래의 계획을 세우고 간단한 문제를 풀 수 있을 뿐 아니라 유창한 수화 실력으로 미루어 볼 때 의사소통에서 추상적 상징을 이해하고 이용할 수 있다. 워쇼는 심지어 이러한 기술을 자기 양아들에게 전해 주기도 했다. 이처럼 침팬지가 지적, 감정적으로 인간과 비슷하다는 사실을 깨닫게 되면서 한때는 너무나 뚜렷하게 여겨졌던 인간과 다른 동물들 사이의 경계가 흐릿해졌다.

이로써 인간은 약간 겸허해졌다. 인간은 물론 고유하지만, 우리가 예전에 생각했던 것만큼 다르지는 않다. 우리 인간은 동물계에서 좁힐 수 없는 간극을 사이에 두고 나머지 동물들과 단절되어 영광스러운 정상에 홀로 서 있는 것이 아니다. 침팬지들 — 특히 인간의 언어를 배운 침팬지들 — 은 우리가 그러한 상상 속의 간극을 메울 수 있도록 지적인 도움을 주었다. 우리는 이 간극을 극복함으로써 침팬지뿐 아니라 지구를 함께 쓰고 있는 모든 놀라운 동물들을 새삼 존중하게 된다.

로저가 이 책을 진작 쓰지 않은 것은 정말 다행이다. 80년대 초에도 무척 재미있는 이야기이자 과학 지식에 크게 공헌하는 책이 되었을 것이다. 그러나 10년 사이에 『침팬지와의 대화』는 그 이상의 책이 되었다. 로저는 시험에 들었고, 부족함 없음이 밝혀졌다. 침팬지가 우리 인간처럼 지적, 감정적 능력을 가지고 있음을 증명한 로저는 자신의 연구가 갖는 윤리적 함의를 직면할 용기가 있었다. 로저는 워쇼가 작고 황량한 감옥에 평생 갇혀 살게 만들지 않으려고 경력을 위험에 빠뜨렸을 뿐 아니라 우리와 가장 가까운 진화상의 혈족을 잔인하게 다루는 기존 연구 시설에 대항할 만큼 용감했다.

『침팬지와의 대화』는 과학의 어두운 면을 가차 없이 드러내고 촛불을 밝히려 했던 로저의 몇 가지 노력을 보여 준다. 나는 언젠가 로저와 함께 어두운 지하 실험실 세계를 방문한 적이 있다. 그곳에는 발랄한 성격과 적극적인 지능을 가지고 있으며 재미가 무엇인지도 아는 침팬지 수백 마리가 햇빛과 미소로부터 영원히 격리된 채 갇혀 있었다. 우리는 절대 잊을 수도, 용서할 수도 없다. 나는 이 책을 읽는 독자들도 분명 영향받지 않을 수 없을 것이라고 생각한다.

워쇼 가족은 로저라는 보호자 겸 협력자가 있어서 정말 행운이다. 다른 모든 곳의 침팬지들도 마찬가지다. 나 역시 동료이자 친구로서 로저를 알게 되어 정말 행운이다. 그리고 우아한 침팬지 숙녀 워쇼와 잊을 수 없는 시간을 보낼 수 있었던 것 역시 행운이었다. 우리 인간과 침팬지의 특별한 진화적 관계를 밝히는 데 중요한 역할을 한 것은 워쇼나 곰베의 플로Flo와 데이비드 그레이비어드David Greybeard와 같은 각각의 침팬지들이기 때문이다. 이들은 진실로 우리와 가장 가까운 혈족이며, 그러므로 우리에게는 그들의 생존과 복지를 책임질 특별한 의무가 있다.

이제 과학적, 정신적 발견을 둘러싼 진솔하고 경이로우며 사랑 넘치는 이 모험 이야기를 전 세계의 독자들이 함께 나눌 수 있게 되었다.

제인 구달

차례

1부 가족사

네바다 주 리노: 1966년~1970년

2부 낯선 땅의 이방인들

오클라호마 노먼: 1970년~1980년

1부
가족사
네바다 주 리노: 1966년~1970년

나는 여러 가지 증거로 볼 때 대형 유인원은 할 이야기가 많다고, 하지만 각
각의 (……) 생각을 나타내는 소리를 이용하는 재능은 없다는 결론을 내리고
싶다. 듣지 못하거나 말하지 못하는 사람처럼 손가락을 이용하는 법을 대형
유인원에게 가르치면 간단하고 비음성적인 〈수화〉를 습득할 수 있을지도 모
른다.

— 로버트 여키스Robert Yerkes, 1925년[1]

1장
두 침팬지 이야기

내가 처음 만난 침팬지는 H. A. 레이H. A. Rey의 유명한 동화책에 나오는 장난꾸러기 주인공, 호기심쟁이 조지였다.

1940년대 후반이었고, 나는 아직 어린아이였다. 어느 날 밤 어머니는 아프리카에서 〈노란 모자를 쓴 남자〉에게 붙잡힌 〈착하고 귀여운 원숭이〉 이야기를 읽어 주었다. 정체를 알 수 없는 남자는 호기심쟁이 조지를 자루에 넣어서 배에 태운 다음 저 멀리 대도시로 데려간다.

호기심쟁이 조지는 고향을 떠나서 슬프지만 곧 즐겁게 지낸다. 조지는 착하게 굴려고 애를 쓰지만 항상 말썽에 휘말린다. 결국 〈못된 원숭이〉는 감옥에 갇힌다. 그러자 조지의 친구인 노란 모자를 쓴 남자가 조지를 구해 동물원으로 보내고, 이야기는 행복하게 마무리된다. 〈조지가 살기에 얼마나 좋은 곳인가요!〉

나는 조지 이야기를 무척 좋아했다. 호기심쟁이 조지가 왜 정글의 집을 떠나야 했을까? 노란 모자를 쓴 남자는 누구였을까? 그는 왜 조지를 동물원으로 보냈을까? 그런 생각은 들지 않았다. 나는 어린아이일 뿐이었다.

아이였던 나는 조지가 원숭이가 아닌 침팬지라는 사실도 전혀 몰랐다. 사실 작가는 주인공에게 침팬지 조조라는 이름을 붙이고 싶었다. 원숭이는 대부분 몸통이 작고 날씬한 동물로, 항상 네발로 걷고 꼬리를 이용해서 균형을 잡는다. 원숭이는 진화상 우리와 먼 친척이다. 호기심쟁이 조지는 확실히 침팬지다. 조지는 꼬리가 없고 가끔 두 발로 뛰며 얼굴은 유인원처럼 코가 납작하고 턱이 튀어 나왔다. 침팬지는 인간과 가장 가까운 혈족이며 고릴라, 오랑우탄과 함께 대형 유인원과에 속한다. 몸무게 약 90킬로그램의 어른 침팬지가 똑바로 선 모습은 그 어떤 원숭이보다도 우리의 가장 먼 사람과(科) 선조를 닮았다.

20년 후 대학원에 들어간 나는 또 다른 침팬지를, 진짜 침팬지를 만났다. 그녀의 이름은 워쇼였다. 워쇼 역시 아프리카의 정글에서 납치되었지만, 그녀의 경우는 미국의 우주 프로그램에 이용하기 위해서였다. 워쇼 역시 말리기 힘든 사고뭉치였다.

진짜 침팬지 워쇼는 호기심쟁이 조지보다 더 멋지고 아주 중요한 특징을 가지고 있었다. 손을 써서 수화로 말하는 법을 배웠던 것이다. 워쇼는 말을 하는 최초의 비인간 존재였고, 워쇼의 업적으로 인해서 인간만이 언어 능력을 가지고 있다는 오랜 관념이 완전히 흔들렸다.

워쇼가 언어를 사용한다는 사실은 그 자체만으로도 충분히 놀라웠지만 그것은 시작일 뿐이었다. 최초의 수화로 인해서 우연히도 종이 달랐던 두 친구의 평생에 걸친 대화가 시작되었다. 내가 워쇼를 처음 만난 순간부터 우리의 운명은 맞잡은 두 손처럼 얽혔다. 이 책은 우리 둘이 함께한 시간, 기쁨과 고난, 과학의 획기적인 진보와 논란으로 가득한 평생의 기록이다.

인간과 침팬지의 놀라운 연관성을 어떻게 설명할 수 있을까? 이상한 말이지만 그 대답은 아이들이 호기심쟁이 조지를 좋아하는 이유와 관련이 있다. 다른 이야기책에 나오는 동물들과 달리 침팬지 호기심쟁이 조지는 의인화된 것이 아니다. 침팬지의 행동은 정말로 인간의 행동과 똑같기 때문에 꾸며 낼 필요가 없다. 주변 세상을 보면서 놀라고, 순수한 마음으로 말썽을 부리고 싶어 하고, 문제를 신중하게 해결하려다가 더 큰 문제를 만들고, 규칙을 어기거나 근엄한 어른에게 대들며 즐거워 하고, 잡혀서 벌을 받으며 창피함을 느끼는 조지에게 아이들은 공감한다. 간단히 말해서 아이들은 호기심쟁이 조지에게서 자신을 본다. 아이들은 호기심쟁이 조지라는 주인공이 환상이 아니라는 사실을 잘 모른다. 어린 침팬지들은 정말로 인간 아이처럼 생각하고 느끼고 반항한다.

대부분의 아이들은 이 놀라운 사실을 결코 깨닫지 못한다. 아이들은 자라면서 이야기책 속의 또 다른 자신과 헤어진다. 하지만 나는 자라서 워쇼를 만났다.

1967년에 워쇼를 처음 만났을 때 나는 인간과 다른 종의 관계라는 것은 상상도 하지 못했다. 나의 미래는 굵고 분명한 글씨로 쓰여 있었다. 나는 아동 심리 분야에서 멋진 경력을 쌓을 예정이었다.

그러나 그때 워쇼가 말을 하기 시작했다. 워쇼는 동물이 생각을 하고 감정을 느낄 수 있는 세상, 또 그러한 생각과 감정을 언어를 통해 소통할 수 있는 세상으로 나를 데려갔다. 이 놀라운 여행에서 나는 다른 침팬지들도 수십 마리 만났는데, 다들 워쇼만큼이나 개성 있고 표현을 잘했다. 결국 나는 생각했던 것보다 인간이라는 종에 대해 훨씬 더 많이 배우게 되었다. 인간 지성의 본질, 인간 언어의 근원에 대해서, 또 우리가 어디까지 연민을 느끼는지, 우리가 얼마나 잔인해질 수 있는지에 대해서 말이다.

이것은 워쇼의 이야기다. 내가 이 이야기를 쓰는 것은 워쇼를 비롯해서 내게 감동을 주고 내 마음을 열어 준 모든 침팬지들에게 진 평생의 빚을 갚기 위해서다.

내가 어린 시절에 알았던 동물은 호기심쟁이 조지만이 아니었다. 내가 자란 농장에서는 동물이 우리 가족의 삶에 아주 중요한 부분을 차지했다.

가장 가까운 동물 친구는 우리 개 브라우니였다. 힘이 넘치고 과격할 정도로 충성된 브라우니는 늘 우리 집에 있었다. 브라우니는 우리가 필요했고 우리도 브라우니가 필요했다. 브라우니는 집을 지킬 뿐 아니라 수확기에는 밭에서 어린 우리 형제를 돌보았다.

그러던 어느 날 나는 브라우니의 어떤 행동을 목격했고, 그것은 내가 동물을 보는 시각을 완전히 바꾸었다. 브라우니가 내 형의 목숨을 구했던 것이다. 그 사건은 내가 네 살 때 수확기의 오이 밭에서 일어났다. 온 가족 — 부모님, 형 여섯 명, 누나 한 명 — 이 밭에 나가 하루 종일 일을 하고 있었다. 브라우니는 나를 돌봤고 아홉 살이었던 에드 형이 오이 따기에 지칠 때면 형도 함께 돌봤다. 해 질 무렵이 되자 쉐보레 트럭 짐칸에 오이 상자가 높다랗게 쌓였다. 이제 저녁을 먹으러 집으로 갈 시간이었다. 에드 형은 자기한테 너무 큰 다른 형의 자전거를 타고 집으로 돌아가겠다고 했다. 부모님의 허락이 떨어지자 에드 형은 브라우니의 보호를 받으며 자전거를 타고 출발했다. 남은 가족은 20분 후 트럭에 올랐고, 스무 살이었던 밥 형이 차를 몰아 밭을 떠났다.

건기라 6개월째 비가 오지 않았기 때문에 비포장 도로에는 분필 가루 같은 먼지가 10센티미터 넘게 쌓여 있었다. 트럭이 길에 난 타이어 자국을 따라 달리자 어마어마한 먼지 구름이 일어 사방을 에워쌌고, 앞뒤로 각각 0.5미터 정도밖에 시야가 확보되지 않았다. 한동안 달렸을 때 갑자기 브라우니가 아주 시끄럽게, 아주 끈질기게 짖는 소리가 들렸다. 차창 밖을 내다보자 앞쪽 흙받이 바로 옆에 붙은 브라우니의 모습만이 어렴풋이 보였다. 브라우니는 밭에 수백 번 왔지만 트럭을 향해 짖은 적은 한 번도 없었다. 그런데 지금은 말 그대로 트럭을 향해 덤벼들고 있었다. 밥 형은 이상하다고 생각했지만 별 생각 없이 차를 계속 몰았고, 브라우니는 더욱 미친 듯이 짖기 시작했다. 그런 다음, 아무 경고도 없이, 브라우니가 트럭 앞으로 뛰어들었다. 나는 브라우니의 비명을 들었고 트럭이 브라우니의 몸을 타고 넘으며 덜컹거리는 것을 느꼈다. 밥 형이 급히 브레이크를 밟았고 우리 모두 트럭에서 내렸다. 브라우니는 죽었다. 그리고 트럭 바로 앞에, 채 3미터도 떨어지지 않은 곳에, 에드 형이 탄 자전거가 깊이 팬 타이어 자국에 박혀서 꼼짝도 못하고 있었다. 2초만 더 달렸다면 트럭이 에드 형을 치었을 것이다.

브라우니의 죽음은 우리 모두에게 큰 충격이었다. 나는 동물이 죽는 것을 본 적이 있었지만 브라우니는 나에게 가장 가깝고 가장 사랑스러운 친구였다. 부모님은 자신들이 우리를 위해서 했을 일을 브라우니가 대신한 것뿐이라고 설명하려 애썼다. 다들 브라우니가 형의 목숨을 살리기 위해 자기 목숨을 희생했다는 사실은 조금도 의심하지 않았다. 브라우니는 위험한 상황을 깨닫고 몇 년 동안이나 돌보던 아이를 보호하기 위해서 해야 할 일을 했던 것이다. 브라우니가 그렇게 하지 않았다면 우리 가족의 삶은 크게 달라졌을 것이다.

어머니는 신이 만드신 모든 생명을 마음 깊이 존중했다. 어린 시절에 보았던 매듭을 풀 줄 아는 말 등 똑똑한 동물에 대한 이야기를 아주 많이 알고 있었다. 그 이야기들은 아무리 들어도 질리지 않았다. 어머니는 20세기로 넘어오던 시절, 우리에게는 낭만적으로만 느껴지는 거친 서부에서 자랐다. 어머니는 말과 총, 방울뱀에 익숙했고, 그런 이야기를 자주 했다.

부모님은 1940년대 초에 캘리포니아의 작은 포도밭을 빌렸다. 18년에 걸쳐서 태어난 8남매 중 막내인 내가 태어나던 1943년 즈음 부모님은 얼마 안 되는 땅을 살 수 있었다. 동물을 포함한 우리 대가족이 새크라멘토 남쪽 작은 마을 플로린Florin 외곽의 40에이커의 땅으로 이사했을 때 나는 세 살이었다.

나는 시골에서 자랐기 때문에 동물을 사람처럼 각각의 개체로 봐야만 잘 이해할 수 있으며 똑같은 동물은 하나도 없다는 사실을 금방 배웠다. 나는 수많은 돼지와 암소, 말 들을 알았다. 우리는 〈베시는 정말 사랑스러워〉라든지 〈올드 원 혼 때문에 고생했어〉처럼 동물을 항상 이름으로 불렀다. 어머니가 〈참 성질 더러운 놈이야〉라고 하면 그 말은 암소나 말에 대한 불평일 수도 있었고 사람에 대한 불평일 수도 있었다. 세 종 모두 고약한 성미를 부릴 수 있다는 사실을 다들 이해했다.

걸어 다닐 때쯤 되자 나는 어떤 암소가 상냥하고 어떤 암소가 못됐는지 알아야 했다. 그렇지 않으면 못된 암소 뒤를 지나가다가 채이기 일쑤였다. 다섯 살쯤에는 각각의 암소들이 우유 받는 통을 어디에 두어야 좋아하는지 정확히 알았다. 통을 제대로 놓지 않으면 우유가 나오지 않았다. 동물은 고유의 성격이 없는 멍청한 짐승이라는 관념은 도시 사람들이나 하는 생각이지 시골에 사는 가족이 가진 생각이 아니었다. 동물의 성격을 제대로 다루지 않으면 성격 있는 동물에게 당하고 만다.

40에이커의 땅에서 열 명의 생계를 꾸리는 것은 큰일이었다. 부모님은 떼어 놓을 수 없는 동료였고 밭에서든 부엌에서든 3미터 이상 떨어지는 일이 드물었다. 우리 8남매는 모두 일을 해야 했고, 다들 각자의 파트너 동물에게 의존했다. 우리는 동물을 동생처럼 생각하라고 배웠다. 동물은 우리 가족의 일원이었고, 우리는 동물들의 성격이 어떤지, 어떤 병에 걸렸는지, 어떤 도움을 주었는지 아주 자세하게 이야기했다. 물론 우리가 키우던 돼지나 오리, 암소가 이따금 저녁 식탁에 오르기도 했다. 그럴 때면 나는 우리 가족이 정말로 동물들에게 전적으로 의지하고 있음을 깨달았다. 저녁 식사 전 감사 기도를 드릴 때면 나는 내가 누구에게 빚을 지고 있는지 정확히 알았다.

열두 살이 되자 집에 에드 형과 나밖에 남지 않았고, 우리 가족의 생활은 급격히 바뀌었다. 어머니가 아픈 외할아버지를 돌봐야 했기 때문에 부모님은 농사를 포기하고 로스앤젤레스로 이사하기로 결정했다. 어느 날 아침 나는 농장과 동물들, 교실 세 칸짜리 목재 학교, 나의 놀이터였던 구불구불 흐르는 마켈럼니Mokelumne 강에 작별 인사를 했다. 다음 날 아침 나는 온갖 인종이 모여 사는 로스엔젤리스 콤프턴Compton의 외할아버지 집에서 일어났다. 루스벨트 중학교에 등교하는 첫날, 나는 제일 좋은 갈색 코듀로이 바지와 깔끔하게 다린 셔츠를 입고 옆머리는 짧고 윗부분은 바짝 붙인 시골 소년 머리를 하고 학교에 갔다. 나는 순무 트럭에서 막 떨어진 아이 같았다. 1955년이었던 당시 다른 8학년생들은 전부 제임스 딘 같았다. 아이들은 허리띠 고리를 잘라 낸 헐렁한 리바이스 청바지를 골반까지 내려 입고 바짓단을 말아 올리고 흰 셔츠 소매에 담배를 끼우고 다녔다.

나는 이즈음부터 심리학자를 꿈꾸기 시작했다. 6학년이었던 2년 전에 우리 가족이 겪은 중대한 사건 때문에 자연스럽게 생겨난 꿈이었다. 형들 중 한 명이 신경 쇠약에 걸렸던 것이다. 형은 학교 상담사의 도움을 받고 회복되었다. 나는 〈마음의 치료사〉에게 큰 감명을 받았고 곧 나이팅게일 신드롬 비슷한 것을 앓기 시작했다. 나는 사람들을 돕고 싶었다.

심리학자가 되려면 대학에 가야 하지만 가족 구성원 대부분이 농부와 배관공인 집안에서는 당치 않은 일이었다. 형들 몇 명이 대학에 들어가긴 했지만 제대로 졸업할 것 같지는 않았다. 도널드 형은 장학금을 받고 버클리 대학교에 입학해 1년 동안 다녔지만 곧 농장으로 돌아와 고등학교 때부터 사귄 여자 친구와 결혼했고, 잘 나가는 배관공이 되었다. 에드 형은 대학을 1, 2년 정도 다녔지만 역시 배관공이 되었다. 레이먼드 형은 대학을 2년 다니다가 공장 보일러 기사가 되었다. 아서 형은 제2차 세계 대전에 참전하고 돌아와서 작은 포도밭을 샀다. 잭 형은 전기 기사가 되었다. 밥 형은 스톡턴Stockton의 지역 보안관이었다. 유일한 누나 플로렌스는 화가가 되었다.

그러나 공부를 꼭 마치겠다고 결심한 사람이 하나 있었는데, 바로 우리 어머니였다. 어머니는 쉰두 살에 고등학교에 가기로 결심했다. 몇 년 전 형이 기적적으로 나은 후 어머니 역시 심리학자가 되고 싶어 했다. 심리 치료에 대한 어머니의 열정이 나에게 큰 영향을 끼쳤다. 내가 콤프턴 중학교를 다니는 동안 어머니는 젊었을 때 놓쳤던 고등학교와 대학교 과정을 마치는 데 에너지를 쏟았다. 매일 학교에서 돌아오면 어머니가 부엌 식탁에 앉아서 숙제를 하고 있었다. 아무리 책을 읽으며 공부를 해도 만족하지 못하는 것 같았다. 어머니는 무슨 수업이든 매 순간 즐기며 들었고, 고등학교 졸업 자격을 딴 다음 콤프턴 단기 대학에, 또 롱비치 주립 대학교에 진학했고, 어머니가 힘차게 걸어간 길을 나도 따르게 되었다.

1960년 9월에 나는 콤프턴 단기 대학에 등록했다. 나는 인간의 심리를 공부하고 싶었지만 동물 심리학 수업도 들어야 했다. 내가 제일 처음 배운 내용에는 동물에게 마음이 없고 동물의 틀에 박힌 행동은 인간의 행동과 달리 본능에 따른 결과라는 내용도 있었다. 교수님들은 〈과학적 객관성〉을 경건하게 논했고, 동물이 인간과 같은 의식을 가지고 있다는 낡은 미신을 아직까지 믿는 무지한 사람들을 깔보았다. 나는 바로 내가 그 무지한 바보임을 깨달았다. 나는 동물을 보던 어린 시절의 관점이 부끄러워졌고, 객관성을 갖기 위해서 하얀 실험복에 어울리는 사람이 되기 위해서 비둘기와 쥐들의 행동을 연구하며 두 배로 열심히 노력했다. 객관적 과학은 새로 등장한 미국 우주 프로그램의 밝은 미래에 의해서 구체화되었고, 항공 우주국의 생물학자와 기술자들이 침팬지를 외부 은하로 보내서 신체적 반응을 분석하는 동안 나는 텔레비전 앞에서 떠날 줄 몰랐다.

나는 롱비치 주립 대학교에서 조 화이트 교수의 아동 심리 수업을 들으면서 아동 심리학 분야에서 일하고 싶다는 생각이 들었다. 조 선생님은 단순히 멋진 교사 그 이상이었다. 선생님은 내 인생에 무척 큰 영향을 끼쳤다. 작고 힘찬 흑인이었던 조 선생님은 세상 물정에 밝고 꾸밈없는 성격이었고 어린이, 성인, 가족을 치료했다. 선생님은 나를 돌봐 주었고 임상 감독을 맡아 주었다. 조 선생님은 제자들 대부분이 아동 심리 이론을 잘 알지만 나는 아동 상담에 흔치 않은 재능을 가진 것 같다고 말했다. 나는 선생님의 지도를 받으면서 내가 소통이 불가능하거나 아픔을 겪고 있는 아이들에게 쉽게 공감한다는 사실을 깨달았다. 성인 신경증 환자 치료가 더 돈이 된다는 사실은 알았지만 나는 너무 어려서 폭력적인 가족이나 우울한 환경을 벗어나지 못하는 상처받은 아이들에게 끌렸다. 나는 그런 아이들에게 든든한 지원군이 있어야 한다고 생각했다.

나는 아동 심리학을 공부하겠다는 마음을 굳혔지만 형들의 뒤를 따를까 싶은 순간도 있었다. 1960년대에 도널드 형은 배관 사업에서 큰 성공을 거두었다. 롱비치 주립 대학교 1학년 때 내 여자 친구가 도널드 형의 교외 집을 보더니 나에게 학교를 그만두고 형과 함께 사업을 하라고 종용했다. 그러면 우리는 마당 딸린 좋은 집과 자동차, 아이들을 가질 수 있을 것이다. 무척 솔깃한 생각이었다.

바로 그때 데비 해리스를 만났다. 캠퍼스에서 데비를 처음 보았을 때부터 나는 롱비치 주립 대학교에서 그녀가 가장 흥미로운 여자라고 생각했다. 둥글게 부풀린 머리와 짙은 화장이 유행하던 시절이었지만 데비는 검은 머리를 뒤로 모아서 포니테일로 질끈 묶었고, 꿰뚫어 보는 듯한 푸른 눈과 자연스러운 아름다움에 화장기가 전혀 없었다. 데비는 생기와 자신감으로 빛이 나는 것 같았다. 그녀는 수많은 바비 인형 가운데 안티바비였다. 데비는 내면을 감추려 하지도 않았다.

데비는 로스엔젤리스에서 겨우 640킬로미터 정도 떨어져 있지만 문화적으로는 한없이 먼 샌프란시스코 — 디즈니랜드와 「청춘 낙서」, 비치 보이스의 땅 — 출신이었다. 그녀는 진보적이었고 민권 운동을 잘 알았다. 나는 여자 친구와 자동차나 옷, 스포츠에 대해서 이야기하는 것에 익숙했지, 윤리적 딜레마나 사회 개선에 대해 이야기하는 것에는 익숙하지 않았다. 나는 세상의 약자에게 진정으로 관심을 가진 사람을 한 번도 만나 본 적이 없었다. 무엇보다도 데비는 아이들을 사랑했다. 그녀는 고등학교 여름 방학 때 다운 증후군 아이들을 돌본 적이 있었는데, 그 경험이 데비의 삶을 바꾸었다. 그녀는 특수 아동을 돌보고 싶다는 확고한 꿈이 있었다. 데비는 나에게 꿈을 계속 좇으라며 용기를 주었다.

데비와 나는 만난 지 9개월 만인 1964년 8월에 결혼했다. 그녀는 결혼을 해도 앞으로의 경력을 포기하지 않겠다는 확고한 생각을 가지고 있었다. 우리 두 사람 모두 롱비치 주립 대학교를 마쳤고, 차례로 대학원에 진학하여 아동 심리를 공부하기로 했다.

하지만 1966년 여름, 데비가 학사를 마치고 내가 석사를 막 시작했을 때 아이가 생겼다. 이 기쁘지만 갑작스러운 소식 — 우리는 대학원을 마친 다음에 아이를 낳기로 계획한 상태였다 — 때문에 데비의 계획은 연기되었고 나는 마음이 급해졌다. 나는 평점을 올리려고 더 열심히 공부했고, 임상 심리학 박사 프로그램에 지원했다. 경쟁이 아주 치열했다. 단한 자리에 400명이 지원한 학교도 있었다. 내 점수도 괜찮았지만 나보다 높은 4.0대의 지원자가 많았다. 하지만 나는 이 명백한 단점에도 굴하지 않고 미국 최고의 임상 학교 아홉 군데에 지원했다.

조 화이트 선생님이 문제를 눈치채고 나에게 제안했다. 「로저, 2급 대학의 실험 심리학과에 지원하는 게 어떤가?」

실험 심리학 — 생쥐 정신과라는 애정 어린 별명으로 알려진 학문 — 은 우리에 갇힌 동물을 연구한다. 실험 심리학 연구자들은 시험관 속의 분자를 연구하듯이 쥐의 지렛대 누르기나 비둘기의 쪼기 같은 반복 행동을 측정한다. 지그문트 프로이트의 〈대화 치료〉나 감정에 바탕을 둔 치료법으로 인간의 문제를 치료하는 임상 심리학과는 더없이 거리가 멀었다. 그러나 조 선생님은 동물 심리학이라는 엄정한 과학적 방식에서 경력을 쌓고 박사 학위를 받은 다음 박사 후 과정에서 아동 심리를 공부하면 된다고 생각했다. 선생님은 지원 학교 목록에 리노의 네바다 대학교를 추가하라고 제안했고 나는 그렇게 했다. 6개월 뒤인 1967년 3월, 미국의 좀 더 유명한 대학들은 나를 거절하기 바빴지만 네바다 대학교 실험 심리학 대학원 과정에서 나를 받아 주었다. 데비와 나의 첫째 아이 조슈아가 태어난 다음 날 합격 통지서가 도착했다.

하지만 아직 커다란 문제가 하나 남아 있었다. 나는 타주 출신 학생이 내야 하는 비싼 학비를 감당할 수 없었다. 그래서 즉시 대학원 조교 장학금 신청서를 썼다. 타주 출신 학생 학비를 면제해 준다면 무슨 일이든 좋았다.

그러나 몇 주가 지나고 몇 날이 흐르도록 아무런 답변이 없었고, 대학원에 못 갈지도 모른다는 생각이 들기 시작했다. 나는 박사 학위를 받지도, 아이들을 치료하지도 못할 것이다. 그래서 나는 여름 동안 알루미늄 주조소에서 제품을 발송하는 일에 지원했고, 가을이 되면 형과 사업을 같이하기로 했다. 그렇게 오랫동안 공부하고 계획을 세워 여기까지 왔지만 결국 배관공이 되는 것이다.

대학원 진학을 거의 포기하고 있던 6월 어느 오후에 전화벨이 울렸다. 네바다 대학교 심리학과 학과장 폴 세커드Paul Secord 박사였다.

「로저, 반일제 조교 자리가 있네.」 그가 말했다. 「관심 있나?」

「물론입니다.」 내가 대답했다. 「무슨 일이죠?」 나는 이미 복잡한 미로에 생쥐를 넣는 내 모습을 그리고 있었다.

「침팬지에게 언어를 가르치는 걸세.」 그가 무미건조하게 말했다.

「뭐라고요?」

「침팬지에게 언어를 가르치는 일이라고.」 한 번 더 말하면 혼란이 정리되기라도 할 것처럼 세커드 박사가 다시 말했다. 처음에는 나를 놀리는 줄 알았다. 어쩌면 대학원 신입생 모두에게 〈말하는 침팬지〉가 있다고 장난을 치는 건지도 몰랐다.

그러나 세커드 박사는 네바다 대학교 교수진 중에서 실험 과학자 두

명 — 앨런과 비어트릭스 가드너 부부 — 이 집에서 아기 침팬지를 키우고 있다고 설명했다. 침팬지의 이름은 워쇼였다. 가드너 부부는 워쇼에게 미국 수화를 이용해서 말하는 법을 가르칠 계획인데 조교가 필요하다고 했다.

「워쇼가 수화를 합니까?」 내가 세커드 박사에게 물었다.

「아, 물론이지.」 그가 무심하게 대답했다. 「두 사람이 1년 동안 가르쳐서 수화 몇 가지를 익혔네.」

세커드 박사는 워쇼의 언어 능력에 나만큼 놀란 것 같지 않았다. 그는 사회 심리학자였기 때문에 워쇼가 양부모를 흉내 내서 목욕통에 인형들을 넣고 목욕시킨다는 사실에 더욱 깊은 인상을 받았다. 사회 심리학자들은 인간만이 그런 행동을 흉내 낼 수 있다고 생각했다.

워쇼의 이야기를 들을수록 흥미가 점점 커졌다. 침팬지가 인형을 가지고 놀다니, 미로에 쥐를 풀어 놓는 것과는 전혀 다른 일 같았다. 이것은 아이들을 상대하는 것과 더 비슷했다. 소통이 불가능한 아이들을 상대하는 일의 준비로 말 못하는 침팬지와 소통하는 법을 배우는 것보다 더 좋은 게 어디 있을까!

「하겠습니다.」 내가 세커드 박사에게 말했다.

「그냥 맡기는 건 아닐세.」 그가 대답했다. 「먼저 앨런 가드너의 면접을 통과해야 하네.」

앨런 가드너는 강인한 정신을 가진 실험 심리학 주창자로, 엄격한 실험 방법과 수학적 정확성으로 유명했다. 그는 나 같은 임상학자를 먹고 살기 위해서 번드르르한 말이나 늘어놓고 사실과 감정을 분리할 줄 모르는 나약한 프로이트 학파로 생각하는 경향이 있었고, 나는 그 사실을 잘 알았다. 가드너는 분명 나보다 더 실험 지향적인 사람을 찾고 있을 것이다. 면접을 통과할 가망이 별로 없었지만 나에게는 선택의 여지가 없었다.

8월의 어느 무더운 일요일, 부모님과 데비, 조슈아가 면접을 보러 가는 나를 리노에 내려 주고 행운을 빌었다. 가드너 박사는 나를 데리고 얄궂게도 로널드 레이건이 침팬지 영화 「본조가 잠 잘 시간Bedtime for Bonzo」을 찍었던 캠퍼스를 산책하면서 두 가지 주요 업무를 설명해 주었다. 첫째, 매일 워쇼를 먹이고 입히고 같이 놀면서 양육을 돕는다. 둘째, 워쇼를 수화에 노출시킨다. 나는 이미 영장류 유아를, 즉 내 아들을 돌보고 있었으니 첫 번째는 할 수 있을 테고, 수화를 배우는 것이 문제였지만 시간만 충분하면 익힐 수 있을 것이다.

하지만 면접의 초점이 나에게 맞춰지면서 내가 가장 걱정하던 점이 분명해졌다. 가드너는 내가 자기 프로젝트에 참가할 자격이 있는지 회의적이었다. 그가 머뭇거린 것은 나의 학문적 배경 때문이 아니라 — 나는 동물 심리학과 통계학 수업을 많이 들었다 — 아이들을 치료하고 싶다는 생각 때문이었다. 가드너가 보기에는 그것이 나의 치명적인 결점이었다. 그는 실험실에서 증명할 수 없는 막연한 개념에 시간을 낭비할 것 같은 사람을 싫어했다.

면접은 삐걱거렸다. 나는 가드너의 마음을 얻으려고 필사적으로 애를 쓰면서 다음 학기부터 유명한 과학 철학자 두 명의 수업을 듣는다니 정말 기대된다고 말했다.

「과학에는 철학이 필요하지 않네.」 그가 쏘아붙였다. 「그런 것에 영향을 받는다면 자네는 처음부터 쓸모없었다는 뜻일세.」

이제 산책이 끝나고 면접도 끝났다. 나는 기회를 날렸다. 심리학 경력이 끝났다는 생각에 구역질이 날 것 같았다. 가드너에게 애원해 볼까도 생각했지만 그래 봤자 좋을 것이 없었다. 작별 인사를 나눌 때 가드너가 교내 보육원에 가서 워쇼를 만나 보겠느냐고 물었다. 아이들이 없는 일요일이면 워쇼가 보육원의 정글짐과 그네에서 놀았다. 탈락자에게 주는 위로의 선물이 뻔했지만 나는 그것마저 거부할 만큼 자존심이 세지 않았다.

울타리로 둘러싸인 유아원이 가까워지자 나무 그늘에서 어른 두 명과 아이가 놀고 있는 모습이 보였다. 적어도 내가 보기에는 아이 같았다. 아이가 우리를 발견하고 펄쩍 뛰어오르더니 우우 소리를 지르기 시작했다. 그런 다음 전속력으로 달려오기 시작했는데, 네발로 달리고 있었다. 가드너와 나는 1.2미터 높이의 울타리에서 겨우 몇 미터 정도 떨어져 있었다. 워쇼가 점점 빨리 달리더니 울타리로 기어올라가 꼭대기에서 뛰어내렸다. 그 뒤에 일어난 일은 지금 생각해도 정말 놀랍다. 나는 워쇼가 앨런 가드너에게 뛰어들 것이라고 생각했지만 내 생각은 틀렸다. 워쇼는 나의 품으로 뛰어들었다. 내가 무슨 일인지 깨닫기도 전에 아기 침팬지 워쇼가 내 목을 끌어안고 내 허리에 다리를 감았다. 워쇼가 나를 꼭 끌어안아 주고 있었다. 나는 쭈뼛거리며 워쇼를 마주 안았다. 꿈이 무너진 나는 세상 그 무엇보다도 그러한 포옹이 필요한 터였다.

그런 다음 기저귀를 찬 소녀 침팬지가 내 품에서 몸을 돌려 앨런 가드너에게 손을 뻗었다. 워쇼가 가드너의 품으로 기어오르더니 그 역시 안아 주었다. 나는 가드너가 워쇼의 어깨 너머로 나를 향해 따뜻하게 미소 짓는 모습을 보고 깜짝 놀랐다. 워쇼는 내가 마음에 들었고, 가드너도 그 사실을 깨달은 것이다.

나는 그날 워쇼가 왜 나를 안아 주었는지 모른다. 나는 워쇼가 슬퍼하거나 상처받은 사람들을 찾아서 위로해 주는 묘한 재주가 있음을 나중에 알게 되었지만 위쇼가 낯선 사람의 품에 달려드는 모습은 두 번 다시 보지 못했다. 며칠 뒤 앨런 가드너가 전화를 걸어 연구 조교로 뽑혔다는 소식을 알려 주었을 때 나는 누가 나를 뽑았는지 정확히 알 수 있었다. 나는 가드너가 생각하는 이상적인 대학원생은 아니었을지 모르지만 위쇼에게는 아주 좋은 놀이 친구가 될 것이었다. 나는 두 살 난 침팬지 덕분에 배관공이 아니라 심리학자가 될 수 있었다.

2장
집안의 아기

1967년 9월 초, 내가 대학원에 들어가서 제일 먼저 한 일은 앨런과 비어트릭스 가드너 부부를 찾아간 것이었다. 나는 가드너 부부의 〈침팬지 언어 실험실〉을 기대했지만 그들이 보여 준 것은 놀랍게도 자기 집 뒷마당이었다.

가드너 부부는 차고가 따로 달린 자그마한 1층 집에 살았다. 뒤뜰 — 약 450제곱미터 — 에는 벽돌 바비큐대, 꽃밭, 정글짐, 모래 상자, 타이어 그네가 매달린 버드나무가 있었다. 마당 한쪽에 자갈 깔린 진입로가 있고 작은 이동식 주택이 서 있었다. 전체적으로 보면 전형적인 교외 주택 같았다. 이동식 주택에 아기 침팬지가 살고 있다는 사실만 빼면 말이다.

나는 가드너 부부의 집에 들어가자마자 모든 사람들이 소리 죽여 속삭이고 있음을 알아차렸다. 실험의 일부였다. 인간 친구들이 목소리를 가지고 말을 할 수 있다는 사실을 워쇼에게 알리고 싶지 않았던 것이다. 그렇지 않으면 워쇼 역시 수화를 배우는 대신 음성으로 소통하려고 애쓸지도 모르는데, 다른 침팬지들이 이미 그런 시도를 했다가 실패한 바 있었다. 워쇼 프로젝트에 참가하는 사람들은 모두 묵언 서약을 했다. 손으로는 말해도 되지만 목소리로는 말할 수 없었다.

가드너 부부는 뒤창을 통해서 워쇼가 보이는 부엌으로 나를 데리고 갔다. 나는 하얀 실험복을 입은 사람들이 서류판과 초시계를 들고 돌아다니고 있을 줄 알았다. 그러나 뒷마당에는 수전 니콜스라는 학생 한 명만이 워쇼와 놀고 있었다. 수전이 워쇼를 업고 마당을 돌아다녔고 둘은 수화로 대화를 나누었다. 한참 지나자 워쇼가 지루해졌는지 수전의 등에서 뛰어내려 버드나무로 도망쳤다. 수전이 링 세 개짜리 공책을 집어 들고 뭔가를 적기 시작했는데, 과학의 증거는 그것뿐이었다.

나는 앨런 가드너처럼 유명한 실험 심리학자라면 우리 대학 교수들이 그랬던 것처럼 첨단 기술 장비를 갖춘 최첨단 실험실에서 연구를 할 것이라고 생각했다. 훌륭한 과학이란 곧 동물용 러닝머신, 시험관, 로켓선이라고 생각했던 것이다. 그러나 내가 곧 깨닫게 되었듯이 가드너 부부는 이 따뜻하고 기분 좋은 환경에 가장 엄정한 사령탑을 세웠다.

첫 주에 나는 수전이나 다른 사람들과 놀고 있는 워쇼를 몇 번 찾아갔다. 워쇼는 나와 같이 노는 것을 좋아하는 듯 보였으므로 가드너 부부는 내가 불세례를 받을 준비, 즉 혼자 워쇼를 돌볼 준비가 되었다고 결론지었다.

나는 다음 날 오전 7시 몇 분 전에 가드너 부부의 집으로 가서 워쇼의 트레일러에 들어간 다음 워쇼가 도망치지 못하도록 등 뒤에서 문을 잠갔다. 그리고 가드너 부부가 워쇼의 야간 활동을 파악하려고 설치한 아기용 인터콤을 껐다. 그런 다음 침대를 점검했다. 워쇼가 잠에서 깨어 비틀거렸다. 자기 집에 낯선 사람이 들어와서 기분이 좋지 않은 것이 분명했다.

나는 워쇼의 잠옷을 벗기고 가득 찬 듯한 천 기저귀를 갈아 주려고 했다. 하지만 아들 조슈아의 기저귀를 가는 것과는 전혀 다르다는 사실을 곧 깨달았다. 내 아들은 움직이지 않았지만 위쇼의 기저귀를 갈려면 침대 주변을 몇 바퀴나 돌면서 쫓아다닌 다음에야 힘들게 기저귀를 떼어내고, 재빨리 엉덩이를 닦고, 화학 약품이 든 변기에 용변 본 것을 넣고 물을 내릴 수 있었다. 나는 마침내 기저귀 쓰레기통에 기저귀를 넣은 다음 겨우 3분 동안 등을 돌리고 있었는데, 그것은 위쇼가 기저귀를 도로 꺼내서 변기에 넣기 충분한 시간이었다.

다음으로 나는 위쇼의 담요를 치우고 옷을 꺼내려 했지만 옷장을 열면 위쇼가 먼저 샅샅이 뒤진 다음에야 접근할 수 있음을 곧 깨달았다. 그리고 위쇼에게 옷을 입히는 것은 말 그대로 난투극이었다. 나는 바닥에 옷이 무릎 높이로 쌓이고 나서야 트레일러의 모든 서랍장에 자물쇠가 달린 이유를 깨달았다. 내가 우여곡절 끝에 위쇼를 유아용 의자에 앉힌 다음 자물쇠 달린 냉장고를 열고 시리얼과 따뜻한 이유식을 준비하는 동안 위쇼가 장난스럽게 손짓을 했다. 이때 내가 다시 한 번 잠깐 등을 돌리는 실수를 했고, 위쇼는 순식간에 유아 의자에서 빠져나와 냉장고를 열고 쇼핑광처럼 음식을 마구잡이로 꺼내서 침대로 달아났다.

나는 신고식을 치르고 있었다. 그건 분명했다. 내가 실수를 할 때마다, 서랍장을 깜빡 잊고 잠그지 않을 때마다, 위쇼는 사소한 것 하나도 놓치지 않고 귀신같이 알아차렸다. 내가 뭔가를 덮거나, 닫거나, 치울 때마다 위쇼는 이렇게 말하는 것 같았다. 〈좋아, 이제 어떻게 해야 잴 골탕 먹이지?〉 위쇼는 틈을 노렸다가 나에게 한 방 먹였다. 위쇼와 단 둘이 보낸 시간은 한 시간도 채 안 됐지만 나는 아기 침팬지 때문에 공포에 질렸다. 개나 고양이를 돌보는 것과 비슷할 거라고 어렴풋이 예상했지만 전혀 달랐다. 내 상대는 말썽꾸러기 두 살배기였다.

위쇼의 어린아이 같은 행동이 특히 더 초현실적으로 느껴지는 것은 겉모습이 인간 아이와 너무나 달랐기 때문이었다. 위쇼는 두 살 난 아이와 크기가 거의 비슷해서 똑바로 선 키가 약 76센티미터, 몸무게가 약 11킬로그램이었다. 그리고 복장도 인간 아이와 비슷해서 매달리거나 기어오를 수 있도록 팔 부분을 잘라낸 운동복 상의에 기저귀를 차고 있었다.

그러나 거대한 돌출 턱 위에 얹혀 있는 부삽 모양의 납작한 코, 툭 튀어나온 눈썹 뼈, 물병 손잡이처럼 거대한 귀, 머리끝부터 발끝까지 매끄럽게 덮인 털, 말도 안 되게 긴 팔과 손처럼 생긴 발은 위쇼가 인간이 아니라고 큰 소리로 외치고 있었다. 위쇼가 좋아하는 나무를 곡예사처럼 오르내리는 모습도 마찬가지였다. 아기 침팬지는 인간보다 훨씬 더 어릴 때 기고, 걷고, 기어오르는 법을 배운다. 내가 처음 만났을 때 위쇼는 두 살이었는데, 이미 적어도 1년 전부터 제일 높은 가지에서 놀았다.

나는 위쇼가 대담하게 나무 꼭대기까지 기어오르는 모습을 보면서 침팬지가 원숭이의 일종이라고 생각했지만 대부분의 사람들이 그렇듯 침팬지와 원숭이의 차이점을 알지 못했다. 알고 보니 대부분의 원숭이는 평생 나무 위에서 살게 되어 있다. 가느다란 몸, 유연해서 가지를 잡기 쉬운 손과 발, 길이가 거의 똑같아서 무게 중심을 낮게 잡을 수 있는 팔다리, 매달리거나 균형을 유지할 수 있는 꼬리까지, 원숭이의 신체 구조는 나뭇가지 위를 걸을 때 균형을 유지하도록 완벽하게 만들어져 있다.

약 3000만 년 전에 원숭이류의 생물이 나무에서 내려오기 시작했는데, 이 과감한 이동으로 인해서 인간과 대형 유인원 — 침팬지, 고릴라, 오랑우탄 — 이 점차 등장하게 되었다. 야생 침팬지는 나무에서 먹고 자지만 땅 위에서 돌아다니고 어울리며 대부분의 시간을 보낸다. 위쇼의

몸은 이러한 이중 생활 양식에 맞게 만들어져 있다.[1]

나무에 오르는 워쇼는 전봇대에 오르는 전화 설비공 같았다. 설비공은 전신주에 안전벨트를 두르고 몸을 뒤로 젖혀서 팔을 뻗어 올라가는데, 침팬지의 긴 팔은 안전벨트와 같은 역할을 한다. 나무에 다 올라가면 강인한 상체 — 곧 건강한 성인의 상체보다 몇 배 더 강해질 것이다 — 덕분에 원하는 대로 쉽게 움직일 수 있다. (침팬지는 한 팔로 약 450킬로그램의 무게를 들어 올린다고 알려져 있다.) 워쇼는 짧은 다리, 넓은 등, 완전히 돌아가는 어깨를 이용해서 손을 바꿔 가며 이 가지에서 저 가지로 우아하게 건너갈 수 있다. 워쇼의 손목은 인간의 손처럼 뒤로 젖혀지지 않는다. 이처럼 손이 고정되어 있기 때문에 빠른 속도로 나뭇가지에 부딪혀도 가지를 놓치지 않는다. 워쇼는 원숭이와 달리 나뭇가지 위에서 균형을 잡지 않기 때문에 꼬리가 없다. 침팬지는 손가락이 자연스럽게 구부러진 긴 손과 손처럼 생겨서 엄지발가락이 다른 발가락과 마주보는 커다란 발을 이용해서 나무 꼭대기까지 능숙하게 기어오른다.

땅에서 움직일 때는 독창적이고 혁신적인 신체 구조 덕분에, 즉 손가락 위쪽 두 마디가 손바닥 안쪽으로 접혀 들어가기 때문에, 긴 손가락이 네발로 걷는 데 전혀 방해가 되지 않았다. 워쇼는 두툼한 살의 보호를 받는 손가락 관절을 땅에 대고 걸었다. 뭔가를 먹거나 털을 고르거나 수화를 할 때는 사람과 무척 비슷하게 똑바로 앉았다. 워쇼는 두 발로 걷거나 달리기도 했는데, 특히 화가 났을 때나 누군가를 안으려고 할 때 그랬다.

워쇼와 아장아장 걷는 인간 아이는 무척 다른 겉모습에도 불구하고 공통점이 딱 하나 있었는데, 그것은 바로 눈이었다. 내가 눈을 들여다보면 워쇼는 내 아들처럼 시선을 맞추며 생각에 잠겨 나를 보았다. 유인원의 〈탈〉 안에 사람이 들어 있었다. 그렇게 가만히 눈을 맞추는 순간이면 나는 워쇼가 어떻게 생겼든, 나무 꼭대기에서 어떤 곡예를 하든, 아이에 불과하다는 사실을 알 수 있었다.

또 한 가지 인간과 비슷한 점은 기저귀를 찬다는 것이었는데, 이는 나의 〈연구실 업무〉가 알고 보면 별로 멋진 일이 아니라는 사실을 여실히 드러냈다. 나는 어느새 초보 부모가 아이의 첫 번째 말이나 첫 걸음마를 응원할 때처럼 워쇼가 용변 보는 것을 열심히 응원하고 있었다.

트레일러에서 워쇼의 기저귀를 가는 것도 힘들었지만 마당에서 기저귀를 갈려면 번개 같은 반사 신경이 필요했다. 워쇼는 기저귀가 꽉 차면 한 팔로 나뭇가지에 매달린 채 내가 엉덩이를 닦고 기저귀 갈 시간을 기껏해야 20초쯤 주었다. 나는 이것을 인디애나폴리스 500 경주에서 자동차에 연료를 채우는 일처럼 생각하게 되었다. 내가 일을 끝내든 말든 워쇼는 정비용 피트에서 달려 나갈 것이다. 우리는 기저귀 문제 때문에 힘들었지만 워쇼는 기저귀를 차고 다니는 것이 아주 만족스러운 것 같았다.

변기 배변 훈련은 워쇼를 돌보는 사람들이 매주 가드너 부부의 집에서 갖는 전략 회의의 주요 주제가 되었다. 처음에 우리는 워쇼가 언제 똥을 쌀지 예측해서 변기에 앉히려 했지만 워쇼는 기저귀에 싸려고 최선을 다해서 참았다. 결국 우리는 나중에 데비와 내가 우리 아이들에게 쓰게 된 방법을 따르기로 했다. 즉, 기저귀를 떼버리고 워쇼가 노는 마당의 전략적인 위치에 의자형 유아용 변기를 여러 개 놓아두는 것이었다. 이 방법은 마법처럼 통했고 워쇼는 금방 적응했다. 우리는 트레일러에서 나가거나 마당에서 들어오기 전에 워쇼에게 용변을 보라고 했다. 이것은 곧 정해진 일과가 되어서 가끔 내가 불쌍한 워쇼를 변기에 앉히고 〈제발, 제발 노력해 봐〉 또는 〈물을 조금 더 만들어 봐, 제발〉이라고 수화로 애원할 때도 있었다. 워쇼는 조금 더 노력한 다음 사과하다시피 〈안 나와,

안 나와〉라고 대답했다.

문제가 하나 더 있었다. 가끔 워쇼가 서둘러 변기로 달려갔지만 — 워쇼가 수화로 〈빨리〉라고 혼잣말을 한 다음 미친 듯이 마당을 가로질렀기 때문에 우리도 알 수 있었다 — 변기의 높은 등받이와 옆면이 걸리적거렸다. 수많은 사고를 겪은 끝에 가드너 부부는 구멍 뚫린 검정 플라스틱 판에 다리가 달린 침팬지용 변기를 만들었다. 워쇼가 어느 방향에서든 변기로 달려들어 곧장 볼일을 볼 수 있었다.

워쇼는 우리가 배변 사고 수습을 좋아하지 않는다는 사실을 금방 깨달았다. 기저귀를 떼고 얼마 지나지 않아 워쇼는 사고를 침으로써, 혹은 사고를 치겠다고 위협하는 것만으로 우리를 조종하는 법을 배웠다. 높은 나무로 올라가서 간단하고 자연스러운 행동을 했을 뿐인데 저 아래 땅에서 다 큰 인간들이 안달하며 깜짝 놀라는 모습을 보면 정말 재미있었을 것이다. 워쇼는 사고를 친 후에 자기가 내킬 때가 되어서야 나무 밑으로 어슬렁어슬렁 내려와 잔소리를 듣고 혼난 다음 뒤늦게 변기에 앉았다. 그야말로 소 잃고 외양간 고치기였다.

기저귀나 유아용 의자, 이유식에 신경을 곤두세우는 것이 침팬지에게 수화를 가르치는 것과 별로 상관없어 보일지도 모른다. 그러나 가드너 부부가 세운 가설은 인간과 가장 가까운 진화상의 친척 침팬지가 우리와 마찬가지로 의사소통 능력을 타고났다는 것이었다. 그렇다면 언어 이용 능력은 인간 가족이 침팬지를 인간 아이처럼 키울 때 어린아이와 유사한 다른 행동들과 마찬가지로 자연스럽게 나타날 것이다. 이러한 접근법을 교차 양육이라고 한다.[2]

동물의 종간 교차 양육은 널리 연구되었다. 가장 유명한 예는 어미든 다른 종의 암컷이든 고무장화든 맨 처음 본 움직이는 물건을 따라다니는, 즉 〈각인〉하는 새끼 오리나 새끼 거위다. 최근에 나온 영화 「아름다운 비행Fly Away Home」은 어린 소녀에게 각인한 거위들에 대한 이야기다. 역시 최근 영화인 「꼬마 돼지 베이브Babe」는 교차 양육이라는 전제를 우스울 만큼 극단으로 몰고 가서 돼지가 양치기 개의 밑에서 자라 능숙하게 양을 치는 이야기를 담고 있다.

「꼬마 돼지 베이브」가 얼토당토않은 이야기는 아니다. 나는 어렸을 때 농장 동물들 사이에서 교차 양육을 많이 보았다. 나는 알을 품는 암탉의 품에 오리 알을 넣은 다음 부화하는 것을 보면서 좋아했다. 어미 닭과 새끼 오리들은 행복한 대가족을 이루며 살다가 결국 오리들이 크면 용수로에 뛰어들어 수영을 시작했다. 그러면 어미 닭은 새끼들의 기이한 행동을 보고 깜짝 놀라 날개를 푸드덕거리는 것이었다.

어느 날 나는 교차 양육 실험이 어디까지 가능한지 보기로 결심하고 오리 알을 나이 많은 어미 고양이 품에 넣어 두었다. 알을 깨고 나온 새끼 오리들이 네발 달린 털북숭이 어미를 쫓아다니는 것을 보고 나는 깜짝 놀랐다. 하지만 더욱 놀라운 사실은 고양이가 작은 새들을 새끼 고양이처럼 대하면서 따뜻하게 안아 주고 깃털을 핥아 주었다는 것이다. 물론 깃털 달린 〈새끼 고양이들〉이 용수로를 발견하는 날이 오고야 말았다. 오리들이 물속으로 뛰어들자 어미 고양이는 당황해서 도랑을 펄쩍펄쩍 넘어 다니며 큰 소리로 야옹야옹 울었다. 결국에는 체념한 어미 고양이가 도랑으로 내려가 꼬리를 빳빳하게 세우고 새끼 오리들 앞에 자리를 잡더니 어미 오리처럼 새끼들을 이끌었다.

이보다 더 복잡한 연구에 따르면 선천적인 행동 대부분이 초기 경험에 의해 형성될 수 있다고 한다. 이러한 발견에 따라 어떤 행동이 본능적인 것인지 학습된 것인지 따지는 오랜 〈본능인가 학습인가〉 논쟁이 무의미해졌다. 대부분의 행동에는 본능과 학습이 섞여 있다. 새의 노랫소리나 이동 경로처럼 선천적이고 종특이적이라고 여겨지는 행동조차도 이종 부모에 의해 바뀔 수 있다. 그렇기 때문에 교차 양육은 우리에게 많은 것을 알려 줄 수 있었다. 교차 양육은 유기체가 학습을 통해서 어디까지 적응할 수 있는지 보여 준다. 새끼 고양이를 개와 같이 키우면 고양이가 개처럼 걷는 법을 어느 정도까지 배우는지 볼 수 있다. 또 돼지를 양치기개와 같이 키우면 돼지가 정말 양 치는 법을 배울 수 있는지 볼 수 있다.

인간은 어떨까? 문화적으로 습득하는 미묘함이 전혀 없는 환경에서 다른 종의 동물이 인간 아이를 키우면 어떻게 될까? 우리 선조들은 로마 건국 신화의 쌍둥이 형제 로물루스와 레무스가 늑대의 손에서 자란 이후로, 혹은 그 이전부터 그것을 궁금하게 여겼다. 현대에는 정글에서 유인원의 손에 키워진 그 유명한 타잔에 대한 책과 영화 들이 있다.

인간 아이를 유인원에게 맡기는 것은 분명히 윤리적으로 문제가 있고 과학적으로 통제하기 어려운 실험이다. 그러나 인간이 침팬지를 키우는 것은 가능하다. 1930년대 초에 부부 과학자 윈스럽과 루엘라 켈로그 Winthrop and Luella Kellogg는 유인원이 인간의 도구를 사용하고 인간의 사회적 행동을 흉내 내고 인간의 언어를 말할 수 있는 정신적 능력을 가지고 있는지 알아보기 위해서 침팬지 한 마리를 인간 아이처럼 키우기 시작했다. 그것은 타잔 이야기를 새롭게 뒤집은 것 — 미국인으로 자라는 치타 — 이었고, 인간 본성에 대한 아주 오래된 수수께끼 — 우리는 동물과 얼마나 비슷한가? — 의 간접적인 해답을 제공할 가능성도 있는 실험이었다. 유인원이 우리와 똑같다고 밝혀지면 좋든 나쁘든 우리가 유인원과 똑같다는 결론으로 이어질 것이었다.

켈로그 부부가 급진적인 실험을 계획하기 전에도 유인원을 애완동물로 키우는 사람이 많았지만 유인원을 아이처럼 대한 사람은 없었다. 켈로그 부부가 자신들의 실험에 대한 책 『유인원과 아이*The Ape and the Child*』에서 밝혔듯 유인원을 대하는 방법의 차이는 무척 중요했다.

이러한 생물[침팬지]을 매일 밤낮 일정 시간 동안 우리에 가두어 두거나, 목줄과 사슬로 묶어서 끌고 다니거나, 접시를 바닥에 놓아 먹인다면 인간과는 다른 반응을 발전시키리라 가정하는 것이 합리적이다. 인간 아이 또한 그런 식으로 다루면 분명 인간과 전혀 다른 반응을 습득할 것이다.[3]

우리는 아이들의 행동이 〈아이 같다〉는 것을 당연하게 여기지만 그러한 행동은 대부분 인간 부모가 주는 자극에 대한 반응이다. 반대로 아이에게 〈앉아〉, 〈굴러〉 같은 명령을 내리고 보상으로 귀 뒤를 긁어 주거나 바닥에다가 먹이를 준다면 우리 아이들이 개와 같은 행동에도 똑같은 재능을 가지고 있음을 곧 깨닫게 될 것이다. (이것은 안락의자 심리학일 뿐이므로 절대 집에서 따라 해서는 안 된다!) 이와 마찬가지로 유인원이 인간과 같은 행동을 어느 정도까지 습득할 수 있는지 보고 싶다면 기저귀를 채우고 유아용 의자에 앉히면서 인간 아이를 대하듯 유인원을 대하는 힘들고 더딘 길을 택해야 한다. 켈로그 부부는 또 체계적인 유인원 훈련 일체에 반대했다. 교차 양육으로 자란 침팬지는 식탁 예절을 포함한 모든 행동을 아이들처럼 점차적이고 불규칙적으로, 부모를 보면서 스스로의 속도에 맞춰서 습득해야 한다. 또한 켈로그 부부는 유인원이 명령에 맞춰서 재주를 부리거나 묘기를 하도록 가르쳐서는 안 된다고 강조했는데, 그러면 사회적 맥락에 맞는 행동을 어떻게 해야 하는지 결코 이해할 수 없기 때문이었다.

켈로그 부부의 영향을 받아 여러 가정에서 침팬지를 키웠고, 유인원의 발달과 능력은 인간 아이와 눈에 띄게 비슷해졌다. 침팬지는 포크와 나이프로 식사를 하고, 양치질을 하고, 렌치를 사용하고, 잡지를 넘기고, 손가락이나 붓으로 색칠을 하고, 심지어는 운전도 할 수 있었는데, 전부 사회 생활의 적절한 맥락 내에서 이루어진 자발적인 행동이었다. 그러나 인간 아이들에게는 보편적이지만 인간 가정에서 자란 침팬지들은 절대 발달시키지 못한 행동이 하나 있었으니, 바로 언어였다.

노력이 부족해서는 아니었다. 켈로그 부부는 구아Gua라는 아기 침팬지를 아들 도널드와 함께 키웠다. 그러나 과학적 입장에서는 불운하게도 켈로그 부부가 연구를 갑작스레 중단했는데, 소문에 따르면 구아가 인간의 소리를 습득하는 것이 아니라 도널드가 침팬지 소리를 습득해서 켈로그 부인이 괴로워했기 때문이라고 한다.

그 뒤 1940년대 후반에 심리학자 키스 헤이스Keith Hayes와 그의 아내 캐시Cathy가 비키Viki라는 갓난 침팬지를 집에서 키웠다.[4] 6년 동안의 강도 높고 창의적인 음성 훈련 끝에 비키는 딱 네 단어 — 〈엄마〉, 〈아빠〉, 〈컵〉, 〈위쪽〉 — 를 말할 수 있었는데, 굵은 무성음에 침팬지 특유의 억양이 있었다. 이 얼마 안 되는 어휘는 새로운 시작이긴 했지만 초기 연구자들의 기대에 크게 못 미쳤다. 헤이스의 실험은 W. H. 퍼니스Furness의 실험과 신기할 정도로 비슷했다. 1916년에 퍼니스는 아시아 유인원 오랑우탄에게 〈아빠〉와 〈컵〉이라는 단어를 가르쳤다고 미국 철학회에 보고했다. 퍼니스의 오랑우탄은 나중에 고열에 시달리면서 〈아빠 컵〉이라는 말을 반복하다가 죽었다.

헤이스의 연구 이후 많은 과학자들은 고유한 언어 능력을 타고난 인간이 유인원들과 다르며 더 우월하다고, 침팬지 교차 양육 결과가 그 증거라고 주장했다. 유인원은 지능이 뛰어나지만 언어 능력은 갖지 못했다는 이야기가 나를 포함한 대학 신입생들 사이에 퍼져 나갔다. 그러나 그것은 부정확할 뿐만 아니라 초급 통계학을 들은 학생이라면 누구나 알 수 있듯이 가짜 과학이었다. 우리는 — 유인원 한 마리 이상에게 언어 사용법을 가르침으로써 — 유인원에게 언어 능력이 있음을 증명하려 할 수는 있지만 유인원에게 언어 능력이 없다는 〈귀무가설〉은 절대 증명할 수 없다. 후자의 경우에는 한 마리 이상의 유인원에게서 언어 능력의 증거를 전혀 발견하지 못했다고 말하고 새롭고 더 나은 연구를 기다리는 것이 최선이다.

결국 실패의 원인은 우리 자신일지도 모른다. 예를 들어서 우리가 칼라하리 부시먼들에게 야구 하는 법을 가르치는 데 실패했다고 해서 부시먼들이 야구에 재능이 없다는 뜻은 아니다. 우리가 못난 선생일 수도 있고, 문화적으로 잘못된 접근법을 취했을 수도 있다. 올바른 방법으로 가르치기만 하면 부시먼들이 단 며칠 만에 야구를 할 수도 있다.

바로 이때 앨런과 비어트릭스 가드너 부부가 등장한다. 가드너 부부는 교차 양육 연구를 전부 신중하게 검토하다가 일반적인 오류를 발견했다. 연구자들 모두 언어란 곧 말이라고 생각했던 것이다. 켈로그 부부를 시작으로 모든 과학자들은 침팬지가 음성 언어를 이용할 것이라고 가정했는데, 인간이 대부분 그렇기 때문이었다. 그러나 말은 언어의 한 가지 유형일 뿐이고, 가드너 부부는 음성 언어가 침팬지에게 적당하지 않다는 사실을 잘 알았다.

우선 침팬지는 상대적으로 혀가 짧고 후두가 높아서 모음을 발음하기가 아주 어렵다. 그러나 이는 침팬지에게 말을 가르치려는 노력을 포기하기에 충분한 이유가 아니었다. 음성 장애를 가지고 있지만 다른 사람들이 알아들을 수 있게 말하는 사람도 많다. 심지어는 휘파람이나 혀 차는 소리로 말을 대신하는 언어도 존재한다. 그러니 인간의 음성 언어를 침팬지가 발성할 수 있는 소리로 바꿀 수 있을 것이다.

그러나 가드너 부부는 연구를 철저히 준비하다가 침팬지가 말을 할 수 없는 더욱 설득력 있는 이유를 발견했다. 침팬지는 대체적으로 아주 조용한 동물이었던 것이다. 정글에서 나무 한 그루를 지나쳤는데 그 나무에 조용히 먹이를 먹거나 털을 손질하는 침팬지들이 가득했음을 한참 후에야 깨달았다고 말하는 사람들이 많다. 1920년대 침팬지 행동 연구의 선구자 로버트 여키스는 침팬지들이 여러 가지 말을 이해할 수 있지만 — 그는 침팬지가 100~200 단어를 이해할 수 있다고 생각했다 — 자신이 내는 소리를 절대 따라하지 않는다는 사실을 깨달았다. 반대로 침팬지들은 여키스의 행동을 흉내 내는 데에 놀라운 능력을 보여 주었다. 음성은 흉내 내지만 시각적인 행동은 흉내 내지 않는 앵무새나 음성적, 시각적으로 모두 흉내 내는 인간 아이와 달리 침팬지는 본 것은 따라 하지만 들은 것은 따라 하지 않았다. 여키스는 소리를 흉내 내지 않는 동물이 〈말을 할 것이라고 합리적으로 기대할 수 없다〉는 결론을 내렸다.[5]

물론 침팬지도 소리를 내지만 스스로 내는 소리에 대한 통제력이 무척 약해서 친구들을 보았을 때 헐떡이며 우우거리거나 위협을 느낄 때 헐떡이며 끙끙거리는 정도에 불과하다. 이러한 소리는 뇌의 원시적인 부분인 대뇌변연계에서 만들어진다. 망치로 엄지손가락을 내리쳐 본 적이 있다면 두뇌 피질이 제어하는 의식적인 말과 달리 대뇌변연계가 제어하는 비명 소리가 어떤 것인지 알 것이다. 침팬지가 내는 양식화된 소리를 고치는 것은 더욱 어렵다. 케시 헤이스는 침팬지 딸 비키가 쿠키를 훔칠 때 소리를 억누르지 못한다는 사실을 발견함으로써 이를 확인했다. 비키는 소리 없이 부엌으로 몰래 들어왔지만 단지 뚜껑을 열고 쿠키를 보는 순간 침팬지가 먹을 것을 발견했을 때 내는 끙끙거리는 소리를 억누르지 못해서 들켰다.

침팬지의 경우 음성을 이용해서 말하는 능력은 제한적이지만 손을 이용하는 능력은 무척 뛰어나다. 헤이스 부부에 따르면 비키는 음성 언어 하나하나에 해당하는 독특한 손짓을 했다. 비키의 영상을 보던 가드너 부부는 소리를 죽이면 비키의 비언어적 메시지를 더 잘 읽을 수 있음을 깨달았다. 아드리안 코르틀란트Adriaan Kortlandt나 제인 구달처럼 야생에서 연구하는 과학자들도 침팬지가 의사소통을 할 때 손짓을 자주 쓴다고 보고하기 시작했다. 감각이 뛰어났던 가드너 부부는 이러한 주장을 고려하여 말이 필요 없는 인간 언어를 찾기 시작했고, 결국 미국의 청각 장애인들이 널리 사용하는 미국 수화를 이용하기로 결정했다.

위대한 생각 대부분이 그렇듯 이는 새로운 생각이 아니었다. 사실 적어도 300년은 된 생각이었다. 17세기 런던의 유명한 기록자 새뮤얼 피프스Samuel Pepys는 1661년 8월 24일에 아프리카에서 배를 타고 온 이상한 생물을 이렇게 설명했다.

거대한 비비인데 인간과 너무나 비슷해서 (……) 나는 이 동물이 이미 영어를 상당 부분 이해한다고 진심으로 믿는다. 그리고 이 동물에게 수화나 말을 가르칠 수 있다는 생각이 든다.

피프스가 거대한 비비라고 생각했던 동물은 아마 침팬지였을 것이다.

약 85년 후 1747년에 프랑스 철학자 쥘리앵 오프루아 드 라 메트리Julien Offroy de La Mettrie는『인간 기계론L'Homme machine』에서 유인원이 〈발성 기관 결함〉을 가지고 있다고 주장하며 해결책을 제시했다.

유인원에게 언어를 가르치는 것이 불가능할까? 나는 그렇게 생각하지 않는다. (······) 나라면 제일 똑똑해 보이는 유인원을 선택해서 (······) 내가 방금 말한 최고의 선생님[암만Amman]이 가르치는 학교에 보낼 것이다. 암만의 노력으로 청각 장애를 안고 태어난 사람들이 얼마나 많은 것을 성취할 수 있었는지 모두 잘 알 텐데 (······) 유인원은 보고 듣고, 보고 들은 것을 이해할 수 있으며, 신호를 보내면 완벽하게 이해한다. 나는 유인원들이 모든 게임과 활동에서 암만의 학생들보다 뛰어날 것이라고 굳게 믿는다.

1925년에 로버트 여키스는『인간에 가까운Almost Human』이라는 책에서 피프스나 라 메트리와 마찬가지로 〈대형 유인원은 할 이야기가 무척 많다〉며 수화로 침묵을 극복할 수 있다는 이론을 세웠다. 피프스와 라 메트리, 여키스의 이처럼 단순한 생각을 직접 시험해 본 사람이 3세기 동안 단 한 명도 없었다는 사실은 언어에 대한 인간의 편견이 얼마나 깊은지 보여 주었다. 가드너 부부는 현명했기 때문에 먼저 침팬지를 잘 파악한 다음에 실험을 계획했는데, 대부분 비어트릭스 가드너의 공이었다. 앨런 가드너는 실험실에서 동물 행동을 조작하여 명성을 얻었지만 비어트릭스가 공부한 행동학은 동물 행동을 관찰하는 것이었다. 비어트릭스 가드너는 옥스퍼드 대학교에서 노벨상 수상자 니코 틴베르헌Niko Tinbergen에게 사사하여 박사 학위를 받았다. 비어트릭스는 깡충거미의 사냥 행동을 몇 년 동안 기록했다.

좋은 행동학은 자연에 대해 아주 겸허한 접근법을 취한다. 이론과 추론, 과학적 정설은 제쳐 두고 유기체의 해부학적 구조, 발달, 사회적 행동을 하나하나 자세히 이해하는 것을 목표로 삼는 것이다. 가드너 부부는 침팬지를 연구한 끝에 워쇼에게 음성으로 말하는 법을 가르치는 것은 시간 낭비임을 깨달았다. 그러나 수화는 침팬지의 타고난 소통 형태에 적합할 것이다. 이처럼 획기적인 생각 덕분에 막다른 골목이었던 유인원 언어 연구는 두 종 간 소통의 새로운 개척지가 되었다. 그러나 가드너 부부는 지금까지의 연구에서 큰 성공을 거둔 교차 양육을 고수해야 한다는 사실도 알았다. 인간 아이처럼 길러진 침팬지는 언어를 제외한 모든 면에서 인간 아이와 무척 비슷하게 행동했다. 따라서 가드너 부부는 워쇼에게 구아나 비키보다 더욱 따뜻한 교육 환경을 제공하여 교차 양육을 한층 더 발전시키기로 했다.

1966년 6월, 생후 10개월 된 워쇼는 가드너가(家)의 뒤뜰로 들어와 일종의 언어 조기 교육을 시작했다. 가드너 부부는 소통을 나눌 재미있는 친구들과 소통 주제가 될 흥미로운 세상으로 워쇼를 둘러쌌다. 1967년 가을 당시, 워쇼에게는 가드너 부부 외에 나를 비롯한 인간 친구가 네 명 있었고, 우리 모두 그 후 몇 년 동안 매일 워쇼에게 관심과 주의를 기울였다.

우리의 임무는 워쇼에게 최대한 자극이 풍부하고 언어적인 환경을 제공하는 것이었다. 우리는 워쇼가 식사를 하거나 목욕을 하거나 옷을 입을 때 수화로 대화했다. 신나는 게임도 만들고, 새 장난감과 책, 잡지도 주고, 워쇼가 좋아하는 사진들로 특별 스크랩북도 만들었는데, 다 일상 생활에서 쓰이는 수화를 워쇼에게 보여 주기 위해서였다. 연구자 두 명 이상이 최대한 자주 뒤뜰에 머물면서 서로 수화하는 모습을 워쇼에게 보여 주었다. 무엇보다도 우리는 워쇼와 따뜻하고 애정 어린 관계를 맺어야 했다.

가드너 부부는 수화가 침팬지에게 맞는 언어라면 워쇼가 수화를 이용해서 음식과 물, 장난감을 달라고 하는 법을 배울 것이라고 굳게 믿었다. 그러나 두 사람이 바라는 것은 워쇼가 단순한 어휘 이상의 언어 능력을 발달시키는 것이었다. 가드너 부부는 워쇼가 수동적인 피실험체가 아니라 강렬한 학습 및 소통 욕구를 가진 영장류라고 믿었다. 두 사람은 워쇼가 질문을 하고, 우리의 행동에 대해서 이야기하고, 우리의 대화를 자극하기를 바랐다. 그들이 원한 것은 워쇼와 인간의 진정한 양방향 소통이었다.

1967년 9월, 내가 워쇼를 처음 만났을 때 워쇼는 가드너 부부와 함께 산 지 1년이 넘었고 스무 개 정도의 수화를 배운 상태였다. 양부모가 음성 언어를 고집하는 바람에 주춤했던 구아나 비키와 달리 워쇼는 꾸준하고 극적인 진전을 보였다.[6] 아기 침팬지의 언어 능력이 인간 아이와 똑같이 단계별로, 컵과 포크, 변기를 이용하는 능력과 함께 발달한 것은 교차 양육 연구 역사상 처음이었다.

워쇼는 주먹을 쥐고 엄지를 펴서 입에 댐으로써 〈마신다〉라는 뜻을 나타냈다. 〈개〉라고 할 때는 자기 허벅지를 톡톡 쳤고, 〈꽃〉이라고 할 때는 손가락 끝을 콧구멍에 댔고, 〈듣는다〉라고 할 때는 검지로 귀를 만졌고, 〈열다〉라고 할 때는 손바닥을 아래로 향하고 양손을 붙여서 든 다음 손바닥이 마주보도록 여는 시늉을 했고, 〈아프다〉라고 할 때는 양쪽 검지를 마주 가리키면서 자신이나 다른 사람의 상처를 건드렸다. 가드너 부부는 새끼 영장류라면 수화를 삶의 일부로 여기도록 무리하게 자극할 필요가 없을 것이라고 추측했는데, 이 역시 옳았다. 독자들은 침팬지가 〈나무〉라는 수화가 하나의 나무만이 아니라 모든 나무를 가리킨다는 사실을 이해하기 어려울 것이라고 생각할지도 모른다. 그러나 워쇼는 문 밖으로 나갈 때도 벽장에 들어갈 때도 수화로 〈열다〉라고 말했고, 진짜 개를 봐도 개의 사진을 봐도 수화로 〈개〉라고 말했다.

10개월쯤 지나자 워쇼는 자발적으로 단어를 결합하기 시작했다. 〈사탕 줘〉 또는 〈와서 열어〉라고 하다가 곧 〈너랑 나 숨자〉라든지 〈너랑 나 나가자 빨리〉 같은 말까지 했다. 워쇼는 〈개 들려〉처럼 주변 환경에 대해서 이야기했고, 〈아기 내 거〉라는 말로 인형이 자기 소유임을 주장했으며, 해당하는 수화를 모를 때는 자신만의 어휘를 만들어서 의자형 유아용 변기를 가리켜 〈더럽고 좋은 거〉라고 말했다.

물론 나 역시 수화를 배워야 했기 때문에 미국 수화 사전은 곧 나의 경전이 되었다. 나는 어딜 가든 수화 사전을 가지고 다니며 가만히 앉아서 봐주는 사람만 있으면 누구에게나 수화를 연습했는데, 아직 돌이 지나지 않은 조슈아가 주로 그 상대였다. 나는 가드너 부부의 집에서 열리는 수화 교실에 매주 참석했지만 워쇼나 다른 학생들과 함께 일을 하면서 배우는 것이 대부분이었다. 영어로 말을 하는 것은 금지되어 있었기 때문에 우리가 처한 상황은 낯선 나라의 언어에 둘러싸이는 것과 비슷했다.

워쇼는 나름대로의 방식으로 나에게 어휘 연습을 시켰다. 어느 날 내가 워쇼를 업고 뒤뜰을 돌고 있었는데 — 워쇼가 좋아하는 놀이였다 — 워쇼가 내 어깨 앞으로 손을 뻗어서 가슴을 건드리며 수화로 〈너〉라고 말했다. 그런 다음 팔을 앞으로 쭉 뻗어 검지로 저리로 가라는 손짓을 해서 가야 할 방향을 알려 주었다. 일단 그쪽에 도착하면 다시 다른 곳을 가리키며 〈저리로 가〉라고 수화로 말했다. 그런 다음 다시 〈저리로 가〉. 계속 이런 식이었다.

한참 동안 뒤뜰을 이리저리 돌아다니는데 머리 위에서 콧바람을 부는 소리가 들렸다. 워쇼가 수화로 〈웃기다〉라고 할 때 콧구멍을 수축시켜서 내는 독특한 소리였다. 나는 워쇼가 검지를 코에 대고 〈웃기다〉라는 수화를 하면서 콧바람을 불고 있으리라 확신하며 목을 길게 뺐다. 나는 뭐가 그렇게 웃긴지 알 수 없었다. 그때 축축하고 뜨거운 것이 등을 타고 내려 바지로 들어가는 것이 느껴졌다. 어쨌든 그때 이후 나는 웃기다는 수화를 절대 잊지 않았다.

나는 이처럼 야단스러운 장난이 워쇼에게는 일상적인 일이라는 사실을 나름의 대가를 치르면서 곧 깨달았다. 내가 장난에 걸려들 때마다 워쇼는 강도를 높였다. 어디까지 몰고 갈 수 있는지 보려는 것이 분명했다.

우리가 만난 지 한 달쯤 된 어느 날, 아침 식사가 끝난 후 나는 트레일러에서 설거지를 하고 있었고 워쇼는 내 옆 싱크대에 앉아서 손가락으로 설거지 물을 휘젓고 있었다. 워쇼가 세제 푼 물을 맛보기 시작하더니 — 절대 안 되는 일이었다 — 흘끔흘끔 내 반응을 살폈다. 내가 수화로 〈그거 마시지 마〉라고 말하자 워쇼는 곧 그만두었다. 그러더니 곧 새로운 수를 생각해 냈다. 워쇼가 물속에 행주를 넣고 조심스레 내 눈치를 보면서 행주를 빨았다. 〈빠는 건 마시는 거야, 아니야?〉라고 묻는 것 같았다. 〈빨다〉라는 수화를 몰랐던 나는 수화로 〈더러운 물 마시지 마〉라고 말한 다음 행주를 치웠다. 그러다가 주방 세제가 더 필요해서 청소 용품을 보관하는 싱크대 하부장의 잠긴 문을 열었다. 나는 스펀지에 세제를 몇 번 짠 다음 워쇼의 손이 닿지 않게 찬장에 다시 넣었다.

그새 워쇼가 세제가 묻은 행주를 낚아채서 입에 물고 도망다니는 바람에 내가 행주를 뺏으려고 워쇼를 쫓아다니는 술래잡기가 시작되었다. 결국 술래잡기가 지겨워진 워쇼는 행주를 돌려주고 침실로 돌아갔다. 가서 보니 워쇼가 인형 하나하나에 입을 맞춘 다음 자기 주변에 늘어놓으며 우리가 〈마법의 원〉이라고 부르는 것을 만들고 있었다.

그래서 식탁을 치우고 의자를 올리고 일지에 그날 아침 워쇼가 한 수화와 우리가 나눈 대화를 기록할 시간이 생겼다. 내가 생각에 푹 빠져 있는데 워쇼가 침실에서 뛰쳐나오더니 깊은 정글에서 높은 가지에 매달리듯이 머리 위 문설주로 뛰어 올랐다. 워쇼는 리놀륨 바닥에 재빨리 착지한 다음 청소 용품이 든 찬장까지 미끄러져 갔는데, 마침 내가 깜빡 잊고 찬장을 잠그지 않은 터였다.

워쇼가 순식간에 찬장 문을 열더니 미스터클린이라는 세제 병을 낚아채서 자기 방으로 로켓처럼 달아났다. 나는 어느새 일어나 달리고 있었다. 내가 방으로 들어갔을 때 워쇼는 침대 위 인형으로 만든 마법의 원 안에 쪼그리고 앉아서 세제를 꿀꺽꿀꺽 마시고 있었다. 나는 공포에 질려 소리를 질렀다. 워쇼가 깜짝 놀라서 멈췄다. 나는 워쇼를 붙잡아 얼른 부엌으로 데리고 가서 식탁에 앉힌 다음 열심히 머리를 짜냈다. 내가 무척 과장된 몸짓으로 〈가만히 있어〉라고 말했기 때문에 워쇼도 겁에 질려 꼼짝도 하지 않았다.

생각이 질주했다. 독성을 어떻게 배출시키지? 토를 하게 만들자. 워쇼도 뭔가 잘못되었음을 알았는지 천사처럼 얌전히 협조했다. 내가 워쇼의 머리를 팔로 감싸고 입을 벌려서 목구멍에 손가락을 쑤셔 넣었다. 소용없었다. 나는 다시 또다시 계속 시도했지만 이 꼬마에게는 구역질 반사가 일어나지 않는 것 같았다.

어떻게 하지? 해독제가 뭔지 라벨을 읽어 보자. 세제 병을 들었지만 라벨이 눈에 들어오지 않았다. 워쇼는 죽을 거야, 다 내 잘못이야, 수화를 하는 최초의 침팬지를 내가 죽였어. 이런 생각밖에 떠오르지 않았다. 마침내 정신을 집중하여 라벨을 읽고 또 읽었다. 해독제에 대한 설명이 없었다! 나는 또다시 당황했다. 독성 물질을 흡입했을 때 우유를 마시면 된다는 이야기를 들었던 것 같아서 얼른 냉장고에서 워쇼의 분유를 꺼내 수화로 〈마셔, 마셔〉라고 말하면서 병을 억지로 들이밀었다. 워쇼가 분유를 조금 빨아먹다가 병을 입에서 빼더니 이런 멍청한 짓은 이제 질렸다는 표정으로 나를 쏘아보았다. 워쇼는 식탁에서 획 뛰어내려 자기 방으로 돌아갔다.

그때, 워쇼가 죽을 듯이 괴로워하지 않는다는 생각이 떠올랐다. 워쇼는 아무 일도 없었다는 듯 인형을 가지고 놀았다. 공포가 가라앉기 시작했다. 그리고 세제 라벨에 해독제에 대한 설명이 없다면 독성이 없을지도 모른다는 생각이 서서히 떠올랐다. 나는 자리에 앉아서 라벨을 한 줄한 줄 다시 읽었다. 그런 다음 고개를 들자 깜빡 잊고 잠그지 않은 냉장고 문이 보였다. 워쇼가 냉장고 앞에 서서 요거트를 전부 먹어 치우고 있었다. 요거트 한 통을 끝내고 다음 통을 열던 워쇼가 내 시선을 알아차렸다. 워쇼는 요거트 통을 양팔로 들고 으스대면서 두 발로 자기 방까지 걸어갔다. 내가 생각했다. 뭐 어때. 배가 고프다는 건 좋은 신호야. 만에 하나 중독된 거라면 적어도 근사한 최후의 식사는 하는 셈이잖아.

나는 라벨을 다시 읽었다. 해골 표시도, 독성이라는 말도 없었다. 나는 희망에 부풀었다. 어쩌면 미스터클린이 워쇼를, 또는 내 경력을 끝장내지 않을지도 모른다. 한 시간이 지났지만 워쇼는 멀쩡히 살아서 인형을 가지고 놀고 있었다. 나는 괜찮았다. 단 하나만 빼고. 미스터클린이 워쇼를 철저하게 씻어 냈던 것이다. 워쇼는 엄청난 설사를 시작했고, 나는 하루 종일 그 뒤처리를 했다. 행복한 마음으로 말이다.

몇 년 동안 나는 워쇼가 전형적인 아기 침팬지라고, 새끼 침팬지는 전부 반항기 많고 난폭한 사기꾼이라서 모든 권위에 반발하고 눈에 보이는 모든 한계를 시험한다고 생각했다. 나는 워쇼를 정말로 좋아하게 되었지만 모든 어미 침팬지를 동정했다. 내 경험상 아기 침팬지는 골칫덩이였다. 그래서 1970년에 다른 새끼 침팬지들을 만났을 때 같은 침팬지는 한 마리도 없다는 사실을 깨닫고 어느 정도 마음이 놓였다. 내가 만난 침팬지는 전부 따스한 인간 가정에서 자랐지만 한 마리는 수줍음이 많고 혼자 있는 것을 즐기는 반면, 한 마리는 차분하고 항상 온화했고, 또 한 마리는 칭찬을 받고 싶어서 안달했다. 심지어 자물쇠를 채우지 않은 냉장고를 습격하지 않는 침팬지도 있었다!

나는 침팬지의 행동 특성이라고 생각했던 많은 부분이 워쇼의 성격에 불과했음을 깨달았다. 모든 침팬지가, 아니 모든 동물이 그렇듯이 워쇼는 특별했다. 물론 워쇼는 좋든 싫든 관심이 필요한 유형이었다. 공주 같으면서도 선동가 같은 워쇼는 자신이 무엇을 원하는지, 그리고 어떻게 하면 그것을 얻을 수 있는지 잘 알았다.

워쇼와 몇 달을 보내자 나는 우리가 함께 보낼 네 시간 또는 여덟 시간의 교대 근무 시간을 진심으로 기대하게 되었다. 우리가 같이 아침을 먹고 나면 내가 부엌을 치웠고 워쇼는 개수통에 인형을 넣고 목욕을 시키거나 나무 블록을 쓰러질 때까지 또는 자기가 직접 쓰러뜨릴 때까지 높이 높이 쌓으며 놀았다. 가끔 워쇼가 한자리에 앉아서 바느질을 할 때도 있었는데, 워쇼의 옷을 고쳐 주던 수전 니콜스를 보고 배운 것이었다. 워쇼가 실제로 옷을 고치는 것은 아니었지만 한 번에 이삼십 분씩 완전히 집중해서 엉망진창인 바느질을 열심히 했다. 침팬지는 눈과 손의 협응 능력이 뛰어나고, 재미가 있고 자기가 하고 싶어서 하는 일이라면 몇 시간 동안 집중할 수 있다.

나는 워쇼를 보면서 침팬지나 어린아이를 상대할 때 제일 중요한 비밀을 배웠다. 어떤 활동을 놀이처럼 만들면 침팬지나 아이는 그 일을 끝없이 한다. 그러나 어떤 활동을 하라고 요구하거나 억지로 시키면 그 즉시 흥미를 잃는다. 나는 워쇼의 관심을 잠시 돌리고 싶을 때면 조리대에 〈우연히〉 드라이버를 놔두었다. 그러면 드라이버를 발견한 워쇼는 오전 내내 찬장을 해체하려고 애썼다. 진전은 별로 없었지만 몇 시간 동안 가만히 앉아서 설비를 열심히 보면서 도구를 휘둘렀다. 워쇼가 드라이버를 능숙하게 쓰기 시작하면 빼앗아야 했다. 그렇지 않았다면 워쇼는 분명 트레일러를 전부 해체했을 것이다.

워쇼는 굴러다니는 드라이버가 없으면 문을 요란하게 쾅쾅 두드리면서 〈밖에 나가자 밖에 나가자〉라고 외쳤다. 뒤뜰로 나가면 내가 목말을 태워 주거나 둘이서 숨바꼭질을 했다. 워쇼는 숨바꼭질을 정말 좋아했는데, 숨바꼭질을 하려면 누가 숨을지, 어디에 숨을지, 어디서 찾을지 정해야 했기 때문에 수화 연습에 아주 좋은 게임이었다. 그러나 워쇼는 오른손을 왼손 밑에 숨기는 〈숨다〉라는 수화를 하는 대신 항상 양손으로 눈을 가렸는데, 〈까꿍 놀이〉라는 뜻이었다. 까꿍 놀이는 정식 수화가 아니었지만 워쇼는 항상 그 손짓을 이용해서 〈까꿍 놀이 할래?〉라든지 〈나 까꿍 놀이 빨리〉라고 말했다.

워쇼가 정말 좋아했던 또 다른 놀이는 한 사람이 다른 사람의 행동을 똑같이 흉내 내는 〈사이먼이 말하기를〉이었다. 내가 〈이렇게 해〉라고 말한 다음 양손을 머리에 얹으면 워쇼도 똑같이 하고, 〈이렇게 해〉라고 말한 다음 양손으로 눈을 가리면 워쇼도 따라 했다. 워쇼가 눈을 가리면 나는 간지럼 공격을 하고 싶은 유혹을 참을 수가 없어서 워쇼가 요란하게 콧바람을 불면서 〈더 더〉라고 애원할 때까지 간지럼을 태웠다. 놀이가 다 끝나면 워쇼는 보통 혼자서 시간을 보내려 하거나 버드나무 꼭대기로 올라갔다. 워쇼는 혼자 그곳에 앉아서 이따금 나뭇잎을 우적우적 먹거나 자기만의 세상인 작은 뒤뜰 너머 거리에서 세상이 흘러가는 모습을 바라보았다.

점심시간이 되면 둘이서 트레일러로 돌아갔고, 내가 이유식이나 요거트, 혹은 워쇼가 제일 좋아하는 비엔나소시지를 준비했다. 침팬지를 높은 아기 의자에 앉히고 음식을 먹일 때면 내가 인간 아기를 돌보고 있는 것이 아니라는 사실을 잊기 쉬웠다. 예를 들어 우리는 보통 워쇼의 먹이를 으깨서 주었는데, 어느 날 워쇼가 유치로 탄산음료 병뚜껑도 따고 나무껍질도 씹어 먹는다는 사실을 앨런 가드너가 지적했다. 워쇼의 먹이를 으깰 필요가 전혀 없었던 것이다. 침팬지는 아주 강력한 턱을 가지고 있는데, 인간과 달리 눈 위쪽의 융기한 뼈와 연결된 뼈에 고정되어 있다. 침팬지의 턱은 긴 송곳니와 함께 껍질 벗기기, 으깨기 ─ 인간이 수백만 년의 진화 끝에 손으로 하는 법을 익힌 음식 준비라는 잡일 ─ 에 딱 맞게 만들어져 있다.

점심을 먹고 나면 낮잠 시간이었고, 자고 일어나면 트레일러 안에서 조용히 놀았다. 워쇼가 좋아하는 책, 주로 동물 사진이 나오는 책을 가지고 와서 같이 봤다. 내가 수화로 내용을 이야기해 주면 워쇼가 책장을 넘기면서 개, 고양이 등등의 사진에 대해서 수화로 말했다. 워쇼는 식탁 앞에 앉아서 연필로 종이에 그림을 그리는 것도 무척 좋아했다. 그림 그리기는 보통 내가 등을 돌리면 끝났다. 이제 막 피어나는 어린 예술가 워쇼는 두 다리와 한 팔로 냉장고에 매달린 다음 자유로운 팔을 뻗어서 옆 캐비닛에 붙어 있는 〈배변표〉 — 위쇼가 화장실에 간 시간을 모두 영구적인 기록으로 남기는 아주 중요한 문서 — 에 미친 듯이 그림을 그렸다. 한 시간 동안 책을 읽거나 그림을 그리고 나면 위쇼가 다시 문 앞으로 갔다. 〈너랑 나 나가자, 너랑 나 나가자.〉 비가 내리고 있으면 아기 숨기기처럼 더 재밌는 놀이를 해야 위쇼의 관심을 끌 수 있었다. 위쇼가 눈을 가리고 기다리는 동안 내가 인형을 숨기는 놀이였는데, 위쇼는 몰래 엿봤기 때문에 1분도 안 돼서 찾아냈다. 우리는 숨길 인형이 하나도 남지 않을 때까지 아기 숨기기 놀이를 했다.

오후 네 시는 차를 마시는 시간이었는데, 비어트릭스 가드너가 옥스퍼드 대학교에 다닐 때부터 지켜 온 고풍스러운 의식이었다. 위쇼의 입장에서 차 마시는 시간이란 다시 밖에 나가자고 조르기 전에 우유와 쿠키를 게걸스럽게 먹어 치우는 시간이었다. 그런 다음 여섯 시면 저녁을 먹으러 다시 들어왔다.

위쇼는 비엔나소시지와 차, 샌드위치를 마음껏 먹었지만 데비와 조슈아, 나는 대학원생 가족답게 가난한 생활을 했다. 우리는 기름진 타코와 냉동 초콜릿 케이크, 쿨에이드 음료를 즐기며 멋지게 살았다. 어쨌든 우리는 140달러라는 엄청난 월급 — 내가 80시간 동안 위쇼를 돌보면서 받는 돈이었다 — 과 조슈아가 태어나기 전 데비가 아이들을 가르치며 벌어서 저축한 돈으로 살아야 했다. 가끔 월말에 돈이 떨어지면 우리는 할머니가 보내 준 50센트짜리 존 F. 케네디 기념 주화가 가득한 조슈아의 돼지 저금통까지 습격했다.

가족 오락은 돈이 아주 적게 드는 것 말고는 상상도 할 수 없었다. 우리는 차를 타고 시내로 나가서 칼 네바Cal Neva 카지노 주차장에 차를 세웠다. 그런 다음 카지노에 들어가서 수표를 5달러짜리로 바꿨다. 카지노에서 수표를 현금으로 바꾸면 무료 음료 티켓 두 장과 무료 주차권이 나왔다. 그러면 우리는 도박을 하는 대신 바로 옆 영화관으로 갔다. 카지노에서 나올 때는 누가 잊고 간 잔돈이 없는지 슬롯머신을 전부 확인했다. 슬롯머신에서 발견한 5센트짜리 동전 하나로 슬롯머신을 해서 12달러를 번 적도 있었다. 그때 나는 리노에서 제일가는 부자가 된 기분이었다.

그러나 가족 외출은 드문 일이었다. 저녁이면 나는 보통 트레일러 부엌에서 워쇼의 저녁 식사를 챙겨 주었다. 저녁 식사가 끝나면 목욕 시간이었는데, 이 역시 잔머리 싸움이었고 워쇼는 거품 가득한 물을 몰래 마시려고 계속 틈을 노렸다. 나는 번개처럼 빠르게 워쇼의 얼굴을 씻겨야 했는데, 그렇지 않으면 워쇼가 수건을 빨았고 격렬한 수건 뺏기 싸움이 이어졌다.

목욕이 끝나면 나는 워쇼의 피부가 네바다의 건조한 공기 때문에 갈라지지 않도록 바디 오일을 발라 주었다. 오일을 바르고 나면 워쇼가 내 무릎으로 뛰어올라 조용히 누웠고, 나는 머리끝부터 발끝까지 워쇼의 털을 빗어 주었다. 야생 침팬지들에게는 털 고르기가 가족과 공동체를 하나로 묶어 주는 사회적 접착제다. 털 고르기는 확신과 편안함, 유대감을 준다. 침팬지는 무리 지어 모여 앉아서 몇 시간 동안이나 서로의 털과 피부를 살피기도 한다. 워쇼는 털을 고르는 밤 시간을 무척 좋아했고, 낮에도 둘이서 조용히 있을 때면 종종 내 머리카락을 뒤적이며 보답했다.

잠잘 시간이 되어 털 고르기를 하면서 차분해진 워쇼는 천사 같았다. 이때가 하루 중 내가 제일 좋아하는 시간이었던 것도 당연하다! 워쇼가 긴장을 풀고 쉬고 있었으므로 나는 워쇼가 장난을 쳐서 나를 괴롭히거나 내가 시키는 일에 반항하지 않으리라는 사실을 잘 알았다. 이 한 시간만큼은 휴전이었고, 우리는 둥지 속의 두 마리 새처럼 평화롭고 편안했다. 나는 워쇼에게 파자마를 입혀서 침대에 눕힌 다음 수화로 동화책을 한 권 읽어 주었다. 워쇼가 나이 들고 어휘력이 향상되면서 나는 워쇼와 친구들에 대한 이야기를 지어냈다. 워쇼는 내가 하는 수화 하나하나에 몰입하면서 이야기에 푹 빠져서 듣다가 피곤함에 지쳐 눈을 감고 잠이 들었다.

나는 종종 워쇼가 잠든 후에도 조금 더 남아 지켜보면서 침팬지의 꿈이 워쇼를 어디로 데려갈까 생각했다. 워쇼는 꿈속에서 하루 동안 있던 일을 다시 겪으면서 인간 가족과 함께 숨바꼭질을 하고 수화를 할까? 아니면 저 멀리 자기가 태어난 정글로 돌아가 엄마의 북실북실한 가슴에 매달려서 나무 밑에 숨어 있는 위험은 까맣게 모른 채 지붕처럼 우거진 열대 우림을 다시 한 번 겁 없이 누빌까?

워쇼는 한밤의 비밀을 절대 알려 주지 않았다. 다음 날 워쇼를 깨우러 가면 힘들게 갈아야 할 기저귀만 있을 뿐, 고상하게 명상에 빠질 시간은 없었다.

3장
아프리카를 떠나서

　워쇼와 함께한 처음 몇 년 동안 나에게는 워쇼가 이곳으로 오게 된 사연이 낭만적인 수수께끼였다. 나는 워쇼가 아프리카에서 〈야생 채집〉되었다는 사실을 알았고, 워쇼가 생후 10개월 때 가드너 부부가 뉴멕시코 홀로먼 항공 의학 실험실Holloman Aeromedical Laboratory의 우주 프로그램에서 워쇼를 데려왔다는 사실을 알고 있었다. 나는 순진하게도 어미에게 버려진 워쇼를 착한 사람이 구조해서 최대한 잘 돌보려고 미국으로 데려온 것이라 생각했다. 호기심쟁이 조지와 노란 모자를 쓴 남자 이야기처럼 말이다.

　H. A. 레이의 『호기심쟁이 조지』 시리즈 중 한 권은 오싹하게도 침팬지가 미국 우주 프로그램에서 펼칠 활약을 예견한다. 1957년에 출판된 『호기심쟁이 조지, 훈장을 받다Curious George Gets a Medal』에는 너무 작아서 인간이 탈 수 없는 최초의 로켓 우주선 조종사로 지원하는 어린 침팬지가 등장한다. 호기심쟁이 조지는 임무를 완벽하게 완수하고 적절한 레버를 당겨 낙하산을 타고 지구로 돌아와서 영웅에게 걸맞은 환영을 받고 기념 사진을 찍은 다음 〈최초의 우주 원숭이 조지에게〉라고 적힌 커

다란 금 훈장을 받는다. 책은 〈그것은 조지의 일생에서 가장 행복한 날이었습니다〉라는 문장으로 끝난다.

4년이 지난 1961년, 역사는 동화책 내용대로 흘러갔다. 그때 나는 대학 신입생이었다. 존 F. 케네디 대통령은 미국이 10년 안에 달 착륙 경쟁에서 소련을 앞설 것이라고 장담했다. 미 항공 우주국은 조종사를 달로 데려갔다가 다시 지구로 데려올 1인용 우주 캡슐 ─ 머큐리 ─ 개발을 이미 마쳤다. 그러나 조종사가 작은 종 모양 깡통을 타고 외계로 돌진하면서 치사량의 방사선과 뜨거운 열기, 상상도 할 수 없는 중력의 폭격을 받으면 어떻게 될지 아무도 몰랐다. 동물을 이용해서 위험을 평가할 수 있는데 뭐 하러 미국 우주인을 위험에 빠뜨리겠는가?

이때 우리의 사랑스러운 〈우주 파트너〉 침팬지 우주인이 등장한다. 대중은 침팬지들의 임무가 어떤 것인지 잘 몰랐다. 우리는 침팬지 우주인들이 외계라는 광산의 영광스러운 카나리아라고 상상했다. 침팬지가 살아남으면 인간 우주인들이 그 뒤를 따를 수 있을 것이고, 침팬지가 죽으면 항공 우주국은 설계 단계로 돌아갈 것이다.

그러나 사실은 조금 더 복잡했다. 발사와 무중력, 지구 재진입이라는 전례 없는 중압 속에서 부담스러운 정신 활동을 수행할 수 있는지 증명하기 위해서 침팬지는 우주인과 같은 행동을 몇 가지 배워야 했다. 그런데 머큐리 캡슐은 지구에서 원격 조종할 예정이었다. 머큐리 프로그램에 참가하는 침팬지와 인간은 조종사라기보다 승객에 가까웠다.

공군은 조작적 조건 형성 ─ 상벌 체계 ─ 을 이용해서 시뮬레이션 비행 장비로 우주 침팬지 65마리를 훈련했다.[1] 침팬지가 깜빡거리는 빛을 보면서 적절한 레버를 당기면 맛있는 바나나 맛 사료가 보상으로 나왔다. 그러나 틀린 반응을 하면 발바닥에 가벼운 충격이 가해지는 벌을 받왔다. 이 바나나 훈련은 모든 예상을 뛰어넘어 잘 통했다. 어느 훈련 연습에서 한 우주 침팬지는 7,000가지 동작 중 실수를 20번밖에 하지 않았는데, 이는 당시 방문했던 의회 의원보다 더 좋은 성적이었다.

우주 침팬지들은 1961년 1월 31일에 처음 실전 훈련을 받았다. 온 국민이 숨을 죽이는 가운데 햄Ham — 홀로먼 항공 의학의 줄임말 — 이라는 이름의 세 살짜리 침팬지가 거대한 레드스톤 로켓에 실린 머큐리 캡슐에 묶였다. 오전 11시 55분에 레드스톤이 굉음을 내며 발사되었고 햄은 시속 약 8,000킬로미터로 대기 밖 우주로 날아갔다.

일련의 작은 고장으로 인해 로켓은 시속 2,900킬로미터 정도 초과된 극히 고통스러운 중력으로 대기권에 떨어졌지만 햄은 우주인으로서의 임무를 완벽하게 해냈다. 햄은 우주국 공무원들과 전국 텔레비전 시청자들의 열광적인 갈채를 받으며 까맣게 그을린 머큐리 캡슐 밖으로 나왔다. 햄은 〈불꽃 같은 인기〉를 얻었고 열흘 뒤에는 『라이프Life』 표지에 실리는 영광도 누렸다. 이제 우주는 인간에게 안전한 곳이라 여겨졌고, 1961년 5월 5일에 앨런 셰퍼드Alan Shepard가 지구 대기권을 넘어가는 최초의 미국 유인 로켓에 탑승했다.

셰퍼드의 비행은 무척 인상적이었지만 소련이 이미 3주 전에 유리 가가린을 보스토크 1호에 태워 지구 주변을 도는 궤도로 발사시킨 터였다. 캡슐을 우주로 발사하는 것과 캡슐을 궤도에 올리는 것은 전혀 달랐다. 항공 우주국은 궤도 발사를 위해서 더욱 강력한 로켓 아틀라스를 개발했지만 전반적인 발사 성적은 초라했다. 아틀라스는 정확히 두 번 성공하고 두 번은 실패했기 때문에 항공 우주국 관리들은 아틀라스에 인간을 태우기 주저했다. 그래서 다시 한 번 침팬지에게 기대기로 했는데, 이번에는 서아프리카에서 온 다섯 살 반의 에노스Enos라는 침팬지였다. 홀로먼 기지의 침팬지들은 16개월 동안 심리적, 육체적으로 가혹한 훈련을 받았고, 그중 성적이 제일 좋았던 에노스가 뽑혔다. 1961년 11월 29일 오전 10시 17분에 아틀라스 로켓이 발사되었고 에노스는 지구 주변을 그림처럼 완벽하게 한 바퀴 돌았다. 그러나 두 번째 바퀴를 돌 때 문제가 발생했다. 머큐리 캡슐의 가스 화구가 닫히지 않아서 연료가 낭비되는 바람에 머큐리가 갑자기 비틀거렸다.

게다가 또 다른 문제가 생겼다. 머큐리의 바나나 맛 사료 시스템이 고장 나는 바람에 에노스가 올바른 반응을 해도 전기 충격이 가해졌던 것이다. 다섯 살 난 침팬지 에노스는 1년 넘게 받은 집중 훈련과 모순되는 상벌 체계에 맞닥뜨렸다. 과학자들은 에노스가 보상으로 바나나 맛 사료를 받으려고 틀린 반응을 할 것이라고 생각했지만 에노스는 고장 난 항공 우주국 시스템을 무시하고 자신이 아는 옳은 방법대로 비행 임무를 수행했다. 레버를 제대로 당길 때마다 전기 충격을 받으면서도 말이다. 〈생각 없는〉 유인원 에노스가 그를 조종하는 인간보다 더 똑똑했던 것이다.

에노스가 탄 캡슐이 위험하게 흔들리자 항공 우주국은 서둘러 세 번째 궤도를 취소했다. 에노스는 바하마 근처 목표 지점에 첨벙 떨어졌다. 사람들이 106도로 끓어오르는 캡슐에서 에노스를 끌어냈다. 한 바퀴만 더 돌았다면 에노스는 죽었을 것이다. 비행 후 실시한 실험에서 과학자들은 에노스의 성과를 거의 따라가지 못했다. 에노스처럼 전기 충격을 받은 것도 아닌데 말이다. 에노스는 히브리어로 〈사람〉이라는 뜻인데, 이 어린 침팬지는 과학이 인정하는 것보다 합리적인 인간에 더욱 가까운 것 같았다. 에노스와 햄의 우주 탐험 덕분에 항공 우주국은 250군데를 수정하여 더욱 안전하고 편안한 프렌드십 7을 만들었고, 이 우주선은

1962년에 존 글렌John Glenn을 태우고 지구를 세 바퀴 돌았다.

인간은 이제 우주에서 살아남을 수 있다고 확신하게 되었고, 우주 침팬지는 등장할 때와 마찬가지로 빠른 속도로 대중의 시야에서 사라졌다. 최초의 우주인은 평생 높은 명성과 과분한 칭송을 누렸지만 최초의 우주 침팬지는 그렇지 않았다. 에노스는 비행을 마치고 딱 1년 후에 이질로 죽었다. 햄은 워싱턴의 국립 동물원으로 보내져 1980년까지 17년 반 동안 우리에 홀로 갇혀 산 다음 노스캐롤라이나 동물원의 작은 침팬지 공동체로 옮겨졌다. 햄은 스물여섯 살이던 1983년에 심장마비로 세상을 떠났는데, 야생에서 살았다면 누렸을 수명의 반도 안 되는 나이였다. 남은 우주 침팬지들은 대부분 의학 연구실로 보내져서 고통스럽고 때로는 죽음에 이르는 실험을 받았다.

우주 침팬지들이 맞이한 슬픈 운명은 널리 알려지지 않았다. 침팬지가 우주 프로그램에서 맡은 역할에 대한 나의 기억 역시 『호기심쟁이 조지, 훈장을 받다』와 마찬가지로 동화적이다. 나는 워쇼를 비롯한 영웅적인 우주 침팬지들이 인간적인 방식으로 미국에 왔다고, 침팬지들이 정말로 자원했다고, 미국을 위해 사심 없이 봉사한 대가로 충분한 보상을 받았을 것이라고 생각했다.

나는 공군이 50, 60년대에 아프리카에서 갓난 침팬지를 어떻게 〈모집〉했는지 몇 년 후에야 알게 되었다. 공군에게 침팬지를 조달한 아프리카 사냥꾼들은 새끼를 안고 있는 어미 침팬지를 쫓아다녔다. 보통 어미 침팬지는 높은 나무 위에 숨어 있다가 총을 맞았다. 어미 침팬지가 배 쪽으로 떨어지면 가슴에 매달린 새끼 침팬지는 어미와 함께 죽는다. 그러나 어미 침팬지들은 대부분 등 쪽으로 떨어져 새끼 침팬지를 보호했다. 그런 다음 비명을 지르는 새끼 침팬지는 막대에 손발이 묶인 채 해안가로 운반되었는데 보통 며칠씩 걸리는 괴로운 여행이었다. 이 두 번째 고난에서도 살아남은 새끼 침팬지는 (그렇지 못한 새끼가 많았다) 4~5달러에 유럽 동물상에게 팔렸고, 동물상은 미국인 구매자 — 이 경우 미 공군 — 가 도착할 때까지 침팬지를 작은 상자에 며칠 동안 넣어 두었다. 그때까지 살아남은 침팬지들은 상자에 넣어져 미국으로 보내졌는데, 노예 무역 당시와 똑같았다. 상자에서 살아서 나오는 새끼 침팬지는 아주적었다. 추정에 따르면 미국까지 살아서 오는 침팬지 한 마리당 열 마리가 죽었다.

1960년대 중반이 되자 미국은 침팬지를 더 이상 우주로 쏘아 올리지 않았지만 그 대신 침팬지에게 의학 실험을 했다. 1966년 봄, 미국까지 살아서 온 새끼 침팬지들 중에 몸무게 약 4.5킬로그램 정도의 캐시라는 침팬지가 있었다. 캐시는 홀로먼 항공 의학 실험실로 보내졌지만 질병 연구의 피실험체가 되기 전에 운명이 바뀌었다. 홀로먼에서 제일 크고 건강한 새끼였던 캐시는 침팬지를 구하려고 공군 실험실을 방문한 두 과학자에게 큰 인상을 주었다. 앨런과 비어트릭스 가드너는 미국 수화를 배울 침팬지로 10개월 된 캐시를 골랐다. 가드너 부부는 아무리 인간이 키운다고 해도 침팬지에게 지나치게 인간 같은 이름을 붙이면 안 된다고 생각했다. 그래서 두 사람은 캐시를 집으로 데리고 오면서 그녀가 자랄 네바다 주 시골 동네의 이름을 따서 워쇼라는 새로운 이름을 붙여주었다.

애초에 미 항공 우주국은 왜 침팬지를 선택했을까? 소련은 최초의 우주 비행을 할 동물로 인간의 제일 좋은 친구 개를 선택했다. 미국 과학자들은 우주여행으로 인한 기본적인 신체 반응만 보고 싶다면 개도 괜찮다는 사실을 알고 있었다. 그러나 개는 아무리 훈련시켜도 우주 비행사처럼 행동할 것 같지 않았다.

항공 우주국 과학자들은 가드너 부부와 똑같은 이유 때문에 침팬지를 선택했다. 그들은 생물학적, 인지적, 행동학적으로 우리와 가장 가까운 동물을 찾고 있었던 것이다. 당시 실험 과학자들은 세 종의 대형 유인원 중에서 침팬지를 제일 잘 알았다. 침팬지는 사교적이었기 때문에 다루기 편했고 생리학적으로 인간의 쌍둥이나 마찬가지였으며 문제 해결 능력이 뛰어났다.

워쇼 역시 인간 아이와 똑같은 방법으로 문제를 끊임없이 해결했다. 워쇼는 찬장을 해체하려고 도구를 사용했고, 아기 숨기기 같은 놀이를 할 때 속임수를 써서 이기는 법을 터득했으며, 다른 사람이 수돗물을 틀면서 수화로 〈열다〉라고 말하는 것을 본 적은 없었지만 내가 수돗물을 틀어 주기 바랄 때면 수화로 〈열어〉라고 말했다.

그러나 침팬지와 인간의 지능이 놀랄 만큼 비슷하다는 사실을 나에게 알려 준 것은 워쇼와 만난 지 몇 달 되지 않아서 일어난 사건이었다. 우리는 워쇼의 트레일러 문 앞에 까는 깔개를 새로 샀고, 나는 워쇼가 그것을 알아차리기를 기다렸다. 집 안에 새로운 물건이 들어오면 항상 그렇듯 워쇼는 깔개에 엄청난 흥미를 보이면서 신중하게 관찰할 것이다. 그러나 워쇼는 깔개를 흘끔 보고 깜짝 놀라 풀쩍 물러나더니 구석에 처박혀서 몸을 웅크리고 벌벌 떨면서 경계하는 소리를 냈다.

그러다가 무슨 생각이 떠오른 것처럼 워쇼가 자리에서 일어났다. 워쇼는 인형 하나를 움켜쥐고 무시무시한 깔개에서 1미터 정도 떨어진 곳까지 다가가더니 인형을 깔개 위로 던졌다. 워쇼가 몇 분 동안 인형을 열심히 바라보았지만 아무 일도 없었다. 인형은 거기 가만히 누워 있었다.

몇 분 뒤 워쇼는 깔개 바로 앞까지 기어가서 손을 얼른 뻗어 인형을 안전하게 데려왔다. 인형을 샅샅이 살펴본 워쇼는 아무 문제도 없다는 결론을 내리고 침착해진 것 같았다. 결국 더 용감해진 워쇼는 머뭇거리긴 했지만 별로 무서워하지 않으며 깔개로 다가갔다. 며칠이 지나자 워쇼는 깔개에 눈길도 주지 않고 트레일러를 드나들었다. 무서운 깔개가 이제 평범한 깔개가 된 것이다.

워쇼가 인형을 이용해서 무시무시한 새 깔개를 시험한 것은 인간이 침팬지를 이용해서 우주여행의 위험성을 시험한 것과 아주 유사하다. 이 일을 통해서 나는 인간 지능이 완전한 형태로 뚝 떨어진 것이 아니라는 사실을 깨달았다. 우리의 문제 해결 능력은 유인원 지능이 변형된 것이었다.

워쇼의 지능은 인간 아이의 지능과 아주 비슷했다. 이 사실은 워쇼가 사회적인 문제를 해결할 때 가장 뚜렷하게 드러났다. 별로 놀라운 일은 아니다. 많은 과학자들은 유인원과 인간이 긴밀한 가족 관계와 사회적인 공동체의 복잡한 역학을 다루기 위해서 아주 놀라운 사고력을 발달시켰다고 믿는다. 야생 침팬지는 정치 게임의 대가다. 침팬지는 공동체의 어느 구성원과 동맹을 맺을 경우의 비용과 이득을 끊임없이 계산하면서 다른 구성원은 냉대하고 또 다른 구성원은 속인다. 간단히 말해서 침팬지는 우리와 무척 비슷하다.

워쇼는 입양된 인간 가정에서 이러한 사회적 지능을 항상 드러내고 있었다. 내가 프로젝트 첫해를 마치고 워쇼가 세 살로 접어들 때쯤 워쇼는 나를 조종해서 원하는 것을 얻어내려고 아주 정교한 계략을 짜기 시작했다.

어느 날 아침 워쇼와 나는 트레일러를 나섰고 워쇼는 곧장 나무로 올라갔다. 나는 트레일러 계단에 앉아서 일지를 적었다. 내가 고개를 들었을 때 워쇼는 이미 나무에서 내려와 반대편 끝에 서서 바위 아래 무언가를 열심히 바라보고 있었다. 나는 호기심을 누르지 못하고 워쇼가 무엇에 그렇게 흥미를 느끼는지 보러 갔다. 아무것도 없었다. 하지만 워쇼는 내가 바위 앞에 앉을 때까지 계속 보고 또 보았다. 내가 자리에 앉자마자 워쇼는 〈아무것도 아닌 것〉에 흥미를 잃고 자기 나무로 다시 올라갔다.

이제 나는 트레일러에서 멀리 떨어진 나무 맞은편에 있었다. 내가 일지에 다시 집중하자마자 워쇼가 나뭇가지를 거의 건드리지도 않고 떨어지듯 내려오더니 트레일러로 전력 질주했다. 내가 자리에서 일어섰을 때 워쇼는 이미 계획을 실행하여 내가 깜빡 잊고 잠그지 않은 찬장에서 탄산음료 병을 꺼내서 달려 나오고 있었다. 병을 겨드랑이에 낀 상태로는 네발로 달릴 수 없었기 때문에 워쇼는 술 취한 수병처럼 비틀거리며 두 발로 나무까지 달려갔다. 워쇼는 나를 따돌리고 안전한 피난처로 쏜살같이 올라갔다.

이 사건 자체가 정말 놀라웠다. 워쇼는 아침을 먹으면서 찬장이 잠기지 않았다는 사실을 눈치 챘을 것이고, 내가 등을 돌리고 있을 때 습격하고 싶은 자연스러운 충동을 억누르면서 혼자 트레일러로 들어가서 탄산음료를 마실 정도의 충분한 시간 동안 내 주의를 끌 계획을 짰을 것이다. 이러한 계획과 속임수는 워쇼가 할 수 있을 것이라고 내가 생각했던 수준을 넘어서는 것이었다. 인간 지능의 진화는 워쇼가 보여 주는 이러한 특징들과, 말하자면 파블로프의 개와 정반대로 자신의 반응을 억제하는 능력 및 환경 변화에 맞춰 계획을 수정하는 유연성과 종종 관련이 있다.

워쇼가 항상 이렇게 복잡한 속임수를 쓰는 것은 아니었다. 워쇼는 서너 살짜리 아이와 마찬가지로 양부모와 나를 포함해서 힘이 있는 타인을 뻔뻔스럽게 조종하는 특별한 재능이 있었다. 워쇼는 우리에게서 약한 부분을 발견하면 곧바로 그것을 이용해서 최대한의 이익을 끌어냈다.

예를 들어 워쇼는 〈용납할 수 없는〉 행동 중에서 우리를 펄펄 뛰게 만드는 게 무엇인지 정확히 알았다. 한동안 그것은 청포도였다. 청포도가 몸에 나쁜 것은 아니었지만 워쇼는 청포도만 먹으면 항상 설사를 했고, 설사를 하며 날뛰는 침팬지의 뒤처리를 하는 것은 전혀 재미있지 않았다. 그래서 청포도가 협상 수단이 되었다. 워쇼는 먹을 것이든 놀이든 원하는 게 있으면 포도를 따서 나무 위로 달려 올라갔고, 우리가 항복할 때까지 금지된 과일을 똑똑 따서 입에 넣었다. 가끔은 단지 인간의 우스운 반응을 보려고 포도를 먹을 때도 있었다. 다행히도 청포도가 나는 시기는 짧았다.

그러나 자갈은 이야기가 달랐다. 진입로에 깔린 자갈은 제철이 따로 없었고, 워쇼는 자갈을 먹겠다고 위협하기만 하면 되었다. 그러면 우리는 워쇼가 자갈에 목이나 내장을 다칠까 봐 난리를 피웠다. 결국 워쇼의 담당 의사가 걱정하지 말라고, 자갈을 먹어도 별 탈 없이 워쇼의 몸을 거쳐서 나올 것이라고 말했다. 가드너 부부는 워쇼가 자갈을 먹겠다고 위협해도 무시하라고 지시했고, 그러자 워쇼의 행동이 싹 바뀌었다. 워쇼는 자갈을 향해 달려가다가 멈춰서 우리를 보며 평소와 같은 신경질적인 반응을 기다렸다. 그러나 우리가 아무런 반응도 보이지 않자 워쇼가 자갈을 한 움큼 집어 입에 넣고 가만히 앉아서 우리를 보았다. 우리는 못 본 척했다. 그러자 자갈을 먹는 버릇은 한 달도 안 돼서 마법처럼 사라졌다.

하지만 완전히 사라진 것은 아니었다. 워쇼는 가끔 심술이 나면 금지된 행동을 전부 다 했다. 운동복 상의를 씹어서 구멍을 내고, 벽장에 들어가려고 하고, 결국에는 나무로 올라가서 제일 높은 가지에서 소변을 봤다. 하지만 나는 반응을 보이지 않았다. 결국 워쇼는 자포자기한 듯 자갈을 한 움큼 쥐고 입에 쑤셔 넣으면서 나를 빤히 보았다. 하지만 이 못된 짓으로도 내 주의를 끌지 못하자 워쇼는 자갈을 뱉어내고 포기했다.

그즈음 나는 집에서 고양이를 길렀다. 고양이는 놀랍고 똑똑한 동물이긴 했지만 복잡한 속임수를 쓰거나, 못된 짓을 하겠다고 위협하거나, 수화로 화장실에 대한 농담을 하지는 않았다. 하지만 워쇼는 이 모든 것을 했다. 새끼 침팬지 워쇼가 인간 아이처럼 생각하고 행동하고 말하는 것처럼 보이는 이유는 무엇일까?

답은 두 종이 공유하는 진화사에 있다. 인간과 침팬지는 같은 유인원류 선조의 후손이다. 흥미롭게도 서아프리카인들은 현대 분자 생물학보다 수천 년 앞서, 유럽인이 침팬지를 만나기 훨씬 전부터 이 사실을 알았다. 서아프리카 열대 우림에 사는 사람들은 이웃에 사는 침팬지가 인간의 조상이나 형제라는 사실을 알고 있었다. 〈침팬지〉라는 단어는 〈가짜 인간〉이라는 뜻의 콩고 방언에서 왔다.

서아프리카인들은 침팬지를 인간에 가까운 존재부터 인간과 똑같은 존재까지 다양한 모습으로 보았다. 현재의 코트디부아르에 사는 우비 Oubi족은 침팬지를 〈못생긴 인간〉이라고 부른다.[2] 우비족 신화에 따르면 신께서 인간을 창조한 다음 걸으라고 명령했다. 그러나 똑똑한 침팬지들은 이 명령을 거부했고, 그 벌로 못생긴 외모를 갖게 되고 정글로 쫓겨났지만 힘들게 일할 필요 없이 자신들의 꾀에 따라서 행복하게 살았다. 지금까지도 우비족은 침팬지 살상을 금지한다. 종교적으로 침팬지가 인간보다 우월하다고 생각하기 때문이다.

북기니 삼림 지역에 사는 멘데Mende족은 침팬지를 누무 그바하미샤 numu gbahamisia ─〈다른 사람들〉─ 라고 부르며[3] 인간과 침팬지 모두 후안 나샤 타 로 아 응구 펠레huan nasia ta lo a ngoo fele ─〈두 발로 걷는 동물〉─ 라는 삼림 동물의 후손이라고 믿는다. 구로Gouro족의 일파는 스스로 침팬지의 후손이라고 믿는다.[4] 바울레Baoulé족은 침팬지를 인간의 〈사랑하는 형제〉라고 부른다. 바크웨Bakwé족은 침팬지를 가장 가까운 혈족으로 여길 뿐 아니라 예전에는 실제로 침팬지를 인간처럼 매장했다. 베테Bété족은 침팬지를 〈야생 인간〉 혹은 〈숲으로 돌아간 인간〉이라고 부른다.

기나긴 세월 동안 침팬지와 나란히 살아 온 서아프리카인들은 절대 침팬지의 사고력이 부족하다고 생각하지 않았다. 반대로 그들은 침팬지가 석기를 만들어서 사용하고, 토착 식물을 이용해서 병을 치료하고, 사냥 같은 사회적 행동을 조직하고, 심지어는 원초적인 형태의 정치 문화까지 가지고 있음을 목격했다.

유럽인들은 침팬지를 전혀 다르게 보았다. 고대 그리스인들은 원숭이만 알았지 유인원은 몰랐다. 다행히도 침팬지를 몰랐던 서구 정치학의 아버지들은 도구를 만들어 쓰는 일반 동물에 대해 설명할 필요가 없었다. 플라톤과 아리스토텔레스는 생각하는 인간과 나머지 동물들 사이에 반짝거리는 선을 굵게 그을 수 있었다.

플라톤은 인간이 두 개의 영혼을 가지고 있기 때문에 다른 동물과 다르다고 믿었다. 머리에 있는 불멸의 영혼은 인간에게 사고력을 주며 인간을 영원한 신성과 연결해 주었고, 필멸의 영혼은 가슴과 배에 존재했다. 플라톤에 따르면 일반 동물은 필멸의 영혼만 가지고 있었다.

아리스토텔레스 역시 인간을 〈지능을 가진 동물〉로 정의했다. 그는 인간을 다른 동물들보다 우월한 존재로 여겼고 거대한 존재의 사슬 맨 위 천사의 바로 아래 자리에 지성이 넘치는 자유민 남성을 두었다.[5] 그는 자유민 남성 아래에 여자, 노예, 아이가 있으며 이들은 사고력이 불완전하고 지배받을 운명이라고 주장했다. 그 아래에는 인간을 섬기기 위해서만 존재하는 일반 동물이 있었다. 이러한 동물들은 쾌락과 고통을 느낄 수 있고 기억력도 있지만 사고력과 감정은 확실히 없었다.

세상이 인간을 위해 만들어졌다는 그리스의 개념은 유대-기독교 전통에서 더욱 번성했고, 인간은 땅과 살아 있는 모든 생명체에 대한 지배권을 얻었다. 그 결과 초기 교부들은 거대한 존재의 사슬을 받아들이고 맨 꼭대기에 하느님의 모습을 본따서 만든 유일한 동물, 즉 성경의 인간을 두었다.

17세기에 프랑스 철학자 르네 데카르트는 여기서 한발 더 나아가 인간과 자연계를 완전히 분리했다. 인간은 육체를 가지고 있을지도 모르지만 존재는 정신에 달려 있다. 〈나는 생각한다. 고로 존재한다.〉 적어도 그리스인들은 일반 동물에게 이해하고, 느끼고, 기억하는 능력이 있다고 인정해 주었다. 그러나 데카르트적 세계에서 이처럼 〈생각을 할 수 없고 영혼이 없는 짐승〉은 자연이라는 거대한 기계의 감정 없는 부품에 지나지 않았다. 개를 발로 차거나 생체 해부를 하면 비명을 지르지만 고통 때문이 아니라 시계 안의 스프링을 친 것과 마찬가지다.

데카르트가 정신과 육체, 위쪽의 인간과 아래쪽의 동물 사이에 남아 있던 연결 고리를 철학적으로 끊은 것은 1630년대의 일이었다. 인간은 마침내 초자연적인 존재가 되어 자연으로부터 완전히 자유로워졌다. 그러나 바로 이 순간 아프리카에 사는 〈야생 인간〉 — 침팬지 — 이 등장했다.

대형 유인원의 존재가 유럽에 처음 전해진 것은 1607년이었다.[6] 이야기를 전한 사람은 앤드루 바텔Andrew Battell이라는 영국 수병으로, 그는 포르투갈의 포로로 잡혀 몇 년 동안 앙골라에 억류되었다. 바텔은 퐁고Pongo와 엥게코Engeco라는 반인반수에 대해 설명하는데, 바로 현재 우리가 고릴라와 침팬지라고 부르는 동물이다.

바텔의 충격적인 이야기는 살아 있는 침팬지가 네덜란드 오랑주 공에게 바치는 선물로 유럽에 도착한 1630년에서야 확인되었다. 30년 후인 1661년에 새뮤얼 피프스는 또 다른 침팬지를 만나서 이 동물이 〈말하거나 수화하는 법을 배울 수 있을지도 모른다〉고 말했다. 지능을 가진 것처럼 보이는 침팬지가 이제 거대한 존재의 사슬이라는 아리스토텔레스의 개념 자체를 무너뜨리게 된 것이다.

1699년, 잉글랜드의 유명한 해부학자 에드워드 타이슨Edward Tyson은 침팬지를 최초로 해부하여[7] 〈많은 부분에서 다른 유인원이나 다른 동물들보다 인간과〉 더 비슷한 해부학적 구조를 밝혀냈다. 타이슨은 특히 침팬지의 뇌와 후두 때문에 골치를 썩었다. 침팬지의 뇌와 후두는 인간과 거의 똑같아 보였는데, 이것은 침팬지라는 동물이 생각과 말을 할 수 있을지도 모른다는 뜻이었다. 그러나 타이슨은 확고한 데카르트주의자였고, 생각하고 말하는 동물은 존재할 수 없다고 생각했다.[8] 그래서 그는 이 유인원이 생각과 말을 할 수 있는 기관을 모두 갖추었지만 그것을 이용하는 신이 주신 능력은 갖지 못했다고 결론을 내렸다. 지성이 없는 유인원이라는 패러다임을 만들어 낸 사람은 타이슨이었다. 인간의 뇌를 가지고 있지만 생각은 전혀 없고, 인간의 신경 체계를 갖추었지만 감정이 없고, 언어를 사용할 수 있는 기관을 갖추었지만 전혀 소통하지 못하는 침팬지라는 개념을 말이다. 생물 의학 연구자들은 타이슨이 꾸며낸 침팬지에 대한 설명을 아직도 믿는다. 그것은 바로 인간의 생리 기능과 생명 없는 기계의 정신을 가진 짐승, 인간에게 착취당하기 위해 만들어진 털이 북슬북슬한 시험관이라는 생각이었다.

반어적이지만 에드워드 타이슨은 종종 〈영장류학의 아버지〉로 불리는데, 최초로 대형 유인원을 해부했을 뿐 아니라 그 후 200년 동안 제일 큰 영향을 끼쳤기 때문이다. 타이슨은 인간과 침팬지가 생리학적으로 밀접한 관계임을 보여 주었지만, 또 플라톤과 아리스토텔레스, 데카르트의 학설을 갱신했다. 인간이 육체적으로는 다른 동물과 비슷할지 모르지만 정신적으로는 전혀 다르다, 유인원과도 전혀 다르다고 말이다.

겨우 30년 후인 1735년 스웨덴 박물학자 칼 린네Carolus Linnaeus는 동물 분류학의 기념비적 저작 『자연의 체계Systema Naturae』를 완성했다. 린네는 신체적 유사성에 따라 종을 나누었고, 인간을 침팬지를 비롯한 유인원들과 함께 안트로포모르파Anthropomorpha — 〈인간을 닮았다〉라는 뜻 — 라고 이름 붙인 포유류목에 넣었다. 그러나 린네는 종의 이름을 붙일 때 인간의 정신이 아주 고유하다고 분명히 표시했다. 인류에게 호모 사피엔스Homo sapiens — 〈현명한 인간〉 — 라는 이름을 붙였던 것이다.

1863년에 〈다윈의 불독〉이라 불리는 박물학자 토머스 헉슬리Thomas Huxley는 인간과 유인원이 해부학적으로 비슷한 것이 우연이 아니라 같은 과(科)이기 때문이라고 처음으로 주장했다.[9] 찰스 다윈은 이미 4년 전 『종의 기원The Origin of Species』에서 큰 파장을 일으킨 진화론을 주장했지만 인간의 진화적 과거라는 민감한 문제는 의도적으로 피했다. 인간이 공동의 조상을 통해 유인원과 연관되어 있다는 거부할 수 없는 해부학적 증거를 제시한 사람은 헉슬리였다. 찰스 다윈도 이에 동의했고, 이와 관련된 책 『인간의 유래*The Descent of Man*』에서 〈인간은 털이 많고 꼬리가 달린 네발짐승, 아마도 나무 위에서 서식했던 동물의 후손이다〉[10]라고 결론을 내렸다. (〈유인원〉은 현대의 침팬지, 고릴라, 오랑우탄을 가리킨다. 우리는 유인원의 후손이 아니라 이 책에서 〈유인원류〉 혹은 〈공동의 유인원 조상〉이라고 부르는 종의 후손이다.)

다윈은 지구상의 모든 생명체가 한꺼번에 창조되었으며 고정되어 변하지 않는다는 일반적인 생각을 반박할 산더미 같은 증거를 모았다. 그는 모든 생명체가 같은 기원을 가지고 있으며 아직도 진화하고 있다고 주장했다. 다윈은 유인원류에서 비롯된 인간의 유래를 추적하면서 인간은 하늘에서 내려왔다는 생각에 자신이 도전하고 있음을 잘 알았다. 〈우리의 할아버지는 비비의 모습을 한 악마다〉라는 다윈의 유명한 말은 자기 주장의 음울한 아이러니를 잘 표현했다.

유럽 사람들은 다윈의 이론에 아연실색했고 특히 창세기의 이야기를 문자 그대로 받아들이는 사람들은 분개했다. 그러나 창조론자 중에서 과학자이기도 한 수많은 사람들은 다윈의 의론에 금방 설득당했다. 린네 이후의 분류학자들은 해부학적 구조 패턴을 이용해서 신체적 유사함에 따라 종을 자연스럽게 묶었는데, 진화는 그 이유를 잘 설명했다. 예를 들어서 개는 고양이보다 여우와 더 비슷한데, 둘이 공동의 선조에게서 갈려 나온 것이 더 최근의 일이었기 때문이다.

그러나 다윈의 이론이 위험한 것은 인간의 기원을 보는 성경의 관점만이 아니었다. 진화론은 모든 서구 철학의 근본을, 즉 인간만이 이성적 사고를 할 수 있다는 플라톤의 전제를 위협했고 지금도 위협하고 있다. 다윈은 우리가 해부학적뿐만 아니라 정신적으로도 유인원 혈족과 비슷하다고 주장했다. 진화는 인간이 필적할 수 없는 존재여야 한다는 사실을 알지 못했다. 유인원 두뇌와 인간 두뇌의 유전 프로그램이 유도적 돌연변이로 인해 조금씩 증대하며 점진적으로 발달했다면 두뇌 안에서 일어나는 일 역시 정도의 차이만 있을 것이다. 진화는 타이슨의 침팬지 — 인간과 똑같지만 아무것도 들어 있지 않은 뇌 — 같은 엄청난 모순을 절대 만들어 내지 않을 것이다.

『인간의 유래』에서 다윈은 일반 동물, 특히 유인원이 생각하고 도구를 사용하고 모방하고 기억하는 능력을 가지고 있다는 학설을 세웠다. 전부 오랫동안 인간만이 할 수 있다고 여겨졌던 이성적 재능이었다. 그리고 다윈은『동물과 인간의 감정 표현The Expression of Emotions in Animals and Man』에서 여러 종의 감정 — 두려움, 질투, 슬픔, 기쁨, 충성 — 의 연속성을 추적했다. 다윈이 보기에 인간의 복잡한 행동은 인간의 복잡한 해부학적 구조와 마찬가지로 유인원류 선조에게서 진화한 것이 틀림없었다.

다윈의 동시대인 대부분은 인간의 인지적 기원이 유인원에게 있다는 그의 주장이 도를 지나쳤다고 생각했다. 진화론자들조차 침팬지를 먼 친척 정도로 보는 것을 선호했다. 어쨌든 침팬지는 나무와 땅에 사는 대형 유인원 고릴라나 오랑우탄과 더 비슷해 보였다. 그래서 동물학자들은 세 유인원을 하나의 과로 묶어서 〈대형 유인원〉(과학 용어로는 성성이과Pongidae)이라는 이름을 붙였다. 사람과Hominidae — 즉, 인류 — 는 호모 에렉투스나 호모 하빌리스처럼 멸종한 우리의 선조와 인간이 속한 과다.

유사성에 따른 이러한 분류는 인간이 특별하다는 고대 그리스인들의 생각을 다시 한 번 지지했다. 1960년대 초에 대학을 다녔던 나는 인류학 수업에서 적어도 2000만 년 전에 인간이 유인원과 갈라졌다고 배웠다. 이 기간 동안 우리는 털이 사라지고 팔이 짧아지고 두 발로 걸을 수 있게 되었고, 우리 선조는 생각과 언어, 문화라는 〈인간 고유의 특징〉을 발달시킬 수 있었다. 내가 쓰던 대학 교재의 유인원과 계보는 다음과 같다.

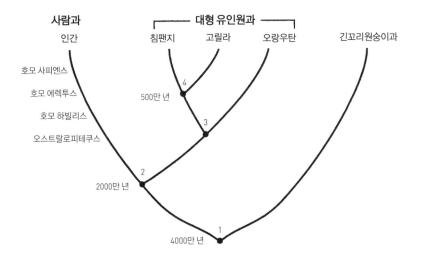

지점 1은 원숭이와 유인원, 인간의 공동 조상을 나타내는데, 나무 위에서 거주하는 원숭이와 비슷한 이 종은 약 4000만 년 전에 둘로 나뉘었다. 하나는 오늘날의 긴꼬리원숭이과(짧은꼬리원숭이, 개코원숭이, 망가베이 등등)가 되었고 또 하나는 인간과 나무에 매달리지만 땅에서 거주하는 유인원으로 진화했다.

약 2000만~3000만 년 전에 지점 2에서 유인원의 혈통이 나뉘었다. 한쪽은 직립하여 사람과의 긴 가계를 일으켰고 결국 현생 인류인 호모 사피엔스로 진화했다. 또 한쪽은 네발 동물로 남아서 지점 3까지 수백만 년 동안 같은 혈통을 공유하는 대형 유인원이 되었고, 지점 3에서 독특한 아시아 유인원 오랑우탄이 갈려 나왔으며, 그 후 아마도 500만 년 전에 지점 4에서 아프리카 유인원 침팬지와 고릴라가 갈라졌다. 다시 말해서 인간은 대형 유인원과 아주 먼 친척일 뿐이며 여러 차례 갈라졌다.

널리 인정받은 이 유인원 계보는 인간이 독특한 외모와 찬란한 문화를 갖는 이유를 아주 잘 설명했다. 문제는 이로써 설명되지 않는 침팬지의 행동들이었다. 우선 1960년에 제인 구달은 동아프리카 곰베 강의 침팬지들이 도구를 본격적으로 만들어서 사용한다는 엄청난 발견을 했다. 침팬지와 인간이 그토록 먼 친척이라면 어떻게 침팬지가 인류 문화의 특징인 도구를 만들게 되었을까? 그 후 1961년에 햄과 에노스를 비롯한 침팬지 우주 비행사들이 나타났다. 침팬지 우주 비행사들의 사고 과정이 인간의 사고 과정과 신비로울 만큼 비슷해 보이는 이유는 무엇일까? 결정적으로 1966년에 워쇼가 언어를 배우기 시작했다. 그로부터 1년 뒤에 워쇼를 만난 나는 인간 아이와 이토록 다르게 생긴 동물이 어떻게 인간 아이와 똑같이 생각하고 행동하고 말하는 걸까 자문하기 시작했다.

같은 해인 1967년에 수수께끼가 풀리기 시작했다.[11] 생물학자 빈센트 새리크Vincent Sarich와 앨런 윌슨Allan Wilson이 인간과 침팬지의 혈액 단백질 분자를 비교하다가 분자가 거의 일치한다는 사실을 발견했다. 인간과 침팬지는 외양적으로 무척 다르지만 유전학적으로 아주 비슷했다. 새리크와 윌슨은 인간과 침팬지가 먼 친척이 아니라 〈자매종〉이라는 결론을 내렸다. 양과 염소, 또는 말과 얼룩말처럼 말이다. 빈센트 새리크는 면역학적으로 인간과 침팬지가 〈콜로라도 강 양안에 사는 땅다람쥐의 두 아종〉만큼 비슷하다고 썼다.

인류의 기원에 관한 이러한 발견은 폭탄처럼 여파를 일으켰다. 새리크와 윌슨은 두 종이 2000만 년 전이 아니라 겨우 500만 년 전에 공동의 조상으로부터 갈라져야만 이러한 유전적 유사성을 설명할 수 있다고 말했다. 두 사람이 옳다면 사람과는 우리가 생각했던 것보다 훨씬 더 최근에 나타났다는 뜻이다.

저명한 인류학자들과 고생물학자들은 이 생각에 코웃음을 쳤다. 그러나 1980년대 초에 과학자 찰스 시블리Charles Sibley와 존 앨퀴스트John Ahlquist가 생명체의 기본 분자인 DNA를 연구하여 인간과 침팬지의 유전적 유사성을 확인했다.[12] 시블리와 앨퀴스트가 발견한 인간 DNA와 침팬지 DNA의 상이성은 1.6퍼센트에 불과했다. 달리 말해서 인간 DNA의 98.4퍼센트는 침팬지 DNA와 정확히 일치한다. 워쇼를 만든 유전 프로그램이 나와 여러분을 만든 유전 프로그램과 사실상 똑같다는 뜻이다.

DNA가 98.4퍼센트의 일치한다는 것은 어떤 의미일까? 이것은 붉은눈비레오와 흰눈비레오처럼 구별하기도 힘든 두 종의 새보다 인간과 침팬지가 유전적으로 더 가깝다는 뜻이다(붉은눈비레오와 흰눈비레오의 DNA는 97.1퍼센트 일치한다). 그러나 더욱 중요한 사실은 인간과 침팬지가 침팬지와 제2의 침팬지 보노보(피그미 침팬지라고도 한다)만큼 유전적으로 가깝다는 점이다. 이 때문에 생리학자 재러드 다이아몬드Jared Diamond는 인간이 사실상 제3의 침팬지라고, 말하자면 인간 침팬지라고 주장했다.

그러나 침팬지가 우리의 진화적 혈족이라고 해서 우리가 침팬지의 가장 가까운 혈족이라는 뜻은 아니다. 예를 들어 침팬지는 우리와 무척 가깝지만 고릴라와 더 가까울 수도 있다. 그러나 시블리와 앨퀴스트는 300년 동안 인정받은 분류학을 뒤집었다. 침팬지는 고릴라나 오랑우탄보다 인간과 더 가깝다. 고릴라는 인간과 침팬지 모두와 DNA가 2.3퍼센트 다르다. 오랑우탄은 인간과 침팬지 모두와 DNA가 3.6퍼센트 다르다. 겉모습은 그렇지 않지만 침팬지의 가장 가까운 친척은 고릴라나 오랑우탄이 아니라 인간이다.

그렇다면 우리는 유인원 계보를 다시 봐야 한다. DNA는 꾸준한 속도로 변이하여 일종의 분자시계와 같은 역할을 하기 때문에 시블리와 앨퀴스트는 두 종이 언제 마지막으로 공동의 조상을 가졌는지 파악할 수 있었다. 현재 널리 받아들여지는 두 사람의 DNA 증거는 다음과 같은 분기 형태를 뒷받침한다.[13]

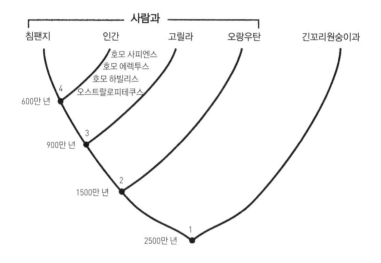

지점 1은 역시 원숭이와 유인원이 갈라지는 것을 나타내는데, 다만 이제 2500만 년에서 3000만 년 전 정도로 더 가까워졌다. 약 1500만 년 전인 지점 2에 오랑우탄이 갈라져 나왔고, 900만 년 전인 지점 3에서 고릴라가 갈라져 나왔다. 인간과 침팬지는 그 후 300만 년 동안 같은 혈통이었다가 600만 년 전인 지점 4에서 마침내 우리 인간이 이족 보행과 같은 특징을 발달시키며 갈라져 나왔다. 그 후 진화적 관점에서 보면 아주 짧은 600만 년도 안 되는 기간 동안 — 오스트랄로피테쿠스, 호모 하빌리스, 호모 에렉투스를 포함한 — 직립 인류가 등장한다.

이 계보는 인간을 포함시키지 않고서는 세 유인원을 하나의 범주로 묶을 수 없는 이유를 분명히 보여 주기 때문에 무척 다르다. 침팬지와 고릴라의 진화적 조상(지점 3)은 우리의 조상이기도 하다. 그리고 워쇼와 나는 고릴라와는 공유하지 않는 더욱 최근의 조상(지점 4)을 공유한다. 내가 워쇼를 대형 유인원으로 분류한다면 인간 역시 대형 유인원으로 분류해야 한다. 워쇼는 당신이나 나만큼이나 고릴라와 거리가 멀기 때문이다. 인간을 포함시키지 않는 유인원 범주는 어떤 형태를 취하든 의미가 없다. 인간은 이상하게 생긴 유인원일 뿐이다.

이제 분자 생물학자들은 인간과 침팬지, 고릴라, 오랑우탄이 아주 밀접한 관계를 가지고 있기 때문에 — 96.4퍼센트 이상 일치한다 — 같은 과에 속한다고 인정한다. 그 결과 스미스소니언의 확실한 분류 등급『세계의 포유종*Mammal Species of the World*』최신판을 보면 대형 유인원과였던 종들이 예전에는 인간만 속했던 사람과로 옮겨졌음을 확인할 수 있다.[14] 새로운 분류는 유인원과 인간이 예를 들어서 아프리카 코끼리와 인도 코끼리보다 훨씬 더 가까운 관계라는 사실을 반영한다. 이는 또한 워쇼가 사람과의 일원으로서 인류에 속한다는 뜻인데, 인류는 원래 인간과 우리의 완전 직립 선조들만을 가리키던 용어였다.

분자 인류학의 선구자 빈센트 새리크는 500만 년을 거슬러 올라가서 우리 선조를 관찰할 수 있다면 그들이 작은 침팬지임을 알게 될 것이라고 말한다.[15] 당신이나 나보다 현생 침팬지 워쇼가 우리 공동의 유인원 선조를 더 많이 닮았을 것이다. 워쇼의 종은 유인원 선조와 생태적 지위가 가깝고, 적응 변화를 덜 겪었기 때문에 인간보다 또 다른 아프리카 유인원인 고릴라와 더 닮아 보인다. 우리의 선조는 기원에서 멀어졌다. 1.6퍼센트의 유전적 변화는 이족 보행을 하고, 뇌가 크고, 말을 잘 하는 현생 인류를 낳았다. 그러나 이러한 혁신들도 침팬지의 해부학적 구조에 굳게 뿌리를 내리고 있다. 우리의 골격은 침팬지 골격에 직립 보행이 가능해진 모양이고, 우리의 두뇌는 침팬지 두뇌의 확대판이며, 우리의 성도(聲道)는 침팬지 성도가 새롭게 변한 것이다.

그러나 인간과 침팬지의 연속성은 해부학적 구조에서 끝나지 않는다. 다윈이 추측했듯이 우리의 공동 유인원 조상은 침팬지와 인간에게 비슷한 인지 능력을 주었다. 인간 가족이든 침팬지 가족이든 모자의 유대가 10년 이상 지속되는 것은 우연이 아니다. 그것은 우리 공동의 조상 역시 무척 긴 어린 시절을 — 유인원 공동체에서 반드시 필요한 사회적 문제 해결 및 도구 제작 기술을 발달시킬 수 있을 정도로 충분히 긴 어린 시절을 — 가지고 있었음을 말해 준다.

우리에게 문화의 기초가 있었으므로 침팬지에게도 문화의 기초가 있다. 침팬지와 우리는 약 600만 년 전에 공동의 선조를 가지고 있기 때문이다. 서아프리카의 부족들은 이 사실을 항상 인정했다. 서구인 — 제인 구달 — 이 침팬지에게 지성이 존재하지 않는다는 가정 없이 침팬지의 지성을 연구하기 까지는 몇 천 년밖에 걸리지 않았다. 과학계로서는 무척 충격적이지만 제인 구달이 1960년에 정글에서 만난 침팬지들은 데카르트의 자동인형도, 타이슨의 지성 없는 휴머노이드도 아니었다. 반대로 유럽인들은 마침내 진화상의 혈족과 재회했다. 가족끼리 유대감을 키우고 고아를 입양하고 어머니의 죽음을 슬퍼하고 자가 치료를 하고 권력 때문에 싸우고 전쟁을 치르는, 지능이 무척 높고 협조적이며 폭력적인 영장류를 말이다.

내가 대학에 다닐 때는 동물이 생각을 할 수 있다거나 복잡한 동기를 가질 수 있다고 믿는다면 인간이 갖는 특징의 기원을 일반 동물에게서 찾는 것이기 때문에 의인관이라는 끔찍한 죄를 저지르는 셈이었다. 그러나 우리 대학 교수님들이 나에게 가르쳐 주지 않은 사실은 유인원이 유인원류이기 때문에, 즉 인간과 유인원을 포함하는 영장류의 아과* 앤스로포이다Anthropoida의 일원이기 때문에 인간과 비슷하게 행동한다는 것이었다. DNA 증거는 인간과 침팬지가 똑같이 행동하고, 똑같은 감정을 느끼고, 똑같이 생각할 것이라는 다윈의 한 세기 전 주장을 확인해 주었을 뿐이다.

워쇼는 자연 상태에서 인간의 어린 시절과 가장 비슷한 침팬지의 어린 시절에 맞게 유전적으로 프로그램되었다. 진화론적 관점에서 보면 워쇼가 아프리카 정글에서 네바다 주 교외로 온 것은 집을 떠나 다른 마을의 사람과 친척의 집에 와서 사는 것과 비슷했다. 그렇다, 물론 행동은 조금 다르겠지만 새끼 침팬지는 인간 아기와 마찬가지로 적응력이 뛰어난 생물이다. 워쇼는 생물학적으로 평생 학습할 수 있는 능력을 가지고 있고 특정 공동체의 고유한 방식을 흡수할 만큼 유연하다. 인간의 유전적 프로그램이 뉴욕 도시 지역에서도, 칼라하리 부족 내에서도 통하는 것과 마찬가지다. 인간 가정에 입양된 워쇼는 왜곡되어 있을지는 모르지만 알아볼 수 있는, 침팬지 가족의 거울을 발견했다.

워쇼 프로젝트 첫 1년 동안 나는 이중생활을 했다. 집에서는 남편이자

* 생물 분류에서 과(科)와 속(屬) 사이.

아빠이자 생계 부양자, 즉 가장이었다. 일을 하러 가면 새끼 침팬지와, 또 가끔은 침팬지의 다른 인간 친구와 함께, 〈유아용 식탁〉에 앉았다. 아들 조슈아에게 나는 아버지라는 존재가 함축하는 모든 권위를 가진 〈아빠 아빠〉였다. 하지만 워쇼의 눈으로 보면 나는 부모에 대한 존경을 누릴 자격이 전혀 없었다. 나는 대학원생들로 이루어진 확대 입양 가정의 오빠, 혹은 또 하나의 아이였다.

집안의 가장은 앨런과 비어트릭스 가드너였다. 성격적인 면에서 두 사람보다 더 대척적인 관계에 있는 사람들도 아마 없을 것이다. 두 사람 모두 유대인이지만 문화적으로는 딴 세상 사람이었다. 앨런은 브롱크스에서 자랐고, 파이프 담배를 문 똑똑한 겉모습 밑에는 브롱크스 특유의 성급하고 논쟁을 좋아하는 성격이 숨어 있었다. 반대로 비어트릭스는 아주 조용하고 세련된 유럽인이었다. 그녀는 오스트리아의 사업가 집안에서 태어나 안락한 삶을 살았다. 1939년 7월에 여섯 살이었던 비어트릭스 투겐트하트Beatrix Tugendhat와 여동생은 나치가 폴란드의 집을 습격하기 몇 주 전에 부모님의 도움으로 도망쳤다. 그들은 브라질에, 또 나중에는 미국에 정착했다. 비어트릭스에게 영어는 독일어와 포르투갈어 다음의 제3의 언어였지만 영국식 억양이 약간 들어간 영어를 유창하게 구사했다.

가드너 부부는 내가 만나 본 사람들 중에서 가장 똑똑했고, 두 사람의 전혀 다른 스타일은 각자의 연구 분야를 반영했다. 비어트릭스는 동물 행동학을 공부했고 겸허한 관찰을 믿었다. 그녀는 피실험체였던 깡충거미를 대할 때처럼 애정 어린 인내심을 발휘하며 우리 모두를 대했다. 앨런은 실험 심리학의 권위주의적 통제 속에서 공부했고 쥐들에게 명령하듯 학생들에게 명령을 내렸다.

비어트릭스는 모든 사람 — 동료, 학생, 워쇼 — 을 무조건적으로 격려하며 부드럽고 따뜻하게 보살피는 사람이었다. 그녀는 누구에게든 항상 긍정적인 말을 해주었다. 그런 면에서 비어트릭스를 보면 우리 어머니가 떠올랐고, 워쇼가 항상 그녀를 제일 좋아한 것도 놀라운 일은 아니었다. 비어트릭스는 홀로코스트를 가까스로 피한 현실의 여성이었지만 시간이 흘러도 결코 사라지지 않는 어린아이 같은 순수함을 가지고 있었다. 비어트릭스는「오즈의 마법사The Wizard of Oz」영화를 보고 또 보면서 좋아했다. 밤에 비어트릭스가 트레일러로 와서 워쇼에게 책을 읽어주고 재워 주면 나는 정말 기뻤다. 비어트릭스는 워쇼 프로젝트의 자비로운 영혼이었다. 그녀는 남편의 어깨에 앉은 천사이기도 했다.

앨런 가드너는 천사가 필요했다. 그는 친절하고 익살스러운 면도 있었지만 멍청한 행동을 절대 용서하지 않았다. 앨런은 학생이 비논리적으로 생각하거나, 실험 설계를 잘못 하거나, 교실에서 발표할 때 단어를 잘못 사용했다는 이유만으로 폭발할 수 있는 사람이었다. 앨런의 말에 따르면 대학원은 〈금속을 담금질하거나 플라스틱을 녹이는〉 곳이었다. 앨런 가드너보다 빨리 대학원생을 녹일 수 있는 사람은 없었다. 그가 세미나 중간에 나에게 처음 소리를 질렀을 때 나는 정말 큰 충격을 받았다. 우리 부모님도 평생 나에게 소리를 지른 적이 없었다. 응석을 받아 준 것뿐일지도 모르지만 나는 그게 좋았다. 나는 〈금속처럼 담금질〉당하고 싶지 않았다.

대학원생은 으레 갓난아이 취급을 받기 마련이지만 30년 전에는 더욱 그랬다. 학생은 한 명 혹은 그 이상의 교수를 추종했고, 교수의 일은 학생을 학문적인 수업에 적응시키는 것이었다. 대학원생은 교수의 학문적 후계자다. 교수는 학생들이 자신의 연구를 이어갈 수 있도록, 또 언젠가는 자신의 이름을 영예롭게 할 수 있도록 몇 년을 투자해서 학생들을 가르친다.

워쇼 프로젝트에서는 부모-자식 역학이 문자 그대로의 의미를 가졌다. 나에게 앨런 가드너는 단순한 지도 교수가 아니었다. 나는 일주일에 스무 시간을 그의 뒤뜰에서 보냈다. 매일 아침 일곱 시, 나는 발뒤꿈치를 들고 앨런 가드너의 집을 살금살금 통과해서 워쇼의 트레일러로 가야 했다. 불편할 정도로 가까운 관계였다. 앨런 가드너의 쥐 실험에 참가하는 학생들 — 가드너는 〈쥐 학생〉이라고 불렀다 — 은 그의 집을 볼 일이 거의 없었지만 우리 〈침팬지 학생들〉은 사실상 그의 집에서 살다시피 했다.

내가 〈사실상〉이라고 말한 것은 가드너 부부가 워쇼에 대한 부모로서의 책임과 자기들의 집을 분명히 구분했기 때문이다. 가드너 부부도 교대로 워쇼를 돌보았지만 전반적으로는 영국의 보모 모델을 따르는 것 같았다. 즉, 고용된 일손이 별개의 공간에서 아이를 키우도록 했다.

아침 당번(〈새벽 순찰〉)일 때는 감히 늦을 수가 없었는데, 내가 늦으면 워쇼가 트레일러에서 난동을 부려서 인터콤으로 가드너 부부를 깨웠기 때문이었다. 그리고 무슨 일이 있어도 워쇼가 가드너 부부의 집에 들어가지 못하게 막아야 했다. 학생 겸 보모들이 워쇼를 키우는 동안 가드너 부부는 아이가 있는 집에서는 불가능한 고상한 생활을 유지할 수 있었다.

앨런과 비어트릭스 가드너가 아이를 낳아서 키우는 대신 침팬지를 교차 양육하기로 선택한 것인지 아닌지 나는 모른다. 두 사람이 워쇼를 사랑하는 것은 분명했다. 비어트릭스는 워쇼를 정말 좋아했고, 앨런은 귀여운 딸을 위해서 항상 주머니에 특별 간식을 넣고 다녔다. 가드너 부부는 곧 같이 사는 할아버지 할머니 같은 역할을 하게 되었고, 워쇼를 마음 껏, 자유롭게 귀여워했다.

야생에서 침팬지 가족은 어미를 중심으로 구성된다. 짝짓기할 때만 빼면 아버지는 가족에 대한 책임이 없다. 아버지는 어른 수컷들과 어울리거나, 사냥을 하거나, 최대 150마리가 소속된 공동체를 보호하면서 대부분의 시간을 보낸다. 9개월에 가까운 임신 기간이 끝나면 어미는 자신에게 무척 의존적인 새끼를 낳아 약 4년 동안 보살핀다. 어미는 새끼의 젖을 떼고 나서 다시 임신하는 경우가 많고, 따라서 열 살 아이, 다섯 살 아이, 갓난아기를 돌보는 것이 일반적이다.

워쇼 프로젝트를 처음부터 같이한 수전 니콜스가 사실상 워쇼의 대리모였다. 나는 워쇼에게 부모와도 같은 책임을 가지고 있었지만 내 역할이 아장아장 걷는 동생을 돌보는 오빠 역할이라는 점에는 의심의 여지가 없었는데, 이것은 인간 가족과 침팬지 가족 모두에서 발견되는 역할이다. 어미 침팬지의 눈으로 보면 제일 어린 새끼는 무슨 짓을 해도 나빠 보이지 않는다. 언니나 오빠가 돌보던 동생이 울면 어미는 달려와서 애를 보던 언니나 오빠를 혼낼 것이다.

8남매의 막내였던 나는 동생을 돌보는 즐거움과 괴로움을 전혀 몰랐다. 워쇼는 내가 한 번도 가져 본 적 없는 여동생이 되었고, 여동생이 대부분 그렇듯 착할 때는 정말 매력적이었지만 못된 짓을 할 때는 진짜 끔찍했다. 인간 남매도 그렇듯이 침팬지 남매는 무척 친하고 서로 돕는 관계가 될 수도 있지만 무섭게 경쟁하며 오랫동안 끈질기게 싸울 수도 있다.

워쇼는 막내의 위치를 이용할 줄 알았다. 비어트릭스가 있으면 워쇼는 아무리 못된 짓을 해도 나빠 보이지 않는 사랑스러운 손녀 같은 위치를 뻔뻔하게 이용했다. 워쇼는 내 손가락을 깨물고, 공책을 낚아채고, 연필을 훔치고, 혼나지 않을 만한 행동은 전부 다 했다.

나는 워쇼의 못된 짓을 비어트릭스에게 알릴 때마다 워쇼가 복수하려 할 것임을 알고 있었다. 한번은 비어트릭스에게 워쇼가 나를 물려고 했다고 말하자 드물게도 그녀가 워쇼를 꾸짖었다. 그날 저녁에는 비어트릭스가 요리를 했다. 워쇼는 식탁의 상석인 유아용 의자에 앉아서 천사처럼 굴었다. 하지만 나는 워쇼의 그런 행동을 전혀 믿지 않았기 때문에 가능한 한 멀리 떨어져 앉았다.

〈이리 와, 로저.〉 워쇼가 나에게 수화로 말했다. 〈제발 와.〉 나는 싫다고 고개를 저었다. 워쇼에게 절대 가까이 가지 않을 생각이었다.

〈제발 제발 와, 로저.〉 워쇼가 다시 시도했다. 나는 수화로 〈싫어〉라고 강하게 말했다. 바로 그때 비어트릭스가 뒤로 돌아서 워쇼가 정말 사랑스럽고 완벽하게 수화를 하는 모습을 보았다.

〈로저.〉 비어트릭스가 나에게 간절하게 말했다. 〈워쇼가 오라고 하잖아.〉 나는 함정에 빠졌다.

나는 식탁을 따라서 아주 천천히, 조금씩 다가갔다. 비어트릭스는 다시 요리에 몰두했다. 나는 조금씩 조금씩 계속 다가갔다. 마침내 워쇼는 더 이상 참지 못하고 유아용 의자에서 몸을 쭉 빼서 양손으로 내 목을 움켜쥐었다. 나는 온 힘을 다해 워쇼의 손아귀에서 벗어났다.

대학원생 중에 나와 비슷한 시기부터 워쇼를 돌보게 된 그렉 거스태드Greg Gaustad라는 학생이 있었다. 그렉도 나처럼 워쇼의 오빠였다. 워쇼는 그렉이 나를 위협하면 나를 감쌌고 내가 그렉을 위협하면 그를 감쌌다. 워쇼는 억울한 사람의 편을 들 게 뻔했기 때문에 비 오는 따분한 오후에 셋이서 차고 겸 놀이방에 갇혀 있을 때면 그렉과 나는 재미로 싸우는 척을 했다.

워쇼가 인형을 가지고 놀고 두〈오빠〉는 잡지를 읽으면서 셋이 조용히 시간을 보내고 있을 때 내가 워쇼에게 다가가서 수화로〈그렉이 나 때렸어〉라고 말하고 우는 척까지 한다. 그러면 워쇼는 인형을 떨어뜨린 다음 두 발로 어슬렁어슬렁 그렉에게 다가가고, 그렉이 고개를 들어 보면 자신에게 돌진하는 화난 침팬지 한 마리가 보이는 것이다. 워쇼가 차고 안을 빙빙 돌며 그렉을 쫓아다닌 끝에 그렉이 결국 자기〈죄〉를 인정하고 워쇼가 만족할 때까지 주먹 쥔 오른손으로 심장 부근에 원을 그리면서〈미안해〉라고 사과하면 나는 그 모습을 보면서 실컷 웃었다. 당연히 그렉은 똑같은 방법으로 곧 나에게 복수했다.

나와 워쇼의 양어머니 수전 사이에 무슨 문제라도 생기면 워쇼가 누구의 편을 들지 뻔했다. 항상 내가 나쁜 놈이었다. 수전이 우는 척하면서 나를 가리키면 워쇼는 내가 사과하고 수전 앞에서 복종의 의미로 몸을 웅크릴 때까지 나를 협박했다. 반대로 워쇼에게 수전이 나를 때렸다고 말하면 워쇼는 내가〈엄마〉한테 혼날 정도로 못된 짓을 한 게 틀림없다는 듯이 오히려 나를 쫓아다녔다. 수전이 워쇼 앞에서 장난으로 나를 위협하기라도 하면 정말 큰일이었다. 그러면 워쇼가 나에게 달려들어서 마구 때렸다.

인간 엄마, 인간 할머니와 함께 있을 때면 워쇼는 가족 중에서 제일 사랑받는 아이라는 자신감이 넘쳐서 나에게 누가 더 위인지 보여 주려고 내가 혼날 상황을 만들었다. 예를 들어서 워쇼는 나와 단둘이 있을 때면 아끼는 인형을 가지고 놀아도 된다고 허락했고 심지어는 같이 놀자고 부르기도 했다. 그러나 비어트릭스나 수전이 있을 때면 나는 워쇼가 내 발치에 인형을 떨어뜨리지 않도록 조심해야 했다. 내가 별 생각 없이 인형을 주워 주면 워쇼는 감히 자기 인형을 건드렸다고 불같이 화를 냈다. 메시지는 분명했다. 내가 비어트릭스와 수전, 워쇼는 물론이고 인형보다도 서열이 낮다는 것이다!

그러나 비어트릭스와 수전이 없으면 남매 경쟁은 사라지고 우리 둘은 제일 친한 친구가 되었다. 워쇼와 함께 뒤뜰을 뛰어다닐 때면 오래전 여름날 브라우니와 함께 오이밭과 포도나무들 사이를 몇 시간 동안 아장아장 걸어 다니던 때로 돌아간 것 같았다.

그러나 브라우니의 기억과 워쇼와 함께한 나날의 비슷한 점은 그게 다였다. 내가 처음 키웠던 개 브라우니는 정말 좋은 친구였지만 내가 새끼 침팬지 워쇼에게 느끼는 우정, 경쟁심, 분노, 사랑처럼 깊고 복잡한 감정을 일으키지는 않았다. 워쇼와 함께 놀 때면 다시 형들과 노는 것 같았고 육체적으로든 심리적으로든 나에게 지지 않고 맞서는 동등한 상대와 씨름을 하는 기분이었다. 나는 이 꼬마 침팬지가 사람이 아니라는 사실을 종종 되새겨야 했다. 그러나 얼마 후 나에게 그런 구분은 의미가 없어졌다.

4장
지적 생명체라는 징후

브라우니가 죽은 뒤 우리는 다른 개를 데려왔고 팔Pal이라는 이름을 붙여 주었다. 매일 오후 내가 통학 버스에서 내리면 팔이 길가에서 기다리고 있었다. 신이 나서 짖는 소리와 흔들리는 꼬리는 〈보고 싶었어, 잘 돌아왔어〉라고 말하는 것 같았다. 그런 다음 팔은 앞장서서 달려가다가 가끔 멈춰 서서 나를 돌아보며 〈오고 있어? 빨리 와!〉라는 듯한 초조한 표정을 지었다. 내가 계속 꾸물거리면 팔은 내가 흡족할 만한 속도로 걸을 때까지 짖어 댔다.

팔과 나는 의사소통을 하고 있었고, 게다가 아주 효과적이었다. 내가 팔이 아닌 형과 함께 있었다면 형은 〈어이, 로저〉라든가 〈빨리 와, 느림보야〉라고 말했겠지만 결과는 같았을 것이다. 물론 팔과 나의 의사소통은 절대 드문 일이 아니다. 우리는 일상적으로 다른 종과 소통하기 때문에 그것이 얼마나 대단한 일인지 생각해 보지 않는다.

농송 내 의사소통이 가능해야 하는 이유는 명백하다. 동종의 개체들은 짝짓기를 할 준비가 되었음을 알리고, 경쟁자를 탐색하고, 침입자를 내쫓고, 포식자의 접근을 경고하고, 사냥과 같은 복잡한 집단행동을 준비하기 위해서 믿을 만한 신호 체계가 필요하다. 자연은 수많은 세월에 걸쳐서 노래(고래), 냄새 묻히기(사자), 피부색 변화(오징어), 전류 펄스(심해어), 8자 춤(꿀벌) 등 종의 수만큼이나 다양한 의사소통 방식을 발달시켰다.

의사소통은 각 동물 사회를 하나로 만드는 접착제다. 그러나 다른 종의 두 개체가 어떻게 의사소통을 할 수 있게 되었을까? 생김새가 비슷한 것과 같은 이유 때문이다. 즉, 공동의 조상을 통해서 연결되어 있기 때문이다. 신체적으로 닮은 동물은 비슷한 방식으로 의사소통을 한다. 예를 들어서 모든 포유류는 조류나 파충류와 달리 태아와 어미가 육체적으로 직접 연결되어 있으므로 자궁에서부터 의사소통을 시작한다. 그리고 모든 포유류는 혀, 주둥이, 머리를 이용해서 새끼를 단장하고 보살핀다.

아주 밀접하게 연결된 종은 의사소통 방식이 훨씬 더 비슷하다. 개와 늑대는 머리를 숙이고 엉덩이를 들어서 놀 준비가 되어 있음을 알린다. 무리를 지키는 비비가 경고의 의미로 짖으면 비비가 아닌 원숭이들도 신호를 알아차리고 위험을 피한다. 인간과 침팬지도 마찬가지다. 내가 워쇼를 간질이면 워쇼는 입을 벌려 〈놀이 표정〉을 짓고 인간 아이가 헐떡거리며 웃는 소리와 비슷한 소리를 냈기 때문에 나는 워쇼에게 재미있냐고 물어볼 필요가 없었다. 수백만 년에 걸쳐서 진화해 온, 복잡한 비언어적 메시지를 보내고 읽는 능력 덕분에 우리는 다른 종의 개체들과도 유대 관계를 형성할 수 있다.

인간은 영장류며, 다른 영장류처럼 촉각, 시각, 청각이라는 세 가지 의사소통 수단을 이용한다. 우리는 친밀한 신체적 접촉을 통해서 아이를 키우고 손을 부드럽게 만짐으로써 안정감을 준다. 우리 아이들뿐만 아니라 고양이, 개, 말, 토끼, 침팬지 들에게도 마찬가지다.

복잡한 안면 근육을 가지고 태어나는 인간은 출생 직후부터 그것을 이용해서 — 처음에는 울고, 곧 미소를 짓고, 그다음에는 웃음으로써 — 부모에게 자신이 불편한지, 즐거운지, 무서운지를 알린다. 동시에 아이는 어른의 표정에서 행복이나 슬픔을 읽는 전문가가 되고, 몇 달만 지나면 그러한 감정의 정도까지 분간한다. 아이들은 한두 살까지 어른의 표정 — 인사를 할 때 살짝 움직이는 눈썹, 공모의 의미로 찡긋하는 눈, 역겹다는 뜻으로 꾹 다무는 입 — 을 완전히 습득한다.

우리는 표정을 읽는 재능 덕분에 다른 종의 표정을 해석할 수 있다. 인간이 아닌 영장류의 경우 표정이 대부분 우리와 비슷하다. 유인원은 우리와 마찬가지로 눈썹을 살짝 움직인다. 위쇼는 언짢을 때면 얼굴을 찌푸리고 입꼬리를 당겨서 입술을 말았는데, 그러면 우는 표정이 되었다. 위쇼는 기분이 좋으면 입술을 뒤집고 아랫니를 드러내며 함박웃음을 지었다. 또 나를 만나서 정말로 기쁘면 입을 꼭 다물고 입맞춤을 했다. 이모든 행동이 야생 침팬지들 사이에서 일반적으로 나타난다. 고양이나개와 같이 조금 더 먼 친척들의 경우에는 이빨을 드러내거나 귀를 납작하게 눕히는 것이 무슨 의미인지 배워야 한다.

동물이 어떤 표정을 짓든 다른 시각적 정보 — 몸짓 — 가 늘 함께 나타나는데, 우리는 그것을 읽는 데에도 능숙하다. 우리는 몸짓 의사소통 — 어깨 으쓱하기, 고개 끄덕이기, 손 흔들기, 손가락으로 가리키기 — 에 아주 능숙하기 때문에 외국 도시에서 말 한마디 하지 않고도 길을 찾을 수 있다. 몸짓은 의사소통을 할 때 자동적으로 나타나기 때문에 우리는 전화 통화를 하면서 상대방에게 우리의 모습이 보이지 않을 때에도 몸짓을 한다.

인간은 음성 신호 해석에도 능숙하다. 우리는 고양이를 보면서 만족스럽게 가르랑거리는 소리와 배가 고파서 야옹야옹 우는 소리, 화가 나서 길게 우는 소리를 분간하는 법을 배운다. 마찬가지로 개가 짖는 소리에서도 미묘한 뉘앙스를 구분할 수 있지만 여러 마리가 동시에 짖으면 이해하기 어렵다. 침팬지가 내는 소리는 인간이 내는 소리와 훨씬 더 비슷하다. 어떤 침팬지는 꽉 다문 입술 사이로 공기를 내보내서 브롱크스식 환호*와 비슷한 소리를 낸다. 워쇼는 기분이 상하면 온갖 비명을 질렀다. 생일 선물을 풀어 보기 전에는 기대감에 차서 헐떡거리거나 큰 소리로 우우거렸다. 워쇼도 나도 상대방의 기분을 파악하기 위해서 수화를 할 필요가 없었다.

다른 종과 소통하는 우리의 능력 때문에 인간과 동물의 우정에 관한 오랜 우화들이 만들어졌다는 사실은 쉽게 알 수 있다. 로마의 노예 안드로클레스와 사자 이야기는 터무니없는 이야기가 아니다. 발에 가시가 박혀서 고통스러웠던 사자가 인간에게 비언어적으로 도움을 청했을 것이다. 안드로클레스는 사자를 도와주고 평생의 친구를 얻었고, 나중에 콜로세움에서 둘이 맞닥뜨리자 사자는 안드로클레스를 해치지 않으려 한다. 여기서 조금만 더 나아가면 인간의 언어로 동물과 이야기를 나누고 싶어 한 고대인들의 바람을 이해할 수 있고, 이러한 공상에서 뱀과 이야기를 나누는 이브, 새와 대화하는 성 프란치스코, 버펄로와 연어, 독수리와 이야기를 나누는 아메리카 원주민이 등장하는 것이다.

그러나 플라톤과 아리스토텔레스 시대에도 서구 철학자들은 동물과의 대화가 불가능하다고 주장했다. 서구 철학자들은 우리가 비음성적 소통을 통해서 다른 종과 이야기할 수 있다고 인정하면서도 언어는 하나의

---

* 입술 사이에서 혀를 떨며 내는 소리로 불만이나 혐오를 나타낸다.

의사소통 도구에 불과한 것이 아니라고 주장한다. 언어란 인간의 정신의 표현이라는 것이다. 데카르트는 〈사악하고 멍청한〉 인간도 타인에게 자기 생각을 말할 수 있지만 동물은 〈아무 생각이 없기〉 때문에 말을 할 수 없다는 말로 이러한 주장을 요약했다.[1] 19세기 과학자들은 언어가 동물계의 다른 어떤 의사소통 방식과도 공통점이 없다는 점에서 데카르트의 생각에 동의했다. 셰익스피어 소네트의 뛰어난 시구가 유인원이 우우거리는 소리나 원숭이의 경계성(警戒聲)과 어떤 공통점이 있겠는가?

1863년에 우리가 유인원과 친척 관계라고 처음 주장했던 과학자 토머스 헉슬리조차도 의사소통에 관해서는 우리와 유인원류 선조의 공통점을 찾지 못했다. 헉슬리는 이렇게 썼다. 〈인간과 짐승 (······) 사이의 격차가 크다고 나보다 더 굳게 믿는 사람은 없다. 왜냐면 인간만이 지적이고 이성적인 말이라는 놀라운 자산을 가지고 있으며 (······) 산꼭대기에 서듯 그 위에 우뚝 서 있기 때문이다.〉[2] 인간은 역사의 여명기부터 언어의 신비한 기원에 대해서 생각해 왔지만 수천 년 동안 그 어떤 설명도 가장 오래되고 보편적인 생각, 즉 언어는 신이 주신 선물이라는 생각을 넘지 못했다.

그러나 찰스 다윈은 언제나처럼 인간만이 유일하다는 재귀적 가정에 도전했다. 『인간의 유래』에서 다윈은 인간 언어의 고유한 특징으로 여겨지는 것들 대부분을 동물들의 의사소통에서도 보거나 들을 수 있다고 주장했다. 예를 들어 다윈은 새소리의 수많은 방언을 면밀히 연구하면서 인간의 언어와 똑같은 다양성을 발견했다.

다윈은 인간 언어의 고유한 특징이 추상적, 인지적 특징이라고, 즉 사물에 이름을 붙이고 세상을 상징적으로 다루는 능력이라고 주장했다.[3] 여기서도 다윈은 진화론을 벗어나지 않는다. 그는 우리가 가진 추상적 사고력이 유인원류 조상의 인지 능력에 굳게 뿌리를 내리고 있고, 이것이 언어가 출현할 무대를 마련해 주었다고 믿었다. 그리고 다윈은 침팬지와 같은 현생 유인원에게서도 이러한 인지 능력 — 추상적 사고와 도구 사용 — 을 발견할 수 있을 것이라고 주장했다.

다윈은 유인원 지능에 대한 학설을 세웠을 뿐이었다. 그러나 다윈의 〈터무니없는〉 수많은 이론들과 마찬가지로 이 이론 역시 결국 옳다고 증명되었다. 1950년대 초, 키스와 캐시 헤이스 부부는 침팬지 양녀 비키가 자동차를 타고 싶을 때마다 잡지에서 자동차 사진을 찢어서 표처럼 그들에게 주었다고 보고했다.[4] 비키는 사진이 상징이라는 사실을 이해하고 있었던 것이다. 그로부터 10년도 지나지 않아서 제인 구달은 야생 침팬지가 도구를 만들어서 사용한다는 중대한 사실을 발견했다. 다윈은 두 가지 면에서 옳았다. 유인원은 추상적인 사고를 할 수 있고 도구도 사용할 수 있다. 그러나 유인원의 인지 능력이 인류의 언어 출현의 숨은 힘이었을까? 유인원이 추상적 사고를 한다는 점에서는 다윈의 말이 옳을지도 모르지만 그러한 추상적 사고가 언어의 중대한 진화적 요소라는 생각은 틀렸을지도 모른다. 인간의 고유한 의사소통 방식은 청각-음성 부문의 혁신에서, 또는 일부 언어학자들이 주장하듯이 신경학적 돌연변이에서 비롯되었을지도 모른다. 아니면 언어가 정말로 신이 주신 선물일지도 모른다.

다윈의 이론을 검증할 확실한 방법이 있었다. 현생 유인원이 말하는 법을 배운다면, 즉 셰익스피어를 암송할 정도는 아니라도 도구를 사용하는 정도로 말을 조작할 수 있다면 언어가 공동의 유인원류 조상의 인지 능력에 뿌리를 두고 있다는 증거가 될 것이다.

물론 이러한 검증 노력은 아무 성과도 없었다. 비키를 비롯한 침팬지들은 말을 하지 못했다. 그러나 1966년 후반에 어느 새끼 침팬지가 손으로 말을 하기 시작했다.

데카르트와 다윈이 워쇼 프로젝트에서 충돌했다. 데카르트가 옳다면 워쇼는 생각이 없기 때문에 어떤 물체의 이름도 말할 수 없을 것이다. 다윈이 옳다면 워쇼는 항상 생각을 하고 미국 수화를 도구처럼 이용해서 자기 생각을 표현할 수 있을 것이다.

워쇼 프로젝트에 참가한 첫 학기에 나는 이 철학적 충돌을 결코 잊을 수 없는 방식으로 목격했다. 당시 데카르트주의를 수호하는 옥스퍼드 대학교 출신의 유명한 과학 철학자 롬 하레Rom Harré가 리노에 초빙 교수로 머물고 있었다. 하레가 빌린 집은 가드너 부부의 집 근처였기 때문에 그는 매일 워쇼의 뒤뜰 앞을 지나 캠퍼스로 갔다. 어느 날 아침 하레는 가드너 부부의 집 버드나무에서 이상한 것을 목격했다. 그는 차를 세우고 내려서 더 자세히 보았다. 물론 그것은 워쇼였지만, 그녀는 평소처럼 이웃을 관찰하고 있지 않았다. 워쇼는 나뭇가지에 편안하게 앉아서 잡지를 뒤적이면서 사진과 광고에 등장하는 여러 사물의 이름을 혼자 수화로 말하고 있었다. 혼잣말을 하는 침팬지, 인간처럼 생각을 말하는 침팬지를 보고 하레는 깜짝 놀랐다.

롬 하레가 이때 받은 충격은 1699년에 영국 해부학자 에드워드 타이슨이 갑자기 시험대에서 뛰어내려 빠르게 중얼거리는 〈생각 없는〉 침팬지를 봤을 때 느꼈던 충격과 비슷할 것이다. 2,000년 동안 서구 역사는 말하는 동물이 존재할 수 없다고 주장해 왔다. 훗날 하레의 고백에 따르면 혼잣말 하는 워쇼를 본 순간이 인간의 고유성에 대한 그의 믿음을 영구적으로 바꾸어 놓았다고 한다.

자발적인 〈수화 잡담〉은 워쇼가 인간 아이처럼 언어를 이용하고 있다는 가장 확실한 증거였다. 예를 들어 워쇼는 금지된 방에 몰래 들어갈 때 수화로 〈조용히〉라고 혼잣말을 했다. 또 버드나무에 앉아 있을 때는 (바깥이 보이지 않는) 우리에게 잠시 후 현관문 앞에 나타날 사람의 이름을 알려 주었다. 또 침대에 앉아서 주변에 늘어놓은 인형들에게 말을 하기도 했다. 워쇼가 때로는 정말 뜻밖의 상황에서 붙임성 좋은 청각 장애아처럼 재빨리 손을 놀리는 모습은 회의주의자들이 오랫동안 고수해 오던 생각, 즉 동물은 생각도 말도 할 수 없다는 생각을 재고하게 만들었다.

　지금도 언어 능력이 인간 고유의 특징이라고 주장하는 사람들은 워쇼가 서커스 동물처럼 수화를 하는 인간을 흉내 내도록 훈련받은 재주 좋은 침팬지라고 이야기한다. 그러나 하레 같은 사람들은 워쇼가 일상적인 삶의 흐름에 자발적으로 언어를 엮어 넣는 모습을 직접 목격했다. 우리는 워쇼에게 혼잣말을 하거나, 인형에게 말을 걸거나, 나무 꼭대기에서 주변 상황을 보고하라고 훈련시키지 않았다. 그리고 우리 중에서 수화로 혼잣말을 하거나, 9미터 높이의 나무에 오르거나, 인형에게 말을 건 사람은 아무도 없었으므로 워쇼가 언어를 이용하는 그러한 방식은 우리를 흉내 내서 배운 것이 아니었다.

　워쇼의 언어적 행동 — 예를 들어 인형이나 개에게 말을 거는 것 — 대부분이 성인에게는 어울리지 않는 행동이었다. 워쇼는 인간 아이라면 누구나 하는 행동을 했을 뿐이다. 즉, 워쇼는 모든 사람과 모든 것을 대상으로, 상대방이 듣고 있든 그렇지 않든, 새로 익힌 단어를 쓰고 있었던 것이다. 또 워쇼는 청각 장애아와 마찬가지로 일단 낯선 사람들에게 수화를 하기 시작하면 그들이 수화를 알아듣지 못하거나 수화로 대답하지 못한다는 사실이 분명해지고 나서도 한참 동안 계속 수화를 했다.

워쇼 프로젝트 2, 3년 차 때 나는 매일 아침 잠에서 깨어 두 살 난 아들 조슈아가 〈가카〉라는 상상 속의 친구에게 이야기하는 소리를 들었다. 조슈아는 내가 이야기에 끼어들거나 엿듣는 것을 좋아하지 않았다. 그런 다음 일을 하러 가면 워쇼가 침대에 앉아서 제일 좋아하는 인형에게 수화로 말을 하고 있었다. 워쇼는 내가 문틈으로 들여다보면 수화를 뚝 멈췄고, 내가 돌아서면 중단된 대화를 다시 이어갔다. 워쇼가 훈련받은 것이 아니라는 사실을 가장 실제적으로 증명한 것은 바로 이와 같은 일화들 — 워쇼의 어린아이 같은 혼자만의 언어 실험 — 이었다.

워쇼가 물개처럼 훈련을 받은 것이 아니라면 어떻게 언어를 배웠을까? 가드너 부부가 워쇼 프로젝트를 시작했던 1960년대 중반에는 아이들의 언어 습득 방법에 대한 이론이 여러 가지였다. 그중에서 심리학파를 대표하는 사람은 하버드 대학교 교수이자 〈행동주의〉의 창시자 B. F. 스키너B. F. Skinner였다.

20세기로 접어들 당시 현대 행동주의 창시자들은 동물의 행동을 쉽게 측정할 수 있는 기계라는 관점에서 설명함으로써 물리학을 흉내 내려 했다. 러시아에서는 유명한 심리학자 이반 파블로프Ivan Pavlov가 저녁 식사를 알리는 종소리가 들리면 개가 침을 흘리도록 훈련시켜서 개의 행동을 조건 반사로 끌어내렸다. 미국에서는 B. F. 스키너의 선배 존 B. 왓슨John B. Watson이 동물의 행동을 유발하는 〈근육 떨림〉을 분석했다. 1930년대에 스키너가 등장했을 때 행동주의는 인간과 동물을 나누는 데 카르트주의라는 벽을 더욱 견고하게 쌓고 있었다. 인간은 환경을 만들어 가는 생각하는 존재이고 동물은 환경에 의해 행동이 만들어지는 생각 없는 짐승이라는 것이었다. 인간은 학습하지만 동물은 조건에 의해 형성된다.

　스키너는 인간과 동물을 나누는 벽을 무너뜨리려 애썼지만 한 세기 전에 다윈이 그랬던 것처럼 인간과 동물의 정신에 연속성이 존재한다고 가정하지는 않았다. 스키너는 정신이라는 것을 아예 없앴다. 그는 인간의 학습 과정이 동물의 훈련과 다르지 않고, 〈사고〉나 〈의식〉 같은 막연한 용어에 기대지 않고 기계적으로 설명할 수 있다고 주장했다.

　스키너에 따르면 모든 인간과 동물의 행동은 조작적 조건 형성이라는 단일 법칙의 지배를 받는다. 조작적이라고 부르는 것은 우리의 행동을 형성하고 한계 짓도록 조작하는 강화인과 처벌인이 환경에 존재하기 때문이다. 우리에 갇힌 쥐는 사료라는 보상 혹은 강화를 통해서 레버 누르는 법을 배운다. 인간 아이는 화상이라는 처벌을 통해 불을 두려워하는 법을 배운다.

　물론 스키너는 인간 아이가 다른 모든 것을 배우는 것과 똑같은 방식으로, 즉 부모의 보상과 처벌을 통해서 언어를 배운다고 주장했다. 아이의 옹알이는 엄마의 미소라는 긍정적인 강화인에 의해서 〈엄마〉라는 단어로 형성된다. 부모가 얼굴을 찌푸리거나 말로 바로잡아 주면서 나쁜 발음과 틀린 문법은 사라진다. 스키너의 주장에 따르면 부모는 쥐가 레버를 누르게 만드는 심리학자처럼 의도적으로 언어를 형성하는 것은 아니지만 결과는 똑같다.

　앨런 가드너는 쥐 심리학자였기 때문에 조작적 조건 형성의 원칙을 제대로 배웠다. 스키너의 말처럼 언어가 조건 형성된다면, 그리고 모든 종이 조건 형성이라는 똑같은 방법을 통해서 배운다면, 침팬지는 보상을 통해서 수화를 배울 수 있을 것이다. 그래서 가드너 부부는 스키너의 방법을 이용해서 워쇼를 가르치기로 했다.

미국 수화에 대한 지식이 약간 있으면 그다음에 일어난 일을 이해하기 쉽다.[5] 미국 수화는 귀가 들리는 사람이 청각 장애인을 위해서 만든 인공적인 체계가 아니다. 그것은 적어도 150년 전부터 존재했고, 유럽의 청각 장애인들이 몇 세기에 걸쳐서 발전시킨 다양한 유럽 수화에 뿌리를 두고 있다. 보편적인 수화를 만들려는 시도가 여러 번 있었지만 — 제스투노Gestuno라는 국제 수화도 그중 하나다 — 보편적인 음성 언어가 그렇듯 그다지 널리 퍼지지 않았다. 미국 수화는 전 세계 청각 장애인들 사이에서 만들어진 수많은 독자적인 수화 중 하나이고, 국제 청각 장애인 대회처럼 청각 장애인들이 만날 때는 동시 통역사가 필요하다. 한 가지 분명히 밝혀 둘 것은, 수화는 보편적이지 않으므로 미국 수화는 모든 사람들이 이해하는 팬터마임 같은 손짓이 아니라는 사실이다.

또 미국 수화는 음성 언어와 전혀 달라 보이지만 사실 같은 원칙에 의해서 만들어진다. 수화는 음성 언어와 마찬가지로 기본적인 구성 요소 자체는 의미가 없지만 결합되면 의미가 생기기 때문에 한없이 유연하다. 음성 언어의 구성 요소는 음소, 즉 인간이 만들 수 있는 50여 가지의 소리(예를 들면 〈바람〉의 〈ㅂ〉이나 〈그림〉의 〈ㄱ〉)이다. 각 음소가 특정한 고정 의미를 갖는다면 우리는 50개밖에 안 되는 어휘에 갇히고 말 것이다. 그러나 각 음소는 의미가 없기 때문에 우리는 음소를 결합해서 10만 개 이상의 단어와 무한한 문장을 만들 수 있다.

수화는 아무 의미도 없는 수형(손의 모양), 수위(손의 위치), 수동(손의 움직임)이라는 수화소chereme로 구성된다.[6] 이러한 수화소를 결합해서 단어에 해당하는 무한한 수화를 만들 수 있다. 수화소는 총 55개이다. 19개는 한 손이나 두 손의 모양(예를 들어 검지만 펴서 가리키는 모양), 12개는 수화의 위치(뺨), 24개는 한 손이나 두 손의 움직임(수직 이동)

이다. 검지만 펴서 뺨에 대면 하나의 수화가, 이마에 대면 다른 수화가, 턱에 대면 역시 또 다른 수화가 된다. 또 위치와 상관없이 검지만 펴서 수화자를 향해서 움직이면 하나의 수화가, 상대방을 향해서 움직이면 다른 수화가, 수평으로 움직이면 또 다른 수화가 된다. 손 모양을 (예를 들어 검지만 편 모양에서 주먹을 쥔 모양으로) 바꾸면 또 전혀 다른 수화를 만들 수 있다.

미국 수화는 대부분 임의적인 것처럼 보이지만 (예를 들어서 검정을 뜻하는 수화는 검지를 이마에 대고 긋는 것이다) 영어가 청각적 소리를 종종 참조하는 것처럼(칙칙폭폭, 멍멍 등) 미국 수화는 시각적 모습을 종종 참조한다. 고양이는 엄지와 검지로 상상 속의 수염을 당기는 것이고, 마시다는 보이지 않는 물 잔을 입술에 대는 것이다. 영어의 의성어보다 미국 수화의 의태어가 더 많은데, 이유는 간단하다. 시각적 참조점이 더 많기 때문이다.

미국 수화에서 어떤 사람을 가리킬 때는 손가락으로 알파벳을 표현하는 지문자(指文字)로 이름의 첫 문자를 표시하고 여기에 그 사람의 특징을 나타내는 수화를 결합한다. 가드너 부부는 워쇼라고 말할 때 〈W〉를 뜻하는 손 모양을 만들어 한쪽 귀에 대고 펄럭였는데, 〈귀가 큰 워쇼〉라는 뜻이다. 내 이름 로저는 〈캘리포니아에서 온 파우츠〉라는 뜻으로 (파우츠의) F에 해당하는 수화와 캘리포니아라는 수화를 합친 것이었다. 미국 수화로 캘리포니아를 표현할 때는 〈금빛 관광지〉라는 뜻에서 금 귀걸이를 가리키듯이 엄지와 검지로 귓불을 잡아당긴다. 우리는 닥터 G, 즉 앨런 가드너를 말할 때는 G라는 손모양을 하고 이마를 건드렸는데, 〈지혜〉라는 의미였다. G 부인을 가리킬 때는 〈G〉라는 손모양을 하고 뺨을 잡아당겼는데, 옛날에 부인들이 쓰던 보닛 끈에서 온 〈부인〉이라는 뜻의 수화였다.

미국 수화에서 각 수화를 문장으로 구성할 때는 나름의 규칙이 있는데, 이때의 문법은 영어 문법과 다르다. 히브리어를 비롯한 몇몇 음성 언어와 마찬가지로 미국 수화는 연결사, 즉 주어와 술어를 연결하는 〈be 동사〉가 없다. 따라서 〈너는 행복하다〉를 미국 수화로 나타내면 〈너 행복〉으로 더욱 간단해진다. 미국 수화에서는 명사가 동사의 역할도 한다. 그러므로 〈나에게 바나나를 줘〉라고 말하는 대신 〈나 바나나〉라고 말할 수 있다. 또 〈나를 데리고 나가〉 대신 〈나 바깥〉이라고 말할 수 있다.

영어는 말의 의미를 바꿀 때 어순에 크게 의존하지만 미국 수화는 러시아어처럼 어형 굴절이 심하다. 어떤 수화든 쉽게 바꾸어서 인칭, 시제, 수와 같은 문법적 특징을 나타낼 수 있다. 이러한 어형 굴절은 표정이나 수화의 속도, 위치, 반복을 통해서 시각적으로 쉽게 표현할 수 있다. 아마 어렸을 때부터 수화를 사용해서 미묘한 시각적 문법을 읽을 수 있는 사람만이 〈좋아〉 같은 단어나 〈나 그거 잘 못해〉 같은 문장의 의미 차이를 명확히 이해할 수 있을 것이다.

가드너 부부는 형성이라는 조작적 조건화 기법을 이용해서 쥐에게 레버 누르는 법을 가르치는 것처럼 워쇼에게 미국 수화를 가르치기로 했다.[7] 실험사는 보상을 이용해서 쥐가 먹이 레버에 점점 더 가까이 가도록 움직임을 형성한다. 스키너에 따르면 부모는 아이가 어떤 단어와 비슷한 소리를 낼 때 승인한다는 뜻으로 미소를 짓고 고개를 끄덕임으로써 아이의 옹알이를 말로 형성한다.

침팬지가 수화를 하도록 조건을 형성하는 것은 전혀 복잡하지 않아 보였다. 가드너 부부는 워쇼가 미국 수화와 비슷한 몸짓을 취할 때까지 기다렸다가 워쇼가 그런 동작을 하면 격려와 보상을 통해 수화로 형성했다. 예를 들어서 수화로 〈더〉는 두 손을 모아 손끝이 닿게 만들어서 표현한다. 워쇼가 제일 좋아하는 놀이인 간질이기를 할 때면 워쇼는 반사적으로 팔을 모아서 막았다. 가드너 부부가 간질이기를 멈추고 워쇼의 양팔을 당기면 워쇼는 두 사람을 자기 쪽으로 당기곤 했다. 그렇게 하면 허술하지만 〈더〉라는 수화가 되고, 가드너 부부는 그 보상으로 워쇼를 더 간질여 준다.

그런 다음에는 워쇼의 수형과 수위, 수동이 정확해야만 — 가끔은 완벽한 수화를 직접 보여 줘서 워쇼를 자극했다 — 보상으로 더 간질여 주었다. 곧 워쇼는 간지럼힘을 더 받으려고 자발적으로 〈더〉라는 수화를 했다. 그 후 가드너 부부는 세탁 바구니에 들어간 워쇼를 끌고 다니는 게임에도 〈더〉를 끌어들였다. 워쇼는 뭐든지 더 얻고 싶을 때 〈더〉라는 수화를 쓸 수 있음을 금방 깨달았고, 곧 음식을 더 달라거나 놀이를 더 하자고, 책을 더 읽자고 할 때 사용했다.

워쇼가 〈더〉라는 수화를 습득하는 과정은 조작적 조건화 형성의 교과서 같은 경우였다. 그러나 이것은 워쇼가 B. F. 스키너의 방법을 통해서 배운 거의 마지막 단어였다. 워쇼와 뒤뜰에서 야단법석을 떨며 보내는 시간은 아주 빠르게 흘러갔고 쉽게 멈출 수 없었다. 우리가 워쇼에게 〈새〉라는 수화(오른쪽 엄지와 검지를 입에 대고 부리처럼 만든다)를 가르치고 싶었다고 생각해 보자. 새가 날아갈 때 워쇼가 새와 비슷한 손짓을 할 확률은 사실상 0에 가깝다. 그리고 설사 그런 손짓을 한다 해도 워쇼가 다음 행동을 하기 전에 우리가 워쇼에게 보상을 제공할 시간이 거의 없다. 스키너의 쥐들이 상자에 갇혀 있어야 했던 것은 실험자가 쥐의 행동을 완벽하게 통제하기 위해서였음을 우리는 곧 깨달았다. 워쇼에게 수화 하나를 형성하는 데만도 몇 달이 걸릴 수 있었다.

언어 습득에 관한 스키너의 이론도 잘 맞지 않았다. 워쇼는 손으로 옹알이 비슷한 것을 자주 했고, 수화를 배우기 시작한 뒤로는 더욱 그랬다. 워쇼의 옹알이 손짓 중 하나가 미국 수화와 비슷하면 가드너 부부는 손뼉을 치고, 미소를 짓고, 그 손짓을 반복했다. 1년 내내 옹알이를 긍정적으로 보상하는 방식으로 워쇼가 익힌 수화는 단 하나,[8] 〈웃기다〉였는데, 아마도 손가락 두 개로 코를 문지르는 〈웃기다〉라는 수화를 하면 떠들썩한 코 만지기 게임으로 발전했기 때문이었을 것이다.

나중에 데비와 나는 우리 딸 레이철에게서도 비슷한 발견을 했다. 레이철은 말을 이제 막 배우기 시작할 때 〈물〉을 달라고 할 때 대부분의 아이들처럼 〈무, 무〉라고 하는 대신 〈골로잉크〉라는 소리를 냈는데, 목으로 물을 넘길 때 나는 소리 같았다. 물론 데비와 나는 골로잉크가 아주 재미있다고 생각했다. 당시 유행했던 만화 주인공 제럴드 맥보잉 보잉이 생각났다. 의식적이든 아니든 우리는 레이철이 골로잉크라고 말할 때 박수를 치고 미소를 짓고 친구들이 놀러 오면 레이철에게 골로잉크를 시켜서 강화했다. 골로잉크는 아무리 자주 봐도 재미있었다. 그러나 골로잉크는 곧 사라지고 레이철은 〈물〉이라고 말하기 시작했는데, 다른 가족이 그렇게 말하는 것을 들었기 때문일 것이다.

우리는 레이철을 〈형성〉할 수 없었던 것처럼 워쇼도 〈형성〉할 수 없었다. 워쇼는 우리가 수화하는 모습을 보고 닥치는 대로 수화를 배웠다. 우리는 워쇼 주변에서 수화만 썼기 때문에 흉내 낼 기회가 아주 많았지만 워쇼는 내킬 때에만 흉내 냈다. 우리가 할 수 있는 최선은 부모가 아이에게 하듯이 워쇼에게 수화를 보여 주는 것이었다. 양치질을 할 때면 〈이건 칫솔이야〉라고 수화로 말했다. 또 매일 저녁 식사가 끝나면 워쇼에게 〈양치 먼저, 그다음에 나가도 돼〉라고 말했다. 그러나 워쇼는 그 수화를 하지 않았기 때문에 워쇼가 수화를 이해했는지 아닌지조차 알 수 없었다. 그러던 어느 날 워쇼가 가드너 부부의 욕실에 갔다가 칫솔을 보더니 자발적으로 칫솔이라고 수화로 말했다.

대부분의 수화는 확실한 시범이 필요 없었다. 그냥 자동차를 가리키고 〈이 자동차〉라고 수화로 말할 수 있었다. 어느 날 워쇼의 또 다른 친구 나오미가 성냥을 찾는데 보이지 않았다. 워쇼가 나오미를 따라다니기 시작하자 나오미는 빈 성냥갑을 보여 주며 뭘 찾고 있는지 설명했다. 그러자 워쇼가 수화로 담배라고 말했다. 인간 친구들이 서로 담배와 성냥이 있는지 수화로 묻는 것을 보고 배운 게 틀림없었다.

또 워쇼가 우리의 시범을 보고 수화를 배우기 시작했지만 흉내를 내다가 완전히 익힐 때도 있었다. 예를 들어서 꽃을 나타내는 올바른 미국 수화는 다섯 손가락 끝을 하나로 모아서 꽃향기를 맡는 것처럼 양쪽 콧구멍에 차례로 대는 것이다. 1967년 가을에 꽃에 대한 이야기를 많이 한 뒤에 워쇼가 꽃이라는 수화를 쓰기 시작했지만 아이처럼 자기 나름의 형태로, 즉 검지 하나만 콧구멍에 대는 것으로 표현했다.[9] 말을 배우는 아이가 〈수영〉 대신 〈수엉〉이라고 말하듯이 말이다. 대부분의 부모는 아이의 〈유아 말투〉를 고쳐 주지 않는데, 워쇼의 조건 형성을 포기한 우리도 교정해 주지 않았다. 워쇼는 몇 달 더 우리를 지켜본 뒤 꽃을 제대로 표현하기 시작했다.

나는 워쇼와 함께한 첫해에 워쇼의 모방 능력을 바탕으로 수화를 가르치는 다른 방법을 생각해 냈다. 워쇼에게 나무라는 수화를 가르치고 싶으면 나무를 가리킨 다음 워쇼의 왼손이 위를 향하도록 팔꿈치를 구부리게 하고 오른손을 왼쪽 팔꿈치에 대서 나무라는 수화를 직접 하게 만드는 것이다. 아이가 신발 끈을 묶거나 셔츠 단추 채우는 것을 (또는 아이의 입술을 잡고 〈브〉라고 발음하는 것을) 도와준 적이 있는 사람이라면 워쇼의 팔을 잡고 직접 동작을 취하게 만드는 것이 아주 당연하게 느껴질 것이다. 그러나 스키너주의자들에게 동물을 직접적으로 유도하는 것은 손으로 쥐의 발을 잡고 먹이 레버를 누르는 것과 같다. 동물은 이런 식으로 아무 보상도 없이 학습하도록 되어 있지 않았다. 실제로 교과서는 직접 유도 같은 방법이 동물의 학습을 지연시킨다고 말한다.

가드너 부부는 나의 이단적인 방법에 깜짝 놀라서 동작을 유도하지 말라고 주의를 주었다.[10] 나는 더 나은 방법을 알지 못했기 때문에 계속 그렇게 했는데, 워쇼가 새로운 수화를 배우느라 애를 쓸 때 도움이 되는 것 같다는 이유가 가장 컸다. 워쇼는 한두 번만 이끌어 주면 새로운 수화를 금방 배웠고, 워쇼가 우리의 수화를 보고 흉내 내게 만드는 것과 이 방식을 거의 항상 병행했다. 〈과학적 의견〉과 달리 이 방식을 쓰면 워쇼가 수화를 아주 빨리 배웠고, 가드너 부부의 태도도 바뀌었다. 그 결과 나의 박사 논문은 「침팬지에게 수화를 가르칠 때 동작 유도의 이용」이 되었다.

당시에는 우리도 몰랐지만 야생 침팬지 역시 흉내 내기와 동작 유도를 통해서 어미로부터 새로운 기술을 배운다. 아프리카의 어미 침팬지들은 새끼들에게 도구를 제작하거나 견과류를 까는 법을 체계적으로 가르치지 않는다. 오히려 어린 새끼가 어미를 신중하게 관찰하고, 놀이와 연습을 통해서 어미를 따라하고, 여러 해에 걸쳐서 점차적으로 기술을 습득한다. 코트디부아르의 타이Tai 숲에서 침팬지의 석기 문화를 연구하던 영장류 동물학자 크리스토프 보슈Christophe Boesch는 침팬지가 딱딱한 견과류를 판판한 돌이나 모루 모양의 통나무에 놓고 돌이나 망치 같은 나무로 내리쳐서 깨뜨리는 모습을 보았다.[11] 어느 날 보슈는 어린 암컷 침팬지가 비뚤비뚤한 망치 모양 나무를 마구 휘두르면서 별 성과를 거두지 못하는 모습을 보았다. (견과류를 깨는 것이 쉬워 보일지도 모르지만 인간도 경험이 없으면 쿨라 나무 열매를 깨뜨리는 데 30분에서 60분 정도 걸린다.) 어린 침팬지가 망치를 여러 번 휘둘렀지만 알맹이는 나오지 않았고 점점 더 짜증만 날 뿐이었다.

잠시 후 어미가 와서 딸의 망치를 빼앗았다. 그런 다음 아주 느린 동작으로 망치를 돌려서 제대로 쥐는 법을 보여 주었다. 어미는 견과류 몇 개를 깨뜨려서 새끼와 나눠 먹은 다음 망치를 돌려주고 가 버렸다. 그러자 새끼가 망치를 똑바로 잡고 견과류를 몇 개 깨뜨렸다.

어미 침팬지가 하루 종일 자식들 옆에 지켜 서서 견과류 깨는 법을 가르치는 대신 필요할 때에만 집중적으로 유도하는 것에는 그럴 만한 이유가 있다. 인간 부모가 두 살짜리 아이에게 어휘와 문법을 가르치지 않는 것과 같은 이유다. 엄한 훈련을 통해서 통제당하면서 습득한 행동은 유연하지 않다. 유연성은 영장류 지능의 핵심이다. 유연성이야말로 침팬지와 인간이 어떤 상황에서 배운 기술을 전혀 다른 상황에 적용하도록 만든다. 그러한 유연성이 없으면 새끼 침팬지는 하루만에 견과류 깨뜨리는 법을 배우겠지만 이 기술을 다른 망치와 다른 견과류에까지 일반화시키지 못할 것이다. 마찬가지로 인간 어린이나 새끼 침팬지는 먹을 것을 보상으로 받으면서 어휘를 연습할 수 있겠지만 그러한 언어적 도구를 다른 사회적 상황에서 사용하지는 못할 것이다.

새끼 침팬지와 인간 어린이는 유연하게 점진적으로 배울 준비가 된 상태로 태어난다. 침팬지와 인간은 생물학적으로 왕성한 호기심, 모방 능력, 놀고 싶다는 강한 동기를 타고난다. 침팬지와 인간은 부모의 계속해서 돌보고 보호하기 때문에 가능해진 긴 어린 시절 덕분에 이러한 특징을 마음껏 누릴 무한한 자유를 갖는다. 먹이를 찾고 영역을 지키고 번식해야 한다는 부담이 없는 새끼 침팬지와 인간 어린이는 자유 시간이 무척 많다. 동물계에서 무척 드문 길고 의존적인 어린 시절은 무척 값비싼 진화적 대가를 치르고 얻은 것이다. 새끼와 밀착하는 어미는 몇 년에 한 번밖에 출산을 하지 못하는데, 이는 무척 위험한 번식 전략이다.

부모의 값비싼 시간 투자가 큰 이득을 내지 못했다면 침팬지와 인간은 벌써 오래전에 사라졌을 것이다. 새끼는 편안한 가정 환경에서 생존에 필요한 다양한 기능 — 운동 기능, 인지 기능, 의사소통 기능 — 을 발달시킬 수 있다. 새끼 침팬지는 주변의 어른 침팬지를 흉내 낼 수 있고, 몇 년 동안 놀이를 통해서 새로운 행동을 광범위한 행동 레퍼토리에 통합시킨다. 워쇼는 인형들과 놀 뿐만 아니라 인형들에게 수화를 했고, 나무에 기어오를 뿐만 아니라 나무 위에서 수화를 했다. 놀이는 복잡한 행동을 융합하여 새로운 상황에 적용하는 지식을 만들어 내는 자연의 방식이다. 그것은 자연의 학교, 선생님은 없지만 관찰하고 흉내 낼 수 있는 흥미로운 어른들만 있는 학교이다.

인류학자 애슐리 몬터규Ashley Montagu는 물리적 도구의 정신적 대응물이라는 뜻에서 언어를 〈개념적 도구〉라고 불렀다. 도구와 언어의 사용 모두 인지 능력에서 비롯된다고 믿었던 다윈은 이러한 은유법을 이해했을 것이다. 워쇼는 언어적 도구를 새로운 사회적 상황에 맞춰서 바꾸는 법을 배웠는데, 야생 침팬지들이 도구를 바꾸어서 견과류, 꿀, 개미, 흰개미를 채집하는 것과 비슷하다.

진정한 학습이 새로운 상황에 적응하는 유연성을 갖는다는 뜻이라면 워쇼가 자발적으로 수화를 한다는 사실은 스스로 배우고 있다는 가장 좋은 증거였다. 워쇼는 자기 변기를 〈더럽고 좋아〉라고 표현했고 냉장고는

〈열어서 먹고 마셔〉라고 말했다.[12] 우리는 아기 변기와 차가운 상자라고 표현했는데도 말이다. 그러한 수화의 조합은 우리가 가르친 것이 절대 아니었다. 워쇼는 상징을 모아 둔 〈공구함〉 — 자신의 어휘력 — 을 뒤져서 하고자 하는 일을 해낼 수 있도록 조립한 것이다.

게다가 워쇼는 언어 도구를 잘못 쓸 경우 바로잡는 법을 재웠다. 한 번은 워쇼가 잡지에 나온 음료수 사진을 보면서 〈저 음식〉이라고 수화로 말했다.[13] 그런 다음 자기 손을 자세히 보더니 〈저 음료수〉라고 다시 바꾸었다.

워쇼는 또 완전히 새로운 수화를 만들어 내는 능력도 있었다.[14] 예를 들어서 우리가 쓰는 수화 설명서에는 턱받이를 나타내는 수화가 없었기 때문에 가드너 부부는 냅킨이라는 수화를 대신 써서 손을 펴서 입을 닦는 동작을 했다. 그러나 워쇼는 이 수화를 잘 못하는 것 같았고 양손 검지로 가슴에 턱받이 모양을 그리면서 턱받이를 달라고 했다. 가드너 부부는 워쇼의 창의력은 인정했지만 냅킨이라는 수화를 사용하라고 고집했다. 우리는 침팬지가 만든 언어를 우리가 배울 수 있는지가 아니라 워쇼가 인간의 언어를 배울 수 있는지를 알고 싶었기 때문이다. 워쇼는 마침내 냅킨이라는 수화를 배웠고 턱받이를 달라고 할 때 그것을 사용하기 시작했다.

몇 달 뒤 캘리포니아 청각 장애인 학교에서 수화를 쓰는 학생들이 워쇼의 영상을 보다가 가드너 부부에게 아기 침팬지의 턱받이 수화가 틀렸다고 말했다. 그들은 검지 두 개로 가슴에 턱받이를 그려야 한다고 가르쳐 주었다. 워쇼가 옳았던 것이다.

워쇼는 조건 형성은커녕 가르침을 받는 것도 아니었다. 여기에는 무척 큰 차이가 있다. 첫해에 우리는 워쇼를 스키너의 쥐처럼 취급하려는 잘못된 방식을 택했지만 워쇼는 생물학적으로 침팬지와 인간에게 너무나 자명한 이치를 받아들이지 않을 수 없게 만들었다. 그것은 바로 학습 과정을 이끌어 가는 주체는 부모가 아니라 아이라는 사실이다. 아이나 침팬지를 가르칠 때 엄격하게 훈육하려고 하면 애초에 배움을 가능하게 만드는 무한한 호기심과 느긋한 놀이의 필요성을 거스르게 된다. 가드너 부부가 결국 인정했듯이 〈학교에 대한 어린 침팬지와 어린아이의 참을성은 한정되어 있다〉.[15] 워쇼는 우리가 가르치려고 노력했기 때문이 아니라 그러한 노력에도 불구하고 언어를 배우고 있었던 것이다.

나는 침팬지가 재미만 있으면 어떤 일을 몇 시간이고 할 수 있다는 사실을 이미 워쇼에게서 배웠다. 이제 워쇼는 내가 평생 아이들과 침팬지들을 다룰 때 큰 도움이 될 사실을, 즉 학습은 통제할 수 없다는 사실을 가르쳐 주고 있었다. 학습은 원래 통제 불가능하다. 배움은 자연스럽게 나타나서 개인에 따라 다르게, 예측할 수 없는 방식으로 진행되며 각자 자신의 속도에 따라서 목표를 성취한다. 일단 학습이 시작되면 멈추지 않는다. 조건 형성이 방해하지만 않는다면 말이다.

보상과 처벌로는 가르칠 수 없다는 사실이 가장 뚜렷하게 드러나는 것은 워쇼와의 식사 시간이었다. 행동주의에 따르면 배고픈 침팬지와 음식의 조합은 강화 및 학습의 완벽한 기회다. 그러나 워쇼는 배가 고플수록 수화를 단순 반복했고 결국에는 대놓고 애걸했다. 세 살 난 아이에게 완벽한 문법의 완전한 문장으로 부탁하지 않으면 시리얼을 주지 않을 때 어떤 일이 벌어지는지는 부모라면 누구나 알 것이다. 아이는 시리얼을 먹기 위해서 무엇이든 하고 무슨 말이든 하려 할 것이다. 징징거리고 울고 애걸하는 중간 중간에 말이다.

강화의 부정적인 영향은 아이들을 가르치는 상황에서 잘 드러난다.

가드너 부부가 종종 지적하는 예로, 자유롭게 그림 그리기는 유치원 아이들이 제일 좋아하는 활동 중 하나다.[16] 그러나 심리학자들이 보상을 제공함으로써 그림의 양을 늘리려고 하자 내용이 부실해졌다. 데스먼드 모리스Desmond Morris는 역시 그림 그리기를 좋아하는 새끼 침팬지들 사이에서도 비슷한 현상을 발견했다.

유인원은 그림 그리기와 보상을 금방 연결시켰지만 이러한 조건이 성립되자마자 자기가 그리는 그림에 점점 흥미가 떨어졌다. 대충 끄적거린 다음 바로 보상을 달라며 손을 내밀었다. 침팬지가 디자인과 리듬, 균형, 구성에 기울이던 관심은 사라졌고 최악의 상업적 그림이 탄생했다!

워쇼가 저녁 식사를 할 때 배고픔이 수화를 하고 싶다는 자연스러운 욕구를 압도했던 것처럼 보상에 대한 욕구가 그림을 그리고 싶다는 자연스러운 욕구를 압도한 것이다. 창조와 학습은 보상이 방해만 되는 선천적인 행동의 예다. 모든 동물은 수백만 년에 걸친 진화의 압박 덕분에 태어난 환경에서 생존하는 데 도움이 되는 수많은 종특수적 행동을 타고난다. 예를 들어서 곰쥐는 겁을 먹으면 높은 곳으로 달리고 굴파기 쥐는 낮은 곳으로 달린다. 곰쥐와 굴파기 쥐가 이러한 행동을 하는 데에는 보상이 필요 없다. 단지 본능에 따라 그렇게 행동하려는 충동을 느낄 뿐이다. 마찬가지로 아이들은 창의성을 발휘하려는 충동을 느낀다.

모든 종이 공통으로 가지는 필수적인 행동은 의사소통이다. 메시지를 보내고 받는 능력은 모든 동물 사회의 구성과 생존에 매우 중요하다. 오징어가 색을 바꿔서 짝짓기 상대를 유혹하는 것처럼 동물의 의사소통 중 일부는 자동적이고 고정되어 있다. 꿀벌의 8자춤 또한 자동적이고 틀에 박힌 것처럼 보인다. 그러나 신호 체계가 다양한 일부 종 — 예를 들면 새와 고래 — 의 경우 새끼는 사회생활, 짝짓기, 번식에 필요한 의사소통 체계를 배우려는 강력한 동인을 가지고 태어난다.

워쇼 역시 가족의 의사소통 방식 — 이 경우에는 미국 수화 — 을 배우고자 하는 동인을 가지고 있는 듯했다. 그리고 워쇼는 잘하고 있었다. 우리가 음성 언어나 8자춤, 혹은 전기 펄스로 의사소통을 했다면 워쇼는 배우고자 하는 동인에도 불구하고 우리와 의사소통하는 법을 배우지 못했을 것이다. 진화의 결과 워쇼는 몸짓을 이용한 의사소통을 배울 준비가 되어 있는 것처럼 보였다. 그렇다면 그 이유는 무엇일까?

과학자들은 오랫동안 침팬지의 의사소통이 인간의 의사소통과 아무런 관련이 없다고 추정했다. 침팬지의 우우거리는 소리나 비명, 헐떡이는 소리가 인간의 말과 별로 비슷하지 않았기 때문이다. 그러나 과학자들은 잘못된 의사소통 수단에 초점을 맞추고 있었다.

내가 워쇼를 처음 만났던 1967년에 네덜란드 동물 행동학자 아드리안 코르틀란트는 야생 침팬지의 의사소통에 대한 획기적인 연구 논문을 출판했다.[17] 「야생 침팬지의 손 사용Use of Hands in Champanzees in the Wild」이라는 제목이 모든 것을 말해 주는 논문이었다. 코르틀란트에 따르면 침팬지는 손으로 도구만 만드는 것이 아니었다. 침팬지는 우리가 상상도 하지 못했던 방식으로 의사소통을 하고 있었던 것이다. 코르틀란트는 이렇게 썼다. 〈침팬지의 사회 활동에서 손의 중요성은 아무리 강조해도 지나치지 않다.〉 침팬지는 손을 이용해서 먹이를 달라고 부탁하고, 확인을 받고, 격려했다. 코르틀란트는 〈나랑 같이 가자〉, 〈지나가도 될까?〉, 〈괜찮아〉 등을 뜻하는 다양한 몸짓이 있다고 보고했다.

그러나 가장 놀라운 것은 이러한 침팬지 몸짓이 공동체마다 조금씩 다르다는 사실이었다. 예를 들어서 코르틀란트는 각기 다른 세 가지 멈춤 신호를 목격했다. 어느 지역에 사는 침팬지들은 교통경찰처럼 손바닥을 바깥쪽으로 향한 채 손을 들어서 멈추라는 신호를 보냈다. 다른 지역의 침팬지들은 둥글게 만 손을 아래에서 위로 들어 신호를 보냈다. 또 다른 지역의 침팬지들은 손을 들고 흔들어서 침입자들을 쫓아냈다.

이러한 차이는 우리가 인간 사회에서 목격할 수 있는 차이와 무척 비슷하다. 예를 들어 북부 이탈리아에서는 고개를 가로저어서 아니라는 뜻을 나타낸다. 남부 이탈리아 사람들은 〈그리스식 아니오〉 — 고개를 위로 젖히는 동작 — 를 쓴다. 또 다른 나라에서는 고개를 젖히는 동작이 〈아니오〉가 아니라 〈예〉라는 뜻이 된다. 행복, 놀라움, 슬픔, 분노, 두려움을 나타내는 표정 등 전 세계에서 똑같은 표정도 있지만 고개를 젖히는 것과 같은 동작은 문화적으로 특수하며 배워야 한다.

곧 다른 동물 행동학자들이 문화적으로 전파된 것처럼 보이는 침팬지 몸짓 체계의 더 많은 변종을 보고하기 시작했다. 1978년에 윌리엄 맥그루William McGrew와 캐럴린 튜틴Carolyn Tutin은 8킬로미터밖에 떨어져 있지 않은 탄자니아의 두 침팬지 공동체가 털 고르기를 요구할 때 약간 다른 몸짓을 쓴다는 사실을 관찰했다.[18] 곰베 지역의 침팬지들은 한 팔을 똑바로 들었는데, 마할레 산악 지역의 침팬지들은 한 팔을 머리 위로 든 다음 서로의 손목을 잡았다.

1987년에 니시다 토시사다는 〈나뭇잎 찢기〉 몸짓이 마할레 침팬지 문화에서만 발견된다는 사실을 관찰했다.[19] 이 정교한 손짓은 모든 수컷 유인원의 오랜 문제 — 어떻게 하면 공동체에서 다른 수컷들의 시선을 끌지 않고 암컷을 유혹해서 멀리 갈 것인가 — 에 대한 해결책처럼 보였다. 마할레에서는 수컷 침팬지가 발정기의 암컷과 눈을 마주치면서 나뭇잎을 입에 가져다댄다. 수컷은 남몰래 나뭇잎을 찢어서 떨어뜨린 다음 무리를 벗어난다. 그러면 암컷도 무리에서 빠져나가 수컷을 따라 숲으로 들어가서 며칠에서 몇 주에 걸친 〈짝짓기 여행〉을 떠난다. 근처 침팬지 공동체에서는 수컷이 나뭇가지를 잡거나 흔드는 등 전혀 다른 구애 신호를 이용했다.

어른 침팬지는 또한 털 고르기, 구애, 적의 존재, 기타 중요한 사회적 메시지를 보낼 때 오래된 몸짓을 변형시켜서 새로운 메시지를 전달한다. 다른 침팬지들은 이처럼 새로운 메시지를 직접 쓰지 않아도 이해한다. 달리 말하면 침팬지 새끼는 고정된 의사소통 체계를 가지고 태어나지 않는다는 뜻이다. 인간과 마찬가지로 침팬지는 어떤 자세와 손짓, 소리를 가지고 태어나지만 그러한 신호를 적절하게 사용하는 법은 자신이 속한 공동체에서 몇 천 번의 경험을 한 다음에 배운다.[20] 침팬지가 자기 무리의 특수한 몸짓과 사회적 신호 — 방언 — 를 파악하기 전까지는 어미에게서 중요한 기술을 배우거나, 동료들과 연합을 구성하거나, 짝짓기 상대를 유혹하거나, 아이들을 키울 수 없다.

아드리안 코르틀란트의 침팬지 몸짓 연구는 1967년 워쇼 프로젝트에서도 매우 중요했던 말로 결론을 맺는다. 〈침팬지는 자신의 손으로 현재 사용 중인 손짓보다 훨씬 더 많은 것을 할 수 있다.〉 코르틀란트의 논문은 워쇼가 미국 수화와 같은 몸짓 의사소통 체계를 배우는 능력을 타고났다는 사실을 우리 모두에게 보여 주었다. 워쇼는 야생에서 포획되어서 미국으로 오지 않았다면 손짓, 팔 동작, 몸동작으로 이루어진 자기 공동체만의 독특한 방언을 이용해서 생물학적 어미와 의사소통을 했을 것이다. 다윈이 추측한 것처럼 미국 수화와 침팬지의 손짓의 바탕에는 똑같은 학습 및 사고 능력이 깔려 있는 것이 틀림없다. 그렇지 않으면 워쇼는 인간의 상징 신호를 도구처럼 조작할 수 없었을 것이다.

　인간의 언어가 유인원의 인지 능력에 뿌리를 두고 있다는 다윈의 급진적인 가정은 한 세기 가까이 비웃음을 사거나 무시당했다. 그러나 이제 유인원이 추상적 사고를 할 수 있다는 다윈의 주장이 옳았음을 워쇼가 증명하고 있었다. 워쇼는 나무라는 수화가 자신이 좋아하는 수양버들뿐 아니라 생김새와 상관없이 모든 나무를 가리킨다는 사실을 알았다. 인간 언어 출현의 기반을 닦은 것이 또 다른 혁신이 아니라 우리 공동의 유인원류 조상의 인지 능력이라는 다윈의 말도 옳은 것처럼 보였다. 워쇼는 인간 아이처럼 추상적으로 생각했을 뿐만 아니라 의사소통도 인간 아이처럼 하고 있었다. 워쇼는 상징을 배우기만 하는 것이 아니라 그것을 이용해서 자신의 감정을 나누고, 뒤뜰이라는 자신의 세계를 통제하고, 상상할 수 있는 모든 상황에서 자신이 하고 싶은 것을 했다.

　워쇼 프로젝트 초기에 몸짓을 사용하려는 침팬지와 아이의 공통적인 욕구를 보여 주는 무척 아름다운 순간이 있었다. 가드너 부부가 부엌에서 친구들을 대접하고 있었는데, 그들의 아이는 우연히도 청각 장애아였다. 워쇼는 바깥에서 놀고 있었다. 갑자기 아이와 워쇼가 창문을 통해서 서로를 보았다. 그러자 무슨 신호를 받은 것처럼 아이는 수화로 〈원숭이〉라고 말했고 동시에 워쇼는 수화로 〈아기〉라고 말했다.

　나는 워쇼가 인간과 비슷한 언어 능력을 매일 발달시키고 있음을 깨달았다. 1969년 초가 되자 나의 세 살 난 침팬지 여동생은 내 두 살 난 아들과 비슷하게 행동할 뿐만 아니라 비슷하게 말하고 있었다. 아침 7시가 되면 워쇼는 수화를 쏟아 내면서 ─〈로저 빨리〉, 〈와서 안아 줘〉, 〈먹을 거 줘〉, 〈옷 줘〉, 〈나가자〉, 〈문 열어〉─ 나를 맞이했는데, 그것은 몸짓이라는 점만 빼면 내가 매일 아침 아들 조슈아에게서 듣는 말과 똑같았다. 또 워쇼는 장난으로 싸움을 걸고, 나를 할퀴고, 그런 다음 내가 흘리는 피를 보면서 〈다쳤어, 다쳤어〉와 〈미안해, 미안해〉라고 수화로 계속 말했는데, 이는 내가 집에서 겪는 일과 거의 똑같았다. 그리고 워쇼는 언어를 이용해서 나를 조종하거나 위협하곤 했는데, 이는 곧 내 아들에게도 흔한 일이 되었다.

나는 워쇼와 열띤 말싸움을 하다가 종종 어린 시절을 떠올렸다. 예를 들어서 1969년 초 어느 날, 수전 니콜스가 워쇼의 옷을 세탁기에 돌리러 가드너 부부의 집에 가고 나는 차고에서 워쇼를 지키는 보람 없는 일을 하고 있었다. 우리가 워쇼의 옷가지를 모으기 시작하면 워쇼는 가드너 부부의 집 뒷문이 곧 열릴 테니 몰래 들어가서 습격할 수 있다는 사실을 눈치 챘다. 습격이란 냉장고의 물건을 다 꺼내고 침대 위를 뛰어다니고 옷장을 뒤지는 것이었다. 내가 진공청소기를 켜서 워쇼에게 겁을 주어 쫓은 적도 있었다. 그런데 이 방법은 지나치게 잘 먹혔다. 겁에 질려서 도망치려던 워쇼가 가드너 부부의 페르시아 양탄자에 똥을 쌌던 것이다.

우리는 새로운 세탁 전략을 세웠다. 내가 먼저 차고에 가서 놀자고 워쇼를 꾄 다음 수전이 빨랫감을 모았다. 평소에 워쇼는 차고에서 노는 것을 무척 좋아했는데, 우리가 차고를 비오는 날 쓰는 놀이방으로 꾸몄기 때문이었다. 벽에 정글 그림을 그리고 워쇼가 뛰어놀 수 있는 매트리스와 매달려 흔들릴 수 있는 낙하산, 구를 수 있는 양탄자를 마련해 두었다. 워쇼가 세발자전거나 유모차를 타고 다닐 수 있을 만큼 넓은 차고였다. 나는 워쇼와 함께 차고 안으로 들어간 다음 몰래 문을 잠갔다.

이 전략은 잘 먹혔지만, 어느 날 수전이 빨랫감을 가지고 가드너 부부의 집으로 들어가는 모습을 워쇼가 창문을 통해서 보고 말았다. 그 순간 차고는 감옥이, 나는 못된 오빠가 되어 버렸다. 우선 워쇼는 〈나가자〉라고 말했다. 내가 거절하자 워쇼는 내가 나가는 방법을 잊어버렸을까 봐 〈열쇠 열어〉라고 말했다. 워쇼는 〈제발 열어 줘〉라는 제일 정중한 표현까지 썼다. 내가 안 된다고 하자 워쇼는 처음에는 나를 간질이더니 점차 꼬집고 할퀴었고, 결국 셔츠를 찢었다. 나는 워쇼보다 컸지만 힘은 따라가지 못했다. 얼른 어떻게든 하지 않으면 장난이 남매 사이의 혈투로 번질 것이다.

워쇼와 난투를 벌이던 나는 형들이 내가 어떤 방에 들어가지 못하게 할 때 썼던 수법이 떠올랐다. 형들은 그 방에 〈귀신〉이 있다고, 안으로 들어가면 귀신이 나를 〈잡아갈〉 거라고 말했다. 워쇼의 귀신은 말할 것도 없이 크고 검은 개였다. 그래서 나는 잠긴 차고 문을 가리키면서 〈크고 검은 개가 밖에 있어. 작은 침팬지를 잡아먹는대〉라고 말했다. 그러자 워쇼의 눈이 휘둥그레지더니 털이 바짝 곤두섰다. 워쇼가 두 발로 서서 화가 난 유인원처럼 비틀거리기 시작했다. 그런 다음 손등으로 벽을 쳤다. 그리고 갑자기 차고를 마구 달리더니 마지막 순간에 공중으로 펄쩍 뛰어서 양발로 잠긴 문을 쿵 찼다. 그런 다음 나에게 돌아왔다.

이 방법은 내 생각보다 잘 통했다. 빨래하는 날마다 워쇼가 내 셔츠를 찢었기 때문에 나는 이제 조금 갚아 줄 때라고 생각했다. 내가 워쇼에게 물었다. 〈나가서 개랑 같이 놀래?〉 워쇼가 대답했다. 〈아니, 개는 싫어.〉 워쇼가 나를 슬금슬금 피하더니 문과 거리를 두었다. 이제 거의 다 넘어왔다. 나는 문으로 진짜 다가가서 자물쇠를 풀고 문을 연 다음 말했다. 〈이리 와, 나가서 검은 개랑 놀자.〉 워쇼는 저 멀리 차고 구석까지 뒷걸음질 쳤다.

이러한 대화는 우리가 표정이나 몸짓을 통해서 침팬지와 주고받을 수 있는 비언어적 의사소통, 혹은 짖는 소리와 한 단어 명령을 통해서 개와

주고받을 수 있는 비언어적 의사소통을 훨씬 넘어서는 것이었다. 워쇼와 나는 상징적으로 의사소통을 하고 있었다. 워쇼는 나에게 상징적인 정보를 주었다. 즉, 나에게 문을 열라고 말하고 열쇠를 이용하라고 제안했다. 나는 거짓말이긴 했지만 역시 상징적인 정보로 크고 검은 개가 있다고 대답했다. 내가 있지도 않은 개 이야기를 꾸며 낼 수 없었다면, 그리고 워쇼가 그것을 이해할 수 없었다면, 싸움을 가라앉히지 못했을 것이다.

워쇼의 미국 수화 습득이 내 아들의 영어 습득보다 느리고 불완전했을지는 모르지만 워쇼와 내 아들 모두 언어를 이용해서 추상적이고 효율적으로 의사소통을 했다. 나에게는 이것이 유인원류 선조로부터 인간 언어가 출현했다는 다윈의 이론을 지지하는 가장 강력한 증거였다.

물론 워쇼는 다윈 이론의 전제를 확인해 줌으로써 적어도 내 마음속에서는 새로운 문제를 잔뜩 일으켰다. 우리의 유인원류 선조가 몸짓으로 의사소통을 했다면 초기 인간의 첫 번째 언어는 수화였을까? 그렇다면 수화가 언제, 어떻게 음성 언어로 바뀌었을까? 음성 언어는 왜 침팬지가 아니라 인간에게서 나타났을까? 신체를 이용한 풍성한 시각 및 몸짓 언어가 어떻게, 왜, 신체와 아무런 상관없는 종이 위의 검은 표식으로 바뀌었을까?

아직 많은 의문이 남아 있었지만 워쇼는 오랫동안 자명한 이치로 여겨지던 생각을 효율적이고 극적으로 잠재웠다. 언어는 신이 내려 준 것이 아니었다. 언어는 우리 동물 선조로부터 출현했다. 2,000년에 걸친 서구 철학이 틀렸다. 우리는 동물과, 혹은 적어도 우리의 유인원 형제와 대화를 나눌 수 있다. 나는 확신했다. 나는 워쇼와 대화를 하고 있었다.

5장
그러나 이것이 언어일까?

1500년 경, 스코틀랜드의 왕 제임스 4세는 사람이 혼자 살면 어떤 언어를 발달시키는지 알아보려고 한 아기를 고립시켜서 키우라고 명령했다. 당시에는 히브리어가 아담과 이브의 언어이자 모든 인류의 최초의 언어라고 여겨졌기 때문에 제임스 4세는 아이가 히브리어를 할 것이라고 생각했다. 이러한 실험이 모두 그랬듯이 제임스 4세의 실험은 나쁜 결말을 맞이했다. 아기가 애정 결핍으로 죽었던 것이다.

현재 대부분의 과학자들과 언어학자들이 언어에 대해서 유일하게 동의하는 사실은 제임스 4세가 틀렸다는 것이다. 아이는 특정 언어에 대한 지식을 가지고 태어나지 않는다. 이제 우리는 아이가 말이나 수화를 하는 어른들과 몇 년에 걸쳐 상호 작용을 하면서 언어를 발달시킨다는 사실을 안다. 그러나 언어 습득의 〈결정적 시기〉에 정확히 어떤 일이 일어나는지는 여전히 논쟁의 대상이다. 언어란 너무나 복잡한 의사소통 수단이기 때문에 단 한 가지 언어의 문법 규칙을 완벽하게 설명하기도 힘들지만, 사실 모든 아이들은 이를 쉽게 습득한다.

아이들은 어떻게 언어를 습득하는 것일까? 워쇼가 미국 수화 학습에서 보인 진전은 언어의 기원을 밝혀서 이처럼 아주 오래된 의문의 해답을 찾는 데 도움이 될 가능성이 있었다. 워쇼가 수화를 하기 전까지는 600만 년 전 우리의 선조가 워쇼의 선조와 갈라진 이후에 중요한 해부학적 변화 — 새로운 후두 구조, 새로운 두뇌 구조, 또는 청각 신호를 빠르게 구분하는 새로운 능력 — 를 겪었고 인류가 언어를 발달시켰다는 가정이 널리 받아들여졌다. 그러나 워쇼가 인간의 수화를 배울 수 있다는 것은 인간과 침팬지의 공동의 조상 역시 몸짓 의사소통 능력을 가지고 있었다는 뜻이었다. 진화는 언제나 쉽게 손에 넣을 수 있는 도구를 활용하므로 — 즉, 기존의 구조와 행동을 이용해서 새로운 것을 만들므로 — 초기 인류는 우리 공동의 유인원류 선조가 확립한 인지, 학습, 몸짓이라는 오래된 기반을 바탕으로 수화 언어 및 음성 언어를 구축했을 것이다.

이것은 아이들의 언어 습득을 둘러싼 수수께끼와 어떻게 연관될까? 우리 선조가 인지와 학습을 통해서 언어를 발달시켰다는 것은 현대의 아이들 역시 똑같이, 다만 더욱 전문적인 방식으로 언어를 발달시킨다는 뜻이다. 즉, 아이들은 언어를 배울 때 신발 끈 묶기나 피아노 연주 등 다른 기술을 배울 때와 똑같은 전략 — 관찰, 모방, 놀이 — 을 사용할 것이다. 아이들은 자연스럽게 성인을 흉내 내고, 무한한 상호 작용과 연습을 통해서 그 기술을 새로운 상황으로 일반화시키고, 놀이를 통해서 다른 행동과 통합한다. 물론 언어는 신발 끈 묶기보다 복잡하고 피아노 연주보다 보편적이므로 인간이 어느 시점에서 언어를 습득하는 빠르고 특수한 학습 방법을 발달시킨 것이 틀림없다. 우리는 다른 종과 마찬가지로 의사소통의 필요성이 절실하기 때문에 이러한 생각은 일리가 있다.

이 책을 읽는 독자라면 모든 언어학자들이 인간 언어의 진화 경로를 파악하려는 워쇼 프로젝트의 노력을 따뜻하게 환영했을 것이라고 생각할지도 모른다. 그러나 공교롭게도 워쇼 프로젝트가 파악한 경로는 1960년대에 널리 퍼진 인간의 언어 습득 이론과 완전히 모순되는 방향을 가리켰다.

매사추세츠 공과 대학교의 놈 촘스키Noam Chomsky가 처음으로 주장한 언어 습득 이론에 따르면 아이들이 언어를 배우는 방식은 신발 끈 묶기나 피아노 연주를 배우는 방식과 다르다. 촘스키는 사실 언어 습득 방식이 다른 모든 학습 과정이나 인지 능력 습득 방식과 다르다고 말했다.[1] 촘스키의 말에 따르면 언어 규칙은 너무나 복잡하고 아이들이 듣는 어른들의 말은 너무나 무질서하고 혼란스럽기 때문에 관찰과 모방으로는 배울 수가 없다. 그 대신 언어 통사론 규칙이 뇌 어딘가에 암호화되어 있어야 한다.

통사론 규칙은 기존 문법 규칙이 아니다. 촘스키가 지적했듯이 문법적으로 옳은 문장이 무의미할 수도 있다. 촘스키가 든 유명한 예는 〈색깔 없는 초록색 생각들이 맹렬하게 잠을 잔다〉라는 문장이다. 그는 통사론이 언어에 무한한 가소성을 주며, 우리는 단어를 결합하여 문법적으로 옳을 뿐 아니라 의미도 통하는 새로운 문장을 무한히 만드는 능력으로 그것을 증명한다. 촘스키는 아이들이 아무런 강화 없이도 완전히 새로운 문장(전에 들어 본 적 없는 문장)을 만들 수 있다고 지적함으로써 아이들이 부모의 강화를 통해 언어를 배운다는 B. F. 스키너의 이론을 반박했다.

촘스키는 모든 언어에 공통된 의미의 〈심층 구조〉가 있다고 주장했다. 그의 주장에 따르면 그러한 의미는 〈보편 문법〉에 의해서 여러 언어의 단어와 소리로 변형된다. 촘스키는 보편 문법을 밝혀내면 생성될 수 있는 무한한 문장을 지배하는 논리적 특성을 찾을 수 있을 것이라고 주장했다. 사실 보편 문법을 밝혀내기는 불완전하거나 어렵다고 판명되었다. 새로운 언어 — 예를 들어 중국어 — 를 만날 때마다 새로운 규칙들을 수용하도록 〈보편 문법〉을 수정해야 했다. 프랑스어를 논리적인 방법으로 설명하려고 하자 단순 서술어를 분류하는 데에만 해도 1만 2,000개의 항목이 필요했다.[2]

만약 보편 문법이라는 것이 존재한다 해도 두 살 난 아이가 수만, 아니 수십만 개의 추상 규칙으로 이루어진 복잡한 논리적 체계를 배울 수는 없을 것이다. 그래서 촘스키는 모든 아이가 이미 보편 문법이 내재된 〈언어 습득 장치〉를 가지고 태어난다고 주장했다. 이 장치 덕분에 아이들은 혼란스러운 성인의 말을 듣는 것만으로 추상적인 문법 규칙을 무의식적으로 만들어 낼 수 있다. 촘스키는 보편 문법이 아이의 유전적 구조의 일부라고, 따라서 비버의 댐 쌓기나 꿀벌의 8자춤처럼 언어가 인간의 독특한 특징이라고 주장했다.[3]

촘스키는 언어 습득 장치 — 혹은 〈언어 기관〉 — 가 좌뇌 어딘가에 있다고 말했지만 이러한 주장을 뒷받침할 해부학적 증거는 없으며 한 번도 밝혀진 적 없다. 생물학이나 해부학과 상관없이 언어 장치는 아이들의 언어 습득 방법을 설명하는 합리적인 가정이었다. 그러나 언어 장치가 인간에게 고유하다는 촘스키의 주장은 합리적이지 않았다. 인간이 유인원과 갈라진 지 600만 년밖에 되지 않았기 때문에 진화가 완전히 새로운 뇌 구조를 추가할 시간이 없었다. 이러한 〈추가 장치〉 시나리오는 신경 과학 및 생물학 법칙과 일치하지 않았다. 영장류의 뇌는 끝없이 팽창하는 집처럼 새로운 방을 하나씩 더하면서 원숭이 선조로부터 유인원 선조로, 또 인간으로 진화하지 않는다. 오히려 진화는 이미 가지고 있는 것을 계속해서 재구성한다. 즉, 기존의 구조와 회로를 새로운 정신적 과제에 사용하는 것이다. 사실 1960년대 이후 두뇌 연구는 인간의 언어가 독립적인 대뇌 피질 영역의 그물 조직에 의해 제어되며, 침팬지 두뇌에도 유사한 영역이 존재한다는 사실을 보여 주었다.

〈언어 기관〉 이론을 지지하는 사람들은 촘스키의 생각을 다윈의 생각과 조화시키려 여전히 애쓰고 있다. 그들은 복잡한 기관 — 예를 들면 눈 — 이 항상 돌연변이 누적을 비롯한 자연 선택이라는 진화 과정을 통해서 나타난다고 주장한다. 이는 분명 사실이지만, 눈과 같은 기관은 수천만 년에 걸쳐서 나타나지 겨우 600만 년 만에 나타나지 않는다. 그리고 공동의 선조에게서 최근에 갈려 나온 자매종이라면 그중 한쪽이 완전히 새롭고 고유한 생물학적 체계를 발달시킬 충분한 시간이 없다. 예를 들어서 아프리카코끼리에게 긴 코가 있다면 그 자매종인 인도코끼리에게도 긴 코가 있다고 예상할 수 있다. 인간과 침팬지는 아프리카코끼리와 인도코끼리보다도 더 최근에 공동의 선조에게서 갈라져 나왔다. 언어 기관이 인간에게는 있지만 침팬지에게는 없다는 것은 두 종의 코끼리 중 한 종에게만 긴 코가 있다는 것이나 마찬가지다.

인간과 침팬지는 600만 년 전에 갈라진 후 공동의 선조에게서 물려받은 동일한 의사소통 체계를 각자의 필요에 맞도록 적응시켰음이 분명하다. 그러나 각각의 의사소통 방식은 같은 선조의 인지 능력을 바탕으로 해야 한다. 그렇지 않으면 다윈의 진화론이 틀렸다는 말이 된다.

진화 생물학자의 눈에는 이것이 늘 언어 습득 장치의 문제였다. 촘스키의 이론은 데우스 엑스 마키나, 즉 언어는 신들이 준 선물이라는 고대 믿음의 현대판이었다. 그것은 인간의 언어가 유인원류 선조로부터 어떻게 진화해 왔는가라는 문제에 대해서 아무것도 알려 주지 않는다. 촘스키와 추종자들이 생물학자가 아니라는 점을 생각하면 이해할 만한 일이다. 그들은 데카르트의 철학 전통 안에서 연구하는 논리학자들이었다.

생물학자나 비교 심리학자가 해부학적 구조나 행동의 어떤 측면을 연구할 때에는 선조 종으로부터의 진화적 발달, 즉 계통 발생을 설명해야 한다. 그러나 언어학자들의 연구에는 진화라는 제약이 없었다. 그들은 서구 철학 연구자로서 인간과 유인원의 단절을 가정했다. 놈 촘스키는 데카르트와 마찬가지로 인간의 언어가 동물계 바깥에 존재한다는 가정에서 출발했다. 당시에는 유인원의 의사소통에 대해서 알려진 바가 거의 없었지만 그는 언어의 논리적 원칙이 다른 형태의 동물 의사소통과 아무런 관련이 없다고 생각했다.

영어 문어에만 초점을 맞추었던 촘스키가 어떻게 이런 결론에 다다랐는지는 쉽게 짐작할 수 있다. 촘스키는 언어를 사회적 의사소통으로, 즉 말과 억양, 몸짓이 통합된 인간과 인간의 대면 상호 작용으로 연구하지 않았다. 사람들이 말을 하는 방식은 미국 수화의 다양한 시각적 문법과 무척 비슷하다. 미국 수화에서는 수화의 크기나 속도를 조절해서 〈기분이 좋다〉라는 문장에 — 〈조심스럽지만 기분 좋은 것〉부터 〈믿을 수 없을 만큼 기분 좋은 것〉까지 — 열 가지 다른 뉘앙스를 담을 수 있다. 영어를 말할 때는 억양과 표정을 이용해서 〈좋다〉라는 말에 똑같은 뉘앙스를 담을 수 있다. 또는, 〈기분〉이라는 단어를 강조해서 〈나 기분 좋아〉(〈내 기분은 좋지만 뭔가가 잘못 됐어〉라는 뜻)라고 하거나, 〈나〉라는 단어를 강조해서 〈나 기분 좋아〉(〈내 기분은 좋지만 우리 둘 다 아는 다른 사람은 기분이 좋지 않아〉라는 뜻)라고 말함으로써 의미를 완전히 바꿀 수 있다. 미국 수화를 하든 영어로 말을 하든 나는 가능한 수백 가지 모호함을 제거하여 상대방이 내 말의 의미를 파악하게 만들 수 있다. 대면 상호 작용을 연구하는 언어학자들은 의미의 75퍼센트가 몸짓과 억양을 통해

서, 즉 통사론 없이 전달된다고 말한다.[4]

촘스키와 추종자들은 측정하고 정량화하기 가장 쉬운 것, 즉 종이에 인쇄된 단어에 초점을 맞춤으로써 언어를 자연스러운 맥락에서 떼어 내어 단선적인 형태에 가두었다. 문자 언어는 논리적 규칙을 이용해서 모호함을 제거할 수밖에 없다. 의미의 뉘앙스가 대면 상호 작용에서는 명확하지만 글에서는 이를 분명히 밝히기 위해서 보편 문법이 필요할 것이다. 언어는 분명 규칙의 지배를 받는다. 그러나 사람들이 논리학자처럼 완벽한 문법으로 의사소통을 한다고 가정하면 규칙은 훨씬 더 복잡해 보이는 경향이 있다.

촘스키의 접근법으로 인해서 〈언어학적〉이라는 말은 언어의 해체된 모든 요소를, 즉 종이에 적어서 수학적으로 분석할 수 있는 모든 것을 의미하게 되었다. 우리가 다른 영장류와 공유하는 모든 대면 소통 행위는 중요하지 않고 따라서 〈언어학적〉이지 않은 것으로 여겨졌다. 언어학자들은 오랫동안 몸짓 의사소통에 대한 편견이 너무나 심해서 수화를 연구하지도 않았다. 사실 20세기 중반까지만 해도 교육자들은 미국 수화 동작이 지나치게 〈원숭이 같다〉는 이유로 미국 수화를 아예 없애려고 열심히 노력했다.[5] 말은 언어의 〈더 고귀하고 더 좋은 부분〉으로 여겨졌다. 1960년대 중반이 되어서야 윌리엄 스토키William Stokoe와 같은 선구적인 언어학자들이 미국 수화의 시각적 문법을 연구하기 시작했는데, 스토키는 인간의 몸짓 언어와 유인원 몸짓 언어의 연속성을 인정했다. 그의 연구 덕분에 미국 수화는 1960년대 후반에 마침내 〈진정한 언어〉로 인정받았다.

대부분의 언어학자들은 침팬지가 언어를 배운다는 것이 말도 안 된다고 여겼다. 촘스키는 그것이 어딘가에 날 수 있지만 한 번도 날아 본 적

없는 새들의 섬이 있다는 이야기나 마찬가지라고 말했다. 침팬지가 언어를 사용하는 능력을 타고났다면 야생에서 이미 말을 하고 있을 것이라는 뜻이었다. 물론 침팬지는 수백만 년 동안 야생에서 몸짓 의사소통을 사용해 왔고, 손의 움직임, 얼굴 표정, 몸짓 언어의 방언들은 인간 언어의 비언어적 요소들과 아주 비슷해 보인다.

워쇼 프로젝트의 연구자들은 침팬지의 몸짓에서 인간 언어의 근원을 보았다. 그러나 촘스키는 인간의 몸짓이 언어학적이지 않다고 이미 결론을 내렸다. 그러므로 침팬지가 야생에서 무엇을 하든 침팬지의 몸짓 방언은 인간의 언어와 어떤 식으로도 연관될 수 없었다.

워쇼 프로젝트에서 데카르트와 다윈이 충돌했던 것처럼 촘스키와 다윈도 충돌했다. 촘스키가 옳다면 워쇼는 언어 습득 장치를 가지고 있지 않으며 따라서 신호를 유의미하게 조합할 수 없다. 다윈이 옳다면 워쇼는 이미 언어의 인지적 토대를 가지고 있고 따라서 수십만 개의 규칙이 내장된 언어 기관이 필요 없다.

1966년에 가드너 부부는 매일 워쇼가 쓰는 모든 수화를 — 밖으로 나가면서 〈열어〉라고 할 때마다, 놀이를 시작하면서 〈간질이자〉라고 할 때마다, 머리 위로 비행기가 지나가서 〈들어 봐〉라고 할 때마다 — 철저하게 기록하기 시작했다. 그러나 2년째가 되어 워쇼의 수화가 버섯처럼 무더기로 피어나자 일일이 기록할 수 없었기 때문에 우리는 워쇼가 새로운 수화를 할 때에만 기록하기 시작했다.

워쇼가 새로운 수화를 자발적으로, 올바른 형태로, 적절하게 사용하는 모습을 세 명의 관찰자가 각기 다른 경우에 목격해야만 그것이 워쇼의 어휘력 〈후보〉로 간주되었다. 이처럼 엄격한 규칙 덕분에 최종적으로 위쇼의 어휘력이라고 인정받은 수화는 어떤 시험도 통과할 수 있었다.

위쇼가 어떤 수화를 사용하는 모습이 세 번 확인되면 각 연구자가 늘 가지고 다니는 〈신뢰성 후보〉 목록에 올랐다. 그런 다음 위쇼가 그 수화를 정확한 형태로, 자발적으로, 적절하게 보름 연속 사용해야만 신뢰할 만한 것으로 여겼다. 하루만 이 조건을 충족시키지 못해도 다시 처음부터 보름을 셌다. 어떤 수화가 보름 연속으로 확인되어야 — 보통 양육 가정의 전원은 아니더라도 대부분이 목격했다 — 위쇼의 신뢰할 만한 어휘력이라고 간주되었다.

때로는 위쇼가 어떤 수화를 보름 연속 적절하게 사용하도록 기다리는 것이 문제가 되었다. 예를 들어 근처에 개가 없었기 때문에 위쇼가 수화로 〈개〉라고 말하는 상황을 만들기가 힘들었다. 우리가 차를 타고 외출할 때면 보통 개를 키우는 어떤 집 앞을 지나갔다. 그 집 개는 항상 울타리로 달려 나와서 우리 차를 보고 짖었고, 그러면 위쇼는 수화로 〈개〉라고 말했다. 그러나 우리가 차를 타고 지나가는데 개가 달려 나오지 않아도 위쇼는 수화로 〈개〉라고 말했다. 위쇼가 인간 아이였다면 그것이 나오지 않은 개를 가리키는 것임을 누구도 의심하지 않았을 것이다. 우리는 아이가 하는 말은 전부 의미가 있다고 생각한다. 그러나 우리는 위쇼의 수화를 과대 해석할지도 모른다는 두려움 속에 살았다. 그러므로 위쇼가 수화로 〈개〉라고 말해도 그 자리에 개가 없으면 그것을 계산에 넣지 않았다.

위쇼가 보름은커녕 하루도 〈개〉나 〈딸기〉, 〈초록색〉이라는 수화를 할 이유가 없을 가능성이 있으므로 우리는 더욱 체계적인 방법을 생각해 내서 그러한 수화를 해야 할 맥락을 만들어야 했다. 가드너 부부는 암시를 방지하면서 위쇼를 시험하는 절차를 도입했다.[6] 이러한 시험 관리는

20세기 초의 악명 높은 〈영리한 한스〉 사건 이후 비교 심리학의 표준 절차가 되었다. 영리한 한스는 산수 문제를 내면 발굽을 굴러서 답을 맞히는 독일의 말이었다. 철학자도, 언어학자도, 서커스 전문가도, 그리고 한스의 조련사 자신도 한스의 천재적인 능력을 설명할 수 없었다. 마침내 오스카 풍스트Oskar Pfungst라는 실험 심리학자가 한스가 푸는 〈수학〉의 숨겨진 비밀을 폭로했다. 한스는 조련사나 관중을 유심히 보면서 발굽을 구르기 시작했다. 문제의 답을 아는 인간은 한스가 정답에 다가갈수록 자기도 모르게 긴장하거나 다른 방법으로 단서를 주고, 한스는 그것을 보고 정답에서 멈출 수 있었다.

물론 말에게 단서를 주어서 발을 멈추게 하는 것보다 침팬지가 백여 가지 수화 중 하나를 하게 만드는 것보다 훨씬 더 어렵다. 그럼에도 불구하고 우리는 워쇼의 어휘력을 시험할 때 그 어떤 비언어적 단서도 방지하는 방법을 사용했다. 우선 세 면은 합판, 한 면은 플렉시글라스로 만들어서 안이 보이는 상자 앞에 워쇼를 앉힌다. 첫 번째 연구자가 물건 — 붓이나 턱받이, 탄산음료 캔 — 을 상자에 넣는다. 두 번째 연구자가 상자 뒤에 서서 워쇼에게 안에 뭐가 들어 있는지 물어 보는데, 이때 두 번째 연구자는 상자 안에 무엇이 들어 있는지 모르기 때문에 워쇼에게 단서를 줄 수 없다. 그런 다음 워쇼가 처음으로 한 수화를 기록한다. (〈이중 맹검법〉이라는 방법인데, 워쇼는 정답을 아는 첫 번째 연구자를 볼 수 없고, 두 번째 연구자는 상자 안의 물건을 볼 수 없기 때문이다.)

워쇼는 이것이 재미있는 게임이라고 생각했고, 상자 안에 든 물건이 과자나 탄산음료일 때는 더욱 그랬다. 워쇼는 플렉시글라스를 들고 음식을 꺼내서 방 밖으로 서둘러 도망치곤 했다. 워쇼가 상자에서 내 손목시계를 꺼내서 나무 위로 달아나서 내가 돌려 달라고 애원한 적도 있었다. 또 한 가지 문제는 상자에 진짜 자동차를 넣을 수 없으므로 암소부터 고양이, 비행기까지 꼭 닮은 복제품을 찾아야 했다는 점이다. 그러나 이러한 복제품은 새로운 문제가 되었다. 워쇼는 사진보다 복제품을 볼 때 실수를 더 많이 했다. 우리는 형편없는 성적에 당황했지만 곧 어떤 패턴이 있음을 알아차렸다. 실수는 전부 〈아기〉라는 수화와 관련이 있었다. 워쇼는 사진을 보면 개는 개라고, 암소는 암소라고 수화로 말했다. 그러나 복제품을 보면 암소도 아기, 개도 아기, 자동차도 아기라고 했다. 미니어처 복제품은 전부 아기였다. 워쇼는 물건의 이름보다는 그것이 작다는 사실에, 〈아기〉 이것 혹은 〈아기〉 저것이라는 사실에 관심이 더 많은 것 같았다. 여기에는 분명한 논리가 있었고 아직 어린 워쇼의 관점에서 보면 더욱 그러했지만, 우리는 워쇼의 답을 오답으로 쳐야 했다. 이역시 과대 해석을 방지하기 위해서였다.

더욱 큰 문제는 워쇼의 참을성 없는 태도였다. 인간들이 부산스럽게 뛰어다니며 서로의 등 뒤에서 상자를 열고 닫고 하는 동안 워쇼는 가만히 앉아서 지켜봐야 했으니 그럴 만도 하다. 워쇼는 미국 수화 시험을 좋아하지 않았고, 네다섯 문제가 끝나면 더 이상 하지 않으려 했다. 그래서 가드너 부부는 슬라이드를 새로 준비했는데, 혼자서 조작할 수 있었기 때문에 워쇼가 무척 좋아했다. 슬라이드를 쓸 때는 워쇼가 붙박이 캐비닛 앞에 앉았는데, 캐비닛 가운데에 후면 영사 스크린이 장착되어 있어서 방 안의 다른 사람들은 화면에 뭐가 나오는지 볼 수 없었다. 시험 전에는 워쇼에게 슬라이드를 절대 보여 주지 않았고, 모든 슬라이드를 한 번씩만 썼기 때문에 워쇼가 슬라이드를 외울 방법은 전혀 없었다. 이번 시험에서 워쇼에게 금잔화, 오리, 독일 셰퍼드를 보여 주면 다음 시험에서는 데이지, 아메리카어치, 테리어를 보여 주는 식이었다. 관찰자 두 명이 각각 워쇼의 수화를 인정해야 정답으로 기록했다.

워쇼가 네 살 때 받은 점수는 정말 놀라웠다. 워쇼는 64개 문항의 테스트에서 86퍼센트의 정답률을 보였고 문항이 두 배 — 128개 — 일 때 정답률은 71퍼센트였다. (이 시험에서 무작위로 찍을 경우 정답률은 4퍼센트다.) 그러나 더욱 흥미로운 것은 워쇼의 정답이 아닌 오답이었다. 워쇼는 빗을 솔로, 땅콩을 베리로, 개를 암소로 착각했지만 빗을 암소로 착각하지는 않았다. 다시 말해서 워쇼는 같은 범주 내의 물건들을 착각했는데, 이는 워쇼가 범주의 개념을 가지고 있다는 사실을 보여 주었다. 언어학자들에 따르면 물체를 상징화해서 머릿속에 유형별로 분류하는 이러한 능력은 — 보관함에 물건을 분류해 넣는 것처럼 — 인간의 언어를 다른 동물의 의사소통 방식과 구분하는 주요 특징 중 하나다. 워쇼의 분류 능력은 우리가 공동의 유인원류 선조로부터 물려받은 또 다른 기술을 보여 주었다.

워쇼는 또 가끔 형태가 비슷한 수화를 혼동해서 오류를 범했다. 예를 들어서 수화로 고양이와 사과의 수위는 같은 뺨이고 벌레와 꽃의 수위는 같은 코다. 이것은 영어에서 발음이 비슷한 단어를 혼동하는 것과 같다. 아이에게 팬을 가지고 오라고 했는데 캔을 가지고 왔다면 형태 오류를 범한 것이다. 형태 오류는 언어의 유사성을 보여 주는 아주 강력한 증거다. 아이는 영어를 어느 정도 알아야만 팬과 캔을 혼동할 수 있다. 마찬가지로 워쇼가 고양이와 사과라는 미국 수화 형태를 배우지 않았다면 두 가지를 혼동할 수 없었다. 그러한 대답은 물론 오답으로 기록되었지만 아이러니하게도 워쇼의 언어 능력을 증명했다.

또 시험에서 워쇼가 수화 여러 개를 연결하면서 추측하면 틀린 것으로 간주되었지만, 워쇼의 추측은 대개 미국 수화에 대한 이해력을 보여 주었다. 워쇼는 데이지 사진을 보면 〈꽃 나무 잎 꽃〉처럼 같은 범주의 수화들을 엮어서 늘어놓았다. 한 번은 프랑크푸르트 소시지 사진을 보고 이름을 맞추려고 애쓰면서 〈기름 베리 고기〉라고 했다. 아무렇게나 추측한 것처럼 보이지만 생각해 보면 이 수화들이 무척 비슷하다는 사실을 곧 깨달을 수 있다. 각각의 단어에 해당하는 수화는 한 손의 엄지와 검지로 다른 손 가장자리의 각기 다른 부분을 잡는 것으로 이루어진다. 이런 수화를 늘어놓는다는 것은 달, 발, 말처럼 발음이 비슷한 여러 단어를 말해 보는 것과 비슷하다. 맞는 수화가 손끝에서 맴돌았지만 딱 집어낼 수 없었던 것이다.

워쇼의 수화 방식은 놀라울 만큼 일관적이었다. 두 명의 관찰자가 워쇼의 수화를 각각 해석했을 때 일치 확률은 약 90퍼센트였다. 1970년 여름에 갤러데트 청각 장애인 대학Gallaudet College을 막 졸업한 청각 장애인 두 명이 반투명 거울 뒤에서 워쇼를 지켜보았다. 두 사람이 한 일은 청각 장애가 없는 사람이 아장아장 걸을 나이의 아기를 처음 만나서 그 아이의 말을 듣고 맞추는 것이나 마찬가지였다. 즉, 정말 어려웠다. 두 전문가는 우리 팀 관찰자와 의견이 89퍼센트 일치했다.

1970년에 다섯 살이 된 워쇼는 132개의 수화를 정확하게 사용했고 그 밖에 수백 가지 수화를 이해할 수 있었다. 워쇼는 물건의 이름을 말하고 분류할 뿐 아니라 촘스키가 인간만이 언어로 할 수 있다고 주장한 것을 하기 시작했다. 즉, 단어를 조립해 새로운 조합을 만들었던 것이다. 앞서 말했듯이 촘스키는 아이들이 한 번도 들어 본 적 없지만 문법적으로 올바른 문장을 만들 수 있다는 점을 지적하여 스키너의 이론에 반박했다. 워쇼 역시 수화를 조합해서 우리에게서 배우지 않은 구절을 만들기 시작했다. 워쇼는 우리가 수화로 〈너 먹어〉와 〈워쇼 안아〉라고 말하는 모습은 보았겠지만, 우리가 주어와 동사의 가능한 조합을 전부 보여 줄 수는 없었다. 그러나 워쇼는 인간 아이와 마찬가지로 예를 들면 〈로저 간질여 줘〉, 〈수전 조용히 해〉, 〈너 나가〉처럼 각 범주를 이용해서 주어와 동사를 짝지었다.

워쇼의 수화는 늘 맥락에 맞았으므로 절대 무작위적인 것이 아니었다. 우리는 워쇼를 시험하려고 우리의 도움이 필요한 상황을 만들었다. 예를 들어 〈인형 시험〉에서는 수전이 〈우연히〉 워쇼의 인형을 밟았다.[7] 그러면 워쇼는 이렇게 반응했다. 〈들어 수전〉, 〈수전 들어〉, 〈내거야 제발 들어〉, 〈아기 줘〉, 〈제발 신발〉, 〈내 거 더〉, 〈들어 제발〉, 〈제발 들어〉, 〈더 들어〉, 〈밑에 아기〉, 〈신발 들어〉, 〈아기 들어〉, 〈제발 더 들어〉, 〈너 들어〉. 워쇼는 아는 어휘 중에서 상황에 맞는 수화만 썼고, 예를 들어 〈아기 수전〉, 〈신발 아기〉, 〈너 아기〉 등 의미가 이루어지지 않는 방식으로 수화를 짝짓지 않았다.

이처럼 아무 말이나 늘어놓는 것이 아니라 의미를 전달할 수 있는 순서에 따라서 상징을 결합하는 능력을 언어학자들은 통사론이라고 정의하며, 이것이 인간 의사소통의 특징이라고 말한다. 촘스키에 따르면 아이가 통사론을 자동적으로, 무의식적으로 적용해서 말이 되지 않는 〈너 신발〉 대신 〈들어 수전〉과 같은 문장을 만들게 하는 것이 바로 언어 기관이다. 워쇼가 규칙도 없이 수화를 했다면 아무 수화나 무작위로 결합했겠지만 90퍼센트의 경우에는 〈너랑 나 나가〉, 〈너랑 나 가〉처럼 주어가 동사 앞에 왔다. 워쇼는 또 주어와 목적어를 쓰는 법도 이해했다. 내가 〈나 너 간질인다〉라고 수화로 말하면 워쇼는 내가 간지를 것에 대비했다. 그러나 내가 〈네가 나 간질여〉라고 수화로 말하면 워쇼는 나를 간질였다. 게다가 워쇼가 문장에서 너와 나를 동시에 쓸 때 90퍼센트는 〈너랑 나 가자〉처럼 영어 문법에 맞게 〈너〉를 〈나〉보다 먼저 말했다.

워쇼는 수화를 더 길게 조합할 때에도 통사론 규칙을 따르는 것 같았다. 한 번은 내가 담배를 피우고 있는데 워쇼가 담배를 달라며 나를 괴롭혔다. 〈나 담배 줘, 담배 워쇼, 빨리 담배 줘.〉 결국 내가 〈예의 바르게 부탁해〉라고 수화로 말했다. 그러자 워쇼는 나에게 〈그 뜨거운 담배를 제발 줘〉라고 대답했다. 이것은 정말 아름다운 문장이었지만, 나는 내 아이들에게 그러듯 워쇼에게도 때로는 안 된다고 말해야 했고, 이것이 바로 그런 경우였다.

워쇼가 통사론의 모든 규칙이 새겨진 언어 기관을 가지고 있었을까? 아니면 그저 규칙을 배워 나가고 있었던 것일까? 우리가 침팬지의 인지 능력에 대해서 알고 있는 사실에 비춰 보면 후자의 가능성이 더 높다. 앞서 살펴보았듯이 정글에서 사는 어린 침팬지는 일반화를 통해 배우는 것에 무척 능숙하다. 야생 침팬지는 망치로 견과류를 깨뜨려서 깔 때마다 견과류 깨기에 대한 일반적인 무언가를 배운다. 침팬지는 견과류를 깨뜨리는 방법의 숨은 패턴 ― 즉, 규칙 ― 을 도출하고 그 규칙을 새로운 상황에서 일반화시켜야 한다.

워쇼의 학습 능력과 규칙을 일반화하는 능력은 우리의 인류 선조 역시 그렇게 했다는 강력한 표시다. 그리고 실제로 행동주의적 관점에서 볼 때 워쇼의 수화 순서와 미국 수화를 배우는 청각 장애아의 수화 순서 사이에는 차이가 전혀 없었다. 그러므로 인간 아이 고유의 언어 기관이 있다는 생각은 생물학적으로 가능성이 적을 뿐 아니라 불필요할 정도로 복잡하다. 좋은 과학은 인색하다. 즉, 최대한 가장 단순한 설명을 추구한다. 그리고 가장 간단한 설명은 인간 아이가 워쇼처럼 학습을 통해서 언어를 습득한다는 것이었다.

인간과 침팬지가 같은 방식으로 언어를 배운다는 제일 좋은 증거는 워쇼가 인간 아이와 정확히 똑같은 순서로 언어를 발달시켰다는 사실이었다.[8] 우선 워쇼는 각각의 수화를 배운 다음 두 수화의 연결을 배우고 마지막으로 세 동작으로 된 문장을 배웠다. 워쇼가 맨 처음 만든 조합은 〈주어구〉(저 열쇠)와 〈동사구〉(나 열어)였고, 그 뒤에 〈수식어구〉(검은 개, 네 신발)가 뒤따랐으며, 마지막으로 〈경험〉이나 감각을 나타내는 구(꽃 냄새, 개 들어)가 뒤따랐다. 워쇼는 먼저 누구, 무엇, 어디라는 질문에 대답할 수 있게 되었고, 그 후에 어떻게와 왜라는 질문에 대답할 수 있게 되었다.

어린이의 언어 발달과 마찬가지로 워쇼는 사물, 범주, 관계에 대한 이해가 발달하면서 동시에 언어를 발달시켰다. 워쇼는 수화, 범주, 또는 관계를 배운 다음 그것을 다른 상황으로 일반화시키고 일상 행동에 통합시켰다. 침팬지의 의사소통 행위와 아이의 의사소통 행위는 다윈이 예측한 것처럼 똑같은 인지적 뿌리에서 나온 것처럼 보였다.

1969년에 가드너 부부는 유명한 『사이언스Science』에 워쇼의 언어 발달에 대한 논문을 처음 발표했다.[9] 자연 과학계는 침팬지가 인간의 언어를 사용하고 있다는 놀라운 소식을 열광적으로 받아들였다. 나중에 런던의 『타임스Times』는 이렇게 말했다. 〈생물학에서 이것은 천문학의 천체 착륙처럼 획기적인 사건이었고, 게다가 가드너 부부가 연구 결과를 처음 발표한 해는 인간이 달에 처음 착륙한 1969년이었다.〉

나는 워쇼와 함께 달 위를 걷는 것 같았다. 인간은 수천 년 동안 말하는 동물에 대한 신화와 우화를 상상해 왔는데 이제 우리가 그 꿈을 실현하고 있었다. 이 역사적인 대화의 직접 상대가 된다는 것은 정말 신나는 일이었다. 우리 현생 인류의 선조가 아프리카를 떠나고 1,500세기가 지난 후에 우리의 기원과 통하는 길이 바로 눈앞에서 열린 것이다. 우리는 그저 워쇼와 이야기를 하면 되었다.

나는 순진하게도 인류가 진화의 산물이라는 다윈의 명제를 증명하는 이 극적이고 뜻밖의 증거를 모든 과학자들이 받아들일 것이라고 생각했다. 그러나 언어학자 대부분은 유인원이 말을 한다는 소식에 별로 기뻐하지 않았다. 사실상 10년 넘도록 아무도 도전하지 않았던 촘스키의 신(新)데카르트주의 이론은 이제 큰 타격을 입었다. 이것이 마지막 타격은 아닐 것이다. 1970년대 초에는 촘스키의 또 다른 주장 — 아이들이 뒤죽박죽이고 불명료한 어른의 말을 판독하려면 타고난 언어 장치가 필요하다 — 과 모순되는 인류에 대한 여러 가지 연구가 진행 중이었다.

엄마와 아기의 상호 작용에 초점을 맞추는 새로운 연구들은 여러 문화권에서 엄마가 갓난아기에게 말할 때는 아마도 아기가 더 이해하기 쉽도록 약간 다르게 말한다는 사실을 보여 주었다. 모성어 — 물론 아빠도 쓴다 — 라고 알려지게 된 이 말투는 복잡할 뿐 아니라 무의식적이다. 엄마는 목소리의 높이를 아주 미묘하게 바꾸기 때문에 음향학적 분석을 통해서만 그 변화를 감지할 수 있는 경우가 많다. 모성어는 언어를 배우는 아이들에게 적절한 몇 가지 특징을 갖는데, 즉 더 느리고, 더 단순하고, 더 반복적이다.[10] 청각 장애를 가진 엄마도 아이에게 말할 때는 더 느리고 문법적으로 더 간단한 형태의 미국 수화를 사용한다. 아이들은 아빠나 손위 형제자매의 손에서 자랄 때도 두세 살까지 단순화된 언어를 듣는 것처럼 보인다.

무엇보다도 모성어 연구로 인해서 1970년대에는 대부분이 촘스키 이론을 포기하게 되었다. 촘스키와 제자들은 인간 고유의 언어적 본능이라는 개념을 계속 옹호했지만 곧 언어학 연구의 초점은 극적으로 바뀌었다. 언어학자들은 언어를 사회적 의사소통의 한 형태로 연구하기 시작했고, 인간의 타고난 문법 규칙을 찾는 것에서 아이들의 언어와 지식이 얼마나 밀접하게 관련되어 발달하는지에 대한 연구로 넘어갔다. 인간이 동물계에서 고유한 존재라는 가정은 인간 언어의 생물학적 기반에 대한 가정으로 바뀐다. 간단히 말해서 아이들의 언어 습득에 관한 연구는 곧 워쇼 프로젝트가 개척한 길을 따르게 된다.

그러나 1969년에는 워쇼와 싸워 보지도 않고 순순히 영토를 넘겨주려는 언어학자가 별로 없었다. 제인 구달이 9년 전 루이스 리키Louis Leakey에게 야생 침팬지가 도구를 제작해서 사용한다고 보고했을 때 그가 했던 말은 유명하다. 〈이제 도구와 인간을 재정의하든지 침팬지를 인간으로 인정해야 한다.〉 워쇼 프로젝트의 여파로 언어학자들은 비슷한 딜레마에 직면하게 되었다. 언어학자들은 침팬지와 인간의 언어학적 연속성을 받아들이든지 언어를 재정의해야 했다.

많은 언어학자들이 후자를 택했다. 그들은 워쇼가 수화로 의사소통을 한다는 사실에는 동의했지만 그것을 언어라고 부르기를 거부했다. 그들은 인간이 아닌 모든 동물의 의사소통을 배제시킬 언어적 특징을 합쳐서 언어를 새롭게 정의할 〈대조표〉를 제안했다.[11] 이러한 접근법은 일부 학자들이 인간의 고유함을 옹호하기 위해 얼마나 말도 안 되는 수고를 아끼지 않는지 보여 주었다. 이로써 모든 동물을 〈언어 클럽〉에서 배제시키는 데에는 성공했지만 언어가 진화를 통해서 어떻게 생겨났는지에 대해서는 아무것도 설명하지 못했다. 인간에게서 언어 기관을 발견하지 못했고 침팬지에게서 언어 기관을 찾으려는 노력을 한 적도 없으면서 침팬지에게는 언어 기관이 없다고 주장한 촘스키의 이론만큼이나 도움이 되지 않는 일이었다.

결국 워쇼 프로젝트의 요점은 침팬지가 인간과 같다거나 침팬지가 인간만큼 언어를 통달할 수 있다는 주장이 아니었다. 우리는 호모 에렉투스가 현대 인간과 똑같은 구어나 수화 능력을 바탕으로 하는 언어를 〈가지고 있었다〉거나 〈가지고 있지 않았다〉고 주장하려는 것이 아니다. 언어는 유인원류 선조의 몸짓 체계에서 시작해서 몇 백만 년에 걸쳐 우리가 오늘날 사용하는 수화나 말로 서서히 진화하는 연속체로서 출현했다. 이러한 연속체를 여기까지는 〈비언어〉고 여기서부터는 〈언어〉라고 딱 자를 수는 없다.

마찬가지로 언어는 각 아이들에게서도 연속체로서 발달한다. 아이는 언어를 가지고 태어나지 않으며, 아이가 〈언어를 갖게 되는〉 정확한 순간을 아직 누구도 밝히지 못했다. 아기가 한 단어를 말하면 언어를 가지고 있다고 할 수 있을까? 아니면 두 단어? 첫 번째 동사구? 언어학자들은 아이의 말을 어른의 문법 모델에 억지로 끼워 맞추려고 애쓰면서 언어가 시작하는 때를 정확히 짚어 내려고 여러 해 동안 노력했다. 그러나 이러한 시도는 실패했고, 아이의 언어는 성인의 언어와 유사하지만 정확히 일치하지는 않는다고 인정되었다. 이제 우리는 인간 아이의 의사소통이 연속체 형태로 발달한다는 사실을 알고 있고, 그 모든 것을 언어라고 부른다.

그렇다면 침팬지에게는 왜 다른 기준을 적용할까? 1969년에 워쇼는 인간 아이의 1단계에 해당하는 언어 능력을 분명히 가지고 있었다.[12] 즉, 두 단어로 된 구절을 만들고 사용할 수 있었다. 언어 단계를 정의한 심리언어학자이자 초기에는 워쇼를 비판했던 로저 브라운Roger Brown도 나중에는 여기까지 동의했다. 그리고 워쇼는 계속 발달했다. 1970년에 워쇼는 더 긴 조합을, 의문사 의문문과 전치사, 브라운의 분류에 따르면 2단계와 3단계 아이들에게 필적할 만한 문법 요소들을 다루고 있었다.

바로 이것이, 침팬지의 언어 능력이 인간 아이와 비슷하지만 정확히 똑같지는 않다는 것이 워쇼 프로젝트의 주요 주장이었다. 워쇼는 서른 마리 내외로 구성된 정글 소집단의 몸짓 의사소통에 적합한 언어 기술을 가지고 태어났다. 이것이 우리 언어의 기원일 가능성도 있지만, 인간의 언어는 훨씬 더 큰 공동체의 아주 다른 삶의 방식에 맞게 특수화되었다.

이 두 가지 형태의 의사소통 — 침팬지와 인간의 의사소통 — 이 어떻게 연결되어 있는지 밝히는 것이 그 후 25년 동안 나를 사로잡은 과제였다.

1970년 봄이 되자 워쇼와 함께 보내는 시간이 어쩔 수 없는 끝을 향해 다가가고 있다는 생각이 서서히 들기 시작했다. 나는 앞으로도 여러 번 고쳐 쓸 박사 논문을 가지고 아직까지 씨름을 하고 있었고, 곧 구두 발표가 예정되어 있었다. 워쇼를 만나기 전까지는 어린이에 대한 박사 논문을 쓸 것이라고 생각했었지만 이제 침팬지가 수화를 배우는 방법에 대한 복잡한 문제를 논하고 있었다. 반어적이지만 워쇼는 인간 아이에 대해서, 특히 학습과 강렬한 의사소통 욕구에 대해서, 내가 읽은 그 어떤 아동 발달 연구보다 더 많은 것을 가르쳐 주었다. 나는 〈학습 장애〉를 가진 아이들을 치료할 준비가 된 기분이었다. 박사 논문을 마치자마자 구직 활동을 시작할 생각이었다. 나는 우리 가족을 부양하고 있었다. 데비는 둘째를 임신했고, 우리는 연구 조교의 적은 수입으로 사는 것에 지쳤다.

그해 봄, 나는 트레일러에 앉아서 인형을 가지고 노는 워쇼를 보며 20년 후에 내가 어디에 있을까 생각하면서 수많은 오후를 보냈다. 분명 나는 워쇼와 함께 보낸 시간을 인생에서 가장 특이한 경험으로 회고하게 될 것이다. 나는 여러 대학원에서 거절을 당한 덕분에, 또 일이 절실하게 필요했기 때문에 워쇼 프로젝트에 우연히 참여하게 되었다. 그리고 물론 그날 놀이터에서 워쇼가 내 품에 뛰어든 덕분이기도 했다.

워쇼가 보고 싶을 것이다. 워쇼는 트레일러에서 했던 놀이, 남매처럼 투닥거렸던 싸움, 떠들썩한 장난을 통해서 내 마음을 가져갔다. 나는 워쇼가 버드나무에서 치던 장난이, 좋아하는 책에 대한 열정이, 내 상처와 긁힌 자국을 보고 걱정하던 모습이, 〈워쇼는 똑똑해〉라고 수화로 말하는 모습이 그리울 것이다. 그러나 무엇보다도 워쇼가 자라는 모습을 볼 수 없다는 사실이 아쉬웠다. 나는 집을 떠나 대학에 들어가는 오빠처럼 여동생의 어린 시절에서 큰 부분을 놓칠 것이다. 다음번에 워쇼를 만나면 다른 침팬지가 되어 있을 것이다. 그 생각을 하면 달곰씁쓸한 감정이 들었다.

워쇼는 아직 다섯 살도 안 됐다. 이제 막 유치가 빠지기 시작했다. 7, 8년은 더 있어야 청소년기와 성 성숙기를 맞이할 것이다. 그동안 워쇼는 육체적, 정신적으로 계속 자랄 것이다. 인간 아이는 다섯 살이 된다고 해서 학습과 성장을 멈추지 않으므로 워쇼가 그럴 것이라고 생각할 이유가 없었다. 워쇼가 언어 학습의 한계에 다다랐다는 분명한 징후는 없었다. 워쇼는 계속 새로운 수화를 익히고, 새 문장을 만들고, 점점 더 자주 사용했다. 워쇼의 최대 언어 능력을 파악하려면 가드너 부부는 적어도 워쇼가 십 대가 될 때까지 연구해야 할 것이고, 두 사람은 그럴 계획이었다.

그러므로 1970년 5월 어느 날 교대 시간이 끝나고 앨런 가드너가 나를 집으로 불러서 내 평생을 바꿀 폭탄을 떨어뜨렸을 때 나는 누구보다도 깜짝 놀랐다.

「로저, 워쇼를 오클라호마 대학교에 보내기로 했어. 자네가 같이 가주면 좋겠네.」

나는 어리둥절했다. 워쇼 프로젝트가 끝났다고? 나와 우리 가족이 워쇼와 함께 이사를 한다고? 나는 그것이 어떤 의미인지, 혹은 그런 일이 왜 일어나는지 생각도 할 수 없었다.

알고 보니 가드너 부부는 이미 몇 달 전에 연구를 끝내기로 결정하고 미국 대학들 중에서 워쇼의 새로운 집이 될 만한 곳을 조용히 찾고 있었다. 이유는 많았다. 우선, 길 건너 공터에 쇼핑센터가 새로 들어설 예정이었는데, 그것은 비교적 조용한 뒤뜰의 실험실 옆에 큰 도로와 거대한 주차장이 들어선다는 뜻이었다. 그러면 무엇보다도 수백 명의 아이들이 울타리로 몰려와서 〈원숭이〉를 보면서 소리를 지를 것이다.

그리고 점차 힘세고 크고 고집 센 아이로 자라던 워쇼는 〈다루기 힘든〉 나이가 되었고 할리우드 동물 조련사가 제일 좋아하는 전성기를 이미 지났다. 이웃 사람들은 이미 워쇼가 한밤중에 트레일러를 탈출해서 동네를 돌아다닌다며 수군거렸다. 해가 떠 있을 때도 힘들기는 마찬가지였다. 작은 트레일러는 워쇼의 에너지를 가두기엔 역부족이었다.

시내 외출은 큰일이 되었다. 예전에는 내가 직접 워쇼를 차에 태우고 나갈 수 있었다. 그러던 어느 날, 내가 운전을 하고 있는데 워쇼가 손을 뻗어서 운전대를 잡고 나를 똑바로 보았다. 나는 워쇼를 힘으로 떼어 놓을 수 없다는 사실을 알았기 때문에 겁에 질렸다. 그러다가 워쇼가 원하는 것은 나와 운전석 문 사이에 놓인 점심 도시락 가방이라는 사실을 깨달았다. 나는 워쇼에게 도시락 가방을 주었고, 워쇼는 아무 일도 없었다는 듯이 점심을 먹었다. 그사이 나는 과호흡을 가라앉히려 애썼다. 그 이후로 누구도 워쇼와 단둘이 외출하지 않았다.

워쇼와의 자동차 외출은 두 명이 동행할 때에도 점차 제임스 본드 영화처럼 느껴지기 시작했는데, 워쇼가 오토바이에 탄 경찰을 싫어했기 때문이었다. 워쇼는 오토바이 탄 경찰을 볼 때마다 창밖으로 몸을 내밀고 차체를 쿵쿵 치면서 〈기분 나쁜〉 경찰을 위협했다. 무슨 일이 있어도 경찰을 피해야 했다. 앞쪽에 경찰이 보이면 우리는 즉시 길을 바꿔서 피했다.

차에 타고 있지 않으면 상황이 더 나빴다. 워쇼 옆에서는 영어로 말하는 것이 금지되어 있었기 때문에 워쇼와 사람들 사이를 가로막아야 했는데, 특히 아이들을 막는 것은 쉽지 않았다. 워쇼의 덩치가 커지기 전에는 우리가 항상 워쇼를 안고 다녔다. 사람들은 대부분 멀리서 보고 품에 안긴 워쇼가 인간 아기라고 생각했다. 그러나 이제 워쇼를 데리고 나가는 것은 리노를 방문한 영국 여왕을 호위하는 것과 다를 바 없었다. 워쇼는 항상 수행원들에게 둘러싸였고, 수행원은 사람이 다가오는 모습이 보이면 얼른 워쇼를 데리고 기사 딸린 차에 올랐다.

주말에 워쇼를 대학 캠퍼스에 데리고 가는 것도 위험해졌다. 워쇼는 심리학과 건물의 출입을 금지당했는데, 시간 외 근무를 하는 심리학과 교수들이 워쇼가 커피 잔이나 탄산음료를 가져가지 못하도록 연구실 문을 닫고 지내야 한다며 화를 냈기 때문이었다. 그래서 나는 워쇼를 생물학과 건물로 데려가기 시작했다. 거기서 워쇼가 제일 좋아하는 놀이는 복도를 전속력으로 달리면서 문을 하나하나 열어젖히다가 캔디나 탄산음료 자판기가 보이면 딱 멈춰서 습격하는 것이었다. 자판기에서 뭐가 나온 적은 한 번도 없었지만 워쇼는 한결같이 애를 썼다.

일요일에 문이 열린 곳은 딱 두 곳, 실험실과 화장실밖에 없었다. 어느 주말, 워쇼가 문 열린 실험실과 화장실을 모두 찾아냈다. 실험실에는 흰색 실험복을 입은 열정 넘치는 연구자가 있었는데, 워쇼가 불쑥 들어가자 용감하게 나서서 시험관과 비커를 지켜 냈다. 그러나 내가 실험대를 뱅뱅 돌면서 워쇼를 쫓는 동안 그는 공포에 질린 채 벽에 바짝 붙어서서 지켜보았다. 워쇼 앞에서 영어를 말하면 안 되기 때문에 나는 그에게 미소를 짓고 손을 흔든 다음 날뛰는 침팬지를 쫓아 달려 나갈 수밖에 없었다.

다음으로 간 곳은 남자 화장실이었다. 워쇼가 정말 좋아하는 것은 문으로 힘껏 돌진해서 타일 바닥에 엎어진 다음 운동복 상의를 입은 배를 깔고 칸막이 아래쪽이 뚫린 화장실을 세 칸 연달아 미끄러져 마지막 칸에서 튀어나오는 것이었다. 그런데 두 번째 칸까지 갔을 때 누가 비명을 질렀다. 「으악, 고릴라다!」 워쇼가 화장실 칸막이에서 뛰쳐나와 내 품으로 달려들었고 우리는 밖으로 달려 나갔다. 다음 날 나는 생물학과 건물에서 누가 심장마비를 일으키지는 않았는지 신문을 확인했지만 다행히 아무 일도 없었다.

이런 사건들이 점점 커지자 가드너 부부는 워쇼에게 새집이 필요하다고 납득했다. 게다가 연구원들도 모두 떠날 준비를 하고 있었다. 그렉은 대학원 연구를 거의 끝냈고 곧 다른 곳에서 일을 시작할 예정이었다. 수전은 결혼을 해서 가족을 꾸리고 싶어 했다. 나 역시 가을에 떠나게 되었다. 그러면 가드너 부부는 워쇼에게 새로운 가족을 만들어 주어야 할 텐데, 워쇼가 거부하고도 남을 일이었다.

얼마 전에 새로 들어온 대학원생들은 그렉이나 수전, 나만큼 프로젝트에 헌신적이지 않았다. 일부는 워쇼를 거만하게 대했다. 학생들은 워쇼가 미국 수화를 훨씬 더 많이 안다는 것도 모르고 자기가 〈어린 침팬지에게 수화를 가르치러〉 왔다는 듯이 굴었다. 워쇼는 이렇게 건방진 학생들의 콧대를 꺾는 데 선수였다. 워쇼는 학생들을 향해 곧장 걸어간 다음 외국인에게 아주 천천히, 큰 소리로 얘기하는 사람처럼 무척 정성을 들여서 과장된 수화로 말하기 시작했다. 이렇게 당하고 나서 돌아오지 않은 학생들도 있었다.

그래서 가드너 부부는 결정을 내렸다. 적어도 현재 형태와 같은 워쇼 프로젝트는 끝이었다. 두 사람은 오클라호마의 영장류 연구소Institute for Primate Studies에서 워쇼가 지낼 새집을 찾아냈다. 워쇼는 입양 가족 중 한 명 — 즉, 나 — 과 함께 갈 수 있고, 쾌적한 환경에서 워쇼의 언어를 계속 연구할 수 있다. 영장류 연구소는 수많은 나무와 섬이 세 개 있는 호수, 침팬지와 영장류 약 스무 마리가 지낼 수 있는 집까지 갖춘 시골이었다. 침팬지의 모성 행동을 연구하는 임상 심리학자 윌리엄 레먼 William Lemmon 박사가 연구소 전체를 운영했다. 레먼 박사는 가드너 부부에게 침팬지들이 가족이나 다름없다고 말했다.

영장류 연구소는 레먼이 교수로 재직 중인 오클라호마 대학교의 부속 연구소였다. 나는 보조금을 받으며 초빙 조교수 겸 연구원으로 시작할 것이고, 모든 일이 계획대로 흘러가면 종신 교수직을 받게 된다. 현실이라기에는 너무 좋은 이야기 같았다. 제대로 된 월급을 받으면서 학생들을 가르치는 것이다. 점점 늘어나는 가족이 살 새집을 꾸릴 수 있을 것이고 데비도 준비가 되면 오클라호마 대학원에 갈 수 있다. 나는 워쇼뿐 아니라 전혀 다른 침팬지 무리를 연구할 것이다. 연구소의 침팬지가 미국 수화를 배울 수 있는지 확인할 수 있다니, 무척 설렜다.

그렇지만 앨런 가드너는 나에게 〈로저, 가겠나?〉라고 절대 묻지 않았다. 오클라호마에 가보라거나 윌리엄 레먼을 만나 보라고 하지도 않았다. 워쇼의 필요가 우선이었고, 워쇼가 나를 따라가는 것이 아니라 내가 위쇼를 따라가는 것이 분명했다. 가드너가 협상을 한 다음 명령을 내렸고, 나는 착한 군인처럼 복종했다. 나는 지도 교수인 앨런이 내 인생을 계획할 때조차 그에게 감히 의문을 제기하지 못했다. 앨런 가드너는 내가 위쇼와 함께 오클라호마로 가야 한다고 말했고, 그래서 나는 위쇼와 오클라호마로 가려고 했다.

그렇다고 해서 그것이 무슨 의미인지 내가 몰랐던 것은 아니다. 위쇼에 대한 나의 책임이 어마어마하게 커질 것이다. 지금까지 나는 위쇼의 입양 가정에 시간제로 참여하는 일원에 불과했다. 그러나 이제 가드너 부부는 위쇼가 양부모를 떠나서 — 다섯 살짜리에게는 확실히 큰 충격을 줄 수 있는 일이었다 — 형제들 중 한 명과 살기를 바랐다. 위쇼와 나는 좋은 놀이 친구였고 우리의 애정은 확실했지만, 나는 위쇼의 엄마가 아니었고 위쇼가 아기였을 때부터 지금까지 비어트릭스가 맡아 온 사랑하는 어머니 상도 아니었다. 게다가 위쇼가 새로운 대학원생들에게 적응하기 힘들기 때문에 가드너 부부가 프로젝트를 끝내려는 것이라면, 위쇼를 멀리 보내서 아예 새로운 삶에 적응시키려 하는 이유는 무엇일까? 적어도 내 눈에는 해결책이 문제보다 더 나빠 보였다.

그러나 가드너 부부는 이유를 알려 주지 않았다. 나는 왜 위쇼와 함께 오클라호마로 가지 않느냐고 물어볼 생각을 못했다. 앨런 가드너는 항상 〈위쇼의 주인은 과학이다〉라고 말했다. 이처럼 고결한 생각이 어떤 면에서는 양부모로서의 책임을 회피하는 편리한 방법이었다는 느낌이 들 수밖에 없었다. 그러나 위쇼는 가드너 가족의 어엿한 일원이었던 적이 한 번도 없었다. 위쇼는 양녀이자 피실험체였고, 이제 다른 과학자와 시간제 가족의 손에 넘겨지려는 참이었다. 위쇼는 이미 5년 동안 대부분의 사람들이 평생 겪는 것보다 더 많은 격변과 상실을 겪었다. 그런데도 더 많은 변화와 상실이 필요했을까? 나는 워쇼와 나를 위해서 함께 가기로 했지만, 이 계획 자체가 나를 괴롭혔다.

우리 둘째 아이가 7월에 태어날 예정이었기 때문에 데비와 나는 8월에 이사를 하기로 결정하고 준비를 시작했다. 나는 워쇼를 교대로 돌보면서 박사 논문을 마무리해야 했을 뿐 아니라 졸업하려면 제2언어가 필수였기 때문에 속성 스페인어 수업까지 들어야 했다. 나는 미국 수화를 유창하게 했지만, 많은 대학에서 수화를 제2언어로 인정하는 현재와 달리 당시에는 그렇지 않았다. 또 한편으로 나는 앨런 가드너 교수 밑에서 박사 학위를 받는 학생이 그토록 적은 이유를 깨닫고 있었다. 나는 논문을 일곱 번째로 다시 쓰고 있었지만 그의 드높은 기준을 충족시키지 못했다.

어쨌든 나는 박사 논문을 마쳤고 스페인어 시험도 통과했다. 우리 딸 레이철이 7월 22일에 태어났고, 2주 후에 데비와 아이들은 비행기를 타고 오클라호마로 갔다. 나는 빌린 트럭에 세간을 가득 싣고 약 2,400킬로미터 떨어진 오클라호마까지 갔다가 리노로 바로 돌아와서 박사 후보의 의례적 심사인 〈구두 심사〉를 봐야 했다.

박사 학위는 내가 받는 것이 아니라 그들이 수여하는 것이다. 나는 가드너 부부를 포함해서 심리학자와 언어학자 일곱 명으로 구성된 위원회 앞에 서고, 그들은 워쇼에게 수화를 가르칠 때 유도를 사용한 것에 대해서 질문을 해댔다. 몇 시간 동안 나는 꽤 자신감 있게 대답을 했지만 결국 혹사당한 머리가 점점 굳기 시작했다. 어느 교수가 꽤 쉬운 질문을 던졌는데 나는 너무 당황해서 그가 무엇을 묻는지 파악할 수 없었다. 결국 그가 앨런 가드너에게 말했다. 「교수님 학생이니 교수님이 질문을 이해시킬 수 있겠지요.」 가드너가 눈을 부릅뜨고 나를 보면서 주먹으로 탁자를 쾅 내리쳤다. 「파우츠, 10분 안에 대답을 못하면 내일 처음부터 다시 할 거야.」 공포에 질린 나는 정답을 불쑥 말했다.

일곱 명의 심사 위원은 목표를 달성했다. 바닥에 피를 흘리지 않으면 논문 심사는 끝나지 않는 법이다. 나는 피를 흘렸고, 그러자 심리학의 수호자들 — 자칭 문을 지키는 용들 — 이 나에게 박사 학위를 수여했다.

내가 학생들 위에서 군림하며 〈담금질〉하는 앨런 가드너의 방식에서 벗어나는 데에는 몇 년이 걸렸다. 나는 박사 학위를 받은 후에도 그를 계속 〈가드너 박사〉라고 불렀다. 1971년 어느 날, 가드너 박사는 이제 우리가 동료임을 알려 주듯이 나를 〈파우츠 박사〉라고 불렀다. 하지만 나는 겁이 나서 그를 〈앨런〉이라고 부를 수 없었고, 몇 년 동안 그를 아예 부르지도 않았다. 나는 몇 년 동안 학생들을 가르친 후에야 앨런 가드너가 나를 잘 길들였음을 깨달았다. 리노에 도착했을 때 나는 과학적 방법에 익숙하지 않은 둔한 사색가였다. 앨런은 나를 적절한 시험 설계와 절차, 보고를 까다롭게 따지는 사람으로 만들었다.

지금 생각해 보면 앨런 가드너는 워쇼 프로젝트처럼 혁신적인 실험에 딱 맞는, 하늘이 내린 사람이었다. 앨런 가드너의 정확한 성격 때문에 프로젝트 데이터는 아무리 엄밀하게 검토해도 절대 무너지지 않았다. 가드너만 못한 과학자가 이런 프로젝트를 맡았다면 끔찍한 결과가 나왔을 것이다. 나는 앨런 가드너 덕분에 난투가 난무하는 과학적 담론에 대비할 수 있었다. 나는 그의 밑에서 배웠기 때문에 행동 과학 분야에서의 도전을 거의 다 물리칠 수 있었다. 유인원 언어 연구만큼 크고 논쟁적인 도전은 없었다.

1970년 9월 말, 나는 짐을 싸고 워쇼와 함께 오클라호마 노먼으로 떠날 준비를 했다. 우리 가족은 리노에 갑작스럽게 왔던 것처럼 갑작스럽게 떠났다. 내가 대학원에 들어간 것도, 첫 교수직을 맡게 된 것도 전부 워쇼 덕분이었다. 3년 전 갓난아기 하나를 데리고 리노에 왔던 데비와 나는, 이제 세 아이와 함께 떠났다. 그중 하나는 말하는 침팬지였다.

차례로 대학원에 진학하고, 아이는 나중에 갖고, 특수 아동을 치료하겠다는 우리의 계획이 이제는 다른 부부의 환상처럼 느껴졌다. 우리는 이제 모든 것이 우리 손에 달린 척하는 것을 그만두기로 했다. 확실한 경향이 나타나고 있었다. 문을 계속 열어 주는 것은 워쇼였고, 우리는 워쇼가 열어 준 문으로 들어갈 뿐이었다.

2부

낯선 땅의 이방인들

오클라호마 노먼: 1970년~1980년

말하라, 그러면 세례를 주겠노라.

— 폴리냑 추기경이 침팬지에게, 1700년대 초[1]

이 동물들이 구원이나 노예화, 교화 앞에서 현명하게도 말 못하는 척하는 쪽을 선택했다는 사실은 별로 놀랍지 않다.

— 장자크 루소, 1766년[2]

6장
레먼 박사의 섬

가드너 부부는 위쇼와 나를 오클라호마 주까지 데려다줄 자가용 소형 제트기를 리노의 주민 빌 리어에게서 빌렸다. 위쇼가 가기 싫어할까 봐 우리는 이사에 대해서 아무 말도 해주지 않았다. 당시 다섯 살이었던 위쇼가 집을 떠난다는 것이 무슨 뜻인지 이해할 수 있는지도 알 수 없었다. 위쇼는 4년 동안 리노를 벗어난 적이 없었다. 위쇼가 생각하는 먼 여행은 기껏해야 자동차를 타고 대학 생물학과 건물에 가는 것이었다.

이사 날인 1970년 10월 1일은 시작이 별로 좋지 않았다. 내가 제일 먼저 할 일은 위쇼가 비행기에서 겁을 먹고 난동을 부리지 않도록 안정제를 먹이는 것이었다. 나는 위쇼에게 세르날린이라는 강력한 동물 진정제를 어떻게 먹일지 두 가지 계획을 세웠다. 첫 번째는 몰래 먹이는 것이었다. 나는 위쇼가 제일 좋아하는 코카콜라에 안정제를 타서 아침 식사와 함께 줄 생각이었다. 위쇼는 한 번도 코카콜라를 거부한 적이 없었다.

나는 위쇼에게 컵을 주면서 수화로 〈달콤한 음료수〉라고 말하고 침팬지가 먹을 것을 보면 내는 소리를 조금 냈다. 위쇼는 속지 않았다. 아침 식사에 코카콜라가 나오자 위쇼는 무척 의심스러워했다. 위쇼는 콜라를 자세히 살핀 다음 컵을 들고 주의 깊게 냄새를 맡았다. 살인 사건 미스터리에 나오는, 아들이 자신을 독살하고 재산을 가로챌지도 모른다고 의심하는 백만장자라도 되는 것 같았다. 마침내 워쇼는 〈고맙지만 됐어〉라는 듯이 컵을 내려놓았다.

이제 두 번째 계획을 실행할 때였다. 나는 몸무게가 최소 110킬로그램 넘는 대학원 학생이자 미식축구 라인맨이었던 린 앤더슨을 불렀다. 린이 워쇼에게 간지럼을 태우며 레슬링을 하다가 5초 동안 꼼짝 못하게 누른다. 그러면 내가 워쇼의 다리에 피하 주사를 놓을 충분한 시간이 생긴다. 린은 워쇼보다 다섯 배는 컸고, 워쇼를 침대에서 꼼짝 못하게 눌러 2초 정도는 버틸 수 있었다. 그러나 워쇼는 주사기를 들고 다가가는 나를 보자마자 가슴에 올라탄 린을 밀어내더니 4.5킬로그램짜리 바벨을 던지듯이 방 저쪽으로 던져 버렸다. 린이 내 옆을 휙 날아갈 때 내가 워쇼에게 주삿바늘을 꽂았고, 워쇼가 비틀거리기 시작했다.

빌 리어의 조종사는 특이한 승객이 탄다는 생각에 이미 겁을 먹고 있었으므로 나는 워쇼를 제트기에 태우기 전에 정신을 완전히 잃게 만들어야 했다. 가드너 부부는 그에게 워쇼가 〈착한 아기 침팬지〉라고 말했지만 그가 다른 조종사들과 이야기를 나누면서 동료들이 동물 승객들과 전쟁을 치른 이야기를 듣고 넋이 나간 것이 분명했다. 어떤 조종사는 말을 태웠었는데 말이 구속 장치를 풀고 필사적으로 달아나려고 애를 쓰면서 비행기 벽을 쿵쿵 쳤다고 말했다. 결국 조종사가 조종석에서 달려 나와서 도끼로 말 머리를 여러 번 내리쳐서 죽여야 했다.

나는 그 이야기가 마음에 걸렸기 때문에 제트기에 탈 때 내 품에서 천사처럼 깊이 잠든 워쇼를 조종사에게 일부러 보여 주었다. 그러나 조종사는 철저했다. 나는 그의 좌석 뒤로 비어져 나온 기다란 도끼 손잡이를 보고 정말 겁에 질렸다. 나는 자리에 앉아서 옆자리의 워쇼를 붙잡고 침착하고 이성적으로 생각하려고 애썼다. 핵심은 워쇼가 깨지 않게 하는 것이었다. 수의사가 세르날린은 아무리 많이 맞아도 무해하다고 말했으므로 나는 워쇼가 움찔거릴 때마다 약을 놓았다. (지금은 불법이며 마약계에서 PCP, 천사의 가루, 로켓 연료 등의 이름으로 알려진 세르날린은 침팬지에게는 아무런 부작용이 없지만 1960년대에 인간에게 시험했을 때는 폭력적인 편집증을 일으켰다.) 오클라호마에 도착해서 비행기에서 내릴 때에도 워쇼는 완전히 잠들어 있었다.

영장류 연구소 소장 윌리엄 레먼 박사가 활주로에서 우리를 맞이했다. 그는 덩치가 크고 배가 나온 50대 남성으로, 머리를 빡빡 밀었고 덥수룩한 흰 눈썹은 이마를 향해 뻗쳐 있었으며 흰 염소수염을 길렀다. 레먼 박사는 지퍼가 앞쪽에 달린 흰색 점퍼수트와 맨발에 샌들 차림이었다. 전반적으로는 내가 이야기를 듣고 기대했던 친근한 임상 심리학자보다 훨씬 더 무서운 인상이었다.

내가 워쇼를 안고 가서 그의 디젤 메르세데스 뒷좌석에 태웠고, 우리는 노먼에서 8킬로미터쯤 떨어진 외곽의 연구소로 향했다. 차를 타고 가는 동안 하루 종일 치솟던 아드레날린이 가라앉기 시작했고, 내가 현재 처한 상황이 조금씩 실감나기 시작했다. 그래, 나는 중요한 과제를 완수했고 워쇼는 오클라호마에 도착했어. 하지만 이젠? 가드너 부부는 〈윌리엄 레먼이 공항에 데리러 갈 거야〉까지만 말했다. 그 후에 대해서는 아무 말도 없었다.

머릿속에서 의문이 떠오르기 시작했다. 워쇼는 연구소에서 어떻게 지내게 될까? (가드너 부부가 워쇼의 전용 우리를 짓는 데 필요한 돈을 윌리엄 레먼에게 보냈지만, 내가 아는 건 거기까지였다.) 워쇼는 다른 침팬지들과 어떻게 지낼까? 워쇼는 새끼 때 홀로먼 공군 기지를 떠난 이후 다른 침팬지를 본 적이 없었다. 워쇼가 다른 침팬지나 인간에게 수화로 말해도 아무 반응이 없으면 어떻게 될까? 사람들이 영어로, 워쇼가 한 번도 들어본 적 없고 이해하지도 못하는 언어로 말을 하면 워쇼는 어떻게 반응할까? 워쇼가 비어트릭스를 보고 싶다고 하면 나는 뭐라고 해야 할까? 아니면, 더 나쁘게도 워쇼가 〈너랑 나랑 지금 집에 가자!〉라고 하면? 나는 워쇼의 후견인이 되어야 했을 뿐 아니라 이제는 통역사이자 아동 심리학자 역할까지 해야 했다.

연구소 부지로 이어지는 자갈 진입로에 들어서자 메마른 하천 바닥을 따라 웃자란 풀들과 레먼의 분홍색 농가 뒤 큰 호수에 그늘을 드리운 커다란 미루나무들이 보였다. 호수에는 섬이 세 개 있었고 그중 한 섬의 나무 위에서 원숭이들이 재빠르게 움직였다. 공원 같은 연구소 환경은 가드너 부부의 교외 주택 뒤뜰과 전혀 달랐다. 영장류 자연 보호 구역 같아서 워쇼가 지내기 좋을 듯했다.

레먼이 콘크리트 건물 앞에 차를 세우고 차에서 내렸다. 「여기가 주요 침팬지 군락이요.」그가 말했다. 「워쇼가 지낼 곳이지.」

내가 안고 들어갈 때에도 워쇼는 깨지 않았고, 어른 침팬지 스무 마리가 영역을 침범한 두 이방인에게 불만의 소리를 내며 우리를 맞이했다. 건물은 가로세로 12미터 정도였고, 침팬지들은 두꺼운 철조망으로 나뉘어 있지만 터널로 연결된 일곱 개의 우리에 갇혀 있었다. 미닫이문을 달으면 각각의 우리를 격리할 수 있었다. 복도 끝 철제 계단을 올라가면 우리를 연결하는 터널 바로 위를 지나는 좁은 통로가 나왔다.

커다란 침팬지들이 소리를 지르며 우리를 흔드는 가운데 나는 레먼을 따라서 다른 우리와 격리된 구석의 빈 우리로 갔다. 가로 2미터, 세로

3미터 정도의 우리에는 아무것도 없었고, 양옆의 우리는 호기심이 넘치고 화난 표정의 침팬지들로 가득했다.

「여기 넣게.」 레먼이 빈 우리를 가리키며 말했다.

나는 깜짝 놀랐다. 레먼이 위쇼를 위해서 짓기로 한 전용 우리는 어디 있지? 레먼은 4년 동안 침대에서 인형을 끌어안고 자던 위쇼가 소음과 공격적인 침팬지들로 둘러싸인 콘크리트 감방에서 잘 거라고 진심으로 생각하는 걸까? 뭔가 착오가 생긴 것이 틀림없었다. 나는 항의하고 싶었지만 영장류 연구소에 들어온 지 5분밖에 되지 않았기 때문에 생각을 고쳐먹었다. 나는 이제 레먼의 영역에 들어왔다. 규칙을 세우는 사람은 레먼이었고, 가드너 부부는 그의 규칙을 따르라고 했다. 두 사람은 윌리엄 레먼이 정말 좋은 과학자라며 나를 안심시켰다.

나는 위쇼를 안고 우리에 들어가서 위쇼가 제일 좋아하는 담요를 깔고 위쇼를 내려놓았다.

「담요는 안 돼!」 레먼이 쏘아붙였다. 위쇼를 보호해야 한다는 생각이 신중함보다 커진 내가 그에게 말대꾸를 했다.

「위쇼를 콘크리트 맨바닥에 재울 순 없습니다!」

「이봐, 리노에서 당신들이 어떻게 했는지 난 신경 안 써.」 레먼이 대답했다. 「난 위쇼에게 침팬지가 되는 법을 가르칠 거야.」

레먼은 위쇼를 버릇없는 꼬마 녀석이라고 생각하는 것이 틀림없었다. 더욱 나쁘게도 그는 위쇼가 스스로 인간인 줄 안다고 생각했다. 레먼이 할 일은 가장 충격적인 방법으로 그 생각을 바로잡아 주는 것이었다. 나는 위쇼를 보호하기로 결심했다. 열띤 논쟁 끝에 레먼은 위쇼에게 담요를 딱 한 장 줘도 된다고 했다.

담요 문제가 해결되자마자 또 다른 논쟁이 벌어졌다. 레먼은 위쇼를 우리에 혼자 두라고 명령했지만 내가 거부했다. 우리는 10분 동안의 대치 끝에 타협했다. 내가 우리 밖에서 기다리고 있다가 워쇼가 깬 다음에 나가기로 했다. 레먼과 내가 우리에서 나왔고, 그가 철문을 쾅 닫고 잠갔다.

나는 기다렸다. 여섯 시간 후, 워쇼가 드디어 눈을 떴다. 워쇼는 서서히 의식을 되찾으면서 일어서려고 애를 쓰다가 푹 쓰러졌다. 그런 다음 다시 일어섰지만 한 번 더 넘어졌다. 워쇼는 방향 감각을 완전히 잃고 비틀비틀 걸어다녔다.

〈워쇼, 나 여기 있어.〉 내가 철조망 너머에서 수화로 말했다. 〈이리 와서 앉아 줘.〉 워쇼가 손과 발을 이용해서 내 쪽으로 비틀비틀 걸어왔다. 내 앞까지 온 워쇼가 철조망 앞서 털썩 주저앉았고, 나는 사슬 철창 너머로 워쇼의 털을 골라 주었다. 몇 시간 동안 조용하던 침팬지들이 일어서서 미친 듯이 뛰어다니고 소리를 지르고 철문을 쾅쾅 두드렸고, 겨우 몇 미터 떨어진 곳에서 우리를 노려보았다.

나는 침팬지들의 위협에 겁을 먹었고 침팬지와 함께한 나의 경험이 우습게 느껴졌다. 내가 아는 건 스스로 인간이라 생각하는 침팬지 한 마리밖에 없었다. 나는 생각했다. 이런 게 진짜 침팬지구나. 내가 제 발로 어딜 들어온 거지?

워쇼는 약에 취해서 멍한 상태로 이 모든 것을 지켜보았다. 분명 악몽 같았을 것이다. 다섯 살까지 같은 종의 일원을 한 번도 본 적 없다고 상상해 보자. 미국에서 가장 유명한 침팬지 워쇼의 오늘 하루는 여느 날과 다름없이 자기 트레일러에서 가족이 우아한 아침 식사를 차려 주는 것으로 시작했다. 그랬다가 일어나 보니 털이 북슬북슬하고 폭력적인 동물들에게 둘러싸인 채 조명이 희미한 감방에 갇혀 있었다.

〈저들은 뭐야?〉 내가 구경꾼 무리를 가리키며 워쇼에게 수화로 물었다.

〈검은 벌레들.〉 워쇼가 대답했다. 워쇼는 검은 벌레를 눌러서 죽이는 것을 좋아했다. 검은 벌레는 가장 하등한 생명체로, 워쇼가 생각하기에는 인간보다 — 즉, 워쇼 자신보다 — 한참 밑이었다. 워쇼는 입양 가족에게서 수많은 것을 배웠는데, 인간이 우월하다는 생각도 흡수한 것이 틀림없었다.

나는 워쇼와 함께 지낸 지 3년 만에 처음으로, 워쇼가 한 마디도 알아듣지 못한다는 사실을 알면서도, 영어로 속삭였다. 「워쇼, 이제 여긴 리노가 아니야. 리노가 아니야.」

다음 날 아침에 나는 주요 군락으로 워쇼를 찾아갔다. 도착했을 때는 조용했지만 내가 안으로 들어가자마자 몸집이 큰 수컷들이 소리를 지르며 우리를 흔들기 시작했다. 나는 제일 안쪽 워쇼의 우리로 슬금슬금 다가가서 워쇼에게 인사를 했다. 워쇼는 나를 보고 무척 기뻐하면서 철조망 너머로 입을 맞추었다. 워쇼는 계속해서 〈로저랑 나랑 나가. 너랑 나랑 나가〉라고 수화로 말했다. 다른 침팬지들이 난동을 피우고 있었다. 나는 무서웠지만 워쇼를 위해서 침착함을 잃지 않으려고 애썼다. 그러나 곧 워쇼가 다른 침팬지들을 전혀 무서워하지 않는다는 사실을 알아차렸다. 심지어 두 발로 서서 다른 침팬지들을 위협하기도 했다.

몇 분 뒤 실험실 관리인들이 들어와서 아침을 줬는데, 고기, 당근, 곡물로 만든 미트로프같이 생긴 음식이었다. 워쇼가 길쭉한 덩어리를 허겁지겁 먹었다. 잠시 후 관리인들이 다시 들어와서 우리를 청소했다. 그들은 워쇼에게 〈비켜, 비켜〉라고 소리쳤다. 그러나 워쇼는 알아듣지 못했기 때문에 꼼짝도 하지 않았다.

「말을 안 듣는 게 아니에요.」 내가 말했다. 「못 알아듣는 거예요.」

내가 워쇼에게 〈좀 비켜 줘, 저 사람들 청소해〉라고 수화로 말하자 워쇼가 옆으로 비켰다. 나는 관리인들이 청소를 끝내자 〈워쇼 비켜 줘〉라고 수화로 말하는 법을 가르쳐 주었다. 그들은 일을 쉽게 만들어 줄 방법을 배워서 기뻐했다.

아침 식사가 끝난 후 나는 레먼의 허락을 받아 워쇼와 산책을 나갔지만, 침팬지를 우리에서 꺼낼 때의 두 가지 규칙을 지켜야 했다. 첫째, 나는 워쇼를 전기 충격으로 〈훈육〉해야 할 경우에 대비해서 전기 봉을 항상 들고 다녀야 했다. 둘째, 워쇼에게 6미터 길이의 줄에 연결된 자물쇠 달린 목줄을 매야 했다. 나는 힘으로 워쇼를 제압할 수 없으니 목줄은 우스꽝스러울 뿐이라고 지적했다. 그러자 레먼은 사슬 목줄에 상징적인 목적이 있다고 말했다. 「우리는 아이반호의 전통을 따르지.」 그가 설명했다. 「사슬은 침팬지에게 자기가 노예라는 사실을 알려 주는 거야.」

노예든 아니든 워쇼는 우리에서 나와서 무척 기뻐했다. 숲속에는 놀라운 것들이 너무나 많았기 때문에 워쇼는 산책하는 내내 손가락으로 가리키며 수화로 말했다. 〈나무〉, 〈새〉, 〈암소!〉 30분의 자유가 끝나자 우리는 주요 군락을 향해 천천히 걸어갔다. 나는 워쇼를 우리에 가두고 문을 잠근 다음 수화로 〈안녕〉이라고 말하면서 가슴이 무너지는 것 같았다. 그 뒤로 나는 워쇼를 감방에서 꺼낼 방법만 생각했다.

나는 윌리엄 레먼 박사의 명성에 감탄하며 영장류 연구소로 왔다. 그는 어느 모로 보나 미국에서 가장 영향력이 큰 정신 치료사였다. 레먼 박사는 오클라호마 대학의 임상 심리학 박사 과정을 20년 동안 이끌었고, 심리학과 박사 후보생 대부분의 심리 치료사이기도 했다. 일부 제자들은 졸업 후 레먼 박사 휘하의 심리학 교수가 되었고 오랫동안 그의 환자로 남았다. 레먼의 제자 겸 환자 수십 명이 주립 정신 건강 기관, 교도소, 가족 복지 기관, 보훈부의 요직을 차지하고 있었다. 여기저기 포진한 제자 겸 환자들 덕분에 레먼은 주립 기관에 이례적인 영향력을 행사했다.

레먼은 타고난 정치가였고 인용하기 좋은 금언으로 기자들을 매혹시키는 법을 알았다. 그는 또 정신 분석 이론부터 양털원숭이의 짝짓기 행동에 이르기까지 다양한 전문 지식으로 가드너 부부처럼 자신을 찾아온 과학자들에게 깊은 인상을 남겼다. 나는 가드너 부부에게 좋은 인상을 줄 수 있는 사람이라면 정말로 똑똑할 것이라 믿고 레먼 박사와의 연구를 시작했다.

그러나 윌리엄 레먼의 전설에 상당한 논란이 있다는 사실을 파악하는 데에는 일주일밖에 걸리지 않았다. 어느 교수에게 물어보느냐에 따라서 유력한 박사는 절대 틀리는 법이 없고 인자한 아버지 같은 사람이었다가 오만하고 마키아벨리적인 기회주의자가 되었다. 레먼을 비판하는 사람들은 그의 충성스러운 추종자들을 생각 없는 양 떼로 여겼고 레먼의 추종자들은 그의 적을 〈이단〉이라고 설명했다. 다들 이런 생각을 말할 때는 어딘가에 첩자라도 숨어 있는 것처럼 소리를 죽였다. 이 드라마를 더욱 극적으로 만드는 것은 교수들이 자살이나 살인을 시도했다는 소문이었다.

윌리엄 레먼은 천재였을까, 돌팔이였을까? 치유하는 사람이었을까, 조종하는 사람이었을까? 아니면 전부였을까? 윌리엄 레먼을 둘러싼 전쟁이 임상 심리학 석박사 과정을 망쳤다는 사실에는 다들 동의하는 것 같았다. 2년 전, 대학 당국은 임상 프로그램 종결을 명령하고 새로운 학장을 데려왔다. 레먼은 전복되었고, 임상 심리학과는 실험 심리학자의 손에 들어갔다. 레먼은 노먼 외곽 영장류 연구소에 은둔하면서 심리 치료에만 몰두했다. 그러나 이제 레먼은 침팬지의 모성 행동 연구를 위해 기이한 계획을 세우고 있었다.

지금 생각해 보면 내가 영장류 연구소에 들어간 것은 레먼 박사의 무용담이 H. G. 웰스의 유명한 소설 『모로 박사의 섬*The Island of Dr. Moreau*』을 닮아 가기 시작할 때였다. 그것은 똑똑하지만 권력욕이 지나치게 강한 과학자가 태평양의 한 섬에 틀어박혀 논란이 될 만한 동물 실험을 하는 내용이다. 레먼 박사는 추방당한 모로 박사와 마찬가지로 동료들에 의해 학계에서 쫓겨나 과학계의 변방에서 지냈다. 레먼 박사는 〈선견지명을 가진 사람은 추방당한다〉라는 모로 박사의 모토를 거의 그대로 반복했다.

모로 박사는 생물학의 연금술인 유전 공학을 이용해서 동물을 사람에 가깝게 만들었다. 레먼도 똑같은 시도를 하고 있었지만 교차 양육이라는 수단을 이용한다는 점이 조금 달랐다. 모로 박사와 레먼 박사 모두 피실험체의 운명을 형성하는 데에 집착했다. 그리고 두 사람 모두 반항하는 피실험체에게 벌을 내릴 때면 구약 성서의 신처럼 복수심에 불탔다.

레먼의 동물원은 모로 박사의 섬만큼 허구적이지는 않았지만 못지않게 인상적이었다. 워쇼가 갇혀 있는 침팬지 건물은 원래 앵무새와 마코앵무를 위해서 지은 곳이라 배수구가 너무 작아서 항상 막혔다. 160에이커의 연구소에 소, 공작, 아프리카 뿔닭이 득시글거렸다. 호수의 한 섬에는 원숭이들이 살았고 한 섬에는 긴팔원숭이(아시아의 〈소유인원〉) 가족이 살았다. 미루나무 숲에서 팔을 이용해 눈부신 속도로 나무를 타는 긴팔원숭이들이 보였다. 세 번째 섬은 어린 침팬지들의 놀이터였다.

레먼은 1950년대에 자식들을 위해 이국적인 애완동물을 사들이기 시작하면서 우연히 동물 행동 연구를 시작했다. 그는 먼저 오리, 비둘기, 물고기, 양, 염소, 개의 사회적 행동을 연구했다. 그런 다음 양털원숭이와 긴팔원숭이로 옮겨 갔다. 레먼은 새로운 종의 동물을 살 때마다 이전의 피실험체를 버리거나 방목했다. 어느 날은 식물이 집 안을 가득 채웠다가 다음 날이면 식물이 싹 사라지고 거대한 왕눈이 금붕어로 가득한 30리터짜리 수족관들이 늘어서 있었다.

레먼의 전문은 어미와 떨어진 새끼의 연구였다. 레먼은 출생 직후 열 시간 동안 어미와 격리된 새끼 양(끝내 회복하지 못했다)과 거의 2년 동안 완전히 고립된 보더콜리들(풀어 주자 여섯 시간 만에 양을 몰기 시작했다)을 관찰했다. 1950년대 말에 레먼은 B. F. 스키너를 비롯한 행동주의자들의 주장과 달리 영장류의 모성 행동이 습득되는 것이 아니라 본능적이라고 확신하게 되었다. 레먼은 자기 이론을 증명하기 위해서 야심 찬 교차 양육 실험을 계획했다.

몇 년 동안 레먼 박사는 갓 태어난 암컷 새끼 침팬지들을 어미로부터 떼어 내 인간 가족들에게 맡겨서 다른 침팬지들과 떨어져 인간 아이처럼 자라도록 했다. 우리가 워쇼를 키운 것처럼 말이다. 그러나 워쇼 프로젝트와 비슷한 면은 거기까지였다. 레먼은 새끼 침팬지들을 심리 치료 환자들에게 맡겼다.

레먼 박사는 환자들에게 이렇게 말했다. 〈우리의 경험에 따르면 새끼 침팬지를 입양한다고 해서 결혼 생활의 문제가 해결되는 것은 아니지만 앞으로 어머니가 될 여성이 모종의 이유로 자신의 모성에 확신을 갖지 못할 경우 어느 정도 치료 효과가 있을지도 모릅니다.〉[1] 레먼은 연구소에서 침팬지가 태어나면 기다리던 환자에게 바로 맡겼다. 그는 이렇게 교차 양육된 암컷 침팬지가 자라면 (자신이 키우는 수컷 침팬지의 정자로) 인공수정을 해서 새끼를 낳게 한 다음 어떻게 키우는지 연구할 계획이었다. 교차 양육된 침팬지가 야생 침팬지처럼 새끼를 돌본다면 유인원이, 또 아마도 인간 역시, 모성 행동을 타고난다는 사실이 증명될 것이다.

이러한 종간(種間) 실험이 과학적으로 설득력이 없고 윤리적으로 미심쩍다고 생각하는 사람이 많았다. 기괴한 법과 질서가 지배하는 연구소의 분위기는 더욱 괴상했다. 레먼은 침팬지를 자기 자식처럼 사랑한다고 큰소리쳤고, 야생에서 포획된 새끼 침팬지 팬과 웬디를 집에서 기른 것이 침팬지 군락의 시작이었다. 그러나 레먼이 생각하는 부성은, 적어도 침팬지에 대해서라면, 상당한 체벌이 포함되는 것 같았다.

레먼은 자칭 침팬지 통제의 〈투바이포two-by-four〉 공법을 실시했는데, 침팬지를 때림으로써 권위에 대한 존경심을 주입하는 것이었다. 그가 내게 한 말에 따르면 서커스단과 동물 조련사에게서 배운 방법이었다. 그러나 레먼이 가장 좋아하는 무기는 침팬지들이 무서워하는 전기봉이었다. 그는 예측 불가능하고 전능한 자신을 두려워하게 만들겠다는 이유만으로 침팬지를 공격하는 것을 특히 즐겼다. 침팬지들은 레먼 박사가 언제든지 때릴 수 있음을 알았기 때문에 그의 앞에서 항상 위축되었다.

침팬지들은 레먼 박사의 기분을 거스를 만큼 어리석지 않았다. 한번은 레먼의 〈양아들〉이자 그가 제일 예뻐하는 침팬지 팬이 레먼에게 과시 행동을 하며 침을 뱉는 실수를 저질렀다. 실험실 관리인들의 말에 따르면 레먼은 집으로 들어가서 수동 공기총을 가지고 나왔다. 그는 손으로 여러 번 펌프질을 한 다음 상당히 큰 총알로 팬을 쏘았다. 팬은 비명을 지르면서도 계속 반항했다. 레먼은 다시 장전하고 펌프질을 한 다음 총을 쏘았다. 이렇게 공기총을 몇 차례 쏘자 팬이 굴복하여 바닥에 엎드렸다. 레먼은 팬에게 팔다리를 벌리고 철창에 붙어 서라고 명령했다. 그런 다음 주머니에서 기다란 접이식 칼을 꺼내서 팬의 살갗에 파고든 총알을 뺐다.

다른 침팬지들은 우두머리 팬이 레먼에게 복종하는 모습을 보고 정말로 겁에 질렸다. 레먼이 침팬지 건물에 들어가면 대부분이 복종을 나타내는 침팬지 특유의 자세로 인간 주인에게 다가갔다. 복종 자세란 몸을 납작하게 숙이고 한쪽 손을 흐느적거리며 뻗은 채 입술을 뒤집어 이를 드러내고 두려움에 일그러진 표정을 짓는 것이었다. 그러면 레먼이 철조망에 손을 댔고 침팬지들이 그의 굵은 은반지에 입을 맞추었다. 반지는 똬리를 튼 뱀 모양으로, 두 눈은 커다란 루비였다.

어른 침팬지 대부분은 평생 갇혀서 매를 맞고 모욕을 당했다. 연구소에 오기 전에도 온 다음에도 마찬가지였다. 나는 배가 난파당해서 모로 박사의 섬에 살게 된 사람처럼 침팬지들을 보자마자 동정과 연민을 느꼈다. 첫 주에 나는 군락에서 가장 무서운 침팬지 하나를 만났는데, 레먼이 사탄이라고 이름을 붙인 성질 고약한 수컷이었다. 사탄은 얼굴과 팔의 털을 다 뽑았기 때문에 확실히 위협적으로 보였다. 어느 날 아침 내가 사탄의 우리 앞을 지나가는데 사탄이 나를 향해 과시 행동을 시작했다. 사탄이 똥을 집어던져서 내 가슴에 정통으로 맞았다. 레먼은 그럴 때 전기봉이나 공기총으로 위협해서 내 권위를 보여 줘야 한다고 말했다.

그러나 나는 사탄이 비참한 삶 때문에 인간을 증오한다는 사실을 알고 있었다. 내가 혼잣말을 했다. 「움찔거리지 마. 움찔거리지 말자.」 사탄은 계속 똥을 던졌고 축축한 점액질이 내 얼굴과 옷을 타고 흘러내렸다. 악취가 참기 힘들 정도로 심했다. 사탄은 우리에 있던 오물을 다 던진 다음 수도꼭지로 가서 입 안 가득 물을 채우고서 3미터 정도 떨어져 있는 나에게 뿌려서 흠뻑 적셨다. 물을 맞자 조금 깨끗해졌기 때문에 나는 완전히 깨끗해질 때까지 사탄이 물을 뿌리도록 내버려 두었다. 내가 복종하자 사탄은 당황해서 어쩔 줄 몰랐다. 사탄이 철조망 가까이 다가와서 나를 향해서 부드럽게 우우거리기 시작했는데, 그것은 침팬지의 인사법이었다. 나도 같이 우우 소리를 냈다. 그때부터 사탄과 나는 좋은 친구가 되었고, 사탄은 두 번 다시 나를 괴롭히지 않았다.

레먼은 침팬지와 친구가 되려고 애쓰는 나를 비웃었다. 그가 말했다. 「언젠가는 그 착한 얼굴을 물릴 거야.」 레먼은 연구소가 인간과 침팬지로 구성된 하나의 영장류 위계 사회이고 자신은 명실상부한 우두머리 수컷이라고 생각했다. 직원들은 레먼을 올림포스 산이라고 불렀고 레먼은 그에 걸맞게 행동했다. 레먼은 나 역시 내 아래에 있는 사람이나 침팬지들을 지배해야 한다고 생각했고, 내가 자신을 전복할 기회를 찾고 있다고 짐작했다.

당시에 나는 레먼이 나에게 위협을 느낄 것이라고 전혀 생각하지 않았다. 나는 이제 막 박사 학위를 받고 사회에 한 발 내디딘 스물일곱 살짜리 풋내기에 불과했다. 나는 레먼이 혼자 일군 심리학과에서 학생들을 가르쳤고 그가 이끄는 연구소에서 일했다. 그는 오클라호마에서 가장 유명한 — 가장 악명 높다고 말하는 사람도 있을 것이다 — 심리학자였다. 나는 새로 이사 온 애송이였고 수많은 동료 교수들과 마찬가지로 레먼을 정말 무서워했다.

지금 돌아보면 레먼이 나를 두려워한 이유가 명확하다. 나는 젊고 경험이 없었지만 과학계에서 제일 유명한 침팬지의 보호자이기도 했다. 워쇼 프로젝트는 레먼의 연구에 쏠릴 관심을 아주 쉽게 가로챌 수 있었다. 그래서 레먼은 침팬지 스타 워쇼를 자신이 통제하기로 굳게 결심했다. 레먼이 가드너 부부에게 약속했던 전용 우리를 짓는 대신 워쇼를 주요 군락에 던져 넣은 것도 바로 그 때문이었다.

그러나 워쇼는 길들여지기를 거부했다. 워쇼는 레먼을 나보다 더 싫어했다. 내가 통역을 해주어도 워쇼는 레먼의 명령을 대놓고 거부했다. 워쇼는 존중하고 존중받는 것에 익숙했다. 레먼이 워쇼를 존중하지 않는다면 워쇼도 레먼을 존중하지 않을 것이다.

우리가 도착하고 약 일주일 후에 레먼은 관리인들에게 워쇼를 단체 우리에 넣으라고 명령했다. 관리인들은 팬을 비롯한 수컷 침팬지들이 워쇼를 갈기갈기 찢을지도 모른다고 머뭇머뭇 말했지만, 물론 바로 그것이 레먼의 의도였다. 그는 워쇼를 단체 우리에 넣으라고 완고하게 명령했다. 관리인들이 워쇼와 다른 침팬지들을 격리하던 미닫이문을 열자 팬이 워쇼를 공격하기에 앞서 과시 행동을 했다. 그러나 그때 예상치 못한 일이 벌어졌다. 어른 암컷들이 나서더니 팬이 워쇼를 공격하려고 하자 달려들어서 쫓아 버렸다. 워쇼가 혼자 갇혀 지내면서 나이 많은 암컷들과 일종의 연맹을 맺었던 것이다. 레먼의 계획은 역풍을 일으켰고, 우두머리 수컷으로서의 체면이 깎였다.

레먼은 워쇼의 암컷 친구들을 막을 새로운 계획을 내놓았다. 그는 관리인들에게 뒤쪽이 벽으로 막힌 우리에 팬과 워쇼만 따로 넣으라고 명령했다. 그러나 팬과 워쇼는 서로 무시하면서 각자 구석에 앉아서 상대방이 없는 것처럼 굴었다. 팬이 교훈을 얻은 것이다. 그는 암컷들을 다시 자극하려 하지 않았다. 워쇼를 괴롭히면 나중에 암컷들을 상대해야 했다.

도착한 지 겨우 일주일 만에 워쇼를 공격하려 했다는 이야기를 들은 나는 감당하기 어려운 위험에 처해 있다는 사실을 인정하지 않을 수 없었다. 나는 대학에서 강의를 하려고 오클라호마로 왔지만 난생처음 겪는 적의에 맞서 생사를 건 싸움을 하고 있었다. 나는 오클라호마 바깥의 도움이 절실히 필요했기 때문에 앨런 가드너에게 전화를 걸었다.

앨런은 끔찍한 이야기를 듣고 나서 이렇게 말했다. 「우리가 자네를 보낸 건 자네가 누구와든 잘 지내기 때문이었어, 로저. 레먼과 잘 지낼 수 있는 사람이 있다면 그건 바로 자네야.」

가드너 부부는 레먼에 대해서 나에게 알려 주었던 것보다 더 많이 알고 있는 것 같았다. 두 사람은 워쇼가 갇혀 있다는 이야기를 듣고도 당황하는 것 같지 않았다. 아니면 내 말을 믿지 않았을 뿐인지도 모른다. 어쨌든 제정신인 사람이라면 사탄이라는 이름의 침팬지가 쇠사슬을 목에 매고 주인님의 뱀 모양 반지에 입을 맞추는 과학 연구소가 있다는 이야기를 누가 믿겠는가?

「힘들겠지만 최선을 다하게, 로저.」 앨런 가드너가 힘없이 말했다.

가드너 부부가 레먼에게 항의를 했는지 알 수 없지만 만약 그랬다 해도 나는 아무 이야기도 듣지 못했다. 나는 앨런과 비어트릭스가 오클라호마에 풍파를 일으키고 싶어 하지 않는다는 느낌을 받았다. 레먼과 부딪히기라도 하면 워쇼가 리노로 돌아갈지도 모른다. 가드너 부부를 전적으로 믿고서 연구소에 미리 와보지도, 레먼을 만나거나 통화해 보지도 않은 나 자신이 바보 같았다.

이제 나와 함께 레먼에게 맞설 사람이 없다는 사실이 분명해졌지만 내가 워쇼를 혼자 남겨 두고 레먼의 유형지를 뛰쳐나가는 일은 없을 것이다. 나는 혼자였다. 생존 본능이었는지 빠른 성장이었는지 모르겠지만 나는 다음 날 해야 할 일을, 즉 레먼과의 거래를 했다. 그는 워쇼가 주요 군락이 아니라 호수의 인공 섬에서 어린 침팬지들과 함께 살아도 좋다고 합의했다. 대신 나는 앞으로 할 모든 유인원 언어 연구에 대해서 — 과학 논문 발표와 연방 지원금 신청을 포함하여 — 그와 공을 나누기로 했다. 나는 워쇼뿐 아니라 레먼의 섬에 사는 어린 침팬지 네 마리도 연구에 포함시키기로 했지만 그의 환자들이 기르는 침팬지들은 포함시키지 않기로 했다.

레먼은 워쇼와 내게 위협을 느꼈기 때문에 우리의 연구, 우리의 지원금, 우리가 누리는 미디어의 관심이 필요했다. 우리는 달리 갈 곳이 없었기 때문에 레먼의 연구소가 필요했다. 나는 레먼의 권위를 인정하고 그의 규칙에 따르기로 했다. 대신 침팬지 섬은 내가 관리하고 레먼은 방해하지 않기로 했다. 우리의 휴전은 거의 매주 시험에 들었지만 9년 가까운 긴 세월 동안 유지되었다.

10월 둘째 주 어느 날 아침, 연구소 관리인들이 워쇼를 우리 밖으로 내보내 주었고 나는 워쇼를 데리고 호숫가로 걸어갔다. 우리는 배를 타고 침팬지 섬에서의 새로운 삶을 향해 나아갔다. 침팬지는 선천적으로 물을 두려워하기 때문에 — 체지방률이 낮아서 헤엄을 치지 못하고 돌처럼 가라앉는다 — 섬은 창살이나 우리 없이 침팬지를 가두는 완벽한 방법이었다. 그림엽서에 나올 만큼 아름다운 섬은 아니었다. 인공 섬의 크기는 약 4분의 1에이커에 불과했다. 섬은 오클라호마의 적토와 관목으로 덮여 있었고, 남아 있는 몇 안 되는 왜소한 졸참나무는 사나운 침팬지들이 다 벗겨 내는 바람에 죽었다. 여기저기 장대가 몇 개 있었는데, 더 어린 침팬지들은 장대에 홰처럼 올라 다른 섬의 긴팔원숭이나 원숭이들을 관찰했다. 전반적으로 침팬지 섬은 새뮤얼 베케트의 버려진 연극

무대처럼 황량했고 핵전쟁 이후의 풍경 같았다.

하지만 낙원에 온 기분이었다. 워쇼는 마침내 자유를 찾았지만 섬에 사는 고아 침팬지들 틈에서 자기 자리를 찾아야 했다. 나에게 이 작은 섬은 감상적인 과학의 오아시스가 되었다. 나는 매일 대학 강의를 마치고 레먼과의 언쟁을 마무리한 다음 배를 타고 섬으로 가서 가드너 부부의 뒤뜰에서 보낸 처음 며칠만큼이나 새롭고 신나는 세계로 들어갔다.

침팬지 한 마리를 아는 것은 아이 한 명을 아는 것과 같아서 이 놀라운 생물을 더 많이 만나 보고 싶게 만든다. 워쇼의 새로운 놀이 친구 네 마리는 각각 성격이 전혀 달랐고, 덕분에 나는 침팬지와 언어를 더욱 깊이 이해할 수 있었다. 암컷 두 마리는 셀마Thelma와 신디Cindy, 수컷 두 마리는 부이Booee와 브루노Bruno였다. 이 침팬지들 모두 작년에 이 섬에 상륙했다. 세 살 난 셀마와 네 살 난 신디 모두 〈평화 봉사단에게 버림받은 침팬지들〉이었다. 셀마와 신디는 아프리카 정글에서 살다가 각각 평화 봉사단 자원봉사자들에게 이끌려 미국으로 왔는데, 두 사람은 가족들이 이 털북숭이 악마를 기르는 것을 별로 좋아하지 않는다는 사실을 곧 깨달았다. 그래서 셀마와 신디는 레먼의 고아원에 들어오게 되었다.

셀마는 고집이 정말 센 개인주의자로, 무슨 일이든 자기 방식대로 하든지 아예 안 했다. 무척 명랑했지만 아주 오랫동안 혼자만의 조용한 생각에 빠져드는 몽상가이기도 했다. 반대로 신디는 납작하고 주근깨 난 얼굴에 칭찬을 끝없이 갈구하는 못생긴 침팬지였다. 우리는 데비가 어렸을 때 좋아했던 못생긴 인형의 이름을 따서 신디를 〈가엾디 가여운 필〉이라고 불렀다. 신디는 길 잃은 강아지처럼 셀마를 졸졸 쫓아다녔고 무슨 일이 있어도 소동을 부리지 않았다. 신디는 공격적으로 느껴질 만큼 수동적이었다. 신디의 불쌍한 얼굴을 보고 있으면 원하는 것을 주지 않을 수가 없었는데, 그것은 대개 정말 착하다고 말해 주는 것이었다.

팬과 암컷 팸피 사이에서 태어난 아들 브루노는 2년 반 전인 1968년 2월에 연구소에서 태어났다. 레먼은 브루노가 태어나자마자 어미로부터 떨어뜨려 뉴욕 컬럼비아 대학교의 심리학과 교수 허버트 테라스 Herbert Terrace 박사에게 보냈다.[2] 테라스는 계획 중이던 침팬지 언어 실험을 위해서 시험 삼아 브루노를 뉴욕으로 데리고 갔다. 원래 따뜻한 기후에서 사는 침팬지가 뉴욕 시의 추운 겨울을 견딜 수 있는지 보고 싶었던 것이다. 1년 후, 과학적 목적을 다한 ── 브루노는 겨울을 견뎌 냈고 인간 가족과 애착 관계를 형성했다 ── 16개월의 브루노가 오클라호마로 돌아왔다. (실제 수화 실험은 브루노의 이복동생 님Nim을 대상으로 1970년대에 실시되었다.)

브루노는 무심하고 고집 센 셀마의 터프가이 버전이었지만 훨씬 더 반항적이었다. 브루노는 워쇼만큼 권위에 도전하는 것을 좋아했지만 셀마처럼 느긋한 매력은 없었다. 브루노는 알기 어려웠고 친구를 만드는 데에 관심이 별로 없었다. 그는 아주 만족스럽게 혼자 앉아 있었고 누구도 필요로 하지 않았다. 내가 브루노에게 붙여 준 이름은 엄지손가락으로 가슴을 탁 치는 것이었는데, 당당한 브루노라는 뜻이었다. 브루노의 유일한 친구이자 그의 주변을 어슬렁거리는 침팬지는 성격이 좋아서 브루노가 쉽게 지배할 수 있는 세 살짜리 부이였다. 부이는 연구소의 모든 사람들에게 사랑받았고 내가 만난 침팬지들 중에서 성격이 제일 좋았다. 부이는 잘 꼬드기기만 하면 뭐든 했고 건포도 하나에도 영혼을 팔 준비가 되어 있었다.

부이는 1967년에 메릴랜드 주 베데스다Bethesda의 국립 보건원 연구소에서 태어났다. 직원들은 부이의 어미가 임신한 줄 몰랐기 때문에 ──

연구소에서 흔히 일어나는 부주의였다 — 부이는 예상치 못하게 태어났고, 따라서 생물 의학 연구 후보 목록에 올라 있지 않았다. 그러나 부이가 태어난 지 며칠 만에 소동을 일으켰기 때문에 연구자들은 부이가 간질을 앓고 있을지도 모른다고 생각했다. 국립 보건원 외과의들은 그런 짐작만으로도 부이에게 최신 대발작 치료법을, 즉 뇌 절개술을 실시할 수 있었다. 의사들은 부이의 두개골을 열어서 뇌량을 절단하여 양쪽 대뇌반구의 모든 연결을 끊었다. 사실상 두 개의 뇌를 갖게 된 것이다. 수술 후 부종이 너무 심했기 때문에 의사들은 부이의 두개골을 다시 열어 두압을 줄여야 했다.

결국 프레드 슈나이더Fred Schneider라는 국립 보건원 의사가 극심한 고통에 시달리는 부이를 불쌍히 여겨 집으로 데리고 갔다. 슈나이더 박사의 아내 마리아 슈나이더Maria Schneider와 여섯 아이들이 부이가 건강을 되찾도록 돌봐 주었다. 다행히 국립 보건원에서는 부이가 사라졌다는 사실을 알아채지 못했다. 부이의 뇌를 연구하기로 되어 있던 의사가 병에 걸리는 바람에 부이는 국립 보건원을 빠져나와 슈나이더 집안의 어엿한 가족이 될 수 있었다.

부이는 위쇼처럼 너무 커버려서 인간을 위해 만든 집에서 살 수 없게 되었다. 부이는 개와 낯선 사람들로부터 가족의 영역을 지키려다가 거실의 전망창을 깨뜨렸다. 슈나이더 가족은 부이를 국립 보건원으로 돌려보내서 평생 생물 의학 실험을 당하게 할 수는 없다고 생각했다. 1970년 초에 슈나이더 박사가 가드너 부부의 조언을 구하러 리노로 왔고, 가드너 부부는 레먼 박사의 연구소로 보내라고 제안했다.

부이는 위쇼와 나보다 몇 달 앞서 침팬지 섬에 도착했다. 나이 때문인지 성격 때문인지 모르지만 부이는 위쇼만큼이나 사교적이었다. 뇌 절개 수술이 미친 영구적인 영향은 내가 아는 한두 가지밖에 없었다. 부이에게 목말을 태워 주면 서로 다른 방향을 동시에 가리켰다. 내가 어디로 가야 할지 몰라서 가만히 서 있으면 그제야 부이가 한 팔을 휙 돌려 양손으로 같은 방향을 가리켰다. 부이는 그림을 그릴 때도 항상 종이의 양쪽 모퉁이에서 동시에 시작했다. 내가 만든 부이의 수화 이름은 검지로 정수리의 뒤쪽에서 앞쪽을 향해 선을 그리는 것이었다. 그것 외에 달리 무슨 이름을 붙일 수 있을까? 그것은 뇌가 쪼개진 부이라는 뜻이었다.

워쇼와 나는 고아 침팬지들의 섬에 도착했다. 고집 센 셀마, 불쌍하고 가여운 신디, 당당한 브루노, 뇌가 두 개인 귀여운 부이가 있었다. 어른 침팬지 사회와 떨어진 섬에 버려진 어린 침팬지들은 자기들만의 위계 사회를 만들었다. 셀마는 신디에게, 브루노는 부이에게 우두머리 행세를 했다. 셀마와 브루노는 서로 피했다. 나는 워쇼가 이 무리와 어울릴 수 있을지 확신하지 못했는데, 그럴 만한 이유가 있었다. 워쇼는 리노에서 애지중지 귀여움을 받던 아기였고, 아마 여기에서도 같은 취급을 받고 싶어 할 것이다. 워쇼가 털이 부숭부숭한 동물들과 어울리는 것을 아예 거부하면 어떻게 해야 할까?

그러나 놀랍게도 워쇼는 섬에 들어가자마자 고아 침팬지 네 마리의 양어머니라도 된 듯이 굴었다. 신디가 기분이 상하면 워쇼는 수화로 〈와서 안아 줘, 와서 안아 줘〉라고 말했다. 신디는 워쇼가 무슨 말을 하는지 전혀 몰랐지만 워쇼가 털을 골라 주고 위로해 주자 메시지를 이해했다. 부이와 브루노가 싸우면 워쇼는 복싱 심판처럼 둘 사이에 끼어들어 수화로 〈너 가〉라고 말해서 둘을 각자의 코너로 돌려보냈다. 워쇼는 무심한 셀마에게 수화로 〈간질이자〉, 〈쫓아다니자〉라고 말하면서 꼬드겨서 놀이에 끼워 주기도 했다. 워쇼는 피부색이 무척 어두운 셀마에게 검은 여자라는 새로운 애칭을 붙여 주었다. 침팬지들이 벌레가 아니라 사람이라는 결론을 내린 것이다.

섬에서의 의사소통은 영장류의 바벨탑과 비슷했다. 부이, 브루노, 셀마, 신디는 침팬지 특유의 손짓, 소리, 표정을 통해 원하는 것을 알렸다. 예를 들어서 부이는 브루노와 놀고 싶으면 놀이 표정을 짓고 웃으면서 손짓을 했다. 그러나 워쇼는 〈와서 간지럼 태우고 쫓아다니자〉처럼 수화로 더욱 구체적인 메시지를 전달했다. 다른 침팬지들이 수화에 반응하지 않으면 워쇼는 아기에게 수화로 말하는 어미처럼 아주 천천히, 강조하면서 다시 수화를 했다. 그래도 이해하지 못하면 워쇼는 다른 침팬지들처럼 몸짓과 소리로 메시지를 전달했다.

워쇼의 친구들은 인간 가정에서 자랐기 때문에 영어를 꽤 많이 이해했다. 예를 들어서 내가 〈저 타이어 좀 치워〉라고 말하면 그렇게 했다. 워쇼는 영어를 한 번도 들어 본 적이 없었지만 나와 워쇼는 으르렁거리기, 비명, 웃음, 우우거리기 등 수많은 음성 신호로 항상 의사소통을 했다. 워쇼는 섬으로 들어온 다음부터 영어를 익숙한 음성 의사소통의 확장판으로 인식하는 듯했고, 곧 친구들만큼 영어를 이해할 수 있게 되었다. 나는 다른 침팬지들과 많은 시간을 보내면서 침팬지의 음성 의사소통을 더욱 잘 이해하게 되었다. 그러나 워쇼와 내가 대화를 나눌 때는 주로 미국 수화를 사용했다. 워쇼의 미국 수화 구사력은 계속 향상되었다. 이제 워쇼의 손을 잡고 유도할 필요가 없었고, 내가 수화하는 모습을 한 번만 봐도 즉시 습득했다. 이제 워쇼는 일고여덟 가지 수화가 들어가는 문장까지 표현할 수 있었다.

섬에서는 인간과 침팬지가 영어, 우우거리는 소리, 미국 수화, 표정을 통해서 대화를 나누는 모습을 쉽게 볼 수 있었다. 섬에서 지낸 지 얼마

안 되었을 때 워쇼가 새로운 친구들에게 느끼는 책임감과 침팬지들 사이의 다른 의사소통 방식을 잘 보여 주는 사건이 일어났다. 어느 날 아침 우리는 풀이 난 호숫가에 모여서 놀고 있었다. 섬에 뱀이 무척 많았는데 독뱀도 있었기 때문에 우리는 항상 조심했다. 셀마가 갑자기 근처에서 뱀 한 마리를 보고 〈롸아아〉라고 길게 빼며 소리를 질렀다. 침팬지들과 나는 섬 반대편으로 피했지만 브루노는 자리에 앉아서 꼼짝도 하지 않았다.

워쇼는 위험에 처한 브루노를 보자마자 다시 달려가서 수화로 〈와서 안아 줘, 와서 안아 줘〉라고 말했다. 브루노는 멍한 표정으로 워쇼를 보며 아무 반응도 하지 않았다. 워쇼는 브루노를 버리고 올 수도 있었지만 더욱 직접적으로 메시지를 전하기로 했다. 자신이 위험에 빠지는 것은 아랑곳하지 않고 브루노에게 달려가서 팔을 잡고 안전한 곳으로 끌고 왔던 것이다.

몇 달 만에 워쇼는 공주처럼 구는 것을 그만두고 동생들을 애지중지하는 맏언니가 되었다. 정말 놀라운 변화였다. 청각 장애 어린이처럼 자란 워쇼가 드디어 동족들과 살아가는 침팬지가 된 것이다. 어린 침팬지들은 워쇼에게서 통솔과 위안, 보호를 기대했다. 워쇼는 다른 침팬지들보다 크고 나이가 많았기 때문에 워쇼가 존경을 얻고 패권을 잡는 데 도움이 되었다. 그러나 워쇼는 감정적으로도 그런 역할이 맞는 것 같았다. 리노에서 수많은 언니 오빠들 — 수전 니콜스, 그렉 거스테드, 나 — 의 보살핌을 받던 워쇼는 맏언니 노릇을 어떻게 해야 하는지 알았다. 마치 이 〈아기들〉이 워쇼에게 잠재되어 있던 양육 행동을 자극한 것 같았다.

오클라호마에서 보낸 첫해에 워쇼는 데비와도 좋은 친구가 되었다. 리노에서는 겨우 몇 번밖에 만나지 못했지만 워쇼에게 데비는 익숙한 얼굴이었고, 나는 워쇼가 예전의 삶과 현재의 삶 사이에 어떤 연속성을 갖기를 간절히 바랐다. 게다가 다른 사람의 도움이 절실히 필요했다. 나는 학생들을 가르치고, 연구하고, 침팬지 다섯 마리를 돌보느라 무척 바빴다. 데비는 원래 아이들을 잘 돌보았을 뿐 아니라 미국 수화를 알았기 때문에 워쇼와 의사소통을 하고 새 침팬지들에게 수화를 가르칠 수 있었다. 나는 또한 워쇼가 수전 니콜스와 비어트릭스 가드너처럼 엄마와도 같은 사람들을 잃으면서 생긴 외로운 공간을 성인 여성인 데비가 채워 주기를 남몰래 바라고 있었다.

데비는 매일 섬으로 왔고, 곧 워쇼와 친한 친구가 되었다. 데비가 오면 워쇼는 새로 맡은 부모 역할에서 물러나 다시 아이처럼 굴 수 있었다. 당시에 36킬로그램이나 되는 워쇼가 52킬로그램밖에 되지 않는 데비에게 매달려 목말을 탄 모습을 쉽게 볼 수 있었다. 그렇지 않을 때면 데비가 갓난 딸 레이철을 등에 업고 세 살짜리 조슈아가 워쇼와 함께 놀면서 수화를 했는데, 워쇼는 종과 상관없이 모든 아이들을 좋아하는 것 같았다. 몇 달 뒤부터 침팬지 섬은 내 제자 몇 명이 일하고 데비가 감독하는 아주 정신없는 어린이집 같았다. 나는 오전에 대학에서 강의를 한 다음 섬으로 와서 오후의 〈티 파티〉에 참석했는데, 그것은 워쇼와 내가 리노에서부터 지켜 온 전통이었다.

데비는 아침마다 섬으로 침팬지들을 데리고 가는 중요한 역할도 했다. 침팬지들은 〈돼지 헛간〉에서 밤을 보냈다. (그해 말에 레먼은 침팬지들이 잠을 잘 아프리카식 움막 룬데발을 섬에 지어 주기로 했다.) 돼지 헛간은 레먼이 소름 끼치는 생물 의학 실험 두 가지를 실시하던 곳이었다. 레먼은 약 40마리의 돼지를 두 무리로 나누어서 위층과 아래층의 철장에 각각 가두고 위층 돼지에게는 전기 충격을 가했지만 아래층 돼지에게는 충격을 가하지 않았다. 그는 몇 달 동안 전기 충격을 준 다음 돼지의 심장 질환을 연구했다. 헛간은 또한 암컷과 수컷이 강한 유대를 형성하는 아시아 유인원 큰긴팔원숭이 여덟 마리의 집이기도 했다. 수컷과 암컷 큰긴팔원숭이들이 짝을 이루고 나자 레먼이 그들을 갈라놓고 짝을 바꿨다. 큰긴팔원숭이들은 위장 염증을 일으켰고 결국 죽었다. 스트레스가 병을 불러온다는 유명한 사실을 확인해 준 것이다.

매일 아침 침팬지 다섯 마리는 신이 나서 우우거리며 데비를 환영했고, 워쇼는 수화로 〈나가자, 나가자〉라고 말했다. 그러면 데비가 침팬지들을 이끌고 호숫가로 나가서 삐걱거리는 배를 타고 건너편으로 향했다.

침팬지들을 섬에서 데리고 나오는 것은 데리고 들어가는 것보다 훨씬 더 힘들었다. 침팬지들은 사슬 목걸이와 목줄을 보자마자 무시무시한 돼지 헛간으로 돌아갈 시간이라는 것을 알았다. 반항적인 침팬지 다섯 마리를 배로 몰고 가는 것은 비명을 지르는 아이들을 스테이션왜건에 태우고 치과에 가는 것과 마찬가지였다. 단, 침팬지들은 훨씬 더 힘이 세고 빨랐다. 워쇼는 목줄을 풀어서 호수에 던지곤 했다. 브루노는 장대로 올라가서 내려오지 않으려 하거나 배에 들어갔다 나왔다 하면서 약을 올리고 뱅뱅 돌며 쫓아다니게 만들었다. 브루노의 부록인 부이는 방관하고 서서 자신의 영웅 브루노를 응원하며 가장 못된 장난을 흉내 냈다. 나는 반항적인 브루노와 셀마의 힘을 빼는 데 초점을 맞췄다. 브루노와 셀마가 함락되면 다른 침팬지들은 순순히 뒤를 따랐다.

침팬지들이 배 앞에 줄을 서서 자발적으로 목줄을 차게 만드는 확실한 방법은 숲으로 산책을 가자고 약속하는 것이었다. 데비와 학생 한두 명이 각각 목줄을 잡고 연구소 농장을 탐험했다. 과실나무에 열매가 열리는 계절이 되면 침팬지들은 야생 자두와 감을 찾아다니며 즐거워했다.

과일이 잔뜩 열린 나무를 발견하면 한 아름 딴 다음 땅에 누워 만족할 때까지 먹었다. 배가 차면 풀밭에서 엎치락뒤치락 싸우거나 모여 앉아서 서로 털을 골랐다.

그럴 때면 침팬지들이 본성에 따라서 정말 편안하고 즐겁게 노는 것 같았기 때문에 나는 가끔 눈을 감고 침팬지들의 웃음소리를 들으면서 우리가 아프리카의 깊숙한 우림에 있다고 상상했다. 워쇼와 셀마, 신디는 어미의 안전한 품에서 정글에 사는 다른 생물들의 모습과 소리에 홀려 이런 식으로 긴 오후를 수없이 많이 보냈을 것이다. 나는 이 침팬지들이 정글에서 살 때는 얼마나 달랐을지 이해도 할 수 없었다. 암컷 침팬지들은 새벽마다 나무 꼭대기의 취침용 둥지에서 잠에서 깨어 어미의 등에 매달려서 땅으로 내려와서 아침을 구하러 다녔으며, 푸르게 우거진 정글 바닥에서 처음으로 걸음마를 뗐다.

부이와 브루노는 콘크리트 실험실에서 태어났기 때문에 그런 천진한 시절을 알지 못했다. 그러나 셀마나 신디, 워쇼처럼 부이와 브루노에게도 새끼 침팬지 특유의 표식이 있었다. 모든 어른 침팬지들이 무조건적인 사랑을 주고 응석을 받아 주게 만드는 흰색 꼬리털이었다. 이 다섯 마리 침팬지가 사랑을 듬뿍 받거나 응석을 마음껏 부리지 못했다는 생각을 하면 나는 가슴이 무척 아팠다.

누가 더 힘들었을까? 정글의 생득권을 누렸지만 지금은 빼앗긴 암컷들이었을까, 아니면 진짜 고향을 아예 모르는 수컷들이었을까? 이런 의문을 떠올리면 나는 곧장 현실로 돌아왔다. 아프리카에서 납치되고 인간 가족에게 버림받은 이 침팬지들 모두 너무나 빨리, 너무나 외롭게 자라고 있었다. 이들에게는 서로밖에 없었다. 레먼의 유형지에서 지내는 어린 침팬지들은 그 어떤 인간도 줄 수 없는 어미의 사랑이 절실히 필요했다. 이 아이들은 목에 사슬이 매여 있고 밤이면 헛간에서 잠을 잤다. 나이가 들고 몸집이 커지면 더 독립적이 될 것이고 인간 사회에 맞추기가 더 힘들 것이다. 나는 종종 생각했다. 이 아이들은 도대체 어떻게 될까?

새로운 침팬지 친구들을 알면 알수록 나는 많은 것을 배웠다. 어느 날 아침 나는 수컷 두 마리, 즉 부이와 브루노를 데리고 숲으로 산책을 갔다. 두 마리가 앞장섰고 학부생 세 명이 함께였다. 섬으로 돌아갈 시간이 되자 브루노는 드물게도 협조적인 태도를 취하며 곧바로 배에 탔지만 부이는 숲을 떠나고 싶어 하지 않았다. 부이가 나무 위로 올라가더니 우리의 손이 닿지 않는 가지에 서서 꼼짝도 하지 않았다. 부이의 갑작스러운 반항에 나는 짜증이 났다.

나는 생각했다. 〈자기가 뭐라고 생각하는 거지? 난 심리학 박사야. 학생들이 지켜보고 있다고. 이 꼬마 침팬지에게 누가 우두머리인지 가르쳐 줘야겠군.〉

「당장 내려와, 부이.」 내가 큰 소리로 외쳤다. 부이는 방문을 걸어 잠그고 나오지 않는 아이처럼 〈절대 싫어〉라고 말하듯 가지에 앉았다.

「이리 내려와, 부이.」 내가 더 큰 소리로 외쳤다. 아무 반응이 없었다. 대치 상황이었다.

나는 정말 당황했다. 내가 팔에 목줄을 6미터 정도 감고 있었기 때문에 부이의 목까지는 1.8미터밖에 남아 있지 않았다. 나는 정말로 끌어내릴 생각이라는 것을 부이에게 알려 주려고 목줄을 꽤 세게 잡아당겼다.

큰 실수였다. 부이가 손을 아래로 뻗어서 한 팔로 목줄을 끌어당기자 내가 땅 위로 붕 떴다. 80킬로그램을 가뿐히 들어올리는 역도 선수 같았다. 나는 바람 속에서 속절없이 흔들리면서 공포에 질렸고 순간이 영원

같았다. 학생들이 한발 물러섰다. 그때 내가 꾀를 내서 부이를 올려다보며 아주 다정한 목소리로 말했다. 「괜찮아, 부이. 화 안 낼게.」 부이는 즉시 나를 땅에 내려 주고 목줄을 놓았다. 그런 다음 일어서서 소리를 질렀다. 부이는 내가 너무 화를 내서 겁에 질렸던 것이다. 어느새 부이가 나무에서 뛰어내려 내 품으로 달려들었다. 부이는 내 목에 매달려 1분 동안 나를 끌어안고 있었다. 부이가 싸우고 나서 화해를 하는 방식이었다. 우리는 다시 친구가 되었다.

이때 나는 침팬지와 기싸움을 벌여 봤자 아무 의미가 없음을 처음으로 배웠다. 육체적인 힘을 바탕으로 군림하면 거의 항상 역효과가 생긴다. 인간의 무력은 침팬지의 분노와 공격으로 이어지고, 그것은 또 인간의 더욱 큰 두려움과 폭력으로 이어진다. 통제할 수 없을 정도로 점점 고조되기만 하는 순환 고리다. 레먼의 연구소가 좋은 예다. 처음에는 사슬과 목줄이었다. 그다음은 전기 봉, 그다음은 공기총, 나중에는 전기 울타리와 도베르만핀셔가 되었다. 결국 레먼은 아직 어린 침팬지들을 데리고 다닐 때에도 장전된 권총을 가지고 다니라고 명령했다. 레먼이 침팬지를 두려워하는 건지 침팬지가 레먼을 두려워하는 건지, 누가 누구를 더 두려워하는지 구분하기 어려웠다. 상호 존중을 바탕으로 관계를 맺지 않으면 잔인한 무력으로 통제할 수밖에 없다.

반대로 인간과 침팬지가 서로를 존중하는 관계를 맺으면 두려움이 사라지고 강요도 거의 필요 없다. 워쇼와 부이는 오만한 명령 — 〈내 방식대로 하거나 아예 하지 마〉 — 이 통하지 않으리라는 사실을 일찌감치 가르쳐 주었다. 워쇼는 바보가 아니었다. 워쇼는 내 강의 일정을 바로 파악한 것 같았다. 같이 산책을 나가면 워쇼는 내가 그만 돌아가야 할 때 멀리 더 멀리 갔다. 내가 〈집에 갈 시간이야〉라고 하면 워쇼는 〈아니야,

아니야)라고 대답하고 등을 돌렸다. 위쇼는 내가 어떻게 할 방법이 없다는 사실을 알았다. 내가 어쩌겠는가? 위쇼가 나보다 여덟 배는 힘이 세다는 사실을 뻔히 알면서 목줄을 당기겠는가? 전기 봉으로 위협하겠는가? 우리의 대화는 이런 식이었다.

> 로저: (초조하게 손목시계를 보면서) 너랑 나랑 지금 집에 가.
>
> 위쇼: (반항적으로) 싫어.
>
> 로저: (절박하게) 뭐 줄까?
>
> 위쇼: (솔직하게) 사탕.
>
> 로저: (무척 마음을 놓으며) 좋아, 좋아. 집에 가면 사탕 줄게.
>
> 위쇼: (아주 기뻐하며) 너, 나, 빨리 가자.

협박이든 협상이든 이런 식의 거래가 침팬지를 대할 때의 현실이었다 — 아이들을 대할 때와 마찬가지였다. 나는 새끼의 응석을 최대한 받아 주고 안 된다는 말은 거의 하지 않는 어미 침팬지의 사랑 방식을 따랐다. 침팬지들의 욕구를 인정하고, 요구를 협상하고, 침팬지나 인간이 다칠 위험이 있는 경우만 빼면 무력으로 억압하지 않으려고 항상 애썼다. 이러한 쌍방 타협의 결과 위쇼와 부이는 내가 힘이 더 약하다는 사실을 잘 알면서도 나의 부모와 같은 지배와 권위를 존중하게 되었다. 그리고 침팬지들의 압도적인 힘에도 불구하고 나는 결코 두려워할 필요가 없었다.

나의 협조적인 접근법에는 물론 단점도 있었다. 한번은 섬에서 나올 때 셀마와 신디에게 목걸이나 목줄을 하지 않고 배에 타도 된다고 허락해 주었다. 내가 배 옆에 서 있는데 신디가 배에 올라서 자리에 앉았다. 셀마가 재빨리 다가오더니 배를 힘껏 밀어 출발시킨 다음 얼른 신디 옆으로 뛰어올랐다. 순식간에 일어난 일이었다. 내가 당한 것이다!

내가 섬에서 소리를 지르는 동안 셀마와 신디는 육지를 향해서, 자유를 향해서 나아갔다. 두 마리는 노 젓는 법도 몰랐지만 셀마가 배를 워낙세게 밀었기 때문에 호수 건너편에 무사히 도착했고, 셀마와 신디는 두명의 탈옥수처럼 배에서 내려 도망쳤다. 내가 배를 되찾아서 쫓아가 보니 셀마와 신디는 레먼의 집 안에 들어가서 구석에 웅크리고 있었다. 나는 두 마리에게 목줄을 채우고 돼지 헛간으로 데리고 돌아오면서 레먼이부재중이라 아무 일도 없었던 것을 하늘에 감사했다.

그날 밤 늦게 레먼에게서 전화가 왔다. 그는 무척 화가 나 있었다.

「누가 내 침대에 똥 쌌어?」 레먼이 소리를 질렀다.

침팬지들의 일상이 자리를 잡고 나자 나는 가드너 부부가 해결하지못한 가장 알쏭달쏭한 과학적 문제를 탐구하고 싶었다. 침팬지 섬 어린이집은 완벽한 기회를 제공했다. 나는 워쇼가 예외적으로 똑똑한 침팬지인지 아니면 모든 침팬지들이 수화를 배울 수 있는지 알아보고 싶었다. 많은 언어학자들은 워쇼가 미국 수화를 두세 살 아이 수준으로 사용하고 있다고 인정하면서도 워쇼가 일종의 〈돌연변이 천재〉라고 주장했다. 그들은 다른 침팬지가 수화를 배울 수 있을까 의심했다. 나는 그들이틀렸다고 생각했다.

인간의 언어가 우리 유인원류 선조의 인지 능력에서 비롯되었다는 다윈의 이론이 이 문제에 달려 있었다. 침팬지 한 마리가 수화를 한다면 그침팬지의 독특한 행동에 지나지 않는다. 그러나 많은 침팬지들이 수화를 한다면 수화, 혹은 몸짓의 생물학적 바탕이 진화에 있을 가능성이 훨씬 높다. 그리고 모든 침팬지가 수화를 배울 수 있다면, 유인원의 인지 능력과 인간의 인지 능력, 또 유인원의 의사소통과 인간의 언어 사이에 관련이 있을 가능성이 아주 크다.

나는 그것을 염두에 두고 셸마, 신디, 브루노, 부이에게 미국 수화를 가르치기 시작했다. 워쇼를 가르칠 때와는 다른 방법으로 가르쳐야 했다. 워쇼는 아이처럼 가족과 함께하는 일상에서 언어를 배웠다. 그러나 워쇼의 새로운 놀이 친구들에게는 평범한 가족 생활이 없었다. 침팬지들이 데비나 나, 혹은 자원봉사 학생들과 보내는 하루의 몇 시간을 교차 양육이라고 보기는 힘들었다. 나는 옷을 입고, 아침을 먹고, 책을 읽고, 변기를 사용하는 정해진 일상이 없는 어린 침팬지들에게 새로운 수화를 보여 줄 방법을 찾아야 했다. 무엇보다도 성인 한두 명이 과잉 행동 침팬지들의 주의를 끌어서 잡아 둘 방법을 찾아야 했다.

나는 길이 1.8미터, 너비 0.9미터의 우리에 일종의 이동식 교실을 만들기로 했다. 양 끝에는 철제 벤치가 있어서 침팬지 학생들이 나 혹은 자원봉사 대학생과 마주 보고 앉을 수 있었다. 수업은 30분 동안 진행되었고, 일주일에 5일, 하루에 최대 세 번이었다. 이 방식은 학교와 무척 비슷했는데, 워쇼는 한 번도 겪지 못한 경험이었다. 아이든 침팬지든 30분 동안 가만히 앉아 있는 세 살짜리는 없다. 그러므로 침팬지는 넘치는 에너지를 참지 못하고 선생님을 방해하면서 간지럼을 태우거나 우리 안을 돌아다니곤 했다. 너무 흥분해서 수업을 할 수 없어지면 우리는 곧 포기하고 내보내서 친구들과 함께 놀게 해주었다.

이 방법에는 단점도 있었지만 통제된 상황 덕분에 침팬지 네 마리가 수화를 습득하는 속도를 비교할 수 있었다. 나는 각 침팬지에게 워쇼가 아는 수화 어휘 중 열 개 — 모자, 신발, 과일, 마시다, 더, 보다, 열쇠, 듣다, 끈, 음식 — 를 가르치기로 했다. 워쇼는 여러 가지 방법 — 유도, 관찰, 모방 — 을 통해서 배웠지만 셀마, 신디, 브루노, 부이에게는 유도만을 사용했다. 내가 침팬지들의 손을 잡고 올바른 모양을 만들어 주었고, 점차 스스로 수화를 배워 가면 유도를 조금씩 멈추었다. 나는 건포도를 보상으로 주었는데, 워쇼 프로젝트에서는 절대 금지된 행동이었다. 보상은 기껏해야 아무런 영향을 주지 않았고, 상황이 나쁘게 돌아가면 오히려 해가 되었다. 그러나 나는 스키너의 강화 방식을 이용하면 수월하게 통제할 수 있다는 생각에 무척 유혹을 느꼈다. 나는 모르는 게 없는 박사였고, 무엇을 해도 괜찮을 것 같았다.

브루노, 부이, 셀마, 신디가 곧 내 생각을 바로잡아 주었다. 보상에 신경을 쓰는 침팬지는 부이밖에 없었다. 부이는 먹을 것을 주면 뭐든지 하려 했고, 그래서 스키너주의에 딱 맞는 피실험체였다. 부이는 건포도를 얻으려고 말도 안 되는 속도로 수화를 배웠다. 그러나 양을 위해 질을 희생시켰다. 부이의 수화는 엉성했고 저녁 시간의 워쇼처럼 〈부이 먹을 거, 부이 먹을 거, 부이 먹을 거〉라고 미친 듯이 조르는 것으로 전락할 때가 많았다.

반대로 브루노는 건포도에, 혹은 수화 자체에 전혀 관심이 없었다. 브루노는 벤치에 앉아서 〈뭘 하라는 건지 전혀 모르겠는데〉라고 말하듯 나를 빤히 바라볼 뿐이었다. 나는 수화로 모자 — 정수리를 톡톡 치는 동작 — 를 가르치려고 애쓰면서 축 늘어진 브루노의 손을 그의 머리에 얹었다. 내가 손을 떼면 브루노의 손이 툭 떨어졌다. 내가 다시 브루노의 손을 머리에 얹었지만 브루노는 다시 손을 떨어뜨렸다. 이런 상황이 끝없이 반복되었다. 결국 나는 건포도를 포기하고 브루노에게 사과를, 바나나를, 그리고 결국에는 침팬지들이 정말 좋아하는 코카콜라를 주겠다고 했다. 그러자 부이가 브루노 옆으로 다가왔지만 정작 브루노는 꼼짝도 하지 않았다.

브루노는 섬의 어린 침팬지들 중에서 영어를 제일 잘 알아들었으니 무척 똑똑한 것이 틀림없었다. 나는 브루노가 나를 바보 취급하고 있음을 알아차리고 어느 날 내 이론을 실험해 보기로 했다. 나는 손을 뻗어서 레먼이 항상 들고 다니라고 명령한 전기 봉의 전원을 켰다. 전기 봉이 크게 웅웅 소리를 내면서 켜지자마자 브루노가 미친 듯이 머리를 치기 시작했다. 〈모자 모자 모자 모자.〉 게임은 끝났다. 자신에게 수화를 배울 능력이 있음을 내가 안다는 걸 깨달은 브루노는 곧 섬에서 수화를 가장 잘 하는 침팬지가 되었다.

신디는 부이만큼이나 수화를 빨리 익혔지만 건포도와는 아무런 상관도 없었다. 가엾디가여운 펄은 칭찬이 너무 받고 싶어서 교사가 기뻐하는 일은 무엇이든 하려고 했다. 내가 모자를 가르쳐 주려고 신디의 손을 머리에 얹어 주자 신디는 침팬지 동상처럼 그 자세로 1분 동안 서 있었다. 처음 몇 번의 수업을 하고 나자 신디는 우리로 들어가서 앉은 다음 〈하고 싶은 대로 해〉라고 말하듯 두 손을 내밀었다.

신디는 항상 자기 앞에 건포도 한 그릇을 놓으라고 요구했지만 건포도를 먹고 싶어서가 아니라 그것이 우리가 신디를 사랑한다는 증거이기 때문이었다. 신디가 수화를 제대로 할 때마다 선생님은 영어로 아낌없이 칭찬해야 했다. 〈정말 대단하구나. 정말 똑똑하네, 신디.〉 머뭇거리며 칭찬을 하거나 — 혹은 행여라도 아예 잊어버리거나 — 하면 신디는 칭찬을 쏟아부을 때까지 세상에서 제일 불쌍한 표정을 지었다. 나는 우리 바깥에 있는 사람들에게 신디를 최대한 응원하라고 했다. 신디는 칭찬을 아무리 받아도 만족하지 못했다.

셀마는 브루노와 마찬가지로 학교를 포함해서 무슨 일에든 고집이 셌다. 셀마는 건포도, 칭찬, 그 무엇에도 시큰둥했다. 셀마는 자기가 내킬 때, 더 나은 할 일이 없을 때에만 수화를 하겠다고 분명히 알려 주었다. 우리에 파리 한 마리만 들어와도 셀마는 5분 가까이 주의력을 잃었다. 자동차가 지나가면 이렇게 이상한 물건은 한 번도 본 적 없다는 듯이 굴었다. 셀마의 주의를 끌려고 내가 목소리를 높이는 건 아예 불가능했는데, 혼내는 듯한 기색만 느껴도 울기 시작했기 때문이었다. 셀마는 교사의 교육 철학에 따라서 상상의 세계에 푹 빠진 창의적인 몽상가라고도 할 수 있었고 주의력 결핍 장애의 아주 좋은 예라고도 할 수 있었다.

몇 달 뒤 침팬지 네 마리 모두 열 가지 수화를 익혔다. 그러나 학습 속도는 천차만별이었다. 나는 열 가지 수화를 익히는 데 걸린 시간을 기록해서 침팬지들의 성과를 비교했다. 침팬지가 어떤 수화를 다른 사람의 부추김 없이 다섯 번 연속 똑바로 사용했을 때에만 유효한 것으로 간주했다. 1973년 6월『사이언스』에 실린 결과는 다음과 같다.[3]

부이: 새로운 수화 습득 시간 평균 54분

신디: 새로운 수화 습득 시간 평균 80분

브루노: 새로운 수화 습득 시간 평균 136분

셀마: 새로운 수화 습득 시간 평균 159분

논문을 읽지 않고 이 결과만 보면 부이가 제일 똑똑하다고 결론을 내릴지도 모른다. 그러나 물론 그것은 틀린 생각이다. 침팬지는 인간 아이와 마찬가지로 각각 다르며, 각자의 성격과 교육 환경에 반응하는 방식에 따라서 학습이 형성된다. 부이는 건포도를 정말 좋아했기 때문에 수화를 빨리 배웠다. 신디 역시 관심과 칭찬 덕분에 수화를 빨리 익혔다.

그러나 어떤 의미로든 부이와 신디가 브루노와 셀마보다 〈더 똑똑〉하다고 할 수 없었다.

일찍이 가드너 부부가 워쇼에게 사용했던 이중 맹검법 ── 상자 안에 들어 있는 물건 이름 말하기 ── 으로 침팬지들을 시험하자 그 사실이 더욱 분명해졌다. 시험에서 부이와 신디가 가장 낮은 점수를 기록했고 셀마와 브루노가 더 높은 점수를 받았다. 부이는 사랑하는 건포도가 보이지 않자 갑자기 당황했다. 그리고 아무도 칭찬을 하지 않자 신디의 주의력이 급속히 떨어졌다. 브루노와 셀마의 경우 배우는 속도는 느렸을지 몰라도, 배운 것을 잊지 않았다.

『사이언스』에 이러한 자료를 실은 것은 워쇼가 괴짜 천재 침팬지가 아니라는 사실을 증명하는 데 큰 도움이 되었다. 침팬지 다섯 마리가 미국 수화에 노출되었고, 다섯 마리 모두 그것을 배우기 시작했다. 워쇼가 속한 침팬지 종 모두가 상징적으로 생각하고 몸짓 의사소통 체계를 배우는 능력이 있는 것처럼 보였다. 물론 이것은 사람과의 언어가 우리의 공동 유인원류 선조의 인지 능력에서 비롯되었다는 다윈의 말이 옳다는 뜻이었다. 이 자료는 또한 가장 그럴듯한 언어의 진화 경로는 유인원의 음성이 아닌 몸짓이라는 사실을 확인해 주었다.

그러나 인간의 언어 습득 방법을 보는 나의 관점에 가장 큰 영향을 준 것은 침팬지들의 다양한 학습 방식이었다. 유전변이는 다윈주의 생물학의 주요 신조였다. 종은 개체의 집합이며, 같은 개체는 단 한 쌍도 없다. 물론 이것은 내가 어렸을 때 농장에서 제일 먼저 배운 사실이었다. 농장에는 수없이 다양한 암소, 수없이 다양한 돼지, 수없이 다양한 말 들이 있었다.

지능, 언어, 학습에 대해서라면 종을 아는 것만으로 충분하지 않다. 개체를 알아야 한다. 모든 종이 같은 방법, 즉 보상과 처벌을 통해서 배운다는 B. F. 스키너의 주장은 틀렸다. 그러나 같은 종의 모든 개체가 정확히 똑같은 방식으로, 유전적으로 새겨진 어떤 계획에 따라서 언어를 발달시킨다고 가정했던 1960년대 언어학자들도 마찬가지로 틀렸다. 이러한 접근법은 아이들의 모든 차이 ─ 신경학, 성격, 인지 발달, 가정 환경의 차이 ─ 를 간과했다.

아이들은 똑같은 방법에 따라 태어나지도, 발달하지도 않는다. 한 반에 서른 명의 아이가 있다면 각각 얼굴만큼 두뇌도 다르다. 인간의 두뇌는 무척 가소성이 높은 기관이고, 언어의 발달은 두뇌만큼이나 쉽게 영향을 받는다. 극단적으로 말해서 머리를 다쳤을 경우 성인이라면 돌이킬 수 없을 정도의 뇌 손상이라 해도 어린이는 회복해서 정상적인 언어 기술을 발달시킬 수도 있다.

두뇌 손상을 입은 채 태어나서 좌뇌 반구에서 무시무시한 간질 발작을 수없이 일으킨 영국 소년 알렉스의 최근 사례는 이러한 회복력을 가장 극적으로 증명한다.[4] 알렉스는 언어 능력이 전혀 발달하지 않았지만 여덟 살이 되자 외과의들이 좌뇌를 아예 들어냈다. 수술 몇 달 후 알렉스가 말을 하기 시작했고, 그 후 거의 정상에 가까운 언어 능력을 발달시켰다. 알렉스는 대부분의 아이들과 마찬가지로 좌뇌에서 언어를 담당하고 있었을 테지만 기회가 주어지자 건강한 우뇌도 언어를 다룰 수 있음을 증명했던 것이다. 알렉스의 사례는 좌뇌 어딘가에 언어 기관이 있다는 촘스키의 주장을 반박할 뿐 아니라 여섯 살 이전의 소위 〈결정적인 시기〉에 언어를 습득해야 한다는 주장, 즉 〈사용하지 않으면 잊어버린다〉는 이론을 뒤집었다. 분명 아이의 뇌는 적어도 9세까지는 신경학적 결함을 보완하도록 신경 경로를 재조직할 수 있고, 따라서 뒤늦은 언어 습득도 가능하다.

모든 뇌가 언어를 특유의 방식으로 다루듯이 모든 아이들은 제각각의 방식으로 배운다. 내가 부이, 브루노, 셀마, 신디에게서 발견한 사실이 인간 아이들을 대상으로 한 1970년대 연구에서도 드러났다. 언어학자들은 아이들이 언어를 습득할 때 실제로 무엇을 하는지에 초점을 맞추기 시작했고, 그러자 각각의 아이들이 나름의 방식으로 언어의 〈비밀을 푼다〉는 사실이 드러났다. 어떤 아이들 — 소위 말하는 〈개념 학습자〉 — 은 단어와 내용에 초점을 맞춘다. 또 〈표현 학습자〉에 해당하는 아이들은 감정적 의미에 초점을 맞춘다.

이후의 연구는 언어 기술이 실제로 다른 인지 기술과 함께 발달한다는 사실을 밝혀냈다. 예를 들어서 아이들의 말문이 터지는 것은 보통 16개월부터 20개월까지 — 아이가 단어를 연결해서 구로 만들 때 — 인데, 이는 인형과 블록을 점점 더 복잡한 방식으로 가지고 노는 시기와 일치한다. 거의 모든 아이들이 인형이나 블록을 가지고 놀고, 모두가 복잡한 놀이 순서를 만들어 낸다. 그러나 부모라면 누구든 알겠지만 똑같은 방법으로 노는 아이들은 아무도 없다. 각각의 아이가 놀이를 고안하는 — 그리고 그 순서에서 의미를 만들어 내는 — 특유의 방식은 성격의 한 부분인 듯하다.

언어의 경우도 마찬가지다. 지난 20년 동안 아이들이 언어 규칙을 배우는 방법을 설명하기 위해서 수십 명의 언어학자들이 수십 가지 학습 전략을 제안했다. 그러던 1987년에 심리학자 멀리사 바우어먼Melissa Bowerman이 가장 급진적인 제안을 내놓았다.[5] 모든 이론이 옳다는 것이었다. 바우어먼은 다양한 언어를 습득하는 여러 아이들을 연구한 끝에 아이들이 각기 다른 학습 전략을 적용시킨다는 결론을 내렸다. 어떤 아이에게는 잘 통하는 어떤 전략이 다른 아이에게는 맞지 않을 수 있지만, 모든 아이들은 통하는 전략을 이용한다.

자연은 언어 습득 과정의 모든 부분을 유아의 두뇌만큼이나 유연하게 만들어 둔 것처럼 보인다. 신경학적 보완 시스템과 서로 다른 학습 전략은 전부 생존의 문제다. 뇌에 어떤 손상을 입든, 환경에 어떤 부정적인 억압이 생기든, 인간 아이는 거의 항상 언어를 배우는 방법을 찾을 것이다.

우리는 두루 적용되는 이론을 찾으려고 서두르는 바람에 정규분포 곡선을 지워버리고 언어를 배우는 유일한 방식이 존재하며 모든 아이들이 그것을 따른다는 듯이 행동했다. 그 결과 과거에는 청각 장애아에게 미국 수화 가르치기를 거부하고 구어 영어를 배우도록 강요하는 학교가 많았다. 시각적 이미지를 구성하는 데 어려움을 겪는 난독증 아이들은 읽도록 강요받았다. 오늘날 우리는 주저 없이 수화를 가르친다. 그리고 나는 난독증을 앓는 대학생을 가르칠 때 오디오북을 사용하도록 권장했고 필기 시험 대신 듣기 시험을 보게 했다.

나에게 개인의 다양성이라는 진화 원칙을 가르쳐 준 것은 부이, 브루노, 셀마, 신디였다. 나는 이 침팬지들 덕분에 내가 상대하는 모든 아이들, 모든 학생들을 있는 그대로 받아들이기 시작했다. 나는 각 아이들 특유의 학습 방법을 파악하려고 노력했다. 그리고 몇 년 후 자폐증을 가진 아이들을 치료하게 되었을 때 나는 침팬지에게서 배운 교훈 덕분에 가장 획기적인 발전을 이룰 수 있었다.

7장
가정 방문

윌리엄 레먼 박사는 환자들에게 침팬지 양육을 처방하는 버릇이 있었기 때문에 오클라호마 주 노먼은 〈인간 아이처럼 길러지는 침팬지가 가장 많은 도시〉로 세계 기록을 가지고 있었다고 해도 과언이 아닐 것이다. 나는 집집마다 다니면서 아이들을 가르치는 피아노 선생님처럼 침팬지들을 찾아가서 미국 수화를 가르쳤다.

매일 아침 내가 제일 처음 찾아가는 집은 제인과 모리스 테멀린Jane and Maurice Temerlin 부부의 집이었다. 심리 치료사이자 심리학과 교수인 모리스 테멀린은 레먼의 제자이자 오랜 환자였다. 오전 8시 30분이면 테멀린가의 침팬지 수양딸 루시가 현관문에서 나를 맞이하고 포옹으로 인사한 다음 집 안으로 안내했다. 내가 부엌에 앉아 있으면 여섯 살 난 루시가 가스레인지로 가서 찻물 끓이는 주전자를 집어 싱크대에서 물을 채웠다. 루시는 이 모든 일을 침팬지 스타일로, 즉 카운터에서 카운터로 펄쩍펄쩍 뛰어다니면서 했다. 루시는 찬장에서 컵 두 개와 티백 두 개를 꺼낸 다음 흠잡을 데 없는 집주인처럼 차를 끓여서 내놓았다. 그런 다음 미국 수화 수업이 시작되었다. 정말 교양이 넘쳤다.

〈교차 양육〉이라는 말은 루시의 특별한 양육 방식에 어울리지 않는다. 루시는 1964년에 카니발의 침팬지 군락에서 태어나 이틀 만에 레먼에게 팔렸고, 레먼이 테멀린 부부에게 키우라며 주었다.[1] 테멀린 부부는 루시를 혈육처럼 받아들였고 약간 거리를 두면서 위쇼를 키운 가드너 부부보다 훨씬 더 가족처럼 대했다. 모리스 테멀린은 나중에 『루시: 인간으로 자란 침팬지Lucy: Growing Up Human』에 다음과 같이 썼다. 〈우리가 루시를 입양하자마자 나는 아무 조건 없이 루시를 사랑하게 되었다. 내가 루시를 상대로 인간과 동물을 구분하지 않게 되는 데 얼마나 걸렸는지 기억나지 않지만, 아마 일주일 정도였을 것이다. 루시는 내 딸이었고, 그게 다였다!〉[2]

루시는 침대 위 엄마 아빠 사이에서 잤고, 은컵과 은숟가락으로 식사를 했으며, 인간 오빠 스티브와 무척 가깝게 지냈다. 루시가 세 살이 되자 어린 침팬지가 그렇듯 거의 매일 집안을 휘젓고 다녔지만 테멀린 가족은 루시를 다른 곳으로 보내야겠다는 생각을 절대 하지 않았다. 대신 그들은 콘크리트 구조물, 철제 현관문, 잠금 장치가 달린 방문, 바닥 배수구와 중앙 뜰을 갖춘, 침팬지를 키워도 끄떡없는 집을 지었다. 부모님이 일을 하러 나간 낮 동안 루시는 철제로 보강된 콘크리트 침실이 있고 천장에 난 작은 문을 통해 옥상으로 연결되는 널찍한 〈펜트하우스〉에 갇혀 있었다. 루시에게는 90제곱미터 정도 넓이의 안전한 놀이터가 있었다. 그러나 이렇게 정교한 방어 시설에도 불구하고 루시는 탈출해서 부엌을 습격했다. 테멀린 부부는 루시가 어떻게 탈출하는지 알 수 없었지만 아침마다 열쇠를 훔쳐서 입속에 숨겨 두었다가 잠긴 침실에서 탈출하고 있었던 루시를 어느 날 현장에서 붙잡았다.

위쇼가 괴상한 짓거리로 인내심을 시험할 때마다 나는 상상 속의 검은 개를 이용해서 겁을 주어 협조하게 만들었다. 심리 치료사였던 모리스 테멀린은 죄책감을 이용해서 루시를 조종했다. 이 방법은 무척 효과적이었다. 루시가 저녁을 먹지 않으려고 하면 모리스는 〈제발, 루시, 아프리카에서 굶어 죽는 침팬지들을 생각해 봐〉라고 애원했다. 그러면 루시가 한두 입 먹었다. 아직 만족하지 못한 모리스는 〈널 사랑하는 불쌍한 아빠가 괴로워 하잖아, 아빠를 위해서 적어도 세 입은 더 먹어야지〉라며 계속 애원했다. 루시는 그러면 조금 더 열심히 먹었다. 마지막으로 모리스가 우는 소리를 내면서 〈루시, 어떻게 나한테 이럴 수 있니?〉라고 하면 루시는 시키는 대로 했다. 몇 년 후 루시는 열쇠를 숨기거나 라이터를 빼돌리는 등 집 안에서 범죄를 저지를 때마다 즉시 들통나는 죄책감 어린 표정을 갖게 되었다.

루시도 부모에게 죄책감을 심어 주는 것에 절대 서툴지 않았다. 가끔 루시는 나와 소파에 앉아서 한창 미국 수화를 배우다가도 엄마가 곧 출근할 것이라는 생각이 갑자기 나면 즉시 태아 같은 자세를 취하고 자폐증 아이나 우울증에 걸린 침팬지처럼 몸을 앞뒤로 흔들기 시작했고, 그러면 제인이 곁에 서서 이상해진 딸을 보며 안달을 했다. 그러나 제인이 문을 나서자마자 루시는 스위치를 끈 것처럼 그런 행동을 즉시 멈추고 수화 수업을 재개했다. 저녁 때 제인이 돌아오는 소리가 들리면 루시는 다시 소파로 뛰어 올라가서 상을 받고도 남을 만한 연기를 반복했다.

루시의 존재가 테멀린 부부의 성생활에는 별로 방해가 되지 않았는지 루시는 종종, 모리스의 표현에 따르면, 〈원초적 장면〉을 목격했다. 야생에서 어린 침팬지는 어미가 짝짓기 하는 모습을 보면 짜증을 내면서 호색적인 수컷을, 특히 얼굴 쪽을 공격한다. 루시는 그보다 더 미국적이었다. 루시는 온 방을 뛰어다니면서 얽혀 있는 부모의 주의를 끌려고 공중

제비를 넘고, 물을 쏟고, TV를 켜고, 조명을 껐다 켰다 했다. 무슨 짓을 해도 소용이 없으면 아빠의 발을 잡고 침대 밖으로 끌어냈다.

루시의 성 성숙기는 어떤 억압이나 편견도 없이 진행되었다. 세 살이 되자 루시는 집 안의 도구들을 이용해서 자기 몸을 탐험하기 시작했다. 루시는 손거울 위에 쪼그리고 앉아서 펜치 손잡이로 음순을 벌려 보고 연필로 클리토리스를 문질렀다. 여덟 살이 되자 루시는 배란과 생리를 시작했고, 자위 방법은 더욱 창의적으로 변했다. 어느 날 오후 소파에 앉아서 『내셔널 지오그래픽*National Geographic*』을 팔랑팔랑 넘기며 스트레이트 진 ─ 술이 든 찬장에서 직접 꺼내 먹곤 했다 ─ 을 마시던 루시가 아주 좋은 생각이 떠올랐다는 듯 벌떡 일어나 앉았다. 루시는 잡지와 술잔을 내려놓고 벽장으로 달려가 진공청소기를 꺼내서 거실로 가지고 와 플러그를 꽂았다. 그런 다음 기다란 호스에 달린 브러시를 빼고 전원을 켜서 성기에 가져다 대더니 테멀린이 보기에 오르가즘 같은 것에 다다랐다. 〈루시는 웃었고, 행복한 표정을 짓더니, 갑자기 멈추었다.〉 그런 다음 진공청소기를 끄고 다시 진을 마시며 『내셔널 지오그래픽』을 보았다. 그 뒤 진공청소기는 루시가 제일 좋아하는 장난감이 되었다.

루시는 발정기가 되면 『내셔널 지오그래픽』을 치우고 『플레이걸*Playgirl*』을 보았다. 그녀는 남자 누드 사진 위에 쪼그리고 앉아서 성기 사진에 몸을 문질렀다. 루시의 『플레이걸』 사랑은 침팬지가 사진에 반응할 수 있음을 증명하는 가장 극적이고 물론 가장 예외적인 증거로 과학 문헌에 등장하기 시작했다.

루시와 테멀린 가족은 교차 양육 가정이 대부분 그렇듯이 침팬지의 발성, 손짓, 영어로 의사소통을 했다. 루시는 테멀린 가족과 6년 동안 같이 지낸 후에야 미국 수화를 배우기 시작했기 때문에 그들은 이미 서로의 감정과 의도를 잘 읽고 있었다. 루시는 영어를 잘 알아들었다. 내가 〈차 좀 끓여 줄래?〉라고 말하면 루시는 차를 끓이러 달려갔다.

루시는 물 만난 오리처럼 미국 수화를 흡수했다. 보통 우리의 수업은 차를 마시고 바닥에 누워서 준비 운동으로 간질이기를 한 다음 소파에 앉아서 수화를 배우는 것이었다. 루시는 수많은 수화를 한두 번만에 습득했고 게임을 하면서 배우는 것을 무척 좋아했는데, 특히 나에게 명령하는 게임을 좋아했다. 내가 수화로 〈어디 긁어?〉라고 물으면 루시는 내가 온 몸을 긁어 줄 때까지 〈루시 긁어 루시 긁어〉라고 대답했다. 또 〈누가 먹어?〉라고 물으면 루시는 수화로 〈로저 먹어〉라고 대답하고서 내 입에 살구를 넣어 주었고, 그런 다음 내 옆으로 바짝 다가와서 내가 씹는 모습을 지켜보았다. (보상으로 먹을 것을 줘서 루시를 길들이려는 시도는 아무 소용이 없었을 뿐 아니라 오히려 내가 살찌는 확실한 방법이었다. 루시는 자기 아빠처럼 사람들에게 음식을 대접하고 전부 먹이는 것에 집착했다.)

내가 〈뭘 원해?〉라고 물으면 루시는 내가 안고 또 안아 줄 때까지 〈안아 줘〉라고 대답했다. 루시의 포옹과 간질이기는 대개 거칠어졌기 때문에 — 셔츠를 찢을 정도로 흥분하는 워쇼를 따라가지는 못했다 — 진정시켜야 할 때면 소파에서 잠들 때까지 털을 골라 주었다. 루시가 소동을 벌일 때 내가 쓰는 또 다른 전략은 말로 루시의 주의를 돌리는 것이었다. 나는 방 저쪽에서 나를 향해 화물 기차처럼 돌진하는 루시를 발견하면 〈뭘 원해?〉라고 수화로 물었다. 그러면 루시는 딱 멈춰 서서 〈간질여 줘!〉라고 대답했다. 그런 다음 우리는 수화를 주고받았고, 마침내 루시는 〈제발 루시를 간질여 줘〉라고 예의바르게 말했다. 그쯤 되면 루시도 진정했고, 우리는 친근하게 엎치락뒤치락 했다.

가끔 나는 폭스바겐 버스에 루시를 태우고 드라이브를 나갔다. 루시는 방향 감각이 뛰어났다. 내가 어디 가고 싶어?라고 물으면 루시는 왼쪽을 가리키며 〈저쪽으로 가〉라고 말한 다음 오른쪽을 가리키며 〈저쪽으로 가〉라고 말했다. 그런 식으로 몇 분 동안 여러 번 길을 꺾고 나면 제인 테멀린의 사무실 앞에 도착했다. 루시는 어디에서 출발하든 항상 엄마의 직장을 찾아냈다.

　루시는 위쇼가 제일 좋아하는 인형을 대하는 것처럼, 즉 한시도 내려놓으면 안 되는 아기처럼 애완 고양이를 대했다. 그러나 위쇼의 인형과 달리 루시의 고양이는 숨이 막힐 만큼 꽉 끌어안는 침팬지 엄마의 품에서 항상 빠져나가려고 했다. 고양이는 제일 가까운 나무로 달려 올라가곤 했는데, 인간을 피할 때는 좋은 전략일지 몰라도 침팬지를 피할 때는 그렇지 않았다. 루시는 달아나는 아기를 붙잡아 와서 혼을 낸 다음 — 가끔은 수화를 이용했다 — 야생의 어미 침팬지가 그러듯 품에 안거나 골반에 내려놓았다. 내가 루시에게 고양이가 걸어가게 놔주라고 하면 루시는 고양이를 잡은 채 바닥을 걸어가는 것처럼 보이게 만들었다. 불쌍한 고양이는 곧 자기 삶이 없음을 깨달았고, 루시가 방으로 들어올 때마다 축 늘어지거나 바닥에 쓰러져 몸을 웅크렸다.

　루시의 새끼 고양이 교차 양육은 아주 철저했다. 어느 날 루시가 바닥에 앉아서 다리 사이에 고양이를 놓더니 고양이가 볼 수 있는 각도로 책을 들었다. 그런 다음 책을 가리키면서 고양이에게 책이라는 수화를 가르쳤다. 또 한번은 나와 루시가 보고 있는데 고양이가 전용 화장실에 똥을 누었다. 그러자 루시는 화를 내면서 고양이를 꺼내더니 6미터 길이의 복도를 지나 화장실로 데려갔다. 내가 화장실로 들어가 보니 루시는 변기 위에 고양이를 들고서 볼일을 끝내라고 종용하고 있었다. 아기 고양이가 볼일을 끝내자 루시는 만족스럽게 고양이를 내려놓고 물을 내렸다.

루시는 미국 수화를 배우기 전에도 자기 감정을 전달하고 다른 사람의 기분을 읽는 놀라운 능력을 가지고 있었다. 루시는 누가 괴로워하는 것을 느끼면 그 사람에게 팔을 두르고 입을 맞추었다. 또 루시는 두 사람이 서로 화가 났음을 느끼면 한 사람의 주의를 끌어서 둘을 떼어 놓았다. 그리고 새로운 사람을 만나면 곧장 다가가 냄새를 맡고 그 사람을 불편하게 만드는 방법으로 평가했다. 제인 구달은 루시를 처음 만났을 때를 이렇게 회상했다. 〈루시가 다가와서 소파에 앉은 내 옆으로 다가 앉더니 내 눈을 아주 아주 오랫동안 가만히 보았다. 나는 이상한 기분이 들었다. (……) 나는 루시가 나를 어떻게 생각할지 계속 궁금했다.〉[3] (루시가 제인 구달에게 축축한 입맞춤을 진하게 해주고 일어나서 진토닉을 만든 다음 텔레비전을 켠 것을 보면 마음에 들었던 것이 틀림없다.)

루시는 일찍부터 수화를 이용해서 다양한 감정과 심오한 감수성을 표현했지만 나는 별로 놀라지 않았다. 어느 날 루시와 한창 수업을 하고 있는데 제인 테멀린이 차를 타고 집으로 돌아왔다. 루시는 깜짝 놀라서 수업을 끝내고 싶어 했지만 제인은 집에 들어왔다가 몇 분만에 다시 나갔다. 그러자 루시가 의자를 창가로 끌고 가서 차를 몰고 사라지는 엄마를 지켜보더니 나에게 〈울어 나, 나 울어〉라고 수화로 말했다. 또 한번은 루시가 자기 때문에 고양이가 발을 다쳤다고 말하더니 ─ 울타리에 달라붙어 있던 고양이를 떼어 내려 했던 것이다 ─ 아기 고양이를 품에 안고 〈다쳤어 다쳤어〉라고 수화로 말했다. 루시는 새로운 사람을 만날 때마다 붕대나 딱지가 없는지 살펴보고 무척 불쌍해하면서 수화로 〈다쳤어 다쳤어〉라고 말했다.

루시는 다른 사람을 속일 때에도 언어가 유용하다는 사실을 깨달았다. 속임수는 오랫동안 인간과 동물을 구분하는 특징으로 여겨졌다. 사람들은 속일 수 있지만 동물은 속일 수 없다고 말이다. 물론 워쇼는, 그리고 더욱 최근에 셀마와 신디는 내가 기억하거나 인정하고 싶은 것보다 훨씬 더 많이 나를 골탕 먹였다. 그러나 루시는 수화를 이용해서 나를 속이려고 한 최초의 침팬지였다. 어느 날 내가 못 본 사이에 루시가 거실에 똥을 쌌다.

로저: 저거 뭐야?

루시: 저거 뭐야?

로저: 너 알잖아. 저거 뭐야?

루시: 더러워 더러워.

로저: 더러운 거 누구 거야?

루시: 수(대학원생).

로저: 수 거 아니야. 누구 거야?

루시: 로저!

로저: 아니야! 내 거 아니야. 누구 거야?

루시: 루시 거 더러운 거. 루시 미안해.

침팬지는 아이들과 마찬가지로 나름의 생각이 있다. 수화를 몇 십 개 정도 가르친 후에 — 루시는 첫 2년 동안 75가지 수화를 배웠다 — 루시가 그것으로 뭘 할지는 알 수 없었다. 내가 세운 수업 계획에 따라서 수화를 하라고 요구하는 것은 진공청소기를 청소할 때만 쓰라고 하는 것과 마찬가지였다. 루시가 언어를 가장 창의적으로 사용할 때는 항상 내가 다른 뭔가를 연구하려고 할 때였다. 가장 기억에 남는 때가 있는데, 당시 나는 루시가 워쇼처럼 범주를 개념화할 수 있는지 알고 싶었다. 즉, 나무의 〈나무다움〉을 파악해서 나무라는 수화를 모든 나무로 일반화할 수 있는지 궁금했다. 그래서 나는 루시에게 24종의 과일과 채소를 내밀고 무엇인지 물어보는 것을 며칠 동안 반복했다. 당시 루시가 먹을 것과 관련해서 아는 수화는 음식, 과일, 마시다, 사탕, 바나나밖에 없었다. 루시는 사과, 오렌지, 복숭아를 보면 과일이라고 대답했지만 옥수수, 콩, 셀러리를 보면 음식(루시는 채소라는 수화를 몰랐다)이라고 대답함으로써 범주에 대한 지식이 있음을 증명했다.

그러나 더욱 흥미로운 것은 루시가 한정된 어휘를 사용해서 새로운 음식 몇 가지를 설명할 때였다.[4] 루시는 수박을 먹어 보더니 수화로 〈사탕 음료수〉 또는 〈음료수 과일〉이라고 말했다. 이것은 수박에 해당하는 수화를 모를 경우 가장 가까운 설명이다. 루시는 또 처음으로 래디시를 먹어 본 다음 〈울고 아픈 음식〉이라고 말했다. 그리고 감귤류 과일은 〈냄새 과일〉이라고 표현했는데, 아마도 루시가 과육을 베어 물 때 맡은 냄새 때문이었을 것이다. 루시는 또 셀러리 줄기를 〈음식 파이프〉라고 불렀다. 내가 담배를 피웠기 때문에 파이프라는 수화를 알았던 것이다. 루시는 달콤한 피클을 〈파이프 사탕〉이라고 불렀다.

루시는 또 자발적으로 단어를 결합해서 새로운 의미를 만들어 냈는데, 워쇼 역시 그 즈음에 브라질너트를 〈돌 베리〉라고, 백조를 〈물 새〉라고 불렀다. 게다가 루시는 싫어하는 동네 수고양이를 〈더러운 고양이〉라고 욕하게 되었다. 그전까지는 화장실과 관련된 행동에 대해서만 〈더러워〉라는 수화를 썼지만 곧 루시가 경멸을 나타낼 때 다양하게 사용하는 수화가 되었다. 산책 갈 준비를 할 때면 루시는 자기 목줄을 〈더러운 목줄〉이라고 불렀다.

이상한 우연이지만 이즈음에 워쇼 역시 적을 분변과 관련된 용어로 부르기 시작했다. (이 역시 인간 고유의 특성은 아닌 듯하다.) 레먼이 텃세 습성을 가진 새로운 동물, 즉 원숭이들을 돼지 헛간에 넣자 워쇼가 원숭이를 욕하기 시작했다. 붉은털원숭이 중 한 마리는 워쇼와 나만 보면 영역을 지키려고 이를 드러내고 위협적인 소리를 냈는데, 그러자 워쇼도 원숭이를 위협했다. 나는 긴장 관계를 누그러뜨리려고 워쇼에게 〈원숭이〉라는 수화를 가르치기로 했다. 내가 붉은털원숭이를 가리킨 다음 〈원숭이〉라고 수화로 말했다. 그러자 워쇼는 즉시 성난 붉은털원숭이에게 쏜살같이 다가가더니 수화로 〈더러운 원숭이〉라고 말했다. 그 뒤부터 워쇼는 자기가 원하는 것을 주지 않는 나쁜 사람을 설명할 때 〈더러운〉이라는 말을 형용사로 쓰게 되었다. 예를 들어서 워쇼가 섬에서 나가고 싶어서 〈로저 나 내보내 줘〉라고 수화로 말했는데 내가 〈미안하지만 여기 있어야 돼〉라고 대답하면 워쇼는 수화로 〈더러운 로저〉라고 계속 말하면서 걸어갔다.

나는 루시와 워쇼가 〈더러운〉이라는 말을 창의적으로 사용하는 것을 보고 많이 웃었다. 그러나 언어학적으로는 이러한 욕이 중요했다. 루시는 자기 목줄을 〈더러운 목줄〉이라고 부르거나 래디시를 〈울고 아픈 음식〉이라고 표현하면서 언어의 생산성을 보여 주고 있었다. 생산성이란 한정된 수의 단어나 수화를 조합해서 새로운 의미를 무한하게 만들어 내는 능력을 말한다.

워쇼는 이미 몇 년 전부터 수화를 조합해서 새로운 문장을 만들고 있었다. 그러나 루시의 수화 조합 — 더러운 목줄, 음료수 과일, 냄새 과일 — 은 침팬지가 상징을 개방적이고 창의적으로 다룰 수 있다는 더욱 극적인 증거였다. 루시는 언어를 이용해서 자신의 감각적 경험을 전달했고, 그것은 우리가 침팬지의 인지 능력을 들여다볼 수 있는 창이 되었다. 루시는 오렌지를 색깔이나 맛이 아니라 냄새로 묘사하는 것을 선택했다. 또 셀러리를 맛이 아닌 생김새로 설명하는 쪽을 선택했다. 루시의 독특한 설명은 감탄할 만했다. 인간 아이의 경우에는 은유적인 시의 원시적인 형태로 설명을 한다 해도 이러한 설명 능력을 언어의 본질로 본다.

루시의 수화 생산성은 침팬지 언어 능력의 범위에 대한 일반적인 생각에 의문을 제기했다. 워쇼 프로젝트 이후 언어학자들은 침팬지가 인간의 어휘를 배울 수 있다고, 모자를 나타내는 상징을 실물과 연관시킬 수 있다고 마지못해 인정했다. 그러나 언어학자들은 침팬지가 어휘를 재조합하여 새로운 의미를 만들어 낼 수 있다는 생각은 거부했다. 예를 들어서 1970년에 워쇼를 비판한 어슐러 벨루지Ursula Bellugi와 제이콥 브로노스키Jacob Bronowski는 언어를 재배열하여 새로운 메시지를 만드는 능력은 〈인간 정신의 진화적 특징〉이라고 말했다.[5] 그들은 인간이 아닌 영장류는 〈이미 만들어진 어휘를 주어도〉 그렇게 할 수 있다는 증거가 없다고 말했다.

그러나 루시는 그들의 주장에 반박했고, 따라서 인간의 의사소통과 다른 모든 형태의 동물 의사소통을 나누는 분명한 선을 위협했다. 당시 널리 퍼져 있던 이론에 따르면 인간의 언어를 〈열린〉 의사소통 체계로 만드는 것은 의미의 유연성이다. 모든 동물 의사소통은 유연하지 않고 〈닫혀〉 있다고 여겨졌다.

이러한 견해에 따르면 인간을 제외한 동물의 의사소통에는 두 가지 주요 형태가 있다. 첫 번째 형태의 경우에는 유한한 신호들을 사용하는데, 각각의 신호에 고정된 메시지가 있다. 예를 들어서 버빗원숭이는 뱀이 있다고 경고할 때와 표범이 있다고 경고할 때 다른 경계성을 사용할 것이다. 두 번째 형태의 경우에는 일정하지 않은 신호를 사용한다. 예를 들어서 고래는 음이나 구를 새로운 방식으로 조합해서 하나의 주제에 대해 다양한 의미를 만들어 내는 복잡한 노래를 부른다. 두 가지 형태 모두 피상적인 특징 — 첫 번째 경우에는 어휘, 두 번째 경우에는 신호의 재조합 — 은 인간의 언어와 같지만 새로운 사건을 설명하는 새로운 의미를 만들어 내지는 못한다. 적어도 많은 과학자들은 그렇게 생각했다.

〈닫힌〉체계와 〈열린〉체계처럼 A 아니면 B로 범주를 나눌 때의 문제점은, 이처럼 깔끔한 구분을 흐리는 새로운 증거가 계속 나타난다는 것이다. 과학자들이 야생 침팬지의 의사소통을 닫힌 체계라고 생각한 것은 잘못된 수단에, 즉 발성에 초점을 맞추었기 때문이었다. 동물 행동학자들이 귀를 기울이는 데 그치지 않고 눈으로 보기 시작하자 침팬지들이 몸짓의 의미를 바꿀 수 있다는 사실을 깨달았다.

1971년이 되자 유명 언론들이 〈말하는 침팬지들〉을 보러 영장류 연구소의 문턱이 닳도록 드나들기 시작했다. 윌리엄 레먼은 그들을 두 팔 벌려 환영했는데, 리노에서는 워쇼의 사생활을 철저히 보호했기 때문에 나에게는 큰 변화였다. 가드너 부부는 홍보를 혐오하는 아주 드물게 진지한 과학자들이었다. 두 사람은 관련 전문가가 검토하는 과학 저널에만 그들이 알아낸 것을 발표했고, 연구 자료가 직접 말할 것이라고 믿었다. 가드너 부부는 이야깃거리를 찾아다니며 워쇼의 업적을 과장하거나 사소하게 치부함으로써 기록을 왜곡할지도 모르는 언론인들을 싫어했다.

1971년 후반에 『라이프』가 레먼에게 연락해서 워쇼를 비롯한 침팬지들의 사진 기사를 싣고 싶다고 요청했을 때 나는 앨런 가드너에게 알리는 것이 좋겠다고 생각했다. 물론 앨런 가드너는 워쇼가 세계적으로 유명한 잡지에 실린다는 생각에 기겁했다. 나는 앨런 가드너의 생각을 존중하여 레먼에게 워쇼는 『라이프』에 싣지 않겠다고 말했다. 레먼은 어쨌거나 워쇼에게 화가 나 있었기 때문에 좋다고 했다. 레먼은 자기 침팬지를 홍보하고 싶어 했다.

1972년 2월 11일에 『라이프』는 〈침팬지와의 대화〉라는 사진 기사를 특집으로 실었다. 테멀린 가족의 집에서 루시와 내가 수업 중에 잡담하는 모습을 찍은 사진이었다. 질문(넌 누구야? 뭘 원해?)에 대답하는 루시의 모습과 간질여 달라고 간청하는 모습, 그리고 내가 간질여 주는 모습이 연속 장면으로 실렸다.

이제 전 세계가 말하는 침팬지들을 알게 되었고 루시는 『사이콜로지 투데이Psychology Today』, 『퍼레이드Parade』, 『사이언스 다이제스트 Science Digest』, 『뉴욕 타임스New York Times』 등 유명 언론에 등장했다. 그러나 루시의 삶은 전혀 바뀌지 않았다. 루시는 스타가 된 줄도 모르고 여전히 테멀린 가에서 고립된 삶을 살았다.

루시가 몇 년 동안 누린 명성에는 씁쓸한 면이 있었다. 세상에서 제일 유명한 침팬지 루시는 자신이 침팬지인 줄도 몰랐다. 루시는 스스로 인간이라고 생각했다. 다른 침팬지를 만난 적이 없었던 루시의 자기 이미지는 오클라호마에 오기 전 워쇼가 가지고 있던 자기 이미지와 같았다. 워쇼는 세상을 〈우리〉(인간)와 〈그들〉(개, 고양이, 검은 벌레)로 깔끔하게 나누었다. 워쇼는 자신이 인간 가족과 너무나 다르게 생겼다는 사실에도 전혀 당황하지 않았다. 워쇼는 거울을 볼 때 거기서 인간을 보았다. 루시도 마찬가지였다. 한번은 루시가 바닥에 앉아서 사진을 보고 있었다. 사진 더미를 대수롭지 않게 뒤적이던 루시가 어떤 사진을 보고 딱 멈췄다. 루시는 혼란에 빠져서 사진을 빤히 바라보다가 〈이게 뭐야?〉라고 물었다. 침팬지 사진이었다.

정체성 혼란을 겪는 것은 교차 양육된 침팬지들 모두 마찬가지였는데, 1940년대 후반에 다른 침팬지들과 떨어진 채 키스와 캐시 헤이스 부부의 손에 자란 비키 헤이스도 그중 하나였다. 물건 분류하기를 좋아하던 비키가 어느 날 사진을 인간과 동물 두 가지로 분류하고 있었다. 비키는 자기 사진을 드와이트 아이젠하워와 엘리너 루즈벨트와 같은 더미에 놓았다. 그러나 자신의 침팬지 아버지 보카의 사진이 나오자 비키는 그를 고양이, 개, 말과 함께 놓았다.

1970년 10월, 내가 앨리의 집에 처음 갔을 때 그는 한 살이었다. 앨리는 연구소에서 태어났지만 — 팬과 캐롤린의 아들이었다 — 생후 6주에 레먼의 환자 셰리 루시Sheri Roush에게 보내졌다. 앨리는 워쇼와 마찬가지로 만 한 살 즈음 수화를 배우기 시작했고, 급속도로 발전해서 몇 년 동안 수화 130개를 확실하게 익혔다.

앨리는 내가 어휘 목록에 넣지 않은 수화를 하나 했는데, 바로 가슴에 성호를 그리는 것이었다. 앨리는 가톨릭 신자였다. 적어도 앨리의 엄마는 그렇게 주장했다. 그녀는 앨리가 두 살 때 세례를 받게 했고 손님들에게 세례식 파티 사진을 자랑스럽게 보여 주었다. 「우리 아기가 다른 사람들과 똑같이 구원받지 못할 이유가 어디 있어요?」 그녀는 이렇게 말하곤 했다.

나는 앨리를 보면 항상 핀볼이 떠올랐다. 앨리는 벽을 스치며 뛰어오르고, 가구에 부딪혀 튀고, 사람들 위로 재주를 넘었다. 앨리에게 수화를 하는 것은 회오리바람을 상대로 이야기하는 것과 마찬가지였다. 앨리는 잠깐 멈춰서 수화 하나를 재빨리 했지만 내가 수화로 대답하려고 하면 사라지고 없었다. 앨리의 수화는 크고 대담하고 표현력이 뛰어나서 아주 시끄러운 아이의 말 같았다. 앨리의 수화는 또 폭력적일 만큼 단호했다. 수화로 〈모자〉라고 말할 때면 자기 머리를 너무 세게 쳐서 넘어질 것 같았다. 코미디언 콤비 애봇과 코스텔로의 개그 같았다.

앨리는 말할 때처럼 그림도 폭발적으로 그렸기 때문에 앨리의 유화는 1950년대의 액션페인팅과 신기할 만큼 비슷했다. 추상 표현주의를 비판하는 사람들은 캔버스와 물감이 있는 방에 침팬지를 가둬 두면 뉴욕 갤러리 벽에 걸린 그림과 비슷한 아방가르드 작품을 만들어 낼 것이라는 농담을 종종 했으니 참 재미있는 일이었다. 내 제자 중 예술사를 전공하는 폴리 머피Polly Murphy는 앨리의 작품을 정식으로 평가해 보기로 하고 어느 미술사가에게 앨리의 그림을 보여 주면서 자기 친구인 젊은 화가의 작품이라고만 말했다. 전문가는 흥분을 감추지 못했다. 「폴락이 돌아온 줄 알았네!」 그가 열을 내며 말했다.

앨리가 항상 정신없이 움직이는 것은 아니었다. 사실 혼자 생각해 낸 일에 매달릴 때면 아주 오랫동안 가만히 앉아 있었다. 한번은 셰리 루시가 출근을 하면서 앨리의 방 문 잠그는 것을 잊었더니 앨리는 하루 종일 화장실 바닥과 벽에 시멘트로 붙여 둔 타일을 전부 떼어냈다. (집 개조는 침팬지들이 제일 좋아하는 일이다. 침팬지 비키 헤이스는 흰개미가 어디서 오는지 보려고 한쪽 벽을 전부 뜯은 적도 있었다.) 엄마가 출근할 때의 루시나 나에게 혼날 때의 신디나 셀마와 달리 앨리는 슬프거나 우울해 하지 않았기 때문에 곁에 있으면 항상 즐거웠다. 앨리는 항상 흥겨웠고, 항상 행동에 들어갈 준비가 되어 있었으며, 내가 지쳤을 때에도 항상 간질이기를 한 번만 더 하자며 열정적으로 졸랐다. 앨리는 부이만큼이나 다정했지만 더 잘 속았다. 앨리는 뻔한 장난에도 항상 속아 넘어갔다. 즉, 내가 천장을 보면 앨리도 따라서 고개를 들었고, 그러면 내가 앨리의 턱 밑을 간질이는 것이었다. 앨리는 그런 식으로 항상 속아서 기분이 상했지만 — 어리둥절해 보였다 — 내가 장난을 칠 때마다 앨리는 여지없이 또 속았다.

앨리가 세 살 때 나는 아직 풀리지 않은 중요한 문제 — 침팬지가 단순한 문법 규칙을 익힐 수 있느냐 — 를 밝힐 연구 대상으로 앨리를 선택했다. 워쇼와 루시는 수화의 새로운 조합 — 더러운 목줄, 냄새 과일 등등 — 을 만들어 낼 수 있음을 증명했지만 새로운 문장을 이해하고 만들어 낼 수 있는지는 보여 준 침팬지는 없었다. 그렇게 하려면 침팬지가 인간 아이처럼 문법 규칙을 적용시켜야 할 것이다.

아이는 문법을 통해서 아는 단어들을 새로운 방식으로 연결한다. 예를 들어 〈나에게 접시를 줘Give me the plate〉라는 말을 몇 번 듣고 이해한 아이는 〈아빠에게 공을 줘Give Daddy the ball〉라는 말을 듣자마자 이해할 수 있다. 아이는 두 문장의 표면적 차이를 무시하고 똑같은 단어 순서(동사-간접 목적어-직접 목적어)를 찾아내서 파악한다. 아이는 〈나에게〉를 〈아빠에게〉로, 〈접시〉를 〈공〉으로 대체해서 적절히 반응한다. 단어 순서라는 규칙을 적용함으로써 아이는 두 단어를 완전히 새로운 관계로 연결시킬 수 있다.

첫 번째 연구에서 나는 앨리가 한 번도 수화로 본 적 없는 문장을 이해할 수 있는지 보고 싶었다.[6] 그래서 앨리와 학생들에게 게임을 시켰다. 학생 한 명이 앨리에게 상자에 든 다섯 가지 물건 — 꽃, 공, 인형, 브러시, 모자 — 중 하나를 집어서 방 안의 두 장소 중 한 곳에 물건을 가져다 놓으라거나 다른 학생에게 주라고 말하는 게임이었다. 예를 들어서 우리는 〈앨리, 공을 가방에 넣어〉 또는 〈빌에게 칫솔을 줘〉라고 말할 수 있었다. 앨리가 게임을 이해하자 나는 새로운 물건을 더했고, 곧 앨리는 33가지 요청에 응할 수 있게 되었다.

우리는 앨리의 이해력을 시험하기 위해서 새로운 물건, 장소, 학생을 더해서 앨리가 한 번도 보지 못한 수화에 반응하게 만들었다. 또 상자를 수화하는 사람으로부터 멀리 떨어진 곳에 놓아서 그가 물건을 보거나 어떤 식으로든 앨리에게 신호를 주지 못하게 했다. 마지막으로 우리는 수화를 하는 사람과 물건을 가져다 놓을 장소 사이에 칸막이를 놓아서 어떤 신호도 주지 못하게 했다. 새로운 요청과 예전에 했던 요청을 조합한 시험 한 세트에서 앨리가 정확한 물건을 정확한 장소로 가지고 온 경우는 61퍼센트였다(순전히 추측만 할 경우 정답률은 7퍼센트다). 새로운 요청만으로 이루어진 시험을 네 세트 실시했을 때 앨리의 정답률은 31퍼센트였다(순전히 추측만 할 경우 정답률은 7퍼센트다).

앨리는 더 높은 점수를 받을 수도 있었지만 두 가지 흥미로운 버릇 때문에 대가를 치렀다. 예를 들어서 〈숟가락을 의자에 놔〉라고 하자 앨리는 의자로 가서 숟가락을 든 채 의자에 앉았다. 앨리는 의자가 물건을 두는 곳이 아니라 앉는 곳이라고 생각했던 것 같다. 의자와 관련 없는 문제만 냈다면 앨리는 50퍼센트의 정답률을 기록했을 것이다. 또 과잉 행동 성향을 보이는 앨리에게는 이 시험이 불리했다. 앨리는 거의 항상 물건을 똑바로 골랐지만 — 90퍼센트였다 — 우리가 어디에 두라고 얘기하기도 전에 물건을 잡고 칸막이 뒤로 달려가는 경우가 많았다. (1973년에 텔레비전 프로그램 「노바Nova」를 본 사람들은 다양한 물건을 가지고 달려가는 앨리를 보았을 것이다.) 앨리는 인간 아이와 마찬가지로 에너지가 넘쳐서 침착하게 시험을 보지 못했다. 그러나 이 연구는 침팬지가 문법적 규칙에 의해서 생성되는 의미의 차이를 이해할 수 있음을 보여 주었다.

다음으로 앨리는 단순한 문법을 이해할 수 있을 뿐만 아니라 문법 규칙을 이용해서 뭔가가 어디 있는지 우리에게 알려 줄 수도 있음을 증명했다. 우리가 질문을 하면 앨리는 〈꽃은 베개 위에 있어〉 또는 〈공은 상자 안에 있어〉라고 말했다. 실험자도 답을 알지 못하는 이중 맹검 시험에서 앨리는 77퍼센트의 정답률을 보였다.

유인원 언어 연구를 오해하는 사람들은 〈구르거나 신문을 가져오〉는 개처럼 침팬지가 단순 훈련된 것이라고 아직까지도 말한다. 다시 말해서, 파블로프식으로 몇 가지 단어와 적절한 대응을 단순히 연결 짓고 있다는 것이다. 그러나 앨리는 예전에 경험하지 못한 물건과 위치의 관계를 설명하고 있었기 때문에 단순한 일대일 대응에 의지할 수가 없었다. 앨리는 자신이 아는 어휘 중에서 수화 두 개를 고른 다음 문법적 규칙을 이용해서 두 수화를 새로운 방식으로 연결했다. 촘스키의 주장에 따르면 인간 아이가 스키너의 강화 법칙으로부터 자유로운 것은 바로 이러한 언어학적 개방성 때문이다.

그렇다면 앨리는 어떻게 문법 규칙을 배울 수 있었을까? 나는 이 문제를 풀지 못했는데, 이것이 바로 침팬지의 언어 능력을 둘러싼 논란의 핵심이었다. 언어학자들은 대부분 침팬지가 어휘를 배울 수 있다고 인정했지만 문법을 배울 수 있다고 말하는 사람은 거의 없었다. 촘스키와 추종자들은 복잡한 어순 규칙이 인간에게 유전적으로 새겨져 있으며 인간 고유의 것이라고 주장했다. 그들은 이러한 규칙은 배울 수 있는 것이 절대 아니라고 말했다. 반면에 촘스키와 결별한 언어학자들은 아이들이 성인을 흉내 내면서 규칙을 배운다고 믿었지만 그래도 문법이 인간 지능의 특징이라고, 유인원은 결코 익힐 수 없다고 여겼다.

앨리가 거둔 성과는 두 진영 모두에게 나쁜 소식이었다. 앨리의 머리에는 구체적인 문법 규칙이 내장되어 있지 않았다. 야생 침팬지에게 문법은 아무 소용없을 것이다. 그러므로 앨리는 주어-전치사-위치(BALL IN BOX)라는 문법 규칙을 배운 것이 분명하다. 이는 아이들이 사실 문법 규칙을 배운다는 비 촘스키파의 입장을 뒷받침하지만 이러한 능력이 인간 고유의 것은 아니며 적어도 어느 정도는 침팬지들도 공유하고 있다는 사실도 증명했다.

나는 문법 규칙을 배우는 능력이 아주 고차원적이라고 늘 생각했는데, 언어학자들은 누구나 문법이 언어 습득의 가장 복잡하고 신비한 측면이라고 설명했기 때문이었다. 그러나 앨리의 성과 덕분에 그러한 가정을 했다는 점에서 우리 모두가 틀렸을지도 모른다고 생각하게 되었다. 앨리는 단순히 문법 규칙을 배워서 적용하는 것이 아니었다. 앨리는 절대 문법적 실수를 하지 않았다. 이는 문법이 사실은 그렇게 어렵지 않을지도 모른다고 시사함으로써 언어학 이론을 근본적으로 뒤엎었다. 앨리는 가끔 위치를 혼동했지만 항상 주어-전치사-위치라는 올바른 순서로 수화를 했다. 우리가 주어와 위치를 서로 바꾸어도 마찬가지였다. 다시 말해서 앨리는 〈담요 위 칫솔〉과 〈칫솔 위 담요〉의 중요한 차이를 늘 알고 있었다. 앨리가 어순을 이해한다는 것은 그가 어떤 인지 능력을 사용하고 있든 그 능력의 진화적 뿌리는 원시적인 동물 행동임을 시사했다. 그렇지 않다면 앨리는 어려움을 겪으면서 실수도 했을 것이다.

아무리 복잡하다 해도 모든 행동에는 생물학적 기반이 있어야 한다, 그렇지 않으면 존재할 수가 없다. 문법의 신비함과 복잡성에 더 이상 초점을 맞추지 않고 앨리가 거둔 성과의 생물학적 기반이 무엇인지 생각하기 시작하자 모든 것이 완벽하게 들어맞았다. 모든 동물은 자연 속에서 규칙을 인식하고 따름으로써 세계에 질서를 부과한다. 그러므로 인간이나 침팬지가 단어에 질서를 부여하는 것은 그렇게 놀라운 일이 아니었다.

가장 원초적인 것에서부터 가장 복잡한 것에 이르기까지 두뇌의 모든 작용을 지배하는 최우선 원칙이 하나 있다. 그것은 바로 계속해서 변화하는 자극의 패턴을 인식하고 그 패턴을 새로운 상황에 적용시키는 것이다. 다시 말해서, 규칙을 따르는 것이다. 유명한 재갈매기의 사례는 이러한 규칙 따르기 행동을 증명한다. 어느 연구자들이 재갈매기 둥지에서 알을 꺼내서 둥지 밖에 더 큰 알과 함께 두었다. 그러자 둥지로 돌아온 어미 재갈매기는 자기 알이 아니라 제일 큰 알을 둥지 속으로 다시 굴려 넣었다. 어미 재갈매기는 알을 개별적으로 인식하지 않으며 단순히 〈클수록 좋다〉는 규칙을 적용한 것이다.

새로운 상황에서 새로운 규칙을 만들어 내는 대신 일반적인 규칙을 적용하는 것은 현명한 신경 체계 운영 방법이다. 벌레를 잡아먹는 개똥지빠귀는 내일이면 또 다른 벌레를 잡아야 하기 때문에 벌레에 대한 일반적인 사실을 배워야 한다. 침팬지는 어떤 나무 한 그루에 오르는 법만 배우는 것이 아니라 모든 나무에 오르는 법을 배워야 한다.

반대로 생각해 보자. 만약 개똥지빠귀가 아침마다 벌레 잡는 법을 새로 배워야 한다면 곧 죽고 말 것이다. 또 죽지 않는다 해도 두뇌에 각각의 새로운 벌레에 대한 개별 회로가 필요할 것이다. 이러한 시나리오에 따르면 ─ 한때 유행하는 이론이기도 했다 ─ 두뇌는 특정 전화를 특정 호텔방과 연결하는 교환수처럼 2,458번 자극을 2,458번 반응과 연결하는 거대한 교환대의 기능을 할 것이다. 이러한 구조의 문제점은 두뇌의 회로가 금방 바닥난다는 사실이다. 게다가 개똥지빠귀가 한 번 벌레를 먹고 나면 같은 벌레를 마주칠 일이 두 번 다시 없으므로 거기에 뉴런 하나를 통째로 쓰는 것은 귀중한 두뇌 물질의 낭비다.

두뇌는 교환대처럼 작동하지 않는다. 대신 관련 자극에서 패턴을 찾고, 일반 규칙을 적용하고, 다음에 비슷한 자극을 만나면 그 규칙을 따른다. 벌레는 모두 조금씩 다르지만 개똥지빠귀는 어떤 벌레든 잡을 수 있다. 어린 침팬지는 특정한 규칙을 적용함으로써 — 예를 들어 항상 재빨리 올라간다 — 특정 나무에 맞게 근육의 움직임을 조정해야 하더라도 어떤 나무에든 오를 수 있다.

인간 정신을 지배하는 메커니즘 역시 이와 똑같은 규칙을 따른다. 아이들이 언어 중에서 문법과 상관없는 부분을 습득하는 방식에서 이 사실을 확인할 수 있다. 예를 들어 아이가 〈개〉라는 말을 배우면 다리가 네 개인 동물은 전부 〈개〉라고 부르는 경우가 많다. (워쇼도 마찬가지여서, 작은 물체는 전부 아기라고 불렀다.) 아이들은 또 숫자 세는 법을 배울 때에도 규칙을 적용한다. 내가 아는 네 살짜리 아이는 이제 10이 넘는 수세는 법을 배웠는데, 〈원틴one-teen, 투틴two-teen, 스리틴three-teen, 포틴four-teen, 파이브틴five-teen〉이라고 말한다. 이 아이는 논리적인 규칙 — 숫자에 틴teen을 붙인다 — 을 세웠고, 일레븐(11), 트웰브(12), 서틴(13), 피프틴(15)이라는 네 가지 예외를 배울 때까지 이 규칙을 계속 적용할 것이다. 어른도 똑같지만 더욱 의식적이다. 예를 들어서, i와 e를 함께 쓰는 복합모음일 때 〈c 다음에 올 경우만 제외하면 i 뒤에 e가 온다〉라는 규칙을 기억하는 것이 이 범주에 속하는 모든 단어를 외우는 것보다 훨씬 더 쉽다.

아이들은 문법 규칙을 배울 때에도 이런 식으로 성인 언어의 유입을 무시하고 패턴을 파악할까? 그렇다는 증거가 많다. 예를 들어 아이들은 어른의 말을 듣지만 말을 할 때는 그와 상관없이 자신이 아는 규칙을 적용하려 한다. 누구나 아이들이 잡다라는 뜻의 홀드hold의 과거형을 헬드held가 아닌 홀디드holded라고 말하는 귀여운 언어학적 실수를 들어본 적이 있을 것이다. 아이들은 접미사 〈ed〉를 붙여서 과거 시제로 만드는 법을 배운 다음 이 규칙을 모든 동사에 일반화시킨다. 불규칙 동사라는 이 규칙의 예외는 나중에서야 배울 것이다.

촘스키의 추종자들은 종종 아이들이 문법 규칙을 무의식적으로 적용한다는 사실 — 예를 들어 〈홀디드holded〉라고 말하는 것 — 을 문법 규칙은 타고나는 것이며 언어 기관에 유전적으로 새겨진 것이 틀림없다는 증거로 제시한다. 그러나 아이들이 어른의 말이나 수화에서 문법 규칙을 자연스럽게 포착하여 사용할 수 있다면 그것을 가지고 태어날 필요가 없다. 언어의 생물학적 기반이 우리 포유류 조상의 두뇌 메커니즘이라면 문법은 모든 아동 인지 발달의 특징인 규칙을 따르는 행동의 복잡한 형태일 뿐이다. 이것은 또한 앨리 같은 유인원이 담요 위의 칫솔과 칫솔 위의 담요의 차이를 구분할 수 있는 이유를 설명한다. 앨리는 자극의 변화를 무시하고 규칙을 적용했을 뿐이다.

루시와 앨리는 언어학적으로 성공을 거둔 사례이지만 인간 가정에서 자라서 나에게 수화를 배운 다른 두 마리는 그렇게 운이 좋지 못했다.

내가 메이벨을 9개월째 가르치고 있을 때 메이벨의 양어머니 베라 개치Vera Gatch는 침팬지 딸과 처음 떨어지기로 했다. 베라는 레먼의 제자로, 역시 심리 치료사로 일하면서 대학에서 학생들을 가르쳤다. 그녀는 메이벨이 갓난 새끼일 때부터 키우면서 하룻밤도 양딸을 혼자 둔 적이 없었다. 이제 메이벨이 네 살이 되자 베라는 다른 지역에서 열리는 회의에 참석할 때가 되었다고 생각했고, 메이벨도 잘 아는 사람을 불러서 함께 지내도록 했다.

그러나 베라가 하루 종일 돌아오지 않자 메이벨은 좌절했다. 심한 설사를 하면서 호흡기까지 감염되었다. 아는 사람들이 번갈아 가며 메이벨을 쉬지 않고 돌봤다. 우리는 매일 메이벨의 침대 곁에 앉아서 음료수를 먹이면서 열을 낮추려고 애썼지만 불쌍한 메이벨은 눈앞에서 점점 쇠약해졌고 나는 메이벨을 구할 수 없었다. 설사는 이질로 발전했고 폐 감염은 완연한 폐렴이 되었다. 의사가 왔지만 할 수 있는 일이 아무것도 없었다. 엄마가 돌아왔을 때 메이벨은 이미 죽었다.

그로부터 약 2년 뒤, 나는 아주 어린 침팬지 제자가 인간 엄마와 떨어져 시름시름 앓다가 죽는 모습을 또 한 번 보았다. 살로메는 청각 장애아가 수화를 시작하는 나이인 생후 4개월에 수화를 배우기 시작했다. 이런 조숙함 덕분에 살로메는 1972년에 『라이프』 표제 기사에 루시와 함께 실렸다. 살로메를 키운 사람은 수지 블레이키Susie Blakey와 처치 블레이키Church Blakey 부부였는데, 처치 블레이키는 부유한 사업가이자 레먼의 환자였다. 살로메가 유아기를 벗어날 때쯤 수지가 아기를 가졌다. 아기가 태어나자 블레이키 부부는 새로 태어난 아이와 휴가를 갔고, 그러자 살로메는 폐렴에 걸려서 거의 죽을 뻔했다. 블레이키 부부가 서둘러 집으로 돌아오자 살로메는 상심으로 인한 병에서 회복했다. 그러나 얼마 후 블레이키 부부는 또 한 번 휴가를 떠났고, 이번에는 살로메도 버티지 못했다. 살로메는 며칠 만에 죽고 말았다.

메이벨과 살로메가 엄마와 떨어져 죽은 사건은 제인 구달이 비슷한 시기에 곰베의 야생 침팬지들을 관찰하면서 목격한 죽음과 비슷하다.[7]

제인 구달의 설명에 따르면 플린트라는 어린 수컷 침팬지는 나이 많은 어미 플로에게 유난히 집착했다. 플린트는 여덟 살까지 항상 엄마와 함께 자고 아기처럼 엄마의 등에 업혀 다녔다. 1972년에 플로가 죽자 플린트는 깊은 절망에 빠져서 쇠약해졌고, 결국 세상을 떠났다.

위쇼가 엄마를 잃은 슬픔을 메이벨이나 살로메만큼 극단적으로 겪지 않은 이유가 무엇인지 나는 모른다. 위쇼는 분명 다른 두 침팬지만큼 비어트릭스 가드너에게 감정적으로 의존하지 않았고, 메이벨과 살로메는 엄마 외에 다른 위안거리가 없었다. 결국 위쇼가 엄밀한 의미의 핵가족 안에서 자라지 않은 것이 다행이었는지도 모른다. 가드너 부부는 부모 역할을 다른 사람들과 나눔으로써 위쇼가 다른 애착 관계를 형성할 기회를 주었다. 어쩌면 위쇼와 나의 유대 관계가 메이벨이나 살로메와 같은 비극적인 결말로부터 위쇼를 구했는지도 모른다. 물론 그렇지 않을 수도 있다. 위쇼가 타고난 생존자였을지도, 쉽게 깨지지 않는 정신력과 자기 발로 설 능력을 가진 고집 센 소녀였을 뿐인지도 모른다.

나는 위쇼가 가드너 부부와 리노에서의 편안한 생활을 떠올릴까 종종 궁금했다. (60년대에는 위쇼의 침팬지 어미에 대해서도 궁금했지만, 이제는 너무 먼 이야기 같았다.) 나는 위쇼에게 G 부인이나 G 박사에 대해서 이야기하지 않았고, 위쇼가 그들의 이름을 수화로 말하는 것도 본 적 없었다. 연구소에서 우여곡절 많은 첫해가 지나자 리노에서의 삶은 더욱 먼 과거가 되었다. 어쩌면 위쇼도 같은 느낌이었을 것이다.

우리가 오클라호마로 이주하고 1년 반 뒤인 1972년 봄에 가드너 부부에게서 전화가 걸려 왔다. 위쇼를 만나러 오고 싶다는 것이었다. 나는 위쇼가 그들을 두 팔 벌려 환영할지 노골적인 분노를 드러낼지 전혀 알 수 없었다. 아프리카에서 침팬지가 자신을 기르다 버린 사람들을 공격했다는 이야기가 있었다. 나는 셋의 재회가 걷잡을 수 없는 상황이 될 위험을 조금도 감수하고 싶지 않았다. 그래서 워쇼에게 가드너 부부가 온다는 말을 하지 않기로 했고, 상황을 통제할 수 있도록 섬에서 만나기로 했다.

가드너 부부가 도착한 날 나는 우선 워쇼를 포함한 모든 침팬지들을 섬에서 데리고 나왔다. 그런 다음 앨런과 비어트릭스에게 룬데발(섬 가운데 새로 지은 콘크리트 헛간) 뒤에 숨어 있으라고 했다. 나는 워쇼를 배에 태우고 섬에 내려서 룬데발로 향했다. 2미터도 떨어지지 않은 곳에 가드너 부부가 포장한 선물 더미를 잔뜩 쌓아 두고 그 뒤에 앉아 있었다. 워쇼가 충격을 받은 것처럼 우뚝 서더니 날카로운 비명을 질러서 나는 정말 겁을 먹었다. 워쇼는 서 있던 자리에 털썩 주저앉더니 가드너 부부가 보이지 않는 것처럼 완전히 무시했다. 낯선 사람들이었다면 오히려 철저히 조사했을 테니 가드너 부부를 기억하는 것이 틀림없었다. 그러나 워쇼도 선물은 무시하지 않았다. 워쇼는 생일을 맞은 아이처럼 선물을 하나하나 열어 보았다.

워쇼는 이틀 동안 가드너 부부가 거기 없다는 듯이 굴었다. 가드너 부부가 환한 미소를 짓거나 수화로 말해도 아무 반응도 하지 않았고, 워쇼가 제일 좋아하는 놀이를 하자고 해도 흥미를 보이지 않거나 시치미를 뗐다. 결국 워쇼는 사흘째이자 가드너 부부가 돌아가는 날이 되어서야 양부모에게 슬금슬금 다가갔고, 예전에 같이 하던 게임을 하겠다고까지 했다. 그러나 그날 저녁 가드너 부부는 리노로 돌아갔고 워쇼의 삶에서 다시 한 번 사라졌다.

워쇼가 양부모를 무시한 것 — 그들과의 대화를 거부한 것 — 은 제인 구달이 설명한 야생의 분리 행동과 비슷하다. 숲에서 어린 침팬지가 어미와 떨어지면 떨어져 있는 내내 큰 소리로 비명을 지르고 운다. 그러나 구달은 그들이 다시 만나게 되었을 때를 다음과 같이 설명한다. 〈우리의 기대와 달리 열광적인 인사도, 포옹과 입맞춤도 없다. 어린 침팬지는 태연하게 어미에게 어슬렁어슬렁 다가가거나 무시한다. 《엄마 나빠. 날 떠나지 말았어야지》라는 메시지를 전달하려는 듯하다.〉[8]

나는 워쇼가 자신들을 대하는 모습을 보고 가드너 부부가 어떤 느낌이었을지 궁금했다. 죄책감을 느꼈을까? 후회했을까? 슬펐을까? 두 사람은 아무 말도 하지 않았다. 그리고 나는 물어볼 생각이 없었다. 워쇼를 오클라호마로 보낸 것은 가족 모두 알지만 아무도 말하지 않는 금지된 주제였다. 우리는 워쇼가 갑자기 리노를 떠난 것이 세상에서 가장 자연스러운 일이고 누구에게 어떤 감정적 영향도 미치지 않은 것처럼 굴었다.

워쇼와 루시, 앨리 덕분에 오클라호마 대학에 쏟아지는 학계와 대중의 관심은 눈덩이처럼 불어났지만 나는 3년 동안 열심히 일을 한 뒤에도 연구원 겸 초빙 조교수로 최소한의 월급을 받았고, 당분간 종신 교수직을 받을 가능성도 없어 보였다. 대학 당국은 내가 심리학과에 중요한 사람이라고 인정했지만 — 오클라호마 대학 심리학과는 갑자기 전국적인 명성을 얻었고 대학원 입학 지원서가 홍수처럼 몰려들었다 — 나에게 대안이 없다고 생각했다. 레먼의 연구소가 아니면 어디에서 침팬지의 수화 언어를 연구할 수 있겠는가?

1973년에 예일 대학교가 등장하면서 상황이 급변했다. 예일 대학교는 내가 심리학과 조교수 면접을 볼 수 있도록 나와 데비를 뉴헤이븐으로 초청했다. 아주 매력적인 채용 위원회 회장 앨런 와그너Alan Wagner

가 우리를 융숭하게 대접했다. 아이비리그 대학교에 한 번도 가본 적이 없었던 나는 예일 대학교의 유서 깊은 분위기에 감탄했다. 나는 졸업생 클럽에서 식사와 와인을 대접받으며 벽에 걸린 우승팀의 낡은 노를 물끄러미 보았다. 심리학과 복도를 천천히 걸어갈 때는 걸출한 역대 교수들의 으리으리한 초상화들이 보였는데, 덧붙은 설명에 따르면 모두 예일 대학교의 명예 박사 학위를 받은 사람들이었다. 나는 예일 대학교 교수들이 모두 예일 대학교에서 명예 학위를 받았다는 기이한 우연에 대해서 앨런 와그너에게 물어 보았다. 그는 예일 대학교의 학위 없이 예일 대학교 정교수가 되는 것은 생각도 할 수 없는 일이기 때문에 모든 교수에게 명예 학위를 수여한다고 말했다.

나는 확실히 학벌의 면에서 도움이 필요했다. 나는 아직도 별 볼 일 없는 롱비치스테이트와 네바다 대학교 학위를 가진 운좋은 캘리포니아 시골뜨기 같은 느낌이었다. 그러나 예일 대학교는 오클라호마 대학교와 달리 나를 떠오르는 스타로 보았을 뿐만 아니라 그렇게 대접해 주었다. 예일 대학교는 필요한 것을 무엇이든 해주려고 했다. 게다가 예일 대학교의 영장류 시설은 무척 평판이 좋았다. 나는 머릿속으로 계획을 세우기 시작했다. 워쇼, 부이, 브루노, 셀마, 신디를 데리고 침팬지 수화 프로젝트 자체를 동부로 옮겨 와서 연구를 계속하는 것이다. 겨우 3년 전에 대학원을 졸업한 내가 갑자기 학자라면 누구나 꿈꾸는 세계적인 일류 대학교의 연구원 겸 교수직을 눈앞에 두고 있었다. 정말 신나는 이야기였다.

그러나 이것은 전부 지하 3층의 영장류 시설을 둘러보기 전의 생각이었다. 영장류 실험실로 내려갔을 때 제일 먼저 눈에 띈 것은 이 벙커 같은 시설에 자연광이 전혀 들어오지 않는다는 사실이었다. 시설을 안내하던 동물 관리 부장은 동물 관리인들이 전부 책임진다고 말했다. 내가 워쇼에 대해서 갖는 권한이나 책임이 모두 사라지는 것이다. 연구자들은 대부분 연구 대상에 대한 책임을 기꺼이 넘겨주는 것 같았다.

그런 다음 부장이 워쇼가 살게 될 방을 보여 주었다. 0.6제곱미터 정도 되는 작은 콘크리트 방이었다. 철제문에 작은 구멍이 있었는데 그것이 이 방의 유일한 창문이었다. 바닥 한쪽에는 효율적인 청소를 위한 배수구가 있었다. 전반적으로 영장류를 수용하는 항아리에 가까운 곳이었다. 침팬지는 벽을 기어오르지 못한다.

「장난감을 가지고 들어가도 됩니까?」 내가 물었다.

「절대 안 됩니다.」 그가 대답했다. 「배설물이 묻고 청소가 힘들어지니까요.」

「담요는요?」 내가 물었다.

「규칙에 위배됩니다. 배수구가 막히거든요.」

오클라호마의 침팬지 섬은 이 지하 감옥에 비하면 정말 좋은 곳이었다. 나는 레먼의 잔인함에는 화가 났지만 적어도 침팬지들에게는 서로가 있었고 놀 공간이 있었다.

나는 영장류 시설에서 나와 위층으로 올라가서 건물 밖의 신선한 공기를 가슴 깊이 들이마시며 두 가지 사실을 깨달았다. 첫째, 나는 예일 대학에서 일할 수 없었다. 둘째, 다른 대학의 영장류 연구 방법에 대해서 내가 가지고 있던 환상은 말 그대로 환상이었다.

학계에 대한 나의 환상은 가드너 부부의 뒤뜰에서 연구한 경험에서 비롯된 것 같았는데, 거기서 우리는 피실험체를 동정하고 존중하며 과학을 연구했다. 내가 지금까지 해 온 일은 잔혹한 행위에 맞서 침팬지 섬을 수호함으로써 오클라호마에 가드너 부부의 뒤뜰과 같은 분위기를 재건

하는 것이었음을 이제야 깨달았다. 레먼 덕분에 나는 인간이 권력을 추구하는 행위의 어두운 면을 알게 되었다. 그러나 나는 레먼이 괴짜이며 변방의 과학자라고, 다른 곳은 분명 사정이 다를 것이라고 계속 생각했다. 유명 대학의 뛰어난 연구자들은 인간의 가장 가까운 혈족인 영장류를 똑똑하고 사회적인 동물에게 어울리는 방식으로 존중하며 대할 것이라고 진심으로 믿었다. 그런 유명 대학 중 하나가 나를 오클라호마에서의 고난으로부터 구해 주려고 하는 것이었다. 적어도 내 환상은 그랬다.

예일 대학 영장류 실험실에 다녀온 나는 산타클로스가 없다는 이야기를 처음 들은 아이가 된 기분이었다. 이제야 알았다. 예일 대학은 나를 그 무엇으로부터도 구하지 못할 것이다. 그들은 사교적이고 활달한 여덟 살짜리 워쇼를 장난감도, 담요도, 친구도 없는 감옥에 거리낌 없이 가둘 것이다. 그 사람들은 워쇼 프로젝트가 어떤 것인지 전혀 몰랐고, 다른 대학도 그럴 가능성이 아주 높았다.

그날 저녁, 내가 간절히 바라던 교수직을 앨런 와그너가 제안했을 때 나는 일주일만 생각할 시간을 달라고 했다. 나는 수완 좋게 거절하려 애쓰고 있었다. 며칠 뒤 와그너가 다시 전화를 걸었다.

「제안을 받아들이지 않을 생각이군요?」 그가 물었다.

「네, 솔직히 말하면 받아들이지 않기로 했습니다.」

「그럴 줄 알았습니다.」 그가 확신에 차서 말했다.

「어떻게 아셨죠?」 내가 물었다.

「예일 대학 교수직을 제안받고 일주일만 기다려 달라고 하는 사람은 없으니까요.」

내가 예일 대학의 제안을 거절한 것이 오히려 잘 된 일 같았다. 이 일로 나는 침팬지 섬과 어린 침팬지들이 같이 어울릴 수 있는 자유를 새롭게 평가하게 되었다. 그리고 예일 대학의 제안을 받고 나자 오클라호마 대학 당국도 나를 당연하게 여기지 않게 되었다. 오클라호마 대학은 나를 〈고속 출세〉 코스로 이끌었고, 4년 후 나는 종신 교수가 되었다.

나는 오클라호마 대학에 남기로 한 것을 한 번도 후회하지 않았지만 동료들은 이상하게 여겼다. 그들은 제정신을 가진 과학자가 학술적 명성에 등을 돌릴 이유가 무엇인지 상상도 하지 못했다. 동료들은 나와 워쇼의 관계를 결코 이해하지 못할 것이다. 워쇼는 가족이었다. 아무리 명성이 높은 곳이라 해도 예일 대학이든 어디든 워쇼를 지하실에 가둔다는 것은 생각도 할 수 없었다. 이제 와서 생각해 보면 이때의 경험은 내가 워쇼의 복지와 나 자신의 학문적 야망 사이에서 선택을 해야만 했던 수많은 순간의 시작에 불과했다.

침팬지들은 대학 지하실에 혼자 갇혀 사는 것보다 섬에서 사는 것이 훨씬 더 나았지만 나름대로의 문제와 상처가 있었다. 첫 번째 문제는 1974년 6월에 앨리의 엄마 셰리 루시가 결혼을 하면서 새로운 가정에 앨리의 자리가 없다고 선언한 것이었다. 윌리엄 레먼은 앨리를 연구소로 데리고 와서 워쇼를 비롯한 침팬지들과 지내게 하기로 했다. 인간으로 자란 앨리가 침팬지를 발견하게 된 것이다. 나는 앨리가 워쇼처럼 침팬지 사회에 끔찍하고 폭력적인 방식으로 들어오는 것을 원하지 않았기 때문에 레먼을 설득해서 앨리를 완전히 옮기기 전에 섬에 몇 번 데려와 보기로 했다. 그러면 새로운 삶을 조금 더 편안하게 시작할 수 있을 것이었다.

나는 앨리가 침팬지 섬에 처음 온 날을 절대 잊지 못할 것이다. 앨리는 생전 처음 동물원에 간 아이처럼 무척 놀라고 흥분했다. 나는 앨리의 손을 잡고 손가락으로 가리키는 대로 걸어 다녔고 앨리는 섬의 재미있는 동물들을 멍하니 바라보았다. 침팬지들은 내가 새로 데려온 친구에 대한 질투보다 호기심이 더 커서 앨리를 샅샅이 살폈다. 부이와 브루노는 뒤뚱뒤뚱 걸어 다니며 새로운 친구에게 과시 행동을 했고, 앨리는 그 모든 것이 참 재미있다고 생각하는 것 같았다.

며칠 후 내가 앨리를 다시 데려왔다. 앨리는 낯선 동물들을 다시 보게 되어 무척 흥분했다. 우리가 섬 기슭에 내리자 워쇼가 지난번에 본 앨리를 알아보고 다가와서 수화로 인사했다. 나는 〈정말 잘 됐군, 둘이서 이야기도 나누고 친구가 될 수 있겠어〉라고 생각했다.

그러나 앨리는 대답하지 않았다. 앨리는 동상처럼 얼어붙어서 사람이 말하는 개를 보듯이 워쇼를 보았다. 길고 끔찍한 순간이었다. 나는 앨리의 머릿속에서 불이 번쩍 하고 내가 이 동물들이랑 똑같구나라고 깨달았으리라 짐작할 뿐이었다. 앨리는 정체성에 위기를 느꼈다. 앨리가 소름 끼치는 비명을 지르더니 공황 발작을 일으켰다.

레먼이 비명 소리를 듣고 호숫가로 달려왔다. 그는 상황을 파악한 다음 교수형을 선언하는 판사처럼 무자비하게 앨리의 운명을 선포했다. 「섬에 둬. 이제 엄마한테 돌아가지 않을 거라고 말하고.」

나는 앨리가 이제 어떻게 될지 몰랐다. 그러나 레먼은 알고 있었다. 그는 인간 가정에서 자라다가 인간 엄마와 갑자기 떨어지게 된 침팬지들에 대한 논문을 썼다. 레먼은 〈인간 아이였다면 심각한 중추 신경 이상을 나타낼 수 있는 의존성 우울증과 이례적인 신경학적 증상〉이 나타난다고 설명했다.[9] 다시 말해서 미친다는 뜻이었다.

앨리도 예외는 아니었다. 히스테리성 마비를 일으켜 오른팔을 못 쓰게 되었고 심한 우울증에 걸렸는데, 항상 에너지 넘치던 침팬지가 우울증에 걸린 모습을 보는 것은 정말 충격적이었다. 앨리는 먹지도 수화를 하지도 않았고 자기 털을 뽑았다. 앨리에게 다가갈 수도, 위로할 수도 없었다.

내가 생각해 낸 방법은 앨리를 끌어안고서 — 야생 침팬지처럼 — 육체적 접촉을 통해 안정을 찾고 엄마를 잃은 끔찍한 상실감을 견디기를 바라는 것뿐이었다. 조교였던 빌 초운Bill Chown과 나는 섬이나 섬 바깥, 숲 등 어디를 가든 앨리를 안고 다녔다. 앨리는 32킬로그램 정도 나갔지만 우리는 매일 깨어 있는 시간 내내 앨리를 품에 안고 다녔다. 앨리는 절대 혼자가 아니었다.

두 달 꼬박 끊임없는 사랑으로 돌본 끝에 마침내 앨리가 끔찍한 어둠을 벗어났다. 앨리는 음식을 먹고 수화를 다시 하기 시작했다. 우리는 앨리가 섬에서 어린 침팬지들과 보내는 시간을 매일 조금씩 늘렸다. 각각 일곱 살, 여섯 살이었던 부이와 브루노는 서열을 정한 후 다섯 살 난 앨리를 〈남자애들 패거리〉 중 하나로, 따라다녀도 괜찮은 남동생으로 받아들였다. 부이와 브루노는 앨리의 어릿광대 같은 장난을 부추겼다. 두 침팬지는 앨리에게 자주 장난을 쳤지만 결국 앨리가 자기 모습에 웃음을 터뜨리며 끝났다. 앨리를 사랑하지 않는 것은 불가능했다.

1974년이었던 이즈음에는 브루노가 더 이상 섬의 우두머리가 아니었다. 덩치도 크고 나이도 많은 부이가 우두머리 수컷이 되었고, 부이의 새로운 권력은 아주 흥미로운 방식으로 작용하기 시작했다. 나는 수컷 세 마리가 미국 수화로 의사소통을 할지 궁금했는데, 특히 앨리는 사람이 주변에 있을 때 무척 자발적으로 수화를 많이 했기 때문이었다. 그러나 앨리는 서열이 높은 침팬지에게 수화로 말하는 것을 주저했다. 부이는 앨리에게 원하는 것이 있을 때 눈을 보면서 수화를 한 다음 쿼터백에게 명령을 내리는 풋볼 코치처럼 수화로 너라고 말하며 가슴을 찔렀다. 그러나 앨리는 부이에게 수화를 하거나 건드리기는커녕 시선도 거의 맞추지 않았다.

결국 부이는 앨리의 내리깐 시선과 과묵함에 질렸다. 앨리가 부이에게 원하는 게 있으면 — 주로 먹을 것이었다 — 부이는 앨리가 달라고 제대로 말할 때까지 주지 않았다. 앨리는 주로 무서워서 달라고 말하지 못했는데, 그러면 부이는 앨리를 쿡쿡 찔러서 관심을 끈 다음 〈먹을 걸 줘〉라고 수화로 말했다. 부이는 앨리를 계속 자극해서 결국 앨리가 잠깐 시선을 들고 먹을 걸 줘라고 수화로 말하게 만들었다. 그러면 부이는 흡족스러운 듯 먹을 것을 주었다.

우리는 침팬지의 의사소통에서 서열이 중요한 역할을 한다는 사실을 곧 깨달았다. 누가 누구에게 이야기하느냐가 무척 중요했다. 내가 보기에는 일리가 있었다. 결국 효과적인 의사소통이란 곧 청자를 아는 기술이고, 침팬지 사회에서 자신의 위치보다 중요한 것은 없다. 현재 우리는 영장류에 속하는 모든 종이 사회적 상황에 맞게 의사소통을 조정한다는 사실을 알고 있다. 예를 들어서 아기 쥐여우원숭이는 어미와 상호 작용을 할 때에만 독특한 소리를 낸다. 마찬가지로 어른 쥐여우원숭이는 청자의 서열에 맞게 소리를 조정한다.

인간 영장류도 다르지 않다. 1970년대의 〈모성〉 연구는 말을 하는 어머니와 수화를 하는 어머니 모두 아기에게 말할 때는 언어를 조정한다는 사실을 입증했다. 후속 연구들에 따르면 아이들은 청자에 맞춰서 자신의 말을 바꾼다.[10] 예를 들어서 아이들은 자기보다 어린아이들에게 말할 때와 엄마에게 말할 때, 또래에게 말할 때 각각 다르게 말한다. 두 살짜리 아이도 친숙한 어른에게 말할 때와 친숙하지 않은 어른에게 말할 때가 다르다.

아이들이 친구들에게 말할 때와 선생님에게 말할 때가 다르다는 사실이 오늘날에는 상식으로 느껴질 것이다. 그러나 1973년에는 청자에 맞춰서 언어를 조정한다는 생각이 언어는 추상적인 논리 체계이며 아이들은 누구에게 말하든 타고난 방식을 적용한다는 유명한 촘스키의 이론에 어긋나는 것이었다.

나는 섬에서 침팬지들을 관찰한 끝에 언어 병리학과 학생 두 명의 도움을 받아 침팬지와 청각 장애아가 미국 수화로 의사소통을 하는 방법을 처음으로 비교 연구하게 되었다.[11] 우리는 부이, 브루노, 앨리뿐 아니라 오클라호마 특수학교Special Service School의 청각 장애아 세 명 — 그웬, 제프, 샤론 — 도 연구했다. 역시 여섯 살에서 일곱 살 사이였던 세 아이들은 침팬지처럼 사회적 서열에 민감했지만 서열을 정하는 방법은 달랐다. 부분 청각 장애아인 그웬이 심각한 청각 장애를 가진 다른 두 아이보다 서열이 높았다. 제프가 그 다음이었고, 샤론이 가장 아래였다.

침팬지와 인간 아이는 우위 행동이 대부분 비슷했다. 두 집단 모두 사실상 단 하나의 규칙에 따라서 접촉 행동이 일어났는데, 서열이 낮을수록 접촉을 많이 당했고, 접촉을 덜 당할수록 서열이 높았다. 이를 잘 보여 주는 2분짜리 비디오에서 부이는 브루노를 14번 만졌고 앨리를 30번 만졌다. 서열이 가장 낮은 앨리는 브루노를 한 번 만졌고, 부이는 한 번도 만지지 않았다. 마찬가지로 서열이 제일 높은 그웬은 서열이 제일 낮은 샤론을 4번 만졌지만 샤론은 그웬을 한 번도 만지지 않았다.

침팬지와 청각 장애아 모두 선생님들을 거의 만지지 않음으로써 권위에 대한 존중을 드러냈다. 그리고 침팬지와 아이들 모두 선생님이 없고 비교적 자유로운 환경에서는 서로 더 많이 만졌다. 우위는 또한 지속적인 눈맞춤의 횟수 — 누가 누구를 보는가 — 도 결정했다. 인간 사회에서도 눈맞춤을 피함으로써 복종을 나타내는 문화권이 많다. 그러나 미국 문화에서는 물론 아이들에게 〈권위를 존중하라〉고, 하지만 다른 사람의 〈눈을 보라〉고 가르친다. 따라서 청각 장애아들은 선생님을 열심히 주목했다.

수화 사용의 경우 우리는 아이들이 침팬지와 마찬가지로 사회적 위계에 따라 서열이 높을수록 말을 많이 한다는 당연한 사실을 발견했다. 그러나 두 집단 모두 사회적 상황에 맞춰서 수화를 조정했다. 침팬지와 아이들이 교사와 상호 작용을 할 때는 수화가 더욱 공식적이고 정확해졌다. 그러나 선생님들이 나가고 나서 아이들끼리, 또 침팬지들끼리 주고받는 수화는 덜 완벽하고 훨씬 더 편안했다.

아이들과 마찬가지로 침팬지들 역시 각자 고유한 언어 학습 방식을 가지고 있다는 사실은 부이와 브루노가 이미 나에게 가르쳐 주었다. 이제 침팬지들은 언어와 그 출현 배경이 된 사회적 관계를 떼어 놓을 수 없다는 사실을 보여 주었다. 이러한 통찰은 무엇보다도 이후 20년 동안 내 연구의 바탕이 되었다. 유인원 언어를 연구하는 다른 학자들은 한 번에 침팬지 한 마리를 연구했다. 예를 들어서 그들은 침팬지가 컴퓨터나 플라스틱 토큰, 움직이는 상징, 인간 연구자와 교류하는 모습을 관찰했다. 나는 이러한 접근법이 언어를 사회적 맥락 바깥에 존재하는 논리적 상호 교류 체계로 환원할 수 있다고 생각했던 1960년대 언어학자들의 실수를 되풀이한다고 늘 생각했다. 나는 침팬지가 자기들끼리 어떻게 말하는지 알고 싶었다.

섬에 새로 온 침팬지가 전부 앨리처럼 영장류 위계 속에서 자기 자리를 쉽게 찾은 것은 아니었다. 한 번은 섬의 침팬지들에게 캔디라는 평화봉사단 침팬지를 소개하려 한 적이 있었는데, 캔디는 학교 운동장의 전학생처럼 브루노와 부이의 무자비한 놀림과 괴롭힘에 시달렸다. 결국 몇 주에 걸친 괴롭힘 끝에 캔디가 워쇼의 보호를 받게 되면서 상황이 해결되었다.

그러나 워쇼가 하루 종일 캔디를 보호할 수는 없었다. 어느 날 아침 캔디가 보이지 않아서 나는 캔디가 물에 뛰어들었다가 빠져 죽은 것은 아닌지 걱정되기 시작했다. 학생들과 나는 가슴까지 오는 깊은 물속으로 들어가서 막대로 호수 바닥의 진흙을 훑기 시작했다. 한 시간 쯤 지났을 때 발밑에서 캔디의 작은 몸이 느껴졌고, 나는 물속으로 들어가서 꺼냈다. 내가 숨이 끊어진 캔디의 시체를 품에 안고 물에서 나오자 침팬지들은 거리를 유지한 채 교통 사고를 구경하는 행인처럼 침울하지만 호기심을 느끼며 나를 보았다. 나는 죽은 침팬지를 안아보기는커녕 본 적도 없었다. 정말 가슴이 아팠다. 침팬지는 어린이처럼 어떤 표정을 지어도 활기차고 어떤 행동을 해도 생기가 넘치기 때문에 침팬지들의 영혼은 삶의 정수 그 자체 같다. 내 품에 안긴, 영혼이 빠져나간 캔디의 뻣뻣한 몸은 텅 빈 껍데기에 불과했다.

캔디가 물에 빠져 죽자 레먼은 침팬지의 죽음을 방지하기 위해서 섬에 전기 울타리를 설치했다. 그러나 1974년 여름에 우리는 울타리에 허점이 있음을 깨달았다. 어느 날 아침 우리는 페니라는 새로운 암컷을 섬에 들였다. 그날 오후 호수 기슭에서 놀던 나는 섬 반대쪽에서 공포에 질린 페니의 비명 소리를 들었다. 다른 침팬지들과 혼자 남겨져서 겁에 질린 것이 분명했다. 그런 다음 커다란 첨벙 소리가 들렸는데, 페니가 호수에 떨어지는 소리였다. 마구 달리다가 전기 울타리를 뛰어넘은 것이었다.

나는 지갑을 꺼내 바닥에 던진 다음 호수에 뛰어들어 페니를 구하려고 전속력으로 달렸다. 달리면서 생각하니 페니를 구하려다가 오히려 일이 커질 수 있겠다는 생각이 들었다. 깊은 물에 빠져서 겁에 질린 침팬지를 구하려고 애쓰는 것은 위험한 일이다. 인간이 쉽게 끌려 들어갈 수 있다.

전기 울타리에 거의 도착했을 때 워쇼가 나보다 먼저 달려가서 이중 철조망을 뛰어넘는 모습을 보고 나는 깜짝 놀랐다. 정말 다행히도 워쇼는 호수 쪽으로 약간 돌출된 부분에 안착했다. 돌처럼 가라앉았던 페니가 섬 가까운 지점에서 떠올라 팔다리를 미친 듯이 휘두르고 있었다. 그러더니 다시 물속으로 잠겼다. 워쇼가 한 손으로 기둥 아래쪽을 잡고 물가의 미끌미끌한 진흙으로 발을 내디뎠다. 그런 다음 반대쪽 팔을 내밀어 버둥거리는 페니의 한쪽 팔을 잡더니 안전한 둑으로 끌어올렸다. 나는 달려가서 배를 타고 울타리 바깥 침팬지 두 마리가 끌어안고 있는 곳을 향해 최대한 빨리 노를 저었다. 페니는 충격에 빠져서 덜덜 떨며 공포에 질려 있었다. 나는 워쇼와 페니를 태워서 섬으로 돌아왔고, 워쇼와 나는 아주 오랫동안 페니의 털을 골라 주었다.

페니가 진정되는 동안 나는 마음을 가라앉히고 방금 내가 목격한 어마어마한 사건을 이해할 수 있었다. 워쇼는 다른 침팬지를, 그것도 만난지 몇 시간밖에 안 된 침팬지를 구하려고 자기 목숨을 걸었다.

해자는 어린 침팬지가 달아나지 못하게 하는 효과적이면서도 때로는 무척 위험한 방법이었지만 어른 침팬지를 억제하는 것은 또 다른 문제였다. 요새와도 같은 주요 군락과 레먼의 정교한 보안 절차에도 불구하고 피치 못할 탈출 사건은 일어났다. 특히 수컷 침팬지들은 포로 수용소에 갇힌 군인처럼 건물의 감금 장치를 철저히 조사했다.

침팬지들의 작전은 무척 체계적이었다. 침팬지 한 마리가 주요 군락을 둘러싼 철조망 끝의 쇠사슬을 비틀기 시작한다. 이 침팬지가 지치면 다음 침팬지가 맡는다. 이 작업은 쇠사슬이 금속피로 때문에 부서질 때까지 몇날며칠 동안 계속되고, 마침내 사슬이 부서지면 침팬지들이 철조망 전체를 풀기 시작한다. 가장 놀라운 점은 작업이 은밀하게 이루어진다는 점이었다. 사람이 군락으로 들어가면 즉시 행동을 멈추었기 때문에 우리는 침팬지가 쇠사슬을 해체하는 모습을 보지 못했다. 바깥에서 창문을 통해 몰래 들여다보아야만 작업 중인 침팬지를 포착할 수 있었다.

일단 주요 군락에서 탈출하면 암컷과 수컷의 반응은 무척 달랐다. 암컷은 보통 숲으로 들어가서 400미터 정도 가다가 포기했다. 그러나 수컷은 밖으로 서둘러 나온 다음 이제 뭘 해야 할지 모르겠다는 듯이 그 자리에 가만히 서 있다. 미리 생각한 목적이 있을 경우에는 주로 먹을 것이 목적이었다. 한 번은 팬이 군락을 탈출한 다음 음식 저장고를 습격하여 코카콜라 시럽을 잔뜩 가지고 돌아가서 고마워하는 감방 동료들과 나누어 먹었다.

어느 평일 오후, 모리스와 제인의 십대 아들이자 레먼의 연구소에서 관리인으로 일하던 스티브 테믈린이 우리 집으로 전화를 했다. 「빨리 오세요.」 스티브가 말했다. 「버리스를 우리에 집어넣을 수가 없어요.」 버리스는 내가 아는 제일 불쌍한 침팬지로, 카우보이들이 쇠사슬을 달아 개집에 묶어 놓고 키우던 침팬지였다. 버디(카우보이들이 붙여 준 이름이었다)는 열두 살이 되자 연구소에 버려졌다. 레먼은 버리스 프레더릭 스키너의 이름을 따와서 버리스로 이름을 바꾸었다. 레먼은 스키너를 무척 싫어했다.

개처럼 자란 버리스는 침팬지의 기본 행위에 서툴렀다. 버리스는 털 고르는 법을 몰랐고, 기어오르는 법도 몰라서 울타리까지 간 다음 그냥 멈췄다. 버리스는 돼지 헛간에 혼자 앉아서 자위를 하면서 대부분의 시간을 보냈다. 물론 레먼이 버리스를 사회화시키려고 주요 군락에 밀어 넣는 날이 오고야 말았다. 그러자 수컷 침팬지들은 버리스를 죽도록 팼다.

레먼은 내가 침팬지와 어울리려 노력한다고 비웃었지만 버리스에게는 친절하게 다가가는 것이 통할지도 모른다고 생각해서 나에게 버리스를 침팬지 사회에 복귀시켜 보라고 했다. 나는 버리스를 단독 우리로 돌려보낸 다음 긴 산책에 데리고 다녔다. 나는 버리스에게 털 고르기를 가르치려고 했고, 나무에 어떻게 오르는지 보여 주었다. 그러던 중 스티브에게서 전화가 왔던 것이다.

무슨 이유에선지 스티브가 버리스를 어른 침팬지들의 우리에 넣었고, 침팬지들은 당연히 버리스를 공격했다. 이제 버리스는 주요 군락의 공중 우리에서 꼼짝 않고 버티면서 터널을 지나 독방으로 돌아가지 않으려 했다. 내가 도착했을 때는 스티브가 버리스에게 목줄을 채우려고 우리 문을 막 열던 참이었다. 눈 깜짝할 사이에 커다란 수컷 침팬지 버리스가 우리에서 뛰쳐나와 분노에 휩싸인 채 도망쳤다. 버리스는 곧장 레먼의 집으로 갔다. 상황이 좋지 않았다. 집에는 친절한 가정부 데니얼스 부인밖에 없었다. 나는 레먼의 집으로 달려가서 버리스보다 먼저 현관문에 도착했고, 버리스를 막아섰다. 버리스가 걸음을 멈추고 현관문 옆 유리창을 쾅쾅 두드리다가 결국 깨뜨렸다.

「누구세요?」 데니얼스 부인이 더없이 쾌활한 목소리로 외쳤다.

「벽장에 들어가서 문을 잠그세요!」 내가 외쳤다.

버리스는 완전히 흥분했다. 넋이 나간 버리스는 장갑 탱크처럼 집 주위를 뱅뱅 돌면서 약한 부분을 찾고 있었다. 나는 버리스를 따라 뛰어 다니면서 어깨 털을 골라 주려고 애를 썼다. 그때 스티브가 공기총을 들고 나타나더니 버리스의 등에 탄창 하나를 다 쏘았다. 아무 효과도 없었다. 이제 버리스는 방향을 바꿔서 돼지 헛간으로 향했고, 내가 뒤를 쫓았다.

일단 돼지 헛간으로 들어간 버리스는 빙빙 돌면서 공격을 준비하고 힘을 과시했다. 버리스가 황소처럼 나를 향해 돌진했지만 부딪히기 직전에 내가 투우사처럼 펄쩍 뛰어 옆으로 피했다. 빗나간 버리스가 딱 멈추더니 돌아서서 다시 과시 행동을 시작했다. 나는 선반에 놓인 건포도 한 봉지를 보고 얼른 낚아채서 뜯은 다음 봉지 째 버리스에게 던졌다. 봉지가 버리스에게 맞고 튕겨 나왔다. 버리스는 건포도에 눈길도 주지 않고 다시 돌진했다. 나는 버리스를 피하다가 삼면이 철조망으로 둘러싸인 막다른 곳으로 들어가 버렸다.

큰 실수였다. 버리스가 돌아와 유일한 탈출로를 막았다. 갇혀 버렸다. 난 이제 끝장이라고, 죽었다고 생각했다. 나는 버리스가 물지 못하도록 양손으로 버리스의 머리를 잡고 필사적으로 버텼다. 버리스가 내 다리를 잡고 들어올리더니 보도의 말뚝 박는 기사처럼 콘크리트 바닥에 쿵쿵 내려치기 시작했다.

그때 스티브가 나타나서 버리스에게 총을 겨누고 탄창 하나를 또 비웠다. 화가 난 버리스가 나를 거의 내던지듯 떨어뜨린 다음 스티브를 향해 돌아섰고, 스티브는 밖으로 나가서 문을 닫고 빗장을 질렀다. 나는 생각했다. 자알 됐네, 이제 살인자 침팬지랑 한 방에 갇혔군. 차라리 무하마드 알리와 링에 오르는 편이 나을 것이다. 버리스가 이제 나를 완전히 끝장내려고 뒤로 물러섰다. 나는 기도하기 시작했다.

그런데 바로 그때 버리스가 발밑을 내려다보았다. 버리스의 시선을 따라가 보니 거대한 건포도 더미가 눈에 들어왔다. 버리스는 자기 눈을 믿을 수 없었다! 버리스는 20분 동안 빠져 있던 무아지경에서 깨어나 자리에 앉더니 사탕 가게의 어린아이처럼 와구와구 먹기 시작했다. 나는 죽음의 덫에서 살금살금 빠져나와 목줄을 집어들고 버리스의 목걸이에 조심스럽게 걸었다. 버리스와 나는 잠시 산책을 하면서 건포도를 나눠 먹고 털 고르기를 했다. 공원에 소풍이라도 나간 것 같았고 버리스가 나를 죽일 뻔했다는 사실이 꿈만 같았다. 나는 버리스를 우리에 가둔 다음 풀밭에 누워 깊은 잠에 빠졌다.

20분 뒤 레먼의 메르세데스가 굉음을 내며 진입로로 들어서서 끼익 멈추는 바람에 내가 잠에서 깼다. 스티브가 전화를 걸어서 〈버리스가 풀려났어요! 버리스가 풀려났다고요!〉라고 소리를 질러서 상담 도중 달려온 것이 분명했다. 건포도 작전이 내 목숨을 구했는지 아닌지는 모르지만 버리스의 목숨을 구한 것만은 분명했다. 레먼이 왔을 때 버리스가 난동을 부리고 있었다면 공기총이 아니라 진짜 총알을 맞았을 테니까.

8장
자폐증과 언어의 기원

1971년 후반 어느 날, 나는 침팬지 섬을 떠나서 오클라호마 시 오클라호마 의대로 차를 몰고 갔다. 나는 오랜 친구이자 임상 심리학자인 조지 프리가타노George Prigatano와 함께 병원의 이중문을 지나 2층의 작은 병실로 가서 아홉 살짜리 소년 데이비드를 만났다.[1]

데이비드는 전형적인 소아 자폐증 환자였다. 발달 장애인 자폐증의 특징은 말이 없고, 눈을 마주치지 못하고, 신체 일부를 반복적으로 움직이고, 타인의 존재나 감정을 인식하지 못하는 것이다. 자폐아는 일종의 유리 그릇 속에서 주변과 다른 현실을 산다. 나는 대학에 다닐 때부터 자폐증에 흥미가 있었기 때문에 조지가 데이비드라는 어린 환자에 대해서 이야기할 때 열심히 들었다. 곧 내 머릿속에서 기존 치료법과는 다른 아이디어가 모양을 갖추기 시작했다.

자폐증에 대한 이론은 당시에도 많았다. 정서 장애아 학교를 운영했던 유명한 심리학자 브루노 베틀하임Bruno Bettelheim은 자폐증이 차갑고 정서적으로 불안한 어머니의 탓이라며 어머니가 학교로 아이를 찾아오지 못하게 했다. 이바 러바스Ivar Lovass 박사는 스키너주의적 접근법을 취해 보상과 처벌로 자폐아를 치료했는데, 비정상적인 행동을 그만두게 하기 위해서 전기 봉으로 전기 충격을 주기도 했다. 오클라호마 의대 부속 병원의 또 다른 의사는 자폐아가 과자극을 받는다고 주장했다. 그는 패드를 덧댄 방에 자폐아를 가두어 자극을 차단하라고 권했다. 모든 접근법은 어느 정도의 언어 치료를 병행해야 한다고 강조했는데 — 결과는 실망스러웠다 — 어떤 것도 데이비드에게는 도움이 되지 않았다.

나는 데이비드가 처음이자 마지막으로 차단 치료를 받은 날 찾아갔다. 패드를 덧댄 방에 갇힌 데이비드가 너무나 큰 소리로 비명을 질렀기 때문에 어머니는 당장 아이를 꺼내 달라고 요구했다. 이제 병원의 입장에서 데이비드는 가망 없는 환자였다. 의사들은 데이비드가 너무 커서 심리 치료나 언어 치료에 반응하지 않는다고 말했다. 절망에 빠진 데이비드의 어머니는 나의 새로운 아이디어를 한번 시도해 보기로 했다.

나는 데이비드가 미국 수화를 배울 수 있으리라는 느낌이 들었다. 내가 자폐증 전문가는 아니었지만 자폐 행동의 일부 측면은 언어를 시각적으로 접근해야 한다고 말하고 있었다. 우선 자폐아는 대부분 청각 자극, 즉 소리를 처리하고 반응하는 데 문제가 있는 것 같았다. 그러므로 의사가 자폐아에게 〈언어 문제〉가 있다고 말할 때 이 말의 진짜 의미는 구어 문제가 있다는 뜻이었다. 그동안 나는 많은 자폐아들이 표정, 손짓, 접촉에 반응을 한다는 사실을 보여 주는 1960년대 후반의 몇 가지 연구를 찾아냈다.[2] 내가 보기에 현대 심리학자들은 초기 유인원 언어 연구자들처럼 잘못된 의사소통 채널에 초점을 맞추고 있는 것 같았다. 자폐아에게 음성 언어를 강요하는 것은 침팬지에게 음성 언어를 강요하는 것만큼이나 말이 되지 않았다.

자폐아에게 수화를 가르치려 한 사람이 하나도 없었다는 사실은 전혀 놀랍지 않았다. 심리학자 대부분은 언어학자 대부분과 마찬가지로 〈말은 특별하다〉는 학파 출신이었다. 1970년대까지는 청각 장애 자체가 일종의 질병이며 장애아에게 입술을 읽고 말을 하도록 강요함으로써 〈치료〉할 수 있다고 생각했다. 마찬가지로 의사들은 자폐아가 〈진정한〉 방식으로, 즉 말을 하거나 하지 않는 것으로 언어를 사용하기를 기대했다.

나의 수화 이론은 충분히 합리적인 것 같았다. 그러나 부이, 브루노, 셀마, 신디는 모두에게 통하는 하나의 접근법 같은 것은 존재하지 않는다고 가르쳐 주었다. 모든 아이들은 각기 다른 방법으로 배운다. 그래서 나는 데이비드의 어머니에게 내가 한두 번 정도 찾아가서 데이비드의 행동을 관찰할 수 있게 해달라고 요청했다. 내가 원하는 것은 다른 종을 존중하며 연구하는 동물 행동학자처럼 데이비드에게 접근하는 것이었다. 나는 데이비드가 유의한 방식으로 정보를 찾아서 처리하고 있다고 가정했다. 내 일은 그 방식을 파악하는 것이었다.

첫 방문 날 내가 병실로 들어갔을 때 데이비드는 의자에 앉아서 천창을 보면서 눈앞에서 오른손을 빠르게 흔들고 있었다. 그런 다음 몸을 앞뒤로 흔들기 시작하더니 등 뒤로 손을 뻗어서 의자 뒤편에 엄지손가락을 문질렀다. 데이비드는 몇 분 동안 이렇게 한 다음 일어나서 책상으로 가더니 어떤 책의 책장을 재빨리 넘기고 또 넘겼다. 그런 다음 나를 향해 다가왔지만 내가 가구라도 되는 듯 한 번도 나와 눈을 맞추지 않았다. 데이비드가 내 셔츠 주머니에 손을 넣어서 파이프를 꺼내더니 가지고 놀기 시작했다. 우리의 만남이 끝날 때쯤 데이비드가 벽으로 걸어가서 얼굴을 묻더니 고개를 끄덕이면서 맹렬한 비명을 질렀다.

이 모든 것은 〈상동증〉 ― 무의미하고 반복적인 행동 ― 의 전형적인 예다. 그러나 이 행동이 우리에게는 무의미해 보일지 모르지만 데이비드에게는 틀림없이 의미가 있을 것이므로 나는 데이비드가 정보를 어떻게 처리하는지 설명할 수 있는 단서를 찾기 시작했다. 우선, 데이비드가 시각 자극을 추구한다는 것은 분명했다(아이는 형광등 불빛과 책을 보았다). 게다가 데이비드는 시각적 자극에 운동 활동으로 반응하는 데 아무 문제가 없었다(아이는 얼굴 앞에서 손을 흔들고, 책장을 넘기고, 내 파이프와 열쇠를 가지고 놀았다). 데이비드는 또한 몸을 흔들면서 엄지손가락을 문질렀으므로 운동과 운동을 연결할 줄도 알았다. 그러나 데이비드는 청각 자극과 시각 자극을 동시에 처리하지 못하는 것 같았다. 그렇기 때문에 비명을 지를 때 벽에 얼굴을 묻었다. 소리를 내는 동안 시각을 차단한 것이다.

데이비드는 청각 정보와 시각 정보를 연결시키는 데 문제가 있는 것이 분명했다. 이것은 감각 양식 간 전이라는 뇌기능이다. 데이비드는 시각과 시각, 시각과 운동, 운동과 운동을 연결시킬 수 있지만 시각 정보와 청각 정보는 통합하지 못했다. 이처럼 청각과 시각이 연결되지 않은 사람이라면 구어를 배우기가 아주 어려울 것이다. 내가 펜을 들고 〈이건 펜이야〉라고 말하면 대부분의 아이들은 즉시 물체와 언어를 연결 짓는다. 그러나 두 감각이 떨어져 있는 데이비드 같은 사람에게는 더빙이 아주 엉망인 영화를 보는 것과 같다. 소리는 혼란스럽고 최악의 경우에는 무시무시하게 들릴 것이다. 데이비드가 엄마를 비롯한 모든 사람들을 피하는 것도 당연했다. 그들의 말은 혼란스러울 뿐이다. (나는 또 다른 자폐아를 치료하면서 이처럼 혼란스러운 청각적 현실을 더욱 잘 이해하게 되었다. 그 아이는 전화벨이 울릴 때마다 받지는 않고 5초 후에 비명을 지르기 시작했다.)

데이비드를 관찰한 나는 수화가 데이비드에게 통할 것이라고 더욱 확신하게 되었다. 수화는 데이비드가 쓸 수 있는 두 가지 채널, 즉 시각과 운동을 사용한다. 데이비드의 어머니도 수화를 가르치는 것에 동의했고, 다음 주에 우리는 다시 병원에서 만났다. 데이비드는 자리에 앉아서 한동안 몸을 흔든 다음 문으로 가서 나가고 싶다는 듯 잠긴 문손잡이를 맹렬하게 돌리기 시작했다. 나는 데이비드의 양손을 잡고 미국 수화로 〈열다〉라는 뜻의 모양(손바닥을 아래로 향하게 해서 나란히 둔다)을 취한 다음, 수화 동작(책을 펴는 것처럼 손을 위로 펼친다)대로 움직였다. 복도로 나가자 데이비드가 달리기 시작했다. 나는 데이비드를 멈추게 한 다음 다시 손을 잡고 〈달리다〉라는 수화(오른손 손바닥으로 왼손 손바닥을 쓴다)를 하게 만들었다.

우리는 일주일 후 다시 만났다. 이번에는 데이비드가 문으로 가서 〈열다〉라고 수화로 말했다. 복도로 나가자 데이비드가 수화로 〈달리다〉라고 말했고, 우리는 같이 복도를 달리고 또 달렸다. 그 이후 나는 아무 문제없이 데이비드에게 수화를 가르칠 수 있었다. 데이비드는 억눌려 있던 시각적 의사소통의 길이 열리자 신들린 사람처럼 나를 보며 수화를 바로바로 익혔다. 데이비드는 일주일에 한 번 30분씩 나를 만났을 뿐이지만 2달만에 몇 가지 수화를 익혔고 그것을 결합해서 〈너랑 나랑 달려〉 같은 구절을 만들었다.

수화로 무장한 데이비드는 9년이라는 긴 시간 동안 다른 현실에 그를 가둬 두었던 〈유리 그릇〉을 깨고 나왔다. 데이비드의 행동은 극적으로 변했다. 데이비드는 더 이상 소리를 지르며 몸을 흔들지 않았고, 실제로 다른 사람과 눈을 맞추면서 놀이를 하고 무엇을 원하는지 전달하려고 자신만의 손짓을 만들어 냈다. 데이비드의 어머니에게 자폐증 아들이 수화로 〈엄마〉라고 말하는 광경은 기적이나 다름없었다. 오클라호마 대학 부속 병원의 의사와 간호사 들도 어리둥절했다. 무엇보다도 그들을 놀라게 한 것은 데이비드가 눈을 맞춘다는 사실이었다. 그들은 이 아이가 타인의 존재를 절대 인지하지 못하던 바로 그 아이라는 것을 믿지 못했다.

데이비드가 수화를 하면서 행동이 급격한 변화한 것은 무척 인상적이었고, 이것이 다른 자폐아들에게도 통한다면 나의 접근법을 분명 획기적인 변화라고 할 수 있을 것이었다. 그러나 그뿐만이 아니었다. 데이비드가 수화를 시작하고 몇 주 후 정말 놀랍고 예상치 못한 일이 일어났다. 데이비드가 말을 하기 시작한 것이다. 처음에는 〈열어〉, 〈엄마〉, 〈마셔〉처럼 한 번에 한 단어씩 말했다. 그런 다음 수화를 조합해 구절을 만들기 시작하자 말을 할 때도 단어를 조합해 〈마실 거 줘〉와 같은 구절을 만들었다.

이러한 발전을 보고 나는 정말 당황했다. 시각적인 수화가 어째서 청각과 음성을 이용하는 말로 이어졌을까? 나는 데이비드에게 수화를 할 때 말도 같이 했지만(〈총체적 의사소통〉이라는 접근법이다) 데이비드에게 말을 시키려고 한 적은 한 번도 없었다. 수화가 말하는 능력을 촉발시킨 것 같았다. 하지만 어떻게 그렇게 되었을까?

우연한 행운이었을 가능성도 있었기 때문에 나는 또 다른 자폐아인 다섯 살짜리 마크에게도 똑같은 수화 치료법을 써보기로 했다. 마크는 지나치게 활동적이었다. 내가 처음 집으로 찾아갔을 때 마크는 손을 쥐어짜고 알아들을 수 없는 소리를 내면서 미친 듯이 빙빙 돌고 있었다. 마크의 부모님은 마크가 통제 불가능할 정도로 웃거나 울고, 자해를 하거나 다른 사람들을 공격하는 경우가 많다고 말했다. 마크는 소아 신경학자 두 명과 정신과 의사 한 명을 포함해서 총 다섯 명의 의사에게 진찰을 받았다. 또 마크는 세 군데의 학교에서 쫓겨났는데, 한 곳은 학습 장애아와 정서적 문제가 있는 아이들을 위한 학교였다.

나는 일주일에 두 번, 한 번에 30분씩 마크에게 수화를 가르치기 시작했다. 데이비드와 마찬가지로 마크는 첫 주에 첫 번째 수화 — 주세요 — 를 바로 배웠다. 두 번째 주에는 〈열쇠 주세요〉라는 구절을 처음 수화로 말했다. 4주째가 되자 마크는 나에게 총 100번 수화로 대답했다.

그런 다음 때마침 마크가 말을 하기 시작했다. 5주째에 처음으로 한마디를 말했고 점점 더 많은 단어를 말하더니 10주째가 되자 단어를 합쳐서 구절을 만들기 시작했다. 데이비드가 수화하는 구절이 길어질수록(마실 거 더 주세요) 말하는 구절도 길어졌다. 내가 기록한 마크의 언어 발달은 수화, 수화로 만든 구절, 말, 말로 만든 구절을 나타내는 네 가지 인접 곡선을 이루었는데, 각각 몇 주의 간격을 두고 시작해서 똑같은 호를 그렸다. 마크의 경우 수화가 말하기를 돕는 것이 틀림없었다. 마크는 나와 20시간을 보낸 후 내 주머니에 열쇠를 넣은 다음 〈열쇠를 찾아요〉, 〈열쇠를 돌려주세요〉 또는 〈열쇠 돌려주고 나가요〉라고 말하면서 열쇠를 꺼내는 게임을 만들었다.

데이비드와 마찬가지로 마크 역시 성격이 완전히 변했다. 마크는 수업에 집중했고, 항상 수업을 고대했다. 또 〈간질여 주세요〉라고 수화로 말하거나 내 손을 〈간질여〉라는 모양으로 만들어서 나와 게임을 했고 그런 다음 장난스럽게 나를 공격했다. 부모님이 마크를 안으면 마크도 마주 안았는데, 이것은 정말 놀라운 발전이었다. 마크는 아직 평균적인 다섯 살 아이는 아니었지만 더 이상 자기만의 세상에서 살고 있지 않았다.

나는 1976년 『자폐증 및 어린이 정신 분열증 저널 _Journal of Autism and Childhood Schizophrenia_』에 연구 결과를 발표하면서[3] 적어도 두 팀이 자

폐아들에게 수화를 시도하여 나와 비슷한 결과를 보고했다는 사실을 알게 되었다.[4] 아이들 모두 수화를 부분적으로 배웠고, 모두 주변 사람들과 더욱 많은 상호 작용을 하게 되었으며, 일부는 말도 같이 하기 시작했다. 말은 자폐아 수화 교육의 긍정적인 부작용처럼 보이기 시작했지만 그 이유는 누구도 몰랐다. 이러한 〈부작용〉 현상은 아이에게 수화를 가르치면 말하는 법을 배우지 못한다는 오랜 유언비어를 반박했다. 그것은 확실히 틀린 생각이었다.

나는 전국을 돌아다니며 수십여 개 대학에서 유인원 언어 연구에 대한 강연을 하면서 언어 치료사와 심리학자들에게 자폐아 음성 훈련을 그만두고 수화를 시도해 보라고 특별히 부탁했다. 20년이 지난 현재, 자폐아를 치료할 때 수화 교육을 언어 개입 기술로 종종 사용한다.

그러나 문제는 남아 있었다. 어째서 수화가 말을 촉발시켰을까? 나는 이 문제를 곰곰이 생각하다가 마침내, 과학에서 종종 그렇듯이, 전혀 기대하지 않은 곳에서 해답을 찾았다. 1977년 초에 나는 캐나다 런던의 웨스턴 온타리오Western Ontario 대학에서 강연을 하고 있었다. 강연 주최 측에 신경학자 도린 기무라Doreen Kimura 박사도 있었는데, 그녀는 좌뇌 손상으로 언어 장애를 겪고 있는 실어증 환자들에 대한 흥미로운 연구를 막 끝낸 참이었다.[5] 기무라 박사는 이러한 환자들이 정밀한 손가락 연속 동작에도 어려움을 겪고 있다는 사실을 발견했다. 예를 들어서 단추를 누른 다음 손잡이를 잡으라고 하면 그들은 단추를 눌렀지만 손잡이를 잡는 것이 아니라 역시 눌렀다.

기무라 박사는 두뇌 중에서 언어를 제어하는 부분이 정밀한 손동작 역시 제어하는 것처럼 보인다고 나에게 설명했다. 실어증 환자는 한 단어를 이해하거나 말할 수 있지만 단어를 연결해서 문장으로 만들지 못했다. 마찬가지로 실어증 환자는 한 가지 운동 동작 — 단추 누르기 — 은 할 수 있었지만 연속 동작은 하지 못했다.

순식간에 이해가 됐다. 말하기는 정밀하고 연속적인 운동 동작과 관련이 있다. 이는 자폐아가 수화를 하다가 말까지 하게 된 이유를 완벽하게 설명했다. 자폐아는 수화의 정교한 동작으로 의사소통하는 법을 배우면 자연스럽게 또 다른 정밀한 운동 동작을, 즉 말을 통해서 자신을 표현하기 시작했다. 나는 수화와 구어의 차이에 초점을 맞춤으로써 — 하나는 보는 것, 하나는 듣는 것이다 — 두 가지 모두 몸짓의 한 형태라는 뻔한 사실을 간과했던 것이다.

수화는 손의 움직임을 사용하고 말은 혀의 움직임을 사용한다. 혀는 정밀하게 움직이면서 입안의 어떤 위치에 멈춰서 특정한 소리를 만들어 낸다. 손과 손가락은 정밀하게 움직이면서 우리 몸의 어떤 위치에 멈춰서 수화를 만들어 낸다. 혀와 손의 정밀한 움직임은 서로 관련이 있을 뿐 아니라 뇌의 운동 영역을 통해 연결되어 있다. 찰스 다윈은 익숙한 행동에서 이러한 연관성에 주목했다. 사람들은 손가락을 정밀하게 움직일 때 — 예를 들어 바느질을 할 때 — 종종 혀도 같이 움직인다. 도린 기무라는 사람들이 말하면서 혀를 움직일 때에만 하는 자유로운 손동작이 있다는 사실을 알아차렸다.

기무라의 획기적인 발견 — 혀와 손의 정밀한 움직임을 제어하는 뇌의 영역이 같다 — 은 인류학자 고든 휴스Gordon Hewes가 몇 년 전에 내놓은 이론을 뒷받침했다. 휴스는 언어의 기원이 몸짓이라고 주장했다. 그는 초기 인류가 손을 이용해서 의사소통을 했고, 이것은 도구 제작 등 역시 정확한 손의 움직임이 필요한 다른 기술로 자연스럽게 이어졌다고 말했다.[6] 말은 〈양식화된 복잡한 연속 동작〉에 따라 나중에 이 능력에서 진화했다. 휴스에 따르면 초기 인류의 특징은 〈통사론〉을 진화시키는 능력이었는데, 이것은 도구에서든 수화에서든 말에서든 복잡한 동작 프로그램을 고안하고 따르는 능력이었다.

휴스의 이론은 현생 침팬지들이 간단한 도구를 제작, 사용할 수 있는 이유를 설명하는 데 도움이 된다. 인간의 도구 제작 기술은 침팬지의 도구 제작 기술과 마찬가지로 공동의 유인원류 선조의 인식 및 신경근 통제에 뿌리를 두고 있었다. 이것은 또한 앨리가 단순한 문법 규칙을 적용할 수 있었던 이유도 설명했다. 언어는 도구 제작과 마찬가지로 동물계에서 비롯된 신경근의 계통적 배열에 바탕을 두고 있었다.

그러나 휴스는 어떻게 해서 몸짓으로부터 말이 신체적으로 발달했느냐는 질문에는 대답하지 않았다. 말과 몸짓 모두 복잡한 시퀀스의 〈계통적 배열〉을 공유할지는 모르지만 손의 움직임과 말은 큰 차이가 있다. 우리의 선조 인류들은 그러한 간극을 어떻게 메웠을까?

기무라는 그 간극을 건너는 다리가 손의 동작과 혀의 동작을 연결하는 신경기작에 있다고 말했다. 그러나 단 몇 주만에 그 간극을 건넘으로써 이 다리를 극적으로 보여 준 것은 두 명의 자폐아 데이비드와 마크였다. 이로써 데이비드와 마크는 우리 선조의 진화적 경로를, 유인원류의 몸짓에서 현대 인간의 말로 이어지는 600만 년에 걸친 여정을 거슬러 올라갔다.

수천 년 동안 사람들은 인간 의사소통의 두 가지 흥미로운 사실에 주목했다. 첫째, 아기들은 말을 하기 전에 몸짓 — 보여 주고, 가리키고, 눈짓을 한다 — 을 먼저 시작한다. 둘째, 몸짓은 우리가 공동의 말로 소통할 수 없을 때 의지하는 일종의 보편 언어다. 이 두 가지 관찰은 언어의 기원이 몸짓에 있을지도 모른다는 아주 오랜 생각으로 이어졌다.

그러나 현대 언어학자들은 초기 인류의 몸짓이 그 이후에 나타난 말과 전혀 관련이 없다고 일축했다. 그들은 또한 현대의 아기가 처음으로 하는 몸짓이 나중에 발달하는 말과 관련이 없다고 말했다. 이처럼 몸짓을 무시하는 부분적인 이유는 언어를 말과 동일시하는 사람들 ― 언어학자, 아동 심리학자, 인류학자 ― 의 고질적 편견이다. 인간의 모든 문화는 말의 힘에 수많은 마법과 신비로움을 부여한다. 전 세계의 창조 신화에서 말은 인류를 구분 짓는 특징이다. 대부분의 사람들은 성경 속 아담이 말 대신 수화로 동물에게 이름을 붙여 주는 모습을 상상하지 못하는 듯하다. 이러한 편견에 더해서 언어학자들은 몸짓이 진화적으로 막다른 길이라고 생각했다. 그러나 1960년대가 되자 수화가 말만큼이나 복잡하고 문법적이라는 사실이 드러났다. (다윈은 말이 몸짓에서 진화했다고 생각하지 않았는데, 아마도 그의 시대에는 수화에 대한 이해가 별로 없었기 때문일 것이다.)

그동안 몸짓이 얼마나 인기가 없고 오해 받았는지 생각하면 언어의 기원에 대한 두 가지 주요 학설 모두 말에 초점을 맞추는 것이 별로 놀랍지 않다. 〈초기 기원〉 학파는 언어가 백만 년 이상 전에, 호모 하빌리스나 초기 호모 에렉투스의 두뇌가 커지고 석기가 등장하면서 함께 나타났다고 말한다. 〈후기 기원〉 학파는 몇 십만 년 전에 현생 인류의 성도가 말을 할 수 있을 만큼 완전히 갖춰지고 두뇌가 커지면서 언어가 생겨났다고 주장한다.

언어의 음성적 기원에 대한 이론은 몇 가지 진화적 장애물에 부딪힌다. 언어의 기원에 대한 책을 아무거나 하나 펼쳐 보면 〈유인원의 신음이 어떻게 인류의 말로 진화했는가?〉라는 음성적 접근법의 첫 번째 의문을 가지고 씨름하는 저자를 발견할 것이다. 이 문제가 별로 어려워 보이지 않을지도 모르지만 —〈어, 어〉가 〈엄마〉가 됐을지도 모른다 — 유인원의 비자발적 신음은 인간의 비명과 마찬가지로 뇌의 가장 원시적인 부분인 대뇌변연계에서 통제된다는 사실을 알면 상황이 달라진다. 인간의 언어 능력이 대뇌변연계에서 바로 진화했다면 우리는 통제불가능한 경계성이나 비명을 지르지 않고는 〈네 뒤에 사자가 있어〉라는 간단한 메시지도 전달하지 못할 것이다. 그리고 사실 자발적인 말은 대뇌변연계에서 통제되지 않는다.

다행히도 언어는 유인원의 신음에서 진화할 필요가 없었다. 그렇지 않다면 우리는 아직도 신음 소리를 내고 있을 것이다. 워쇼의 수화 능력은 공동의 유인원류 선조가 음식을 보고 내는 소리나 경계성은 통제할 수 없었을지라도 자발적인 몸짓을 이용해서 소통할 수 있었음을 보여 준다. 우리가 잘 알고 있듯이 진화는 항상 장애물이 가장 적은 길을 따라 이뤄진다. 그러므로 네발로 걷는 초기 인류는 네발로 걷는 유인원 사촌이 그랬던 것처럼 틀림없이 손으로 의사소통을 했을 것이다. 초기 인류가 똑바로 서서 걷기 시작하면서 손이 자유로워져서 더욱 정교한 손짓을 할 수 있게 되었고, 결국 몸짓을 연속적으로 연결해서 더욱 구체적인 정보를 전달하게 되었다.

언어 체계의 확장에서 음성학파는 두 번째이자 더욱 어려운 진화적 장애물을 만난다. 말이 유인원의 신음에서 어찌어찌 출현했다고 해도, 또 인간이 사물에 이름을 붙일 수많은 어휘를 만들어 냈다 해도, 이름을 붙이는 능력은 규칙이 지배하는 언어와 아주 거리가 멀다. 초기 인간은 〈나〉와 〈곰〉 같은 단어에서 〈내가 곰을 잡았어〉 또는 〈곰이 나를 잡았어〉 같은 문장을 어떻게 발달시켰을까? 개별 상징에서 수백만 가지 의미를 만들어 낼 수 있는 논리 체계로 어떻게 도약했을까?

이것은 너무나 큰 도약이기 때문에 대부분의 언어학자들은 무작위적인 우연이 개입한 것이 틀림없다고 말한다. 언어학자 데릭 비커튼Derek Bickerton은 〈통사론이 한 번에 완성된 형태로 출현한 것이 분명하다 ― 어떤 변이가 일어나서 두뇌의 구조에 영향을 끼쳤을 가능성이 가장 높다〉라고 말했다.[7] 다시 말해서 우리가 생물학적 잭팟을 터뜨린 결과 보편 문법이 등장했다는 것이다. 다른 언어학자들은 더욱 가능성 없는 시나리오를 제시했는데, 우연한 변이의 연속으로 오랜 시간에 걸쳐 보편 문법이 인류의 두뇌에 장착되었다는 것이었다.

그러나 언어의 기원이 몸짓이라고 가정하는 수화 언어 전문가들은 훨씬 더 단순하고 상식적인 방식으로 통사론의 출현을 설명한다. 데이비드 암스트롱David Armstrong, 윌리엄 스토키, 셔먼 윌콕스Sherman Wilcox의 『언어의 본질과 몸짓Gesture and the Nature of Language』의 제안에 따라 직접 시험해 볼 수도 있다.

〈왼손 검지를 펴고 오른손을 가져가서 그것을 잡아 보자.〉[8]

저자들은 우리가 이 동작을 취함으로써 가장 원초적인 형태의 통사론을 설명했다고 말한다. 〈주로 쓰는 손은 동작주(이 손이 움직인다)고, 잡는 것은 행동(동사), 정지되어 있는 손가락은 대상 또는 목적어다. 문법학자들 역시 비슷하게 SVO[주어-동사-목적어]로 표기한다.〉

초기 인류가 이러한 몸짓을 이용해서 〈매가 땅다람쥐를 잡았어〉라고 말하는 모습은 쉽게 상상할 수 있다. 그리고 우리 선조들은 형용사(땅다람쥐 두 마리라는 뜻의 손가락 두 개)와 부사(믿을 수 없다는 뜻으로 눈을 크게 뜨며 매가 어떻게 해선지 땅다람쥐를 잡았어)를 이용해서 문장을 수식했을지도 모른다. 이러한 관계의 변용은 우리가 아는 언어의 시작이다.

위의 예는 원시적인 음성 체계와 원시적인 몸짓 체계의 본질적인 차이를 보여 준다. 즉, 말은 물체를 상징하고 몸짓은 관계를 상징한다. 구어에서 구어 문법까지는 엄청난 도약이 필요한데, 그렇기 때문에 언어학자들은 하나 혹은 하나 이상의 두뇌 변이가 반드시 필요했다고 가정한다. 그러나 몸짓에서 문법까지는 별로 큰 도약이 아니다. 몸짓 자체가 문법이다. 초기 인류가 세상 속의 관계를 이미 인식하여 몸짓에 반영할 수 있었다면 두뇌에 주어-목적어-동사라는 문법 규칙이 새겨져 있어야 할 필요가 없다.

시간이 흐르면서 몸짓 문법은 자연히 더 복잡해지고, 몸짓은 대략적인 운동 동작에서 더욱 정밀한 운동 동작으로 진화한다. 이에 자극을 받아 인간의 두뇌는 연속적이고 정교한 운동 동작을 점점 더 잘 하게 된다. 그리고 고든 휴스의 이론에 따르면 그러한 연속적 인식이 새로운 이익을, 즉 더 복잡한 도구를 만들고 사용하는 능력을 만들어 낸다.

언어가 몸짓에서 기원했다는 이론은 바로 이 지점에서 장애에 부딪힌다. 몸짓 체계가 점차 정확해지면서 결국 오늘날의 현대 수화를 만들어 냈다는 것은 이해하기 쉽다. 그러나 몸짓 체계가 어떻게 구어로 이어졌을까? 이 수수께끼는 나의 자폐아 제자 마크와 데이비드에 의해 풀렸다. 마크와 데이비드의 첫 수화가 유의한 음성을 촉발시킨 것처럼 우리 선조의 정밀한 몸짓과 도구 제작은 혀의 정밀한 움직임을 촉발했다. 나는 인류가 약 20만 년 전에 구어를 쓰기 시작했을 것이라고 추측한다. 이 시기는 초기 호모 사피엔스의 도구 제작 기술이 눈에 띄게 개선된 시기와 일치한다. 특수화된 석기를 만들려면 정확하게 쥐어야 하고, 압력을 가해야 하고, 도린 기무라가 음성 언어와 연관되었음을 발견한 눈-손가락-엄지의 협업이 필요하다. 다시 말해서 이러한 도구를 만든 최초의 인류는 말하기에 필요한 신경 기작을 가지고 있었다.

바로 이때 음성 언어는 우리 조상의 몸짓 의사소통의 일부가 되었다. 그리고 원시적인 말에도 자명한 장점이 있었다. 말을 하면 손을 쓸 때나 듣는 사람이 등을 돌리고 있을 때에도 의사소통을 할 수 있다. 결국 진화의 압력 때문에 인간의 해부학적 구조는 완전한 말을 할 수 있는 구조로 바뀌었을 것이다. 우리는 완전한 성도와 말을 하고 이해하는 능력을 점점 더 빠른 속도로 발달시켰을 것이다. 구어는 수만 년에 걸쳐서 몸짓을 서서히 몰아내고 인간의 주된 의사소통 방법이 되었다. 그동안 인간은 정확한 몸짓과 구어를 섞어서 통합된 언어 체계를 만들었을 것이다.

이처럼 몸짓과 말이 혼재하는 오랜 기간은 모든 음성 언어 기원 이론에서 발생하는 세 번째이자 마지막 장애물을 극복한다. 구어를 단독으로 쓸 수 있기 전까지는 낮은 성도, 최소한의 음소, 소리를 빨리 전달하는 능력만으로도 충분했을 것이다. 몸짓과 말을 섞어서 쓰는 동안 우리 선조는 몇 가지 안 되는 혼란스러운 소리를 아주 느린 속도로 내면서 말을 했을 것이고, 잘못 이해하는 경우도 많았을 것이다. 현대의 두 살짜리 아이처럼 말이다. 이처럼 부족하고 자의적인 소리는 몸짓을 이용해서 의미를 명확히 한정할 수 없었다면 아마 어떤 이점도 없었을 것이다. 말을 시작하고 나서 최초의 1,000년 동안 말을 보충할 몸짓 체계가 없었다면 말은 살아남지 못했을 것이다. 고든 휴스가 썼듯이 〈아주 어린 시절에는 불완전한 말이 정상적이지만 어른이 되어서도 그러한 단계를 벗어나지 못한다면 우리는 잘 발달된 수화를 아직까지도 쓰고 있을 것이다〉.[9]

몸짓 기원론은 어떻게 해서 언어가 가능성이 별로 없는 변이나 불가능한 도약에 기대지 않고 수백만 년 동안 끊임없이 이어지며 진화했는지 설명한다. 이것은 또 인간의 언어가 다른 형태의 동물 의사소통에서 출현했다는 찰스 다윈의 급진적인 주장과도 맞아 떨어진다. 언어는 우리 공동의 유인원류 선조의 해부학적 구조, 인식, 신경근적 행동에 굳게 뿌리를 내리고 있다. 이러한 진화적 연속성이 없다면 현생 침팬지가 수화를 조작할 수 있는 이유를 설명할 수 없다.

몸짓과 구어의 연속성은 현대 인간이 말이 통하지 않을 때 몸짓을 사용하는 것도 설명한다. 인류의 가장 오래된 의사소통 형태인 몸짓은 모든 문화에서 여전히 〈제2의 언어〉로 기능한다. 예를 들어 언어를 모르는 외국에 갔을 때, 시끄러운 제트기 근처에 서 있을 때, 바닷속에서 스쿠버 다이빙을 할 때, 또는 야구 경기상에서 수신호를 보낼 때 우리는 자동적으로 몸짓에 의존한다. 그리고 어떤 사람의 음성 언어 메커니즘이 고장나면 — 청각 장애, 자폐, 언어 장애를 비롯한 여러 경우 — 그 사람은 자연스럽게 전체적인 몸짓 의사소통 체계, 즉 수화를 선택한다.

인간 아기는 또한 개체 발생은 계통 발생을 반복한다라는 생물학의 유명한 금언을 통해 몸짓과 구어의 연속성을 설명한다. 개체의 역사는 종의 진화적 역사를 되짚는다. 인간의 아기는 육체와 행동의 발달을 통해서 우리 선조가 몇 백만 년에 걸쳐 손의 움직임에서 혀의 움직임으로 넘어간 여정을 거칠게나마 재연한다.

인간 아기는 침팬지와 같은 성도를 가지고 태어나며 말을 하지 못한다. 아기는 먼저 표정과 간단한 몸짓을 통해 의사소통을 한다. 수화에 노출된 아기는 생후 대여섯 달이 지나면 처음으로 수화를 한다. 같은 나이에 후두가 아이의 목구멍까지 길게 내려가기 시작하지만(열네 살이 되면 성인과 같은 위치에 도달한다), 아기는 한 살 정도 되어야 혀를 제어해서 첫 단어를 말할 수 있다. 말을 시작했다고 해서 몸짓을 갑자기 멈추는 것은 아니다. 인류의 선조가 그랬듯 아이들은 말과 몸짓을 섞어서 뜻을 전달한다. 두세 살 즈음에는 발성 기관이 완전해지고, 써 오던 몸짓 신호에 폭발적으로 늘어난 어휘가 더해진다. 손의 움직임과 혀의 움직임은 결코 뗄 수 없다.

수화든 말이든 인간의 언어가 어떤 의미에서든 야생 침팬지의 소통 체계보다 〈나은〉 것은 아니라는 점을 지적할 필요가 있다. 진화는 인간에 이르러 정점을 이루는 〈개량〉의 사다리가 아니다. 그것은 서로 연관된 수백만 종의 진행 중인 적응 과정이며, 각각의 종은 나름의 진화 경로를 가진다. 현대 인간의 의사소통과 현대 침팬지의 의사소통은 ─ 걷는 방법, 먹는 방법, 번식하는 방법이 서로 다른 것과 마찬가지로 ─ 각기 600만 년의 적응을 거친 이상적인 결과물이다. 그리고 이처럼 특수화된 두 가지 결과를 거슬러 올라가면 공동의 유인원류 선조의 몸짓에 다다른다. 따라서 우리는 말을 하거나 수화를 할 때마다 워쇼를 비롯한 침팬지들과의 진화적 근접성을 보여 주는 셈이다.

1970년대 중반이 되자 나는 개인적으로든 직업적으로든 원하는 것을 다 가진 듯했다. 1975년에 데비가 셋째 힐러리를 낳았고, 우리 다섯 가족은 2에이커 크기의 작은 시골집에서 토끼, 닭, 고양이, 개, 애펄루사 말과 함께 살았다. 내가 너무나 좋아했던 어린 시절의 농장으로 돌아간 것 같았다.

또 나는 명성뿐 아니라 넉넉한 연구 자금까지 가져다 준 유인원 언어 연구에 열정을 불태우고 있었다. 오클라호마 대학교는 예일 대학교가 아니었지만 침팬지 수화 분야에서는 전국의 중심이었다. 나의 연구는 저명한 저널에 정기적으로 실렸고, 침팬지나 나와 함께 연구하고 싶은 박사 후보생들이 오클라호마로 떼 지어 몰려왔다. 나는 가르치는 것을 정말 좋아했고, 조교들과 공을 나누고 제자들의 경력을 도우며 큰 만족을 느꼈다.

1974년에 나는 오스트리아 부르크 바르텐슈타인Burg Wartenstein에서 개최된 세계 최초의 대형 유인원 행동학 회의에서 침팬지의 언어 습득에 관해 발표해 달라는 초대를 받았다. 당시 겨우 서른한 살이었던 나는 그곳에서 제인 구달, 이타니 준이치로Junichiro Itani, 다이앤 포시Diane Fossey, 도시사다 니시다Toshisada Nisihida, 비루테 갈디카스Biruté Galdikas와 같은 유인원학 거장들의 환영을 받았다. 겨우 7년 전, 침팬지 한 마리가 내 품에 파고들지 않았다면 나는 배관공이 되었을 텐데 말이다. 정말 꿈만 같았다. 미국 대중 문화를 이끄는 새로운 잡지 『피플 People』에 익살스러운 친구 앨리와 내가 찍은 사진이 실렸을 때는 더욱 그랬다.

그러나 가장 예상치 못했던 수익은 동물 행동학자인 내가 인간 아이를 상대할 길을 찾은 것이었다. 애초에 나는 아이들을 치료하고 싶어서 심리학과에 들어갔다. 나는 자폐아가 손을 내밀어서 첫 번째 수화를 했을 때, 또는 입을 벌려서 첫 번째 단어를 말했을 때보다 더 극적이고 감동적인 장면은 아직도 상상할 수 없다. 내게 과학적 중요성은 항상 부차적인 것에 불과했다. 〈의사소통 불가능한 어린이〉가 소통하는 모습을 보는 것만으로도 나에게는 충분한 보상이었다. 그리고 자폐아 가정이 치유받고 유대 관계를 쌓는 모습은 그 후 암울한 나날에 나를 지탱해 준 기억이었다.

그리고 나는 어두운 나날을, 몇 년에 걸친 암울한 시기를 향해 나아가고 있었다. 내가 세상 꼭대기에 있었을지는 모르지만 무언가가 오랫동안 나를 좀먹었고, 이제 그것은 내가 이룬 모든 것을 파괴하려고 위협했다. 되돌아보면 1971년 후반에 자폐아들을 치료하면서 문제가 시작되었던 것 같다. 문제는 아이들이 아니었다. 나는 매주 아이들과 보내는 몇 시간이 정말 좋았다. 문제는 연구소로 돌아가는 것이었다. 사랑 넘치는 가정에서 오후를 보내고 나면 우리에 갇힌 침팬지를 보는 것이 훨씬 더 견디기 힘들었다.

나를 가장 괴롭힌 것은 두 가지 환경에서 내가 하는 역할이었다. 심리학적 기준으로 〈비정상〉 아동이었던 데이비드와 마크는 나에게 치료를 받으면서 확실히 삶이 더 나아졌다. 그러나 완벽하게 정상이었던 워쇼와 침팬지들은 원래 살던 아프리카에서 멀리 떨어진 이곳에서 갇혀 살 운명이었다. 침팬지에게 과학은 감금을 뜻했다. 아이들을 도와주는 수화 치료가 워쇼 프로젝트의 직접적인 성과였기 때문에 이러한 불균형은 더욱 불편했다.

나는 내 연구 자체가 침팬지들의 감금 때문에 가능했음을 깨닫기 시작했다. 나는 간수가 되었다. 그리고 온 세상이 보내는 과학적 찬사도 그 사실을 바꿀 수는 없었다. 나와 침팬지의 일상적인 상호 작용에는 우리와 자물쇠, 열쇠, 목줄, 전기 봉, 그리고 총이 엮여 있었다. 게다가 이제 이러한 통제 도구가 아주 일상적으로 느껴지기 시작했다.

나의 깨달음은 불가피했을 것이다. 나는 1970년에 윌리엄 레먼과 타협함으로써 나쁜 상황에서도 최선을 다하려 노력했다. 나는 워쇼가 과학계에서 차지하는 위치와 내가 받는 지원금을 이용해서 앨리, 부이, 브루노 등 고아가 된 침팬지들을 보호하려 애썼다. 내가 없으면 워쇼를 비롯한 침팬지들이 전기 철조망 속의 돼지나 사랑을 잃고 죽어 가는 큰긴팔원숭이처럼 자기들끼리 돼지 헛간에 갇혀 있을 거라는 사실에서 나는 위안을 찾았다.

나는 작은 싸움을 몇 번 일으켰고 이겼다. 어린 침팬지들은 섬에 자기들만의 룬데발을 갖게 되었다. 나는 침팬지들과 산책을 나가서 숲 속에서 먹이를 찾아 먹게 놔두어도 된다는 허가를 얻어냈다. 또 버리스가 혼자 지낼 권리도 쟁취했다. 나는 총에 실탄 대신 공포탄을 넣어 다녔다. 그러나 나의 모든 승리가 얻어다 준 것은 결국 하나밖에 없었다. 바로 감옥 안에서 과학을 할 권리였다. 나는 착한 간수였을지 모르지만 여전히 열쇠를 지키는 자였다. 매일 아침 나는 침팬지들을 감방에서 꺼내서 목줄을 채우고 사슬에 묶인 죄수들처럼 섬으로 데려갔다.

그리고 상황은 점점 더 나빠지기만 했다. 1974년에 레먼은 워쇼, 부이, 브루노, 앨리를 어른 침팬지 군락으로 아예 옮기겠다고 말했다(셀마와 신디는 이미 어른 침팬지들과 살고 있었다). 섬에 어린 침팬지들이 새로 들어왔고, 레먼은 워쇼를 비롯한 청소년기 침팬지들을 어른 침팬지들과 합사해서 번식시키고 싶어 했다. 레먼의 제자들이 주요 군락에서 모성 및 성 행동을 연구하기도 했지만 어른 침팬지들의 주요 쓰임새는 다른 과학자들에게 팔거나 빌려 줄 새끼를 낳는 것이었다.

나와 레먼은 휴전을 맺고 4년 동안 섬에서 평화롭게 지냈지만 레먼이 침팬지 통제에 점점 더 집착하기 시작했다. 어느 날 레먼은 궁극적인 〈침팬지 견제 계획〉을 세웠다며 도베르만핀셔들을 풀어놓았다. 그의 계획은 부지 주변에 울타리를 두 겹으로 세우는 것이었다. 도베르만을 두 울타리 사이에서 키우면 이 죽음의 구역 때문에 침팬지들은 울타리를 넘을 꿈도 꾸지 못할 것이다. 레먼은 울타리를 지을 때까지 침팬지들의 탈출을 막으려고 도베르만을 매일 다른 곳에 묶어 두었다.

어느 날 오후 내가 부이를 업고 산책을 나갔는데 갑자기 개 사슬 풀리는 소리가 들렸다. 나는 심장이 멈추는 것 같았고 부이는 내 머리 위로 기어올라 내 품에 안겼다. 뒤를 돌아보자 이를 드러내고 우리를 향해 뛰어오르는 도베르만이 보였다. 거리가 겨우 45센티미터로 좁혀졌을 때 사슬이 개를 당겨 끌어내렸다. 도베르만이 2초만 더 빨리 깼다면 부이와 나는 개 먹이가 되었을 것이다.

이즈음 나는 유인원 언어 연구 자체가 내가 한때 생각했던 것처럼 유익하고 온건한 분야가 아니라는 결론에 도달했다. 말하는 침팬지가 하나씩 둘씩 자라고 있었는데 행동학 연구자들은 침팬지가 일곱 살이 되면 쓸모없다고 여겼다. 다 자란 침팬지도 아직 배우는 중이었지만 너무 크고 힘이 너무 세고 너무나도 예측 불가능했기 때문에 집에서, 심지어는 우리에 가두어도 통제하기 어려웠다. 결국 과학자들은 지나치게 커 버린 침팬지 피실험체를 어떻게 할 것인지 힘든 선택의 기로에 놓인다.

워쇼 프로젝트는 무엇보다도 교차 양육 실험이었기 때문에 침팬지가 인간 가족에게 사회적, 감정적 애착을 갖게 되었다. 그러나 애착은 일방통행이 아니다. 워쇼는 우리에게 각인했고, 우리 역시 워쇼에게 각인했다. 나는 예전에 우리 농장에 살던 늙은 어미 고양이가 된 기분이었다. 내가 오리 알을 품어 부화시킨 고양이 말이다. 새끼 오리들이 태어나서 어미 고양이에게 애착을 가지게 되었을 뿐만 아니라 고양이도 새끼 오리들에게 무관심하지 못했다. 사실 고양이는 이상하게도 오리처럼 행동하기 시작했고, 이것은 교차 양육이 양쪽 모두에게 영향을 미친다는 사실을 증명했다.

나는 워쇼 프로젝트에 참가하면서 피실험체를 사랑해서는 안 된다는 행동 과학의 제1계명을 어겨야 했다. 나는 피실험체에게 사랑을 주면서 자연스러운 가정 환경에서 언어를 가르치는 대가로 돈을 받았다. 가드너 부부는 행동 과학자가 인간적이고 동정적인 태도로 연구를 하면서도 과학적 객관성을 유지할 수 있음을 나에게 보여 주었다. 불행히도 실험이 끝나면 위쇼에 대한 사랑을 멈춰야 한다고 누구도 나에게 경고해 주지 않았다. 위쇼에 대한 감정이 얼마나 심오한지 깨달았을 때에는 이미 너무 늦었다. 나는 애착을 느끼고 있었다.

그러나 주위를 둘러보면 다른 과학자들은 침팬지에게 큰 애착이 없는 것 같았다. 가드너 부부는 분명 위쇼를 사랑했지만 결국에는 위쇼를 멀리 떠나보냈다. 양가정을 유지하느냐 과학을 계속해 나가느냐를 선택할 때가 되자 그들은 과학을 택했다. 1972년 즈음에는 가드너 부부의 과학이 어디를 향하고 있는지 분명해졌다. 두 사람은 오클라호마에 와서 위쇼를 만나고 간 다음 몇 달 뒤에 아기 침팬지 모자Moja를 입양했다. 그리고 1973년부터 1976년까지 4년 동안 가드너 부부는 아기 침팬지 필리Pili, 타투Tatu, 다르Dar를 입양했다. 그중 세 마리 — 모자, 필리, 다르 — 는 생물 의학 연구소에서 태어났고 타투는 윌리엄 레먼에게서 받아 간 침팬지였다. 타투는 주의가 산만하고 꿈 많은 나의 제자 셀마의 딸이었다.

가드너 부부의 새로운 실험은 무척 야심찼다. 그들은 위쇼 프로젝트를 되풀이하되 이번에는 태어날 때부터 미국 수화에 같이 노출되어 이야기를 나눌 침팬지 친구들과 함께 키우기로 했다. 또 침팬지들 주변에는 수화에 능숙한 청각 장애인들이 있었다. 간단히 말해서 가드너 부부의 침팬지들은 인간 대부분이 태어난 순간부터 갖는 언어학적 이점을 전부 갖게 된 것이다. 가드너 부부의 실험이 침팬지의 언어 학습 능력을 더욱 완전하게 드러낼 것임에는 의문의 여지가 없었다. 분명 행동 과학의 획기적 사건이 될 것이다.

그러나 그 다음에는? 모자, 필리, 타투, 다르가 통제할 수 없을 만큼 커버리면 어떻게 될까? 어디로 갈까? 워쇼처럼 살아남을까? 앨리처럼 정신이 나갈까? 메이벨처럼 슬퍼하다 죽을까? 우리는 새끼 침팬지가 인간 부모와 유대 관계를 맺을 수 있음을 증명했으니 침팬지들의 감정적인 욕구를 충족시켜 주어야 할 윤리적 의무가 있는 것 아니었을까?

나는 워쇼와 함께 리노를 떠나던 날부터 계속 자문했다. 몇 해 동안 나는 메이벨이 죽어 가는 침상을 지켰고, 작은 살로메가 시름시름 앓다 죽는 모습을 지켜보았으며, 마비된 앨리의 몸을 매일매일 꼭 끌어안고 꺼져 가는 생명에 다시 불을 지피려고 애타게 노력했다. 어린 침팬지가 인간 엄마와 떨어져 감정적으로 무너지는 모습을 보지 못하는 사람은 눈이 먼 사람밖에 없을 것이다. 인간과 침팬지의 교차 양육이 성공적이라는 궁극적인 증거는 가족의 유대가 깨어지자 침팬지 아이들이 죽어 갔다는 사실이었다.

침팬지의 〈입양〉은 점차 가족애 실험이라기보다 이별의 악몽처럼 보이기 시작했다. 누구도 침팬지의 입장을 생각하지 않는 것 같았다. 나는 침팬지 친구들의 운명에 대해 고뇌하면서 갑자기 어렸을 때 엄마에게 한 번도 물어본 적이 없는 질문을 스스로에게 하고 있었다. 호기심쟁이 조지는 왜 정글의 집을 떠나야 했을까? 〈노란 모자를 쓴 남자〉는 왜 〈착한 꼬마 원숭이〉를 동물원에 넣었을까?

나는 이제 깨달았다. 호기심 때문이었다. 호기심쟁이 조지의 호기심이 아니라 우리의 호기심 말이다. 우리는 모두 노란 모자를 쓴 남자였다. 과학자들은 침팬지에 대해 너무나 궁금해서 그 호기심을 충족시키기 위해 거의 모든 행동을 합리화했다. 우리는 흥미로운 과학적 의문의 해답을 찾는 데 도움이 된다면 침팬지를 어떻게 이용하든 허가하려 했다. 애초에 우주 프로그램은 과학에 기대어 아프리카에서 새끼 침팬지를 납치하는 것을 정당화했다. 가드너 부부는 워쇼를 보내고 셀마에게서 타투를 빼앗으면서 과학의 이름을 빌렸다. 그리고 레먼은 심리 치료라는 이름으로 침팬지가 약이라도 되는 양 환자들에게 처방했다.

의문을 제기하기는커녕 침팬지가 고통을 받고 있다는 사실을 눈치 채는 사람도 없는 것 같았다. 오히려 내 주변 과학자들은 아기 침팬지를 이리저리 보내는 것이 인간의 지식을 넓히므로 좋은 일이라고 단언했다.

이유는 모르겠지만 아무튼 나는 이 상황을 다르게 보았다. 그 어떤 과학적 합리화도 내 양심의 소리를 묻지 못했다. 나는 침팬지를 이용한 언어 연구가 자폐아들에게 도움이 되고 있다는 사실에서 위안을 얻어야 했지만 기분만 더 나빠졌다. 사랑받는 아이들과 우리에 갇힌 침팬지들 사이의 괴리는 이제 견딜 수 없을 정도였다. 사람들은 계속해서 나에게 물었다. 「침팬지는 관두고 자폐아 치료를 전담하는 게 어때요?」

나는 대답했다. 「그 아이들에게는 가족이 있으니까요. 침팬지는 가족이 없어요. 저밖에 없죠.」

그러나 1974년 후반이 되자 나도 질려 버렸다. 이제 더 많은 침팬지를 길러내서 더 많이 고통 받게 만드는 체계에 속하고 싶지 않았다. 무엇보다도 과학자가 된다는 것이 워쇼를 감금해야 한다는 의미라면 나는 과학자가 되고 싶지 않았다.

「워쇼를 아프리카로 돌려보내고 싶어.」 어느 날 밤 집으로 돌아간 내가 데비에게 말했다. 「워쇼는 아프리카에서 살아야 해. 여기서는 상황이 악화될 뿐이야.」

이 사진에서 스물두 살인 모자는 1979년에 위쇼의 가족이 되었다.
모자는 재현적 그림을 그린 최초의 침팬지였고, 항상 옷을 차려 입기 좋아했다.

1967년 가을에 나는
가드너 부부의 뒤뜰 실험실에
처음 들어가서 두 살짜리 위쇼와
미국 수화로 대화하기 시작했다.
위: 제일 좋아하는 버드나무에
매달린 위쇼.
아래: 위쇼가 또 다른 학생
수전 니콜스와 놀고 있다.

1970년에 나는 위쇼와 함께
윌리엄 레먼 박사의 오클라호마 대학교
영장류 연구소로 옮겨 갔고,
그곳에서 침팬지 언어를 연구했다.
내가 처음 가르친 제자들 중 한 명은
브루노라는 이름의 어리고 반항적인
개인주의자였다. 『라이프』의 사진 촬영 중
수화로 〈나무〉라고 말하는 네 살짜리
브루노를 레먼이 지켜보고 있다.

우리가 오클라호마로 이사했을 때 위쇼의 새로운 침팬지 친구들은
우리 가족의 일부가 되었다. 그중에서 부이가 가장 다정했다.
생물 의학 실험실에서 태어난 부이는 인간 가정에서 자라다가 연구소로 왔다.
왼쪽: 데비가 둘째 아이 레이철을 등에 업고 네 살짜리 부이를 안고 있다.
오른쪽: 아들 조슈아가 새 친구 부이와 쫓기 놀이를 하고 있다.

〈침팬지 섬〉은 어린 침팬지뿐 아니라 나에게도 피난처였다. 섬에서의 의사소통은
미국 수화, 영어, 그리고 침팬지 발성이 섞여 있었기 때문에 영장류의 바벨탑 같았다.
위: 부이와 브루노가 수화로 대화 중이다.
아래: 앨리와 내가 배를 타고 섬으로 가는 길. 4년 동안 인간 아이처럼 길러진 앨리는
1974년에 섬으로 와서 다른 침팬지를 처음 만났다.

위: 숲에서 대화를 나누는 도중
앨리가 〈더〉라는 수화를 하고 있다.
오른쪽: 위쇼와 내가
호수 근처를 산책하고 있다.

나는 매일 노먼을 순회하면서 인간 가정에서 자라는 교차 양육 침팬지들에게 수화를 가르쳤다.
살로메는 청각 장애 아이들이 수화를 시작하는 것과 비슷한 생후 4개월부터 수화를 배웠다.
사진에서는 살로메와 그녀의 인간 〈여동생〉 로빈이 엄마 수지 블레이키를 안고 있다.

1970년에 처음 만났을 때 루시는 여섯 살이었다. 루시는 저녁 식사를 하면서 샤블리 포도주를 마셨고, 가전제품을 잘 다뤘으며, 잡지 『플레이걸』을 아주 좋아했다.
위: 루시와 내가 수화 수업을 시작하기 전에 루시가 끓인 차를 마시고 있다.
중간: 세 살짜리 앨리가 집에서 키우는 고양이 탤벗과 점심을 나눠 먹고 있다.
아래: 수화로 〈올라타자〉라고 말하는 워쇼.

1978년 여름에 워쇼는 새끼를 가졌다.

워쇼와 나는 오랜 산책을 했고 같이 음식을 나눠 먹으며 대화를 나누곤 했다.

왼쪽 위: 수화로 〈과일〉이라고 말하는 워쇼.

오른쪽 위: 워쇼가 과일로 손을 뻗자 내가 〈과일〉이라고 대답한다.

왼쪽 아래: 내가 워쇼에게 〈아기 어디 있어?〉라고 묻자 워쇼가 자기 배를 가리키고 있다.

오른쪽 아래: 집에 갈 준비가 된 워쇼가 수화로 〈가자〉라고 말하고 있다.

위쇼가 새로 태어난 아들 세쿼이아에게 입맞추고 있다.

왼쪽: 우리는 애틀랜타 여키스 지역 영장류 센터에서 10개월 된
룰리스를 입양한 다음 밴에 태워 오클라호마로 돌아왔다.
오른쪽: 룰리스는 조슈아의 열두 번째 생일이었던 1979년 3월 24일에 도착했다.
우리는 그날 오후 늦게 룰리스를 위쇼에게 소개했다.

1981년에 가드너 부부의 두 번째 언어 연구에서 가장 어린 침팬지 타투와 다르가
워쇼 가족과 함께 살게 되었다. 타투와 다르 모두 아주 어렸을 때부터 수화를 했고 각각 120개
이상의 어휘를 알고 있었다.
위: 타투와 데비와 나.
아래: 다르(왼쪽)와 룰리스(〈원한다〉는 수화를 하고 있다)는 곧바로 가장 친한 친구가 되었고,
그 이후 쭉 친구로 남았다.

드물게도 워싱턴 엘런스버그로 외출을 했을 때의 타투와 나

1981년에 연방 지원금이 바닥나자 우리는 점점 커지는 워쇼 가족에게
먹을 것을 주기 위해서 다양한 방법을 써야 했다. 사진에서는 데비와 여섯 살짜리 힐러리,
내가 앨벗슨스 슈퍼마켓에서 폐기된 과일을 뒤지고 있다.

1987년 3월에 제인 구달과
나는 연방 지원금을 받는
메릴랜드 록빌의 세마 생물 의학
실험실을 견학했다.
우리는 거기서 끔찍한 상황을
목격한 다음 모든 포획 침팬지를 위해
함께 일하게 되었다.
왼쪽: 세마의 수많은 침팬지들이
갇혀 있던 스테인리스 스틸 상자
〈격리실〉이 늘어선 줄.
아래: 창살 뒤에 혼자 있는 새끼 피실험체.

제인은 여러 해에 걸쳐서 위쇼의 가족을 여러 번 방문했고, 엘런스버그에
침팬지 인간 커뮤니케이션 센터를 지을 때 주 기금을 따내는 데 중요한 역할을 했다.
사진은 1983년에 타투와 나를 방문한 제인 구달.

여러 해에 걸친 계획 끝에 1993년에 위쇼 가족이 드디어 새집으로 이사했다.
위: 침팬지 인간 커뮤니케이션 센터의 특징은 3층 높이와 공기가 통하는 지붕이다.
침팬지들은 우림에서처럼 위쪽에 매달릴 수 있다.
아래: 위쇼, 모자, 타투가 새로운 집 문 앞에서 우리를 맞이하고 있다.

우리는 워쇼의 가족이 사회 공동체를 이루어 인간의 침입을 받지 않고 자연적으로 살기 바란다.
따라서 우리는 청소, 수리, 의료 활동의 경우만 제외하고 워쇼의 집에 들어가지 않는다.
그러나 매일 침팬지들을 찾아가서 바깥에서 대화를 나눈다.
아래: 우리가 룰리스에게 책을 보여 주고 있다.

위쇼와 30년을 보낸 후
데비와 나는 1996년에 드디어
아프리카에 가서
야생 침팬지들을 관찰했다.
사진에서 우리는
밀렵꾼의 손에서 구조되어
제인 구달 연구소가 운영하는
보호 구역에서 지내는 운 좋은
침팬지들을 찾아갔다.
우리는 생물 의학 실험에
쓸모가 없어진 침팬지 수백 마리의
피난처로 미국에도 비슷한
보호 구역을 짓고 싶다.

데비는 내가 무슨 말을 하는지 정확히 이해했다. 워쇼는 이제 아홉 살이 되었고, 곧 어른 침팬지 군락에 들어갈 것이다. 워쇼는 창살 뒤에서 평생을 보내야 한다. 워쇼가 새끼를 낳으면 빼앗길 것이다. 워쇼의 침팬지 친구들은 과학의 변덕에 따라서 섬으로 들어왔다가 나갔다. 워쇼에게는 데비와 내가 있었지만 그것으로는 충분하지 않았다. 아프리카로 가면 자연의 뜻대로 정글에서 자유롭게 살 수 있을 것이다. 물론 나는 워쇼가 무척 보고 싶을 것이고, 워쇼가 없다면 유인원 언어 연구를 계속할 마음이 생기지 않을 것이다. 그러나 지금이라면 그것이 자폐아 치료에 더 많은 시간을 보낼 기회가 될 테니 환영할 수 있다. 나는 드디어 우울한 감옥 생활에서 벗어날 수 있을 것이다.

「당신 하고 싶은대로 하고 살아야지.」데비가 조언을 해 주었다.

그날 밤 나는 탄자니아 곰베 연구 센터의 제인 구달에게 편지를 써서 나의 자아 탐구에 대해서, 또 워쇼를 야생으로 돌려보내 최대한 과학과 떨어뜨려 놓아야겠다는 새로운 결심에 대해서 털어놓았다.

나는 제인 구달이 1971년에 오클라호마를 방문했을 때 처음 만났는데, 같은 해에 그녀는 유명한 현장 연구이자 널리 읽힌 책 『인간의 그늘에서 *In the Shadow of Man*』를 냈다. 구달은 아주 조용하지만 존재감이 컸고, 나는 그녀의 과학적 학식에 감탄했다. 그러나 제인이 루시와 워쇼의 친구들을 만난 날 나는 다른 면에서 큰 감명을 받았다. 그것은 바로 각각의 침팬지를 보는 그녀의 세심함이었다. 제인은 침팬지 하나 하나를 사람처럼 보았다. 나는 내 결정을 이해해 줄 사람이 있다면 바로 제인 구달이라고 확신했다. 그래서 나는 워쇼를 위한 계획에 도움을 부탁한 다음 그녀의 대답을 기다렸다.

두 달 뒤 답장이 왔을 때 나는 완전히 기습 공격을 당한 기분이었다.

제인은 〈그건 제가 들어 본 것 중에 제일 끔찍한 생각이에요〉라고 썼다. 계속해서 그녀는 워쇼가 야생 침팬지 무리에 절대 들어갈 수 없다고 설명했다. 외부인인 워쇼는 확실히 죽임을 당할 것이다. 게다가 아프리카 국가들은 외국으로 밀반출된 침팬지들은 물론이고 자기 국민들을 지원할 재정도 없다고 했다. 마지막으로 그것은 워쇼에게도 잔인한 일이 될 것이다. 워쇼는 인간 아이처럼 기저귀를 차고, 숟가락으로 먹고, 개인 교습을 받으며 자랐다. 그런 워쇼가 아프리카 정글에서 단 10분이라도 살아남으리라고 기대할 수 있을까? 제인은 마지막 문제를 확실히 이해시키기 위해서 내 제안은 벌거벗고 굶주린 열 살짜리 미국 소녀를 야생에 버리면서 자연의 뿌리로 돌아가라고 하는 것이나 마찬가지라고 설명했다. 그것은 가장 위험한 낭만주의였다.

나는 잠시 생각해 본 다음 제인의 말이 옳다는 사실을 깨달았다. 워쇼가 아프리카에 속해 있다는 나의 말은 워쇼가 감옥 같은 실험실 소속이라는 레먼의 말만큼이나 자기중심적이었다. 워쇼는 아프리카에서 태어났을지 몰라도 심리적으로는 인간이고 문화적으로는 미국인이었다. 양심의 가책을 달래겠다는 이유만으로 내 생각에 침팬지가 속한 곳으로 워쇼를 보내는 것은 잔인한 행동일 것이다. 워쇼는 절대 〈집〉으로 돌아갈 수 없을 것이고 앨리, 브루노, 부이, 셸마도 마찬가지였다. 침팬지들의 입장에서는 지금 사는 곳이 집이었다.

나는 워쇼를 기꺼이 버리려던 나 자신에 놀라 뚝 멈췄다. 여기 평생 버려지는 것밖에 모르고 살아온 아이가 있었다. 엄마는 살해되었다. 아이는 동물 상인에게 납치당해 팔렸다. 그녀는 홀로먼에서 돌봐 주던 공군 실험실 관리인에게 버림받고 인간 양부모 가드너 부부에게 보내졌다. 워쇼가 어린 시절부터 지금까지 꾸준히 보아 온 사람은 데비와 나밖에 없었다. 나는 정말 다 그만두고 자폐아를 치료하고 싶었지만 그럴 수 없음을 잘 알았다. 워쇼에게 제일 충실해야 한다는 사실을 받아들여야 했다.

아프리카에 대한 환상이 갑자기 무너지자 나는 상태가 급격히 나빠졌다. 감옥에서 가석방을 기다리다가 종신형을 받은 것 같았다. 예일 대학도, 아프리카도, 그 무엇도 워쇼와 나를 구원하지 못할 것이다.

나는 절망에 빠져 술에 의존했다. 어느 늦은 오후, 나는 수업을 마친 다음 차를 몰고 학교에서 최대한 멀리 떨어진 시골 술집으로 갔다. 나는 맥주 피처를 하나 주문한 다음 또 하나, 또 하나를 주문했다. 죽을 만큼 취하면 나는 혼잣말을 했다. 「로저, 넌 혼자서는 어떻게도 할 수 없는 덫에 걸렸어. 아주 오랫동안 그럴 거야. 워쇼는 앞으로 40년은 더 살 거야.」

나는 리노의 놀이터에서 워쇼를 처음 만난 날을 저주했다. 그날은 우리 가족을 감옥에 가둔 날이었다. 나는 레먼을 저주하고 과학을 저주했다. 그러나 무엇보다도 나 자신을 저주했다. 나는 악몽에 갇혔다. 나는 계속 혼잣말을 했다. 「아동 심리학자가 되고 싶었을 뿐인데. 어쩌다 이렇게 된 거지?」

많은 사람들이 그렇듯 나는 알코올 중독에 빠지기 쉬운 소인이 있었던 것 같다. 일단 알코올 중독에 빠지자 나는 술을 끊기 위해서 아주 힘든 시간을 보내야 했다. 나는 그 후 4년 동안 술을 정말 많이 마셨다. 처음에는 침팬지 우리, 총, 도베르만, 그리고 윌리엄 레먼을 둘러싼 과대망상을 잊기 위해서 술을 마셨다. 나는 늘 학생을 만날 가능성이 없는 술집에서만 술을 마셨다. 누구도 나를 〈교수님〉이라고 부르지 않고 내가 누군지 일깨워 주지도 않는 곳을 찾았다. 그러면 나는 그저 평범한 사람, 감금이나 공포와 관계없는 일을 하는 사람이었다. 술을 마실 때면 감자를 재배하는 오클라호마 농부나 바퀴벌레를 연구하는 과학자가 되는 상상 속에서 나를 잊을 수 있었다.

그러나 곧 술을 마시는 이유는 순전한 자기 연민으로 변했다. 잊는 것으로는 충분하지 않았다. 나는 내 자신을 없애고 싶었다. 나는 하루에 담배를 세 갑 피웠고 저녁이면 대부분 술집에 앉아 있었다. 집으로 돌아갈 때쯤이면 아무것도 느껴지지 않았다. 아이들을 보는 것만으로도 내가 하루 종일 한 일에 대해서 더 큰 죄책감이 생겼다. 이 아이들의 아빠는 간수였다. 진을 마신 날에는 비열해졌다. 나는 데비와 싸웠고, 우리는 결혼생활을 오래 한 부부만이 할 수 있는 방식으로 서로 제일 큰 약점을 건드렸다.

「로저, 제발 몸 생각 좀 해.」 결국 데비는 이렇게 애원하곤 했다. 「술 좀 그만 마셔.」

「이게 내 죄야.」 내가 대답했다. 「난 이게 좋아.」

정말 이상하게도 주벽이 경력에는 아무런 방해도 되지 않았다. 발표하는 논문 편수가 줄어든 것도 아니었다. 나는 그 어느 때보다 많은 논문을 발표했다. 1975년부터 1979년까지 나는 논문을 20편 넘게 발표했고, 심포지움 강연을 수십 번 했으며, 학생 수백 명을 가르쳤고, 박사 후보생 열두 명을 지도했다. 나는 아직 과학 연구를 제대로 해낼 수 있음을, 그런 동시에 술을 퍼마실 수 있음을 증명하고 싶은 사람 같았다. 그러나 성공한 겉모습 아래의 나는 텅 빈 사람이었다.

나는 그 시절이 자랑스럽지 않다. 그러나 개인적인 방황 이야기로 독자들을 지루하게 만들고 싶지도 않다. 늘 곁에 없는 아버지이자 게으른 남편이었다고 말하는 것으로 충분할 것이다. 나는 내 삶을 바꾸지 않고 자기 연민 속에서 허우적거렸다. 나를 믿고 내가 캄캄한 터널을 어떻게

든 빠져나올 것이라고 믿어 준 아내가 곁에 있었음을 신에게 감사할 뿐이다.

1974년 말에 레먼은 나이를 어느 정도 먹은 청소년기 침팬지들을 어른 침팬지 군락으로 옮겼고, 워쇼도 함께 갔다. 워쇼는 섬에 남겨 두라고 우길 수도 있었지만 친구들과 함께 가는 게 더 나을 것 같았다. 데비와 나는 계속 침팬지들을 데리고 나와서 숲으로 산책을 갔고 수화의 발달을 연구했지만 이제 침팬지들은 매일 대부분의 시간을 창살 뒤에서 보냈다.

어른 번식 군락에서 살게 된 워쇼는 또 다른 통과의례에 직면했다. 바로 성활동이었다. 한 해 전에 데비와 나는 워쇼의 성기가 연분홍색으로 변하고 부푼 것을 목격했는데, 성 성숙의 첫 번째 징후였다. 내가 기저귀를 갈아주고 젖병으로 우유를 먹이던 꼬마가 이제 청소년기가 다 되었다니, 믿기 어려웠다.

야생의 암컷 침팬지는 음순이 점점 더 부풀어 오르다가 열 살이나 열한 살이 되어 첫 발정기가 오면 완전히 부푼 모양이 나타난다. 암컷의 외부 생식기가 일주일 동안 평소 크기의 여섯 배로 부풀어 오르고 엉덩이는 열흘 동안 커다란 분홍색 공 같은 모양이 된다. 이 때 암컷은 구애와 짝짓기에 반응하고 배란도 하는데, 보통 음순이 완전히 부풀어 오른 마지막 날에 배란이 된다. 부풀었던 음순이 가라앉으면 약 3일 정도 생리를 하고, 2주쯤 지나면 평상시의 크기와 색으로 완전히 돌아온다. 생리 주기는 36일 정도이다.

야생의 암컷 침팬지는 열 살에 생리를 시작하지만 자연은 침팬지가 성숙기에 들어가면 1년에서 3년까지 불임 상태를 유지시켜 일종의 유예 기간을 준다.[10] 일반적으로 암컷 침팬지는 열두 살에서 열네 살까지 새끼를 배지 않는다. (이유는 알 수 없지만 포획된 침팬지들은 종종 더 어린 나이에 새끼를 밴다.) 이러한 성 학습기 덕분에 암컷은 어미를 떠나 자기 공동체의 어른 수컷과 어울리거나 이웃 공동체로 넘어갈 수 있다. 암컷은 자신에게 구애하는 수컷 일부 혹은 모두와 짝짓기를 한 다음 수컷 한 마리와 짝을 이루어 제인 구달이 말하는 〈사파리〉 혹은 〈구애〉를 한다. 그것은 2주일에서 3개월 정도 지속되는 정글의 은밀한 밀회이다.

구애 행위로 암컷의 주목을 끄는 것은 보통 수컷이지만 청소년기 암컷은 서성거리며 기다리는 것이 아니라 보통 모든 연령대의 수컷을 유혹한다고 알려져 있다. 워쇼는 수줍음이 거의 없었고 뒤로 빼지 않았다. 갑자기 워쇼는 수컷에게, 특히 인간에게 무척 공격적으로 변했다. 발정기의 워쇼는 정말 힘든 상대였다. 워쇼는 남자 대학원생에게 반해서 말 그대로 그의 앞에 자기 자신을 내던지고 품으로 뛰어들기도 했다. 워쇼는 남학생의 목에 팔을 두르고 입을 쩍 벌려서 그의 입술에 댔고 골반을 그의 허리에 대고 밀었다. 야생 침팬지는 보통 이렇게 입을 벌리고 축축한 입맞춤으로 인사를 하지만 — 물론 골반을 움직이지는 않는다 — 처음 만난 45킬로그램짜리 유인원이 입에 입을 대면 무척 당황스러울 수도 있다.

다른 교차 양육 침팬지들이 가끔 나에게 반할 때도 있었지만 워쇼는 절대 그러지 않았다. 워쇼는 나를 금지된 상대로 보는 것 같았는데, 아마도 우리가 가족 같은 관계였기 때문일 것이다. 사실 매달 한 차례 상사병에 시달릴 때면 워쇼는 나를 알아보는 것 같지도 않았다. 루시는 발정기가 오면 양아버지 모리스나 오빠 스티브와의 육체적 접촉을 피하려고 무척 애를 썼다. 그러나 워쇼처럼 루시 역시 전혀 모르는 사람의 품에 뛰어들었다. 워쇼와 루시가 오빠들을 성적으로 피하는 것은 놀랍지 않다. 근친상간 금기는 우리 유인원 및 원숭이 선조에 생물학적 뿌리를 두고 있다. 제인 구달은 야생에서 암컷 침팬지가 남자 형제와 짝짓기를 하는 경우가 극히 드물다고 말했다. 수컷 침팬지는 보통 여자 형제가 공동체의 다른 성숙한 수컷 모두와 교미를 할 때에도 관심을 거의 보이지 않는다. 수컷이 누이 주변에서 성적으로 흥분하면 누이는 보통 최선을 다해서 피하거나 구애를 격렬하게 물리친다.

워쇼가 사랑과 친밀함, 애착을 전부 인간 가정에서 처음 경험했다는 사실을 생각하면 침팬지 수컷보다 인간 남자를 더 좋아한 것도 이해할 만하다. 루시나 앨리와 마찬가지로 워쇼는 스스로 인간이라 생각했다. 그러니 인간과의 짝짓기를 기대하지 않을 이유가 어디 있을까? 물론 워쇼는 곧 좌절하고 같은 종의 수컷을 쫓아다니게 되었다.

아홉 살이 되어서 어른 침팬지 군락에 들어간 워쇼는 〈주기〉 — 정기적인 생리와 배란 — 를 시작했지만 아마도 당시에는 불임이었을 것이다. 워쇼가 발정기에 들어가면 눈치 채지 못할 수가 없었다. 분홍색 엉덩이가 배구공 만하게 부풀어 올랐다. 어른 수컷들, 특히 우두머리 수컷 팬이 워쇼에게 큰 흥미를 보였지만 둘이 잘 되는 것 같지는 않았다. 워쇼는 으스대는 유형을 전혀 좋아하지 않았고, 팬을 비롯한 침팬지들에게는 인간에게 하듯이 자신을 내던지지 않았다.

하지만 워쇼는 가끔 몸을 웅크리고 엉덩이를 드러내 옆 우리의 수컷을 유혹했다. 특별한 상대는 다섯 살 난 매니Manny인 경우가 많았는데, 매니는 아마 군락에서 가장 권위적이지 않은 수컷이었을 것이다. 매니는 침팬지들 틈에서 어미 손에 자란 아주 드문 축에 속했다. 그렇기 때문에 매니의 성적 본능은 아주 건전하고 전혀 혼란스럽지 않았다. 매니는 워쇼가 유혹하는 모습을 보자마자 발기해서 철조망을 사이에 둔 채 워쇼에게 올라탔다. 불행히도 대개 워쇼는 매니가 끝내기도 전에 흥미를 잃고 가 버렸고, 매니는 소리를 지르며 성질을 부렸다. 워쇼는 바닥을 구르며 괴로워하는 매니를 보면 불쌍하게 생각하는 것 같았다. 워쇼는 〈와서 안아 줘〉라고 수화로 말한 다음 다시 철조망에 엉덩이를 댔다. 그러면 매니가 다시 워쇼에게 올라타고, 워쇼가 다시 몸을 빼고, 매니가 성질을 부리고, 워쇼가 다시 〈와서 안아 줘〉라고 수화로 말했다.

어느 날 매니는 워쇼의 관심을 끌기 위해서 성질을 부릴 필요가 없음을 깨달았다. 매니가 〈와서 안아 줘〉라고 수화 — 워쇼에게 배웠다 — 로 말하면 워쇼는 반드시 반응을 보였다. 그 순간부터 매니나 워쇼가 수화로 〈와서 안아 줘〉라고 말하면 상대방은 밀회의 시간이 되었음을 깨달았다. 이것은 무척 흥미로웠는데, 야생의 수컷 침팬지는 거의 항상 한두 가지 손짓으로 암컷 침팬지에게 짝짓기 하자는 신호를 보냈기 때문이다. 수컷 침팬지는 보통 나뭇잎을 따거나, 나뭇가지에 손을 얹거나, 한 팔 또는 양팔을 암컷을 향해 뻗는다. 매니는 새로운 짝짓기 신호를 배움으로써 환경에 적응하고 있었다.

워쇼는 열 살이 되자 매니를 버리고 조금 더 성숙한 앨리에게 갔다. 나는 별로 놀라지 않았다. 침팬지들 중에서 워쇼와 앨리가 수화를 가장 잘했고, 둘 다 한 살부터 수화를 배웠다. 워쇼와 앨리는 거의 항상 수화로 대화했다. 게다가 워쇼는 앨리를 좋아하는 것 같았고, 앨리와 함께 하는 시간을 즐겼다. 앨리는 서열이 낮았고 팬을 비롯한 수컷들의 남성적인 허세가 전혀 없었다. 앨리는 정말 매력적이고 재미있었고, 섬세한 수컷이라 할 수 있었다. 워쇼는 우리가 그랬듯이 앨리를 괴짜라고 불렀는데, 익살스러운 성격 때문이었다.

앨리처럼 친절한 수컷을 좋아하는 것은 야생에서도 드문 일이 아니다. 침팬지 사회에서 우두머리 수컷이 항상 암컷을 얻는 것은 아니다. 사실 경쟁자가 많은 우두머리 수컷은 세력 기반을 지키느라 너무 바빠서 많은 새끼의 아버지 노릇을 할 시간이나 에너지가 거의 없다. 반면에 덜 공격적인 수컷은 세력 다툼에서 밀려나 암컷을 유혹하는 데 전념할 수 있다. 그게 바로 앨리였다.

1975년이 되자 교차 양육 침팬지의 모성 행동 연구라는 레먼의 거대한 실험은 거의 실패했다. 레먼이 환자들에게 맡긴 새끼 침팬지들은 거의 다 죽거나 연구소로 돌아왔다. 루시가 유일한 예외였다. 루시는 열한 살이었고, 유일하게 실험이 진행 중이었다. 루시는 그 어떤 침팬지보다 더 오래 침팬지들과 떨어져 인간 아이처럼 길러졌다.

그러나 1975년에 윌리엄 레먼과 루시의 양아버지이자 레먼의 가장 충실한 제자였던 모리스 테멀린의 사이가 영영 틀어졌다. 테멀린이 『루시: 인간으로 자란 침팬지』라는 책을 냈는데, 이 책은 침팬지 키우기에 대한 이야기일 뿐 아니라 심리 치료사 레먼의 공개 숙청이었다. 익명으로 등장하는 레먼에 대한 설명은 통렬했을 뿐 아니라 오클라호마 사람이라면 그가 누구인지 착각할 수 없을 정도였다. 테멀린은 이렇게 썼다. 〈나는 그가 절대적으로 옳다고 생각했고 정말 터무니없는 말도 있는 그대로 믿었다. 그가 인자하다고 생각했고, 그가 사실은 이기적이고 옹졸한 사람이라는 아주 명백한 증거를 무시했다. 나는 그가 전능하다고 생각했고, 그가 자신에게 기대는 사람들에게 의존하고 있다는 사실을 보지 못했다.〉[11]

테멀린은 자신의 심리 치료사였던 레먼이 치료와 상관없이 환자의 삶과 가족에게 끼어드는 것은 비윤리적이라며 〈심리적 근친상간〉이라고 비난했다. 루시는 레먼과 테멀린을 이어주는 탯줄이었으므로 어느 날 모리스가 아내 제인과 함께 루시를 보낼 새집을 찾고 있다고 말했을 때 나는 놀라지 않았다. 테멀린은 다시 〈정상적인 삶을 살고〉 싶다고 말했다. 루시는 이제 끝없는 애정이 필요한 어린아이가 아니었고, 어른 침팬지의 욕구와 요구를 충족시키는 것은 훨씬 더 힘들었다. 게다가 루시는 얼마 전에 너무 흥분한 나머지 손님이 모리스를 공격하려는 줄 알고 손님의 팔을 물었다.

하지만 루시를 어디로 보낼 수 있을까? 테멀린은 루시가 〈생물학적으로는 분명 침팬지이지만 정신적으로는 정신 지체아에게 필요한 정도의 감독만 있으면 인간으로서 건강하고 행복하게 살 수 있다〉고 썼다. 물론 루시는 정신 지체아가 아니었다. 그녀는 아프리카가 아닌 플로리다에서 태어나서 어미와 떨어져 중산층 인간으로 길러진 아주 똑똑한 침팬지였다. 루시는 앞으로 반 세기를 더 살아야 하는데, 자신이 인간 사회에서 살 만큼 인간답지 않다는 사실을 갑자기 깨닫게 된 것이다.

루시를 연구소로, 워쇼, 앨리, 브루노, 부이의 마지막 의지처인 침팬지 고아원으로 보내는 것은 당연히 안 될 말이었다. 테멀린은 레먼과의 관계를 끊음으로써 다리를 태워 버렸다. 게다가 테멀린은 레먼이 루시를 손에 넣으면 죽여 버릴 것이라고 나에게 말한 적도 있었다. 테멀린 부부는 2년 넘게 수소문하다가 1977년에 결국 루시를 아프리카로, 내가 워쇼를 보내려고 생각했다가 단념했던 침팬지의 〈고향〉에 돌려보내기로 결정했다. 그들은 스텔라 브루어Stella Brewer라는 여자가 서아프리카의 작은 나라 감비아에서 운영하는 침팬지 재활 센터에 루시를 보내려고 했다. 브루어는 1960년대에 새끼 침팬지 고아원을 열어서 해외의 오락 산업이나 생물 의학 연구 산업으로 팔려 가기 전에 밀렵꾼들에게서 압수

한 새끼들을 돌보았다. 브루어는 침팬지가 커서 고아원에서 지낼 수 없게 되면 세네갈 니오콜로 코바 국립 공원Niokolo Koba National Park의 야생으로 돌려보내려 했다. 눈에 띄는 성공 사례도 몇 건 있었지만 야생에서 태어나 잠시 잡혀 있던 침팬지가 대부분이었다.

루시는 완곡하게 말해도 아프리카의 정글에 어울리지 않았다. 다른 침팬지를 만난 적도 없었다. 루시는 이제 다 컸기 때문에 야생으로 돌아갈 적기를 한참 지났을 뿐만 아니라 인간의 풍요로운 생활 방식에 익숙했다. 루시는 수화로 대화를 했고, 저녁을 먹으면서 샤블리 포도주를 마셨으며, 텔레비전을 무척 좋아했고, 매달 찾아오는 성적 욕망을 『플레이걸』로 충족시켰다. 루시가 나무 위에 둥지를 만들고, 먹잇감을 사냥하고, 코브라를 물리치게 만드는 것은 누가 봐도 재활의 정의를 한참 넘어서는 일이었다. 〈재활〉이란 〈이전의 상태나 모양으로 되돌린다〉는 뜻이다. 루시가 한 번도 겪어보지 않은 상태로 돌아갈 수는 없었다. 루시는 오클라호마의 중산층 인간이었다. 놀랄 일도 아니지만 스텔라 브루어는 테멀린 부부의 요청을 거절했다.

그러나 테멀린 부부는 포기하지 않았다. 그들은 루시가 같은 종을 익힐 수 있도록 매리앤이라는 어린 암컷 침팬지를 들였고, 재니스 카터라는 대학원생을 고용해서 루시를 맡겼다. 재니스와 루시가 좋은 관계를 맺자 테멀린 부부는 재니스에게 같이 아프리카로 가서 몇 주 동안 지내면서 루시가 새로운 삶에 적응하도록 도와 달라고 부탁했다. 재니스는 승낙했고, 스텔라 브루어는 루시와 매리앤 모두 재활 프로그램에 받아주기로 했다.

루시가 곧 떠난다는 소식을 듣자 가슴이 찢어지는 것 같았다. 나는 골치 아픈 문제의 간단한 해결책을 꿈꾸는 테멀린 부부를 이해했다. 모리스가 항상 말하던 〈행복한 결말〉이었다. 그러나 1977년 즈음에 나는 교차 양육에 행복한 결말 따위는 없다고 확신했다. 루시가 자연적인 삶을 살기 바라는 것이 문제라고 할 수는 없었지만 루시는 그런 삶을 살아 본 적이 없었다. 그러나 테멀린 부부가 보기에는 딸을 레먼이나 동물원에 넘기는 것보다 아프리카로 보내는 것이 훨씬 희망찼다.

1977년 9월, 테멀린 부부가 아프리카로 떠나기 전날 밤 내가 마지막으로 루시를 찾아갔다. 소파에 앉아서 서로 털을 골라주고 수화로 대화하는 동안 나는 루시가 다 큰 것을 보고 깜짝 놀랐다. 간질여 달라고 조르던 작은 소녀는 이제 십대가 되었고, 제자라기보다는 친구 같았다. 나는 루시의 앞날이 어떻게 될지 상상도 할 수 없었다.

다음 날 아침 사람들이 루시에게 진정제를 놓고 나무 상자에 넣어 비행기에 실었다. 며칠 후 루시는 생전 처음 보는 아프리카에 도착했다. 그로부터 일주일 후, 열두 살 소녀는 자신이 아는 유일한 엄마 아빠에게 수화로 작별 인사를 했다. 그 후 몇 달 동안 아프리카에서 들려온 소식은 그리 좋지 않았다. 루시와 매리앤은 국립 공원의 야생으로 옮겨 갈 수 있을 때까지 도시 근처의 보호 구역인 작은 숲속 우리에서 살고 있었다. 루시는 우울하고 쇠약해졌고, 심하게 아팠다. 매일 밤 나는 제인의 경고에 시달렸다. 「당신은 아프리카를 모르는 것 뿐이에요.」

나는 루시가 죽었다는 소식이 들려올 것이라고 예상했지만 그런 소식은 들려오지 않았다. 어쨌거나 루시는 버티고 있었다.

1976년 봄에 우리는 위쇼의 배가 약간 부풀었음을 눈치 챘다. 게다가 아침도 게웠는데, 침팬지 입덧의 확실한 신호였다. 6월이 되자 우리는 열 살짜리 위쇼가 새끼를 뱄으며 아마 8개월이라는 임신 기간이 거의 끝나갈 것이라고 확신했다.

데비와 나는 워쇼의 출산에 흥분했다. 이 음울한 시기를 비추는 한 줄기 빛 같았다. 우리는 워쇼가 감옥에 갇혀서 살 거라면 적어도 어머니가 되는 경험을 누려야 한다고 생각했다. 그리고 과학적인 면에서 나는 워쇼가 자기 아이에게 수화를 할지 보고 싶었다.

그러나 우리의 흥분은 걱정과 뒤섞였다. 대부분은 레먼에 대한 걱정이었다. 아빠로 추정되는 앨리는 레먼의 소유였으므로 그가 새끼의 소유권을 주장하고 보상을 요구하면서 우리를 힘들게 할 수도 있었다. 그러나 나는 양육권 다툼을 기꺼이 감수할 생각이었다.

1976년 8월 18일에 워쇼가 새끼를 낳았다. 산고는 무척 짧았던 것 같다. 오전 7시 30분에는 출산의 징후가 전혀 없었지만 오전 8시에 워쇼는 이미 새끼를 낳았고, 그 자리에 있던 누구도 출산을 목격하지 못했다. 워쇼의 곁으로 간 나는 아기에게 문제가 있음을 바로 알아차렸다. 새끼의 숨이 붙어 있다는 신호가 거의 없었다. 워쇼는 새끼를 안고서 조심스럽게 털을 골라 주었고 새끼를 살리려고 코와 입에서 진물을 빨아내기까지 했다. 가끔 새끼가 움직이면 워쇼가 꼭 끌어안았다. 두 번, 새끼가 오랫동안 움직이지 않자 워쇼는 새끼를 옆에 누이고 수화로 〈아기〉라고 말한 다음 울부짖었다.

새끼를 되살리는 데 실패한 워쇼는 우리에게 갓 태어난 새끼를 주고 싶다는 듯 다가와서 팔을 뻗었다. 자신은 이 문제를 해결할 수 없다는 사실을 아는 것 같았다. 새끼가 아프다 해도 어미 침팬지가 새끼를 포기하는 것은 아주 드문 일이기 때문에 워쇼는 마음을 바꾸고 자기 침대로 돌아갔다. 결국 우리는 워쇼를 마취시킨 다음 아기를 대학 병원으로 데리고 가기로 힘들게 결정했다. 병원으로 가는 길에 새끼에게 심폐 소생술을 실시했지만 이미 너무 늦었다. 새끼는 죽었다. 부검을 하자 후두부에서 뇌진탕이 발견되었다. 워쇼가 침대 모서리에서 새끼를 낳다가 새끼가 바닥으로 떨어졌을 가능성이 있었다. 그러나 진짜 사인은 선천성 심장병이었다. 심실에 구멍이 하나 있었다.

다음 날 워쇼가 우울 증세를 보이기 시작했다. 워쇼는 거의 아무것도 먹지 않고 우리 안을 침울하게 서성거렸다. 나는 워쇼의 기운을 북돋우려고 앨리를 같은 우리에 넣어 주었다. 2주 정도 지나자 워쇼는 나아진 것 같았다.

1977년 가을이 되자 나는 바닥을 친 느낌이었다. 워쇼의 새끼는 죽었다. 앨리, 부이, 브루노를 비롯한 침팬지들은 밤이고 낮이고 감옥에 갇혀 있었다. 아프리카에서 전해지는 루시의 소식은 점점 더 걱정스러웠다. 그리고 테멀린의 반란 이후 레먼은 더 고독하고 계산적인 사람이 되었다.

연구소 출근은커녕 아침에 일어나는 것만도 어마어마한 일이었다. 영혼을 서서히 파괴하는 독약을 마신 것 같았다. 유인원을 가둔 사람에게는 죄책감을 안고 사는 것이 피할 수 없는 현실이었다. 레먼 같은 일부 과학자들은 감금된 침팬지들을 깎아내려서 동정의 가치가 없는 것처럼 보이게 만듦으로써 죄책감을 해결했다. 다른 사람들은 새하얀 실험복을 입고 기계를 다루는 척했다. 침팬지를 대할 때 집에서 기르는 고양이나 개, 햄스터에게도 절대 보이지 않을 듯한 차가운 거리감을 유지하는 것이다. 그러나 또 다른 사람들은 자기 연민이라는 자기중심적인 함정에 빠져서 슬픔을 술에 익사시킨다. 내가 4년 가까이 그랬던 것처럼 말이다.

나의 방법은 윌리엄 레먼의 방법과 달랐지만 내가 레먼처럼 되어 가고 있다는 사실은 부인할 수 없었다. 나는 내 일이 싫었고, 침팬지들과의 관계는 악화되었다. 위쇼를 비롯한 침팬지들은 더 이상 내 주변으로 다가오고 싶어 하지 않았다. 나는 침팬지들이 보기에도 너무 음울했던 것이다.

어느 날 저녁 술집에 앉아 있는데, 몇 년 뒤면 내가 윌리엄 레먼 같은 사람이 아닐 것이라는 생각이 들었다. 나는 윌리엄 레먼이 될 것이다. 나는 연구소를 운영하면서 규칙을 세우고 간수들에게 명령하고 돈을 충당하기 위해서 돼지와 큰긴팔원숭이들을 상대로 시덥잖은 연구를 할 것이다. 그러면 로저 파우츠 박사의 변화가 완료된다. 젊은 이상주의자는 흔적도 남지 않을 것이다. 그의 자리에 서 있는 것은 먹고 살기 위해서 침팬지들을 가두는 또 한 명의 얼굴 없는 알코올 중독 과학자일 것이다.

나는 이 무시무시한 이미지 때문에 결국 행동을 취하게 되었다.

9장
가족의 죽음

다음 날 아침 사무실로 간 나는 책상 앞에 앉아 종이 두 장을 꺼냈다. 첫 번째 종이 맨 위에는 큰 글씨로 〈워쇼가 지낼 새집을 찾을 것〉이라고 썼다. 나는 침팬지들이 인간의 침입을 거의 받지 않고 비교적 자유롭게 살 수 있는 보호 구역을 찾고 싶었다. 몇 년 동안이나 그런 곳을 꿈꿔 오긴 했지만 이제는 계획을 세우기 시작한 것이다. 보호 구역을 직접 만들어야 할 텐데, 되도록 내가 학생들을 가르칠 수 있는 대학과 함께 하고 싶었다. 그래서 다음 해에 찾아가서 이야기를 나눠 볼 대학 명단을 만들고 교수직을 제안할 가능성이 있는 학교를 형광펜으로 표시했다. 그런 다음 지도를 보면서 가능성 있는 학교가 적절한 기후인지, 근처에 적당한 숲이 있는지 확인했다. 그리고 또 하나의 목록을 만들었는데, 이번에는 전화를 돌릴 학장과 의장들의 목록이었다.

두 번째 종이에는 〈국립 과학 재단〉이라고 적었다. 당시 나는 유인원 언어 연구에서 가장 흥미로우면서도 아직 답을 찾지 못한 의문, 즉 침팬지가 수화를 다음 세대로 전할 수 있는지를 연구하기 위해 제안서의 틀을 잡기 시작한 참이었다. 워쇼는 곧 새끼를 다시 밸 것이다. 나는 그럴 경우 워쇼와 새끼 사이에 오가는 몸짓 소통을 모두 관찰하고 기록할 준비를 미리 갖추어 두고 싶었다.

몇 년 동안 생각해 온 관찰 연구였다. 나는 실험을 통제하고 침팬지들에게 언어 시험을 실시하는 것이 지겨웠다. 기존 접근법으로는 침팬지들이 언어로 무엇을 하고 싶은지 파악할 방법이 없었다. 루시는 자기 고양이에게 수화를 했고, 부이와 브루노는 음식을 두고 말다툼을 했으며, 워쇼와 앨리는 짝짓기 전에 대화를 했다. 나는 자폐아 언어를 연구했던 방식으로 침팬지의 언어를 연구하고 싶었다. 동물 행동학자처럼 자연스럽고 자발적인 일상 의사소통을 기록해서 보고하고 싶었다. 이제 나에게 침팬지는 〈연구 대상〉이 아니라 연구 파트너였다. 나는 침팬지들의 이익이 맨 마지막이 아니라 맨 앞에 오기를 소망했다.

나는 워쇼와 새끼가 인간의 간섭 없이 소통하도록 놔둘 계획이었다. 그러면 침팬지들이 고도로 훈련된 동물이며 조련사를 흉내 내거나 조련사의 무의식적인 신호에 반응할 뿐이라고 말하는 일부 비평가들 — 대부분 언어학자였다 — 의 의심이 해소될 것이다. 인간이 개입하지 않고도 워쇼가 새끼에게 수화를 가르친다면 침팬지가 수화의 적절한 사용법을 이해하고 있으며 의사소통을 위해 자연스럽게 사용한다는 증거가 될 것이다.

그날 아침 나는 결심을 하나 더 했는데, 너무 간단해서 적을 필요도 없었다. 바로 술을 끊는 것이었다. 나부터 내 삶을 추스르지 않으면 워쇼가 지낼 보호 구역을 찾거나 중대한 연구를 할 방법이 없었다. 나는 몇 년 동안 금주 모임에 여러 번 참가해 보았으므로 내가 알코올 중독에서 벗어나는 열쇠는 평온의 기도임을 잘 알았다. 〈제가 바꿀 수 없는 것을 받아들일 평온함을, 제가 바꿀 수 있는 것은 바꾸는 용기를, 그리고 그 차

이를 아는 지혜를 주소서.〉

이 말은 내가 학교에서 배운 모든 것의 정반대였다. 나는 실험 심리학자로서 우리가 동물을, 자연을, 삶 자체를 통제할 수 있다고 생각하는 과학적 오만이 몸에 배었다. 나는 무엇이든 할 수 있다고, 따라서 모든 것이 내 책임이라고 믿었다. 그러나 결국에는 내가 통제할 수 없는 것을 발견했다. 바로 윌리엄 레먼의 연구소였다. 나는 침팬지들을 구할 수 있다는 환상을 버리지 않는다면 술 때문에 죽을 것이다.

버린다는 말은 쉽지만 실천은 어려웠다. 타인의 장점과 단점을 받아들이는 데는 아무 문제가 없었다. 나는 모든 침팬지와 모든 자폐아를 있는 그대로 받아들였다. 내가 정말 받아들이기 힘들었던 것은 나 자신의 한계였다. 어쨌든 나는 내 연구 대상을 대할 때와 똑같은 겸허함과 동정심으로 나 자신을 대해야 했다. 나는 스스로 주벽을 통제할 수 없음을 알았고, 침팬지들의 상황을 개선시킬 수 있는 마법의 지팡이 따위는 없다는 사실도 알았다. 전능하고 모든 것을 통제하는 과학자라는 건 거짓말이었다. 나는 무력했다. 그 사실을 인정하자 크나큰 안도감이 밀려왔다. 매일 연구소로 출근해서 침팬지들을 돕기 위해 최선을 다할 수는 있지만 윌리엄 레먼을 바꿀 방법은 없었다.

현실을 받아들이자 예전처럼 술을 마시고 싶다는 생각이 들지 않았다. 나는 일이 끝나고 술집에 가는 것을 당장 그만두었다. 그리고 곧 술을 완전히 끊었다.

1977년 후반에 나는 국립 과학 재단NSF: National Science Foundation에 〈새끼 침팬지가 수화를 하는 어미 침팬지로부터 수화를 습득할 가능성〉이라는 연구 제안서를 제출했다. 국립 과학 재단 검토 위원 중에서 아마도 언어학자였을 어떤 사람은 터무니없는 제안서라고 말했지만 내가 틀렸음을 증명하기 위해서 국립 과학 재단에 추천해 주었다. 1978년 초, 연구가 승인을 받았으며 워쇼가 새끼를 배면 지급하겠다는 연락을 받았다. 국립 과학 재단 지원금이 임신 진단 여부에 달린 경우는 사상 처음이었을 것이다.

그동안 나는 침팬지 보호 구역을 찾아다녔다. 나는 텍사스와 남서부의 몇몇 대학과 우호적인 연락을 주고받았고, 비행기를 탈 때마다 땅 위에 펼쳐진 풍경을 유심히 보았다. 나는 강가의 U자형 만곡부를 찾고 있었는데, 그런 땅은 삼면이 물에 둘러싸여 있기 때문에 침팬지에게는 천연 피난처다. 괜찮은 장소를 발견하면 제일 가까운 대학을 찾아서 내가 학생들을 가르칠 수 있을지 알아보았다.

시간이 지나면서 탐색은 점점 더 다급해졌다. 워쇼뿐만 아니라 연구소의 모든 침팬지가 걱정이었다. 교차 양육 연구가 실패한 후 레먼은 점점 더 까다로워졌고 침팬지들 때문에 생기는 물품 공급이나 재정 문제를 잘 참지 못했다. 그는 더욱 단호하고 사업적인 태도를 취했고, 〈침팬지 문제〉의 영구적인 해결책을 찾기 시작했다. 당시까지 레먼은 침팬지 군락을 대상으로 하는 〈유연한〉 행동 연구와 헛간의 돼지와 큰긴팔원숭이를 대상으로 하는 〈엄격한〉 생물학 시험을 항상 뚜렷하게 구분했다. 애초에 워쇼와 내가 연구소에 들어가게 된 이유도 그래서였다. 레먼의 연구소는 미국에서 생물학이나 질병이 아니라 침팬지 행동만을 연구하는 유일한 연구소였다.

그러나 1978년 어느 날 양복 차림의 사람들이 연구소에 나타나서 부지를 둘러보았다. 레먼은 그 사람들이 B형 간염 백신 실험을 위해서 침팬지 군락을 수소문 중인 거대 제약 회사 머크 샤프 앤 돔Merck Sharp &

Dohme에서 왔다고 알려 주었다. 침팬지를 질병 연구 대상으로 만들 계약에 입찰 중이었던 것이다. 레먼은 침팬지가 B형 간염으로 죽지 않을 것이라고 말했는데, 엄밀히 말하면 사실이었다. 연구 목적은 백신의 유효성을 시험하는 것이었고, 이를 위해 피실험체를 죽여서 부검할 필요는 없었다. B형 간염 백신은 살아 있는 바이러스로 만들기 때문에 사람을 대상으로 시험하기에는 너무 위험하다고 여겨진다. 연구자는 침팬지에게 백신을 주입한 다음 B형 간염 바이러스로 〈면역성 검사〉를 실시해서 침팬지가 간염에 걸렸는지 알아본다. 한 달에 한 번 정도 침팬지들을 마취하고 피를 뽑고 간 생체 검사를 실시하는 것이다. 침팬지에게 B형 간염이 없다면 백신이 잘 든다는 뜻이다. 대부분의 침팬지가 이에 속할 것이다.

내가 보기에 문제는 일부 침팬지가 B형 간염을 보균할 것이고 대부분 간 질환으로, 어쩌면 간염으로 발전할 것이라는 사실이었다. 게다가 감염된 침팬지들은 다른 침팬지들과 격리된 채 평생 자기들끼리 갇혀 살아야 할 것이다. 레먼은 자기 침팬지들을 그러한 위험에 노출시키려 하고 있었다. 레먼의 제안이 받아들여지면 머크 샤프 앤 돔은 연구소에 최첨단 시설을 시어서 관리할 것이고 레먼의 재성 문제는 전부 해결될 것이다.

다행히도 레먼은 B형 간염 계약을 따내지 못했고 뉴욕의 생물 의학 실험실이 계약을 차지했다. 그러나 레먼은 이 일에서 아이디어를 얻어 자연 과학의 또 다른 수입원을 찾기 시작했다. 국립 보건원이 침팬지 번식용 군락을 찾고 있었기에 레먼은 연구소를 질병 연구에 쓸 새끼를 낳는 침팬지 공급 공장으로 바꾸어 버릴 제안서를 제출했다. 그러나 그는 이 일도 따내지 못했다.

몇 달이 흐르면서 레먼은 침팬지 문제에 점점 더 절박해졌다. 나는 알았다, 레먼은 결국 뭔가를 찾아낼 것이다.

1978년 6월, 워쇼의 임신 진단이 양성으로 나왔다. 나는 확실히 하기 위해서 실험실 관리인들에게 테스트를 두 번 부탁했다. 그런 다음 그 결과를 국립 과학 재단에 보냈다. 한 달 뒤 3년 동안 받을 지원금 18만 7,000달러 중 첫 번째 분할금이 나올 예정이었다. 좋은 소식이었다. 이 돈이 나오면 연구 자금으로 쓸 수 있을 뿐 아니라 레먼으로부터 어느 정도 독립해서 그가 나름대로 세워두었을 계획으로부터 워쇼의 새끼를 보호할 수 있을 것이다. 나는 보호 구역을 찾든 못 찾든 워쇼의 짝 앨리도 같이 보호하고 싶었다. 앨리는 수화 실력이 뛰어난 데다가 워쇼가 낳을 새끼의 아빠일 가능성이 가장 높으므로 연구에 포함시키고 싶었다. 워쇼와 앨리가 같이 살면 새로 태어날 새끼는 가족으로부터 수화를 배울 수 있다.

나는 정기적으로 워쇼와 숲을 산책하기 시작했다. 주머니에 사과, 말린 과일 등 워쇼가 좋아하는 간식을 가득 채웠다. 숲으로 들어가면 워쇼가 자유롭게 나무를 탈 수 있도록 목줄을 풀어 주었다. 임신 말기가 되자 워쇼는 나무 밑에 앉아서 쉬는 것을 더 좋아했다. 이렇게 고요한 시간이면 워쇼는 내 머리카락과 귀를 만지작거리며 털을 골라 주었고 나는 워쇼의 팔, 어깨, 등의 털을 골라 주며 호의에 보답했다.

워쇼는 새끼를 다시 가졌음을 확실히 아는 것 같았다.

〈뱃속에 뭐가 있어?〉 내가 이렇게 묻곤 했다.

그러면 워쇼는 두 팔을 앞으로 모아 흔들면서 〈아기, 아기〉라고 대답했다.

위쇼가 새끼를 뱄기 때문에 새로운 집을 빨리 찾아야 했다. 그해 가을, LSB 리키 재단LSB Leakey Foundation에서 침팬지 수화에 대한 강연을 하러 캘리포니아 주 패서디나에 갔을 때 재단 이사장 존 트래비스Joan Travis가 내게 다가와 유인원이 나오는 영화의 작가가 그날 밤 나를 만나고 싶어 한다고 말해 주었다. 나는 전에도 각본가들의 연락을 받은 적이 있었지만 다들 인간의 사랑 이야기에 어릿광대 같은 조연으로 침팬지를 쓰고 싶어 하는 것 같았다. 그래서 나는 별로 관심이 가지 않았다. 그러나 조운의 호의에 보답하기 위해서 나는 강연이 끝난 후 그녀의 집에서 작가를 만나기로 했다. 나는 작가와 점잔을 빼면서 15분 정도만 이야기를 나누면 된다고 생각했다.

존이 소개한 작가는 다름 아니라 「차이나타운Chinatown」, 「마지막 지령The Last Detail」, 「바람둥이 미용사Shampoo」를 쓰고 아카데미상까지 받은 로버트 타운Robert Towne이었고, 게다가 내가 정말 좋아하는 타잔에 대한 각본을 쓰고 있었다. 타잔 이야기는 위쇼의 이야기와 정반대여서, 고아가 된 인간 아이가 아프리카의 유인원 군락에서 자라서 정글이 자기 고향이고 유인원들이 자기 가족이기 때문에 영국의 〈고향〉으로 돌아갈 수 없음을 깨닫는다는 내용이다.

타운은 타잔 프로젝트를 순조롭게 출발시키려고 벌써 몇 년째 애쓰는 중이었다. 그는 예전 영화들보다 에드가 라이스 버로우스Edgar Rice Burroughs의 원작 소설에 충실한 영화를 만들기로 굳게 결심했다. 로버트 타운은 야생 보호에 참여하면서 아프리카와 야생 침팬지들에 대해서 공부를 많이 했고, 나는 그런 그에게 큰 감명을 받았다. 워너브라더스 영화사가 타운의 「그레이스토크: 유인원의 왕 타잔 전설Greystoke: The Legend of Tarzan, Lord of the Apes」 프로젝트에 몇 백만 달러를 투자했고,

타운에게 감독을 맡기겠다고 약속했다.

타운은 아프리카로 야외 촬영을 가서 사람들에게 침팬지 의상을 입혀 영화를 찍을 계획이었다. 그는 내가 배우들과 협력해서 최대한 진짜 같은 침팬지 행동을 만들어 내면 좋겠다고 말했다. 다음 날 아침 해가 떠오를 때까지 타운과 이야기를 나누다 보니 갑자기 좋은 생각이 떠올랐다. 오클라호마에 진짜 침팬지들이 있는데 아프리카까지 날아가서 분장을 한 인간을 찍을 이유가 뭘까? 수백만 달러를 쓰면서 지구 반 바퀴를 날아가서 영화를 찍는 대신 영화사가 오클라호마의 섬에 아프리카 정글과 똑같은 세트를 지으면 된다. 워쇼와 친구들을 〈아프리카〉 섬으로 데려간 다음 털 고르기, 과시 행동, 공격, 새끼 돌보기, 우정, 도구 사용 등 타운이 기대하는 모든 것을 촬영할 수 있다. 타운이 침팬지들의 행동을 편집하고 포착하지 못한 것은 침팬지 분장을 한 사람을 이용하면 된다.

이야기를 나눌수록 타운은 내 아이디어를 점점 더 마음에 들어 했다. 한 가지 뚜렷한 장점은 타잔의 침팬지 어미 칼라의 출산이라는 영화 초반의 아주 중요한 장면이었다. 칼라는 갓 낳은 새끼가 죽자 정글에서 발견한 아기 타잔에게 모정을 쏟는다. 아프리카에 가서 영화를 찍는다면 침팬지 분장을 한 사람과 아기 인형으로 출산 장면을 찍어야 할 것이다. 그런데 워쇼가 몇 달 뒤인 1월에 오클라호마에서 새끼를 낳을 예정이었다. 나는 우리를 따로 만들어서 워쇼가 새끼를 낳고 처음 교류하는 순간을 찍으려고 국립 과학 재단 지원금 중 5,000달러를 따로 떼어 두었다. 그러나 로버트 타운은 워너브라더스의 지원으로 더 좋은 환경을 만들어서 출산 장면을 장편 영화 수준으로 찍을 수 있다. 과학적 기록을 위해서, 또 전 세계 영화 관객을 위해서 워쇼의 출산 장면을 포착하는 것이다.

내 아이디어의 장기적인 장점은 촬영이 완료된 후 오클라호마에 지은

〈아프리카 섬〉을 연구소 침팬지들의 영구적인 보호 구역으로 삼을 수 있다는 점이었다. 워쇼가 아프리카로 돌아갈 수는 없어도 할리우드가 아프리카의 일부를 미국 중부로 가져다줄 수는 있다. 모두에게 좋은 일이다. 침팬지들은 갇힌 우리에서 해방되어 질병 연구에 이용당하지 않아도 된다. 레먼의 침팬지 문제도 영구적으로 해결된다. 그리고 나는 침팬지들을 위한 안전한 피난처를 갖게 될 텐데, 그것은 몇 년에 걸쳐서 협상하고 모금해야 실현할 수 있는 목표였다.

타운은 재빨리 워너브라더스를 설득했다. 그는 연구소의 모든 침팬지를 영화에 쓸 생각이었기 때문에 내가 레먼의 승인을 받아야 했다. 레먼은 침팬지를 버리지 못해 안달이었으니 아무 문제도 없을 것이다. 돈과 미디어가 관련된 일이었기 때문에 레먼은 아주 적극적으로 나왔다. 예상과 다르지 않게 레먼은 프로젝트를 직접 맡겠다고 고집했다. 그는 나에게 고맙다며 이제 타운과 워너브라더스를 자기가 직접 상대하겠다고 말했다. 나는 워쇼와 내게 필요한 것을 얻었기 때문에 상관없었다.

워너브라더스는 레먼에게 카메라 구멍과 암막이 달린 크고 독립적인 출산용 우리를 지을 돈 2만 5,000달러를 주었다. 「E.T.」의 의상 디자이너 카를로 림발디Carlo Rimbaldi는 자신이 만들고 있는 「그레이스토크」 침팬지 의상이 사실적인지 확인하려고 연구소를 방문했다. 사실 그의 의상이 어찌나 그럴싸했는지 앨리가 침팬지 의상을 입은 배우에게 돌진해서 기계 장치로 늘린 팔을 찰싹 때릴 정도였다. 앨리는 이 〈강철 침팬지〉에게 겁을 먹고 반대편으로 달아났다.

한편, 로버트 타운은 연구소 근처에 아프리카 세트를 지을 부지를 찾고 있었다. 레먼이 노먼을 가로지르는 캐나디안 강Canadian River 중간의 큰 섬을 찾아냈다. 매물로 나온 섬은 완벽해 보였다. 타운이 오클라호마로 왔고 레먼이 말 몇 마리를 준비해서 타운과 스탭들을 세트 예정지로 데려갔다. 레먼은 나를 부르지 않았지만 나는 별로 신경 쓰지 않았고 타운이 그 땅을 사기만을 바랐다. 그러면 보호 구역 문제가 완전히 해결될 것이다. 섬에 다녀오려면 하루 종일 걸릴 테니 레먼과 타운 일행은 아침 일찍 출발했다.

내가 그날 오후 늦게 집에서 일을 하고 있는데 화가 난 로버트 타운이 예고도 없이 현관문 앞에 나타났다.

「그 사람이랑은 아무것도 안 할 겁니다.」 타운이 말했다. 「미쳤어요. 불쌍한 말을 마구 패더라니까요.」 레먼의 말은 너무 늙어서 애초에 탈 수도 없을 정도였는데, 레먼이 불쌍한 말을 거의 하루 종일 발로 찼던 것이다.

로버트 타운에게는 이 사건이 최후의 결정타였다. 그는 레먼의 무심하고 오만한 성격을 이미 알고 있었고, 또 레먼이 워너브라더스에서 돈을 최대한 많이 타내려고 수작을 부리는 게 아닐까 의심했다. 불행히도 영화 작업에서 레먼만 뺄 수는 없었다. 어쨌든 배우들, 즉 침팬지들의 주인은 레먼이었다. 애초에 타운이 오클라호마로 온 것도 바로 그 때문이었다. 레먼은 자기를 뺀 영화 촬영에 침팬지를 넘겨줄 생각이 없었다. 타운은 실망했지만 다른 곳에서 영화를 찍어야겠다고 생각했다.

나는 크게 좌절했다. 꿈이 아주 가까워져서 손에 닿을 것만 같았는데. 보호 구역 자체도 무산되었지만 다른 기회도 날아갔다. 나는 이 일이 잘될 것이라고 너무 굳게 믿은 나머지 침팬지를 위해 나설 가능성이 있는 대학 두 곳과의 이야기를 중단했던 것이다. 다시 출발점이었다.

「그레이스토크」 때문에 실망한 사람은 나만이 아니었다. 로버트 타운은 타잔 영화에 10년을 바쳤지만 1982년에 영화사가 프로젝트를 빼앗았다. 나중에 다시 만났을 때 타운이 나에게 말했다. 「있잖습니까 로저, 당신을 만나면 아주 친한 친구의 장례식 이후로 만나지 못한 사람을 만나는 기분이에요.」

「제 기분도 딱 그래요.」 내가 대답했다. 「그레이스토크」는 우리 두 사람 모두에게 상심을 안겨 주었다. 로버트 타운은 영화를 잃었고, 위쇼와 나는 보호 구역을 잃었다.

워너브라더스는 레먼에게 2만 5,000달러를 돌려달라고 요구하지 않았다. 레먼이 그 돈으로 뭘 했는지 모르겠지만 출산용 우리는 만들지 않았다. 내가 계속 재촉했지만 그는 약속을 계속 미뤘다. 12월이 되어 위쇼의 출산이 한 달 앞으로 다가왔고, 더 이상 기다릴 수 없었다. 우리를 만들지 않으면 위쇼가 혼자 있을 공간이 없어서 출산 장면을 찍지 못할 것이다.

나는 2만 5,000달러는 잊어버리고 국립 과학 재단 지원금에서 떼어 둔 5,000달러로 출산용 우리를 짓기로 했다. 나는 우리를 설계한 다음 입찰에 부치려 했다. 하지만 레먼이 또다시 내 뒤통수를 쳤다. 국립 과학 재단 지원금은 대학 당국이 관리하고 있었는데, 레먼이 제자인 교무처장에게 압력을 넣어서 지원금을 받아간 것이었다. 레먼은 내 설계를 버렸고 새해가 밝은 후에야 직접 우리를 만들기 시작했다. 너무 늦었다.

1월 8일 오전 7시에 주요 군락에서 데비에게 연락을 했다. 우리 팀 학생 한 명이 위쇼의 우리에서 피가 섞인 액체를 발견했다. 양수가 터지고 출산이 시작된 것이다. 나는 서둘러 위쇼의 곁을 지키러 갔다.

야생의 암컷 침팬지는 무리와 떨어져 정글에서 혼자 새끼를 낳는다. 남몰래 새끼를 낳아야 한다는 본능이 너무 강하기 때문에 포획 침팬지의 출산 역시 수수께끼에 싸여 있다. 실험실 연구원들은 침팬지가 새끼를 뺐다는 사실도 눈치 채지 못하는 경우가 많다. 어느 날 우리에 들어가 보면 새끼가 있는 것이다. 암컷 침팬지는 실험실 관리인이 방에서 나갈 때까지 기다렸다가 출산을 시작한다. 워쇼는 이렇게 짧은 은밀함도 누릴 기회가 없었다. 스물다섯 마리의 침팬지가 흥분해서 소리를 지르는 주요 군락의 큰 울타리 옆 가로 1.5미터 세로 1.8미터 정도의 작은 우리에서 새끼를 낳아야 했다.

〈와서 안아 줘.〉 내가 우리에 도착하자 워쇼가 수화로 말했다.

출산이 시작되자 은밀한 장소가 아니라는 걱정은 곧 사라졌다. 워쇼는 나를 비롯해서 주변 모든 것들과 완전히 동떨어진 상태로 들어간 것 같았다. 워쇼는 뭘 어떻게 해야 하는지 정확히 알고서 통증을 줄이고 출산을 앞당기기 위해 자세를 여러 번 바꾸었다. 워쇼가 제일 좋아한 자세는 고개를 숙이고 엉덩이를 드는 것이었다. 가끔 워쇼는 한 손으로 창살을 잡고 몸을 지탱하면서 거의 물구나무를 섰다. 수축이 점점 더 심해지자 워쇼는 얼굴을 찡그리면서 날카롭게 소리를 질렀다. 수축이 잠시 잠잠해지면 옆으로 혹은 똑바로 누워서 빨아먹을 얼음이나 막대사탕 등 먹을 것이나 마실 것을 달라고 부탁했다. 데비의 출산을 세 번이나 같이 겪은 나에게는 아주 익숙한 요청이었다. 워쇼는 수축기 동안 특히 의사소통을 많이 했고, 나는 워쇼가 그토록 극심한 육체적, 감정적 스트레스 속에서도 수화를 할 수 있다는 사실에 놀랐다.

야생 침팬지의 출산은 보통 한두 시간만에 끝난다. 그러나 주변 소음과 침팬지들이 우리를 쿵쿵 치는 소리 때문에 워쇼의 출산은 더 오래 걸렸다. 네 시간 동안의 지독한 산고가 끝나고 11시 57분에 워쇼가 세 발을 땅에 짚고 한 손을 엉덩이 쪽으로 내미는 자세를 취하더니, 새끼를 능숙하게 낳아 기다리고 있던 손으로 받았다. 워쇼는 새끼를 곧장 품에 안았고, 새끼의 입에 자기 입을 대고 우우 소리를 내며 침팬지 식으로 인사했다. 새끼가 수컷인지 암컷인지는 알 수 없었다.

워쇼가 새끼의 귀 털을 골라 주기 시작했다. 나는 그제야 새끼의 목에 단단히 감겨 있는 탯줄을 보았다. 새끼는 살아 있는 것 같지 않았다. 워쇼가 움직이지 않는 새끼를 품에 안은 채 우리 안의 낡은 타이어를 이용해서 둘이 누울 둥지를 만들었다. 그런 다음 새끼의 입과 코에 입을 대고 진물을 빨아낸 다음 숨을 몇 번 불어넣었다. 내가 숨을 죽이고 지켜보았지만 워쇼의 뛰어난 모성 본능에도 불구하고 새끼는 죽은 것처럼 가만히 누워 있었다.

곧 워쇼가 새끼의 목에 감긴 탯줄을 먹어 숨통을 틔워 주었다. 몇 분 후 워쇼는 의사가 아이를 살짝 때리듯이 이빨로 새끼의 작은 손가락 하나를 살짝 물었다. 갑자기 새끼가 앙앙 울었다. 나는 안도의 한숨을 크게 내쉬었다. 몇 분 후 워쇼는 영양가가 무척 높은 태반을 배출해서 먹었다. 이것은 조금 놀라운 광경이지만 — 일부 인류 문화를 포함하여 — 포유류에게는 흔한 행동이며 모성 본능이 강해진 워쇼에게는 무척 자연스러운 흐름 같았다.

갓 태어난 새끼는 어미에게 매달려야 하는데 워쇼의 새끼는 아직도 매달리지 않았다. 워쇼는 계속 털을 골라 주고 새끼의 입에 구강 대 구강 소생법을 실시했다. 새끼는 한 손으로 워쇼의 털을 잠깐 잡기도 했지만 거의 축 늘어져 있었다. 결국 3시간쯤 지나자 워쇼가 첫 번째 새끼 때 그랬던 것처럼 새끼를 내려놓았다. 좋지 않은 신호였다. 야생의 어미 침팬지는 죽은 새끼만을 내려놓는다. 나 역시 똑같이 힘든 결정을 내리고 우리에서 새끼를 꺼냈다. 아직 살아 있었지만 확실히 상태가 좋지 않고 무척 약해져 있었다. 가까이에서 보니 수컷이었다.

내가 새끼를 집으로 데려가 살펴보니 열이 있었다. 데비와 나는 거의 밤을 새며 새끼에게 물을 먹였고, 아침이 되자 새끼의 체온이 정상으로 내려갔다. 우리는 정맥을 통해서 영양을 공급하고 젖병으로 젖을 먹였다. 또 체로키족 문자를 만들어 낸 오클라호마 인디언 추장의 이름을 따서 세쿼이아라는 이름을 붙여 주었다.

그날 오후 우리는 세쿼이아를 어미 워쇼에게 다시 데려다 주었다. 워쇼는 자기 새끼를 보고 무척 흥분하더니 품에 끌어안았다. 그러나 새끼는 젖을 빨려는 반사 작용이 약했다. 워쇼가 조금만 움직여도 세쿼이아가 젖꼭지를 놓쳤다. 별로 고무적인 상황은 아니었다. 젖을 빨지 못할 정도로 약하면 살아남지 못한다. 나는 다시 새끼를 데리고 나와서 젖을 확실히 먹이기로 했다. 그러나 이번에는 워쇼가 전처럼 고분고분하지 않았다. 우리는 새끼를 떼어 놓기 위해서 워쇼를 마취해야 했다.

나는 세쿼이아가 젖을 빨고 어미에게 매달릴 정도로 건강하게 만든 다음 돌려줄 생각이었기 때문에 2주 동안 돌보기로 했다. 세쿼이아에게 분유 알레르기가 있을지도 모르기 때문에 우리는 같은 지역의 젖먹이 어머니들이 기부한 인간의 모유를 먹였다. 우리는 또 세쿼이아의 젖빨기 반사 작용이 강화될지도 모른다는 희망을 안고 빨기 힘든 젖병 꼭지를 사용했다.

우리는 워쇼도 생각해야 했다. 워쇼는 풀이 죽었고 나는 새끼와 떨어져 있는 동안 워쇼의 모성 본능이 완전히 사라질까 봐 걱정이었다. 나는 워쇼에게 아벤디고라는 새끼 침팬지를 양자 삼아 넣어 주었다. 두 살 난 아벤디고는 젖을 뗐고 일주일 전까지 어미와 살고 있었다. 워쇼는 즉시 아벤디고를 데려가더니 거의 계속 안고 다녔다.

2주 후 내가 워쇼의 우리로 가서 새끼가 돌아올 거라고 수화로 말해 주었다. 워쇼는 무척 흥분해서 수화로 계속 〈아기〉라고 말했다. 나는 아벤디고를 주요 군락으로 돌려보낸 다음 워쇼에게 세쿼이아를 데려다 주었다. 워쇼는 즉시 세쿼이아를 안고서 귀와 얼굴의 털을 골라 주었다. 그러나 세쿼이아가 젖을 빨기 시작하자 워쇼가 얼굴을 찌푸리더니 몸을 피했다.

이제 젖을 먹이는 문제에 대해서 워쇼와 마음을 터놓고 이야기할 때였다. 내가 우리로 들어가서 새끼에게 젖을 먹여야 한다고 수화로 말했다. 워쇼는 거부했다. 나와 워쇼의 〈상담〉은 곧 얼굴을 맞대고 소리를 지르는 싸움으로 변했고, 그러던 중 세쿼이아가 주둥이로 다시 뭔가를 찾기 시작했다. 내가 얼른 머리 위치를 잡아 주자 세쿼이아가 워쇼의 젖꼭지를 찾아서 빨기 시작했다. 워쇼가 세쿼이아를 내려다보고 나를 노려보더니 귀청이 터질 듯이 고함을 질렀다. 내가 뒷주머니에서 막대사탕을 꺼내 워쇼가 내밀고 있는 혀를 탁 쳤다. 깜짝 놀란 워쇼가 입에서 막대사탕을 꺼낸 다음 세쿼이아를 내려다보았고, 새끼는 젖을 꽤 잘 빨고 있었다. 워쇼는 세쿼이아를 떼어 내려고 했지만 내가 가볍게 〈아 아〉 소리를 내서 혼내자 결국 자리를 잡고 앉아서 세쿼이아가 젖을 빨게 놔두었다. 약 7분 뒤, 세쿼이아는 꾸벅꾸벅 졸다가 잠이 들었다. 몇 시간 뒤 세쿼이아가 다시 젖을 빨려고 했다. 이번에 내가 할 일은 워쇼가 아들을 떼어 내지 못하게 엄한 눈으로 지켜보는 것밖에 없었다. 그 뒤로 워쇼는 아무 문제없이 새끼에게 젖을 먹였다.

세쿼이아가 생후 한 달쯤 되자 상황이 나아지기 시작했다. 레먼이 마침내 돼지 헛간에 워쇼가 쓸 널찍한 우리를 마련해 주었던 것이다. 2월의 추운 어느 날 아침, 우리는 온 가족 ― 워쇼, 앨리, 세쿼이아 ― 을 새로운 보금자리로 옮겼다.

그러나 레먼은 내 요청과 달리 안전한 쇠사슬이 아닌 면도날처럼 날카로운 철망으로 우리를 지어 놓았다. 그는 이 멍청한 설계가 〈침팬지 방지용〉이라고 말했는데, 날카로운 마름모꼴 금속 철망을 감히 풀려고 애쓸 침팬지는 없다는 뜻이었다. 즉시 나와 학생들이 수백 개의 치명적인 모서리를 손으로 일일이 갈기 시작했다.

그러나 시간에 맞춰서 우리 전체를 손보기란 불가능했다. 그래서 이사 첫 주에 세쿼이아가 날카로운 모서리에 발가락을 베고 말았다. 우리는 국소 요법으로 치료해 주었지만 상처가 감염되었고, 세쿼이아는 점점 더 약해져서 어미에게 제대로 매달리지도 못했다. 이것으로도 부족하다는 듯 어느 날 밤 돼지 헛간의 프로판가스 난방기에 연료가 떨어졌다. 평소에는 연료가 다 떨어져 가면 실험실 관리인들이 레먼에게 알렸고, 레먼이 연료를 더 주문했다. 그런데 이번에는 연료가 준비되지 않아서 돼지 헛간의 기온이 영하 3도까지 떨어졌던 것이다. 다음 날 아침, 우리는 추운 우리에서 꼭 끌어안고 있는 워쇼와 세쿼이아를 발견했다.

며칠 뒤 세쿼이아가 심각한 호흡기 질환에 걸렸고, 워쇼는 며칠 동안 새벽까지 잠도 자지 않고 새끼의 코와 입에서 진물을 빨아냈다. 한 시간에 최대 스무 번씩 아들의 비강에서 콧물을 빨아내는 워쇼의 부지런한 노력에도 불구하고 세쿼이아의 상태는 점점 악화되었다.

3월 8일이 되자 세쿼이아의 폐렴이 너무 심해서 워쇼가 고칠 수 없었기 때문에 다시 한 번 어미와 새끼를 떼어 놓아야 했다. 워쇼는 주사 바늘과 마취제를 들고 다가가는 내 모습을 보고 비명을 지르면서 〈내 아기야, 내 아기야〉라고 수화로 말했다. 내가 〈워쇼를 쓰러뜨리러〉 들어왔음을 단번에 알아차렸던 것이다. 나는 얼른 세쿼이아를 데리고 노먼의 지역 병원으로 갔지만 의사가 입원을 거부했다. 그들은 〈침팬지는 입원할 수 없습니다〉라고 고집을 부렸다. 절박해진 데비와 나는 우리 집 식당에 임시 병원을 차렸다. 침팬지들이 집에 오는 것은 자주 있는 일이었지만 이번에는 상황이 달랐고, 이제 세 살, 여덟 살, 열한 살이 된 우리 아이들도 뭔가 크게 잘못되었음을 알아차렸다. 데비와 나는 두려움을 숨길 수 없었다. 우리 모두 워쇼의 아들이 담요에 싸여 쉬고 있는 식탁 주변에 모여들었다. 나는 세쿼이아의 작은 손을 잡고 신에게 살려 달라고 말없이 빌었다.

그날 밤 나는 우리 가족 주치의이자 친구인 리처드 칼슨 박사에게 전화해서 세쿼이아에게 힘을 줄 방법을 알려 달라고 부탁했다. 칼슨은 세쿼이아를 진찰한 다음 박테리아성 폐렴 같다며 아마도 발가락의 포도상구균 감염이 전이되어서 폐에 자리를 잡은 것 같다고 말했다. 세쿼이아는 너무 쇠약해서 매달리지도, 뭔가를 붙잡지도 못했고, 예후는 암울했다. 우리는 세쿼이아 주변에 비닐 막을 치고 가습기를 넣은 다음 암피실린을 투여하기 시작했다. 칼슨이 세쿼이아의 코에 삽관을 하여 체액을 빼냈다. 그는 밤 11시까지 세쿼이아의 곁을 지켰다. 그런 다음 데비와 내가 교대했다.

세쿼이아는 다음 날인 3월 9일 오후 네 시에 죽었다. 나와 데비, 우리 아이들은 슬픔으로 넋을 잃고서 다 같이 끌어안고 위로했다. 이 사랑스러운 새끼가, 겨우 두 달 전에 탄생을 축하했던 새끼가 죽어 버렸다니 믿을 수 없었다. 무엇보다도, 일어나지 않을 수도 있었던 일이었다. 나는 내가 뭘 잘못했는지 고민하며 밤새 잠을 이루지 못했다. 더 괜찮은 우리를 만들어 달라고 내가 조금만 더 열심히 싸웠더라면. 더 나은 난방 장치를 주장했더라면. 감염된 발가락에 체계적인 항생 치료를 해서 박테리

아성 폐렴을 막아야 한다는 사실을 조금만 더 빨리 깨달았다면. 워쇼가 세쿼이아를 보살피도록 우리에 그냥 두었더라면. 새끼의 코와 입에서 콧물을 빼내는 일은 우리보다 워쇼가 더 잘 했을 텐데. 물론 심한 폐렴으로 발전하고 나서는 무엇도, 세상에서 제일 훌륭한 엄마도 — 워쇼는 세상에서 제일 훌륭한 엄마 같았다 — 새끼를 살릴 수 없었을 것이다.

무엇보다도 워쇼에게 사실을 말하는 것이 겁났다. 나는 다음 날 아침 일찍 워쇼를 만나러 갔다. 워쇼는 다가가는 나를 보자마자 눈을 크게 뜨고 수화로 〈아기는?〉이라고 물었다. 워쇼는 아기를 안은 팔 모양을 하고서 질문을 강조했다. 내가 워쇼를 향해 몸을 숙이고 최대한 동정심을 담은 표정으로 아기를 안는 듯한 팔 모양을 한 다음 왼쪽 손바닥은 아래로, 오른쪽 손바닥은 위로 향한 채 두 손을 내밀었다. 그런 다음 아주 천천히 두 손을 뒤집었다. 죽었다는 뜻의 수화였다. 〈아기는 죽었어. 아기는 갔어. 아기는 끝났어.〉

워쇼가 아기를 안는 시늉을 하던 팔을 축 늘어뜨리더니 우리 제일 안쪽 구석으로 가서 텅 빈 시선으로 먼 곳을 응시했다. 나는 그곳에 한동안 앉아 있었지만 더 이상 아무것도, 아무 말도 할 수 없음을 깨달았다.

나는 워쇼를 우리에 두고 나와 일주일에 한 번 열리는 회의를 하러 레먼의 사무실로 갔다. 세쿼이아의 죽음과 워쇼의 고통에 가슴 아파하며 앉아 있던 나는 레먼이 이상하게도 즐거워 하고 있음을 눈치 챘다. 그는 나의 불행을 고소하게 생각하는 것 같았다. 레먼이 세쿼이아에게 지어 준 우리가 너무 위험했다고 내가 불평하자 그가 내 말을 잘랐다.

레먼이 말했다. 「있잖나, 로저. 오래전에 똑같은 철망으로 소 운반용 우리를 만든 적이 있었지. 시장에 도착해 보니 소들이 전부 상처투성이더라고.」 그는 웃고 있었다.

나는 지금까지 윌리엄 레먼을 참아 왔는데, 이제 죄 없는 생명까지 죽었다. 나는 자리에서 벌떡 일어나 밖으로 나가면서 이제 정말 끝장임을 깨달았다.

어느새 나는 또 다른 심연을 물끄러미 바라보고 있었다. 4개월 전만해도 아무 문제없었다. 워쇼는 새끼를 배고 있었고, 나는 평생 제일 큰지원금을 받았으며, 무엇보다도「그레이스토크」섬이라는 침팬지 보호 구역을 찾았다. 삶이 너무 완벽해졌기 때문에 나는 몇 달 동안 술도 마시지 않았다. 하지만 이제 나는 다시 절벽 끝으로 내몰렸다. 보호 구역은 사라졌다. 워쇼의 새끼는 죽었다. 워쇼 역시 몹시 우울해졌고, 그럴 수밖에 없었다. 그리고 세쿼이아가 죽었기 때문에 나의 국립 과학 재단 지원금도 연기될 참이었다.

나는 차를 몰고 제일 가까운 술집으로 달려 가지 않기 위해서 안간힘을 써야 했다. 그래도 참아 냈다. 레먼에게 너무나 화가 났기 때문에 그에게 항복하고 최후의 승리를 안겨 줄 수는 없었다. 그리고 워쇼가 너무 걱정되었다. 워쇼에게 새집을 찾아 주는 것이 갑자기 생사가 달린 문제처럼 느껴졌다.

나는 곧장 대학 교무처장을 찾아 가서 대학교 부지 내에 워쇼가 지낼 새 거처를 마련해 달라고 요구했다. 그는 애매한 말만 늘어놓았다. 나는 국립 과학 재단 지원금을 전부 반납하고 워쇼의 아들이 어떻게 되었는지 국립 과학 재단 측에 다 말하겠다고 했다. 그제야 교무처장도 관심을 보였다.

며칠 뒤 교무처장이 전화를 해서 버려진 군용 비행장 막사 사우스베이스로 옮겨도 된다고 말했다. 내가 꿈꾸던 아프리카 섬은 아니었지만 올바른 방향으로 내딛는 한 걸음, 워쇼를 레먼의 손이 닿지 않는 곳으로 빼낼 한 걸음이었다.

한 가지 문제를 해결한 나는 이제 워쇼가 슬픔을 극복하도록 도와야 한다는 더 큰 문제에 관심을 돌렸다. 워쇼는 아들이 죽고 나서 사흘 동안 매일 아침 같은 질문으로 나를 맞이했다. 〈아기는?〉 그때마다 나는 이전과 같이 대답했다. 〈아기는 죽었어.〉 워쇼는 구석에 앉아서 누구와도 이야기하지 않으려 했다. 워쇼는 수화를 거의 하지 않았다. 나는 워쇼의 우울함을 달래 주려고 앨리를 워쇼의 우리에 넣어 주었다. 그러나 늘 그렇듯 힘이 넘치고 장난기 많은 앨리도 워쇼에게 기운을 주지 못했다.

하루하루 지날수록 워쇼의 우울증이 점점 더 걱정되었다. 야생 침팬지든 포획 침팬지든 죽음을 분명히 인식한다. 그것은 침팬지가 죽음과도 같은 마취를 끔찍하게 두려워하는 이유이기도 했다. 구석에 처박혀서 더 이상 수화를 하지 않는 워쇼는 세쿼이아가 정말 죽었고 다시 돌아올 수 없다는 사실을 이해하는 것 같았다. 그러나 침팬지는 사람과 마찬가지로 죽음을 쉽게 받아들이지 못하는 듯하다. 워쇼가 매일 세쿼이아에 대해서 묻는 것은 인간으로 치면 사랑하는 사람을 갑작스럽게 잃었다는 사실을 고집스럽게 거부하는 부인 단계와 무척 비슷했다. 워쇼는 마치 〈아기가 죽은 거 정말 확실해? 내가 매달릴 아주 작은 희망도 없는 거야?〉라고 말하는 것 같았다.

사흘이 지나자 워쇼는 세쿼이아에 대해서 더 이상 묻지 않았지만, 훨씬 더 깊은 고뇌에 빠진 것 같았다. 워쇼가 아무것도 먹지 않았기 때문에 데비와 나는 당황했다. 우리는 워쇼가 우울해 하는 모습을 한 번도 본 적이 없었고, 1970년에 오클라호마로 이사하면서 큰 상처를 받았을 때에도 이렇지는 않았다. 워쇼는 원래 우울함에 빠지는 성격이 아니었다. 살아남는 유형이었다. 그런 워쇼가 축 처진 모습을 보자 정서적으로 가장 안정된 친구가 완벽한 어둠으로 굴러 떨어진 모습을 보는 것 같았다. 하지만 더 나쁜 것은 우리에게 워쇼를 도울 힘이 하나도 없다는 느낌이었다. 워쇼는 자기 아기를 원한다고 말하고 있었지만 우리는 워쇼의 고통을 덜어주기 위해 아무것도 할 수 없었다.

나는 너무나 깊은 슬픔 때문에 세상을 뜨는 침팬지들을 이미 너무 많이 보았다. 빨리 무슨 수를 내지 않으면 워쇼도 굶주림과 상심으로 세상을 떠날 것이다. 워쇼를 죽게 놔두는 것은 생각도 할 수 없는 일이었다. 워쇼는 우리 가족이었다.

남은 희망이 딱 하나 있었다. 워쇼는 세쿼이아가 태어난 직후 〈양아들〉 아벤디고에게 애착을 보였다. 새로운 아기를 데려다 주면 워쇼의 강한 모성 본능에, 그리고 살려는 새로운 의지에 다시 불을 지필 수 있을지도 몰랐다. 나는 어떻게 해서든, 어디에서든, 워쇼에게 입양시킬 새끼를 찾아야 했다.

10장
모전자전

나는 며칠 동안 세쿼이아를 대신할 새끼 침팬지를 간절히 찾아 전국의 유인원 시설을 수소문했다. 열 몇 군데에 전화를 돌린 끝에 조지아 주 애틀랜타의 여키스 지역 영장류 연구 센터Yerkes Regional Primate Research Center에서 룰리스라는 10개월 된 새끼를 데려오기로 했다. 룰리스라는 이름은 새끼를 돌보던 실험실 관리인 루이사와 리사의 이름을 합친 것이었다. 룰리스는 이미 젖을 뗐는데, 침팬지는 보통 적어도 4년 동안 젖을 먹이기 때문에 다소 놀라운 일이었다. 나는 센터 측에서 룰리스를 어미와 떼어 놓았을 것이라고 추측했다. 이례적으로 젖을 끊은 새끼였으니 워쇼가 다시 젖을 먹이게 만들 필요가 없었고, 따라서 완벽한 양자 후보였다.

다음 날 아침, 대학원생 세 명과 나는 밴을 타고 애틀랜타까지 먼 길을 떠났다. 나는 미국 최대의 영장류 연구 시설에 속하는 여키스에 늘 한 번쯤 가 보고 싶었다. 센터의 설립자 로버트 M. 여키스는 대형 유인원에게 매료되어 유인원들을 존중했던 비교 심리학자였다. 여키스는 처음으로 침팬지를 집에서 키운 연구자들 중 한 명이었다. 1925년에 그는 침팬지가 몸짓 언어를 배울 수 있을지도 모른다고 추측했고, 40년 후 워쇼가 그의 이론을 증명했다.

여키스는 1940년대 초에 은퇴했고, 10년 후 그의 제자들이 플로리다 오렌지파크에서 에머리 대학교의 최첨단 연구 시설로 센터를 옮겼다. 설립자가 물러난 후 여키스 영장류 연구 센터는 침팬지 행동 연구 대신 침팬지 생물 의학 실험에 초점을 맞추었다. 그러나 내가 들은 바에 따르면 센터가 무척 진보적이며 침팬지들이 서로 어울릴 수 있는 야외 사육장과 놀이 공간이 있다고 했다.

우리는 1979년 3월 22일 이른 시간에 여키스에 도착했다. 나는 주 건물 앞에 차를 세우고 내 눈을 믿을 수가 없어서 멍하니 바라보았다. 가시철사 울타리로 둘러싸인 회색 콘크리트 요새였다. 나는 경비가 삼엄한 오클라호마 감옥에 딱 한 번 가 보았는데, 그곳과 똑같았다.

우리는 연구소장 프레더릭 킹Frederick King을 만난 다음 룰리스가 태어나서 처음 몇 달 동안 지낸 침팬지 육아실로 안내받았다. 나는 문에 붙어 있는 육아실이라는 팻말을 보고 따뜻하고 다정한 화기애애한 놀이방을, 워쇼가 가드너 부부의 뒤뜰에서 만끽했던 그런 환경을 떠올렸다. 그러나 여키스 센터에서 〈육아실〉이라는 단어는 조지 오웰의 소설 속 의미에 가까웠다. 〈육아실〉은 바퀴 달린 스테인리스 스틸 우리 두개가 덜렁 놓인 황량한 방이었다. 아기 침팬지 일곱 마리가 젖병을 빨고 있었고, 안내원은 연구자들이 우유를 통해 새끼들에게 살아 있는 백혈병 바이러스를 감염시킨다고 말했다. 나는 고개를 돌리지 않을 수 없었다.

그런 다음 우리는 상습 범죄자를 가두는 유치장 같은 긴 복도를 따라 걸어갔다. 똑같은 크기와 모양의 우리가 수없이 늘어서 있었는데, 모두 두꺼운 쇠창살로 막혀 있어서 난공불락이었다. 작은 부엌만 한 감방에는 침팬지 한두 마리가 앉거나 서 있었다. 몇 마리는 얼마 전 우울증에 걸린 워쇼처럼 텅 빈 시선으로 먼 곳을 보고 있었다. 다른 침팬지들은 철문으로 돌진해서 우우거리며 위협했다. 자신들이 당하는 짓 때문에 우리를 죽이고 싶은 것 같았다. 똑똑하고 의식이 있고 감정을 느끼는 이토록 많은 침팬지들이 자연스러운 사회적 접촉으로부터 단절되어 있는 모습을 보는 것만으로도 가슴이 터질 것 같았다. 설상가상으로 침팬지 우리 안에는 아무것도, 장난감도 나뭇가지도 담요도 없었다. 나는 로버트 여키스가 이 광경을 보면 무슨 생각을 할까 궁금했다. 약 반세기 전에 여키스는 〈침팬지가 한 마리만 있다는 것은 한 마리도 없는 것과 같다〉¹라는 말로 침팬지의 사회적 본성을 요약했다.

터널 같은 복도를 끝까지 걸어가는 동안 나는 완전히 무감각해졌다. 나는 물과 화학 약품으로 씻어 낸 축축한 회색 콘크리트 바닥에서 여러 번 미끄러져 넘어질 뻔했다. 제복 차림의 관리인들이 감옥의 간수처럼 순찰을 돌고 있었다. 우리는 수백 마리 침팬지가 갇힌 수백 개는 될 듯한 감방을 지나쳤다. 내 평생 본 침팬지보다 많았다. 가끔 나는 워쇼가 이런 우리에 갇혀 있는 모습을 상상해 보려 했지만 생각하는 것만으로도 너무 괴로웠다.

마침내 룰리스의 우리에 도착했다. 룰리스는 가만히 앉아서 접시처럼 큰 눈과 천사 같은 표정으로 이상하다는 듯 우리를 멍하니 보았다. 룰리스는 그곳에 너무나 안 어울렸다. 경비가 삼엄한 감방에 갇힌 무력한 새끼라니. 룰리스의 어미는 감방 구석에 멀찍이 떨어져 꼼짝 않고 앉아 있었다. 어미를 흘깃 보자 룰리스가 왜 그렇게 어린 나이에 젖을 뗐는지 물어볼 필요도 없었다. 어미 침팬지의 머리에는 금속 볼트 네 개가 박혀 있었는데, 체내 이식 연구의 증거였다. 룰리스의 어미는 아마도 1970년대에 유행했던 뇌 자극 실험을 받고 있었을 것이다. 연구자들은 이러한 실험에서 뇌의 〈쾌락 중추〉를 비롯한 제어 중추의 위치를 확인하려고 했다. 그들은 위치를 확인한 다음 해당 부분에 전기 충격을 주어 침팬지의 반응에 따라 보상하거나 처벌했다.

무슨 실험을 받고 있었든 룰리스의 어미가 이제 새끼를 보살필 수도 없고 신경도 쓰지 않는다는 것은 분명했다. 나는 룰리스가 옆에 있다는 사실을 어미가 알기나 할까 싶었다. 수의사들이 룰리스를 데리고 나오는 동안 나는 양도 서류를 작성하러 갔다. 나는 병원 환자를 이송하는 것처럼 감독권을 이전하는 간단한 일이라고 짐작했다. 그러나 곧 룰리스가 여키스 센터의 재산임을 알게 되었다. 따라서 1만 달러를 내고 룰리스를 사든지 대여해야 했다. 나는 1만 달러가 없었기 때문에 대여하는 쪽을 선택했다. 연구소 측에서 서류를 작성하고 내가 서명을 했다.

흰 실험복을 입은 관리인이 개 이동장을 들고 나타났다. 내가 말했다. 「그건 필요 없습니다.」 내가 룰리스를 품에 안자 젊은 관리인은 침팬지를 우리에서 꺼내는 것만으로도 생사가 달린 모험이라는 듯 이상하게 바라보았다. 룰리스가 품으로 파고들었다. 밝은 햇빛 속으로 걸어 나오자 나는 악몽에서 깬 기분이었다.

여키스 센터는 항상 무척 인간적인 연구 실험실이라고 알려져 왔다. 이런 여키스 센터가 인간적인 곳이라니, 비인간적인 곳은 어떨지 상상만 해도 몸서리가 쳐졌다. 나는 곧 그런 곳들을 직접 목격하게 된다. 그 이후 나는 실험실을 방문할 때마다 동요했지만 여키스 센터에 처음 갔을 때만큼 마음이 송두리째 뒤흔들린 경험은 없었다. 그때까지 나는 포획되었지만 사회 활동을 하는 침팬지들이 가득한 학문의 상아탑에 살고 있었다. 1973년에 예일 대학교를 하루 동안 방문한 경험을 빼면 나는 다른 곳에서 영장류들이 겪고 있는 비극적인 운명을 전혀 몰랐다. 여키스 센터는 나를 일깨운 경종이었다.

나는 룰리스와 함께 밴 뒷좌석에 앉았고 학생들이 번갈아 운전을 했다. 룰리스는 작고 따뜻한 몸을 나에게 딱 붙이고 내 셔츠를 꽉 잡았다. 안심한 것 같았다. 그러나 테네시 주 채터누가Chattanooga 근처를 지날 때 룰리스가 내 무릎에서 내려가려고 했다. 나는 룰리스에게 육체적 접촉이 필요하다고 생각했기 때문에 꽉 잡고 있으려 했지만 룰리스는 다른 생각이 있음을 알리듯 나에게 이를 드러냈다.

룰리스가 밴의 구석구석과 창문을 확인하며 어미를 찾기 시작했다. 가끔 어미를 잃은 슬픔을 드러내듯 〈후, 후……. 후, 후〉하고 연약하게 울었다. 룰리스가 앞좌석으로 가자 한 학생이 룰리스의 손을 잡고 한 바퀴 돌렸고, 룰리스는 처음부터 다시 탐색을 시작했다. 룰리스는 이렇게 몇 번 반복한 다음 지쳐서 학생들 앞 카펫이 깔린 바닥에서 잠들었다.

나는 룰리스를 데려가면서 의기양양한 기분이 들었어야 하지만 어미를 찾는 룰리스를 보자 무척 복합적인 기분이었다. 나는 위쇼의 목숨을 구하겠다는 굳은 결심 때문에 룰리스를 자기가 아는 유일한 엄마에게서 떼어 놓은 것이다. 룰리스의 어미가 어미 노릇을 할 수 없었을지는 모르지만 내가 누구라고 새끼를 떼어 놓으면서 룰리스 어미의 어미로서의 능력을 평가한단 말인가? 룰리스가 시름시름 앓진 않을지, 죽지 않을지, 어떻게 알 수 있을까? 나는 육감만으로 룰리스의 목숨을 건 도박을 하고 있었다.

우리는 3월 24일, 해가 뜨기 전에 집에 도착했다. 내 아들 조슈아의 열두 번째 생일이었다. 조슈아는 비틀비틀 거실로 들어와서 소파에 뻗은 연구 조교 조지 킴벌George Kimball과 그의 품에서 잠든 룰리스를 발견했다. 조슈아는 자기 생일날 새끼 침팬지가 관심을 독차지하는 것이 유쾌하지 않았지만 곧 바닥에서 룰리스와 엎치락뒤치락 하고 있었다. 여덟 살 레이철과 세 살 힐러리도 여기에 합류했다.

칼슨 박사가 와서 룰리스를 진찰했는데, 상태가 아주 좋았다. 룰리스는 데비가 만든 이유식을 바로 먹었고, 오전 8시가 되자 우리는 룰리스를 워쇼에게 소개할 준비를 마쳤다.

우리는 룰리스를 차에 태워 돼지 헛간으로 향했다. 룰리스와 워쇼, 앨리는 공군 기지의 새집이 준비될 때까지 이곳에서 살 예정이었다. 나는 워쇼에게 소식을 알리기 위해 혼자 안으로 들어갔다.

〈널 위해서 아기를 데려왔어.〉 내가 기뻐하며 수화로 말했다.

워쇼가 2주만에 처음으로 흥분해서 최면 같은 상태에서 깨어났다. 〈아기, 내 아기, 아기, 아기!〉 워쇼는 계속 수화를 하며 우우 기쁨의 소리를 내면서 두 발로 으쓱으쓱 걸었다.

내가 바깥에 세워둔 차로 나가서 룰리스를 품에 안고 잠시 후 돌아왔다. 그러나 내가 우리로 다가가자 워쇼가 룰리스를 유심히 보았고 흥분은 곧 사라졌다. 〈아기.〉 워쇼가 미적지근한 관심으로 룰리스를 살피면서 수화로 차분하게 말했다. 나는 워쇼에게 네 아기가 아니라 그냥 아기라고 분명히 말해 주는 것을 잊었다. 너무 늦었다. 잘 되기만을 바라는 수밖에 없었다.

나는 워쇼가 룰리스를 안아 보고 싶어 할 것이라고 생각했지만 1미터쯤 떨어져 앉아서 물끄러미 바라볼 뿐이었다. 나는 또 룰리스도 워쇼가 안아 주기를 바랄 거라고 생각했지만 내게 더더욱 꼭 매달렸다. 나는 룰리스를 떼어 낸 다음 워쇼 쪽을 향하도록 돌려 잡고서 워쇼에게 넘겨주어야 했다. 워쇼가 룰리스를 받는 순간 내가 얼른 우리에서 나와 문을 닫았다. 룰리스는 워쇼의 품에서 꾸역꾸역 빠져나와 나를 향해 달려오려 했다.

워쇼는 이미 룰리스에게 푹 빠졌지만 억지로 달려들 만큼 어리석지는 않았다. 워쇼가 룰리스에게 슬그머니 다가가더니 부드럽게 어루만졌다. 그런 다음 간질이고 쫓기 놀이를 하려는 듯 슬그머니 물러섰다. 그러나 룰리스는 따라 주지 않았다. 룰리스는 바닥에 혼자 앉아서 데비와 나를 보았다. 그래서 워쇼는 새로운 전략을 썼다. 워쇼는 룰리스가 도망가지 않는 한도 내에서 최대한 가까이 다가앉더니 룰리스에게 완전히 마음을 뺏겨 하염없이 바라보았다. 그날 밤 워쇼는 세쿼이아에게 그랬던 것처럼 룰리스를 품에 안고 재우려고 했다. 그러나 워쇼는 룰리스의 어미가 아니었기에 룰리스는 철제 벤치 끝에서 혼자 잤다.

다음날 오전 4시에 학생들이 극적인 전환점을 보고했다. 잠에서 깬 워쇼가 두 발로 서더니 철썩 소리를 내면서 룰리스에게 힘차게 수화로 말했다. 〈이리 와, 아가야.〉 룰리스가 벌떡 일어나더니 워쇼의 품으로 곧장 뛰어들었다. 룰리스는 커다랗고 북실북실한 베개 같은 워쇼의 품에 파묻혀서 다시 잠들었다.

그날 이후 새끼와 어미는 같이 잤다. 룰리스는 며칠만에 워쇼의 품에서 안전과 안락을 찾게 되었고, 돼지 헛간의 이웃 큰긴팔원숭이들이 주변에 있을 때는 더욱 그러했다. 큰긴팔원숭이들은 목주머니를 부풀려서 수마트라 우림에서 큰 소리를 지를 수 있다. 쇠로 만든 우리 안에서 이렇게 소리를 지르면 거의 귀가 멀 정도다. 그러나 큰긴팔원숭이도 워쇼가 있으면 힘을 못 썼다. 워쇼는 종종 입에 물을 채우고 우리 구석으로 달려가서 큰긴팔원숭이들에게 물을 끼얹었다. 하지만 이제 룰리스가 매달려 있었고, 워쇼는 아들을 벤치에 혼자 남겨 둘 수 없었다. 품에서 떨어지기만 하면 낑낑거렸기 때문이다. 워쇼는 룰리스가 울지 않도록 벤치에 발가락 끝을 걸쳐 놓고서 몸을 최대한 쭉 뻗어서 우리 벽을 잡고 큰긴팔원숭이에게 물을 뿜었다. 그러면 룰리스가 정말 좋아했다.

나도 몇 주만에 처음으로 기운이 났다. 어미 침팬지와 입양한 새끼가 애착 관계를 형성했으니 국립 과학 재단 지원금을 빼앗기지도 않을 것이고 룰리스가 워쇼에게서 수화를 배울지 연구를 시작할 수 있었다.

나는 침팬지들 사이에서 수화가 어떻게 다음 세대로 전해지는지 연구하면서 언어의 진화를 둘러싼 수수께끼의 잃어버린 조각을 찾고 싶었다. 내가 이 당시까지 배운 모든 것은 우리 인류 선조의 두뇌에 돌연변이가 일어나 갑자기 완전한 문법이 만들어지면서 언어가 생긴 것이 아니라고 말하고 있었다. 반대로 언어는 한 세대에서 다음 세대로 전해지면서 처음에는 몸짓의 형태로, 그 다음에는 구어의 형태로 진화한 의사소통 체계처럼 보였다. 그 과정에서 우리의 뇌와 후두가 절묘하게 발달하여 현대의 아기는 언어를 배우고 말할 수 있게 되었다. 그러나 언어 자체는 미약한 문화적 기공물이었다. 언어의 존속은 각 세대가 다음 세대로 그것을 잘 전달하느냐에 달려 있다.

간단한 사고 실험을 해보면 언어의 문화적 특성을 이해할 수 있다. 1살 이상의 모든 인류가 갑자기 지구에서 사라지고 1살 미만의 아기들만 살아남았다고 생각해 보자.[2] 어른이 없으면 아기들은 배울 언어가 없다. 언어를 처음부터 다시 만들어 내야 한다. 아기들은 아마도, 우리 선조들처럼, 아주 간단한 규칙을 가진 몸짓과 소리의 혼합물로 시작할 것이다. 그러나 그 아이들이 우리가 오늘날 사용하는 것처럼 복잡한 언어 체계를 만들어 내려면 수십만 년은 더 걸릴 것이다.

　예술이든, 도구 제작이든, 언어든, 모든 문화는 학습을 통해서 전해진다. 내 생각처럼 언어가 문화적으로 등장했다면 가장 먼 인류 선조는 분명 몸짓 의사소통 체계를 다음 세대에게 물려주었을 것이다. 몸짓은 사회적 이점을 가지고 있기 때문이다. 이를 증명하는 가장 좋은 방법은 수화를 하는 침팬지 — 인식과 몸짓 능력이 아마도 초기 인류와 비슷할 것이다 — 를 관찰하면서 수화를 통해 그것을 다음 세대에 물려줄 만큼 사회적 이익을 얻는지 살피는 것이다. 모자 관계만큼 이를 연구하기 좋은 대상은 없다.

　1960년대 인류학자들이라면 터무니없는 생각이라고 여겼을 것이다. 동료 교수들은 인간만이 의사소통 체계를 다음 세대에게 전달한다고 가르쳤다. 언어는 각 종족이 여러 가지 문화 유산 — 기술, 도구 제작, 종교적 의식 등 — 을 물려주는 방법이었기 때문에 고유한 것으로 여겨졌다. 그러나 1970년대 중반에 제인 구달을 비롯한 아프리카의 동물학자들은 어린 침팬지들이 아주 어린 나이에 어미로부터 도구 제작 기술을 배운다고 보고했다. 이것은 어린 침팬지가 인간 아이와 거의 똑같은 방식으로 자기 공동체의 지식과 문화를 습득한다는 확실한 표시였다. 언어가 우리 공동의 유인원류 선조의 몸짓과 도구 제작에서 기원했다면 룰리스는 워쇼에게서 수화를 배울 수 있을 것이다.

　우리는 룰리스가 도착한 날부터 룰리스가 우리에게서 미국 수화를 배우지 않도록 룰리스 앞에서는 수화를 하지 않았다. 우리는 룰리스 앞에서 워쇼와 이야기할 때 일곱 개의 수화만 사용하기로 했는데, 어느 것, 무엇, 원하다, 어디, 누구, 수화, 이름이었다. 그러면 룰리스가 우리에게서 이 일곱 가지 수화를 배우는지 확인하는 일종의 대조 실험이 될 것이다. 워쇼가 수화로 질문하면 이제 우리는 워쇼가 꽤 잘 알아듣게 된 영어나 침팬지 소리로 대답했다. (실수로 룰리스 앞에서 수화를 할 경우에는 그것을 반드시 기록했다. 연구 기간 5년 동안 그러한 실수는 총 40회를 밑돌았다.) 이러한 환경이라면 룰리스는 워쇼나 앨리에게서만 수화를 배울 수 있다.

룰리스는 워쇼와 함께 지낸 지 8일째인 3월 31일에 첫 번째 수화를 배웠다. 조지 킴벌의 이름이었는데, 손바닥을 펴서 뒷머리를 쓸어내려 그의 긴 머리를 나타내는 것이었다. 조지는 워쇼와 룰리스에게 아침 식사를 주는 사람이었으니 룰리스가 처음 배운 수화가 조지의 이름이라는 사실은 별로 놀랍지 않았다.

룰리스는 곧 워쇼를 보면서 배운 세 가지 수화 — 간질이다, 마시다, 안다 — 를 썼다. 그러나 룰리스가 워쇼를 흉내 내기만 하는 것은 아니었다. 룰리스는 옹알이를 하듯이 이런 저런 수화를 해보았는데, 청각 장애아가 수화를 배우면서 어떤 수화나 수화의 일부를 가지고 노는 것과 똑같은 방식이었다. 예를 들어서 〈간질이다〉라는 수화는 오른손 검지로 왼손 손을 긋는 동작이다. 룰리스는 워쇼가 인간에게 가서 자기 손이나 그 사람의 손으로 〈간질이다〉라고 말하는 것을 보았다. 룰리스는 옹알이를 하듯이 이런 수화를 혼자 해보았다. 룰리스는 이렇게 혼자서 수화를 해본 다음에야 워쇼의 행동을 따라했다. 즉, 놀자는 표정을 짓고 있는 사람에게 다가가서 자기 손이나 그 사람의 손으로 〈간질이다〉라고 말했다. 룰리스는 〈마시다〉라는 수화 — 엄지손가락 끝을 아랫입술에 대는 것 — 를 정확히 똑같은 방식으로 익혔다. 처음에는 보고, 그다음에 혼자서 해보고, 마지막으로 그 수화를 적절한 때에 적절하게 썼다.

모든 인간 아기는 옹알이를 한다. 이것은 아기들이 언어를 배우기 전에 준비를 시키는 자연의 방식인 듯하다. 이러한 옹알이가 발성으로, 결국은 말로 발달한다. 물론 청각 장애아들은 음성 피드백을 들을 수 없기 때문에 곧 옹알이를 완전히 멈추지만 동시에 수화 옹알이를 시작하여 처음에는 손짓을, 나중에는 수화를 가지고 논다. 룰리스는 자연의 의도에 따라 어미에게서 몸짓 언어를 배우고 있었고, 따라서 룰리스의 옹알이는 청각 장애아의 옹알이처럼 자연스럽게 나타나고 있었다. 또한 룰리스는 도구 제작법처럼 언어 역시 침팬지들 사이에서 전달될 수 있다는 사실을 확인해 주었다. 룰리스는 어미를 보고, 다른 어른들과 교류하고, 자기 혼자 연습함으로써 수화를 배웠다. 이처럼 유연한 학습 과정 덕분에 룰리스는 수화 사용을 일반화하여 새롭고 다른 상황에서도 쓸 수 있었다.

룰리스는 자기 주도적으로 배웠다. 룰리스가 하는 수화의 90퍼센트는 워쇼가 시킨 것이 아니라 자발적인 것이었다. 이는 창의적이고 획기적인 발전으로 이어졌다. 예를 들어 룰리스가 〈빨리〉와 〈주세요〉를 수화로 배우고 나서 어느 날 내가 룰리스에게 물을 먹이다가 실수로 미리 말도 하지 않고 룰리스의 입에서 컵을 뗐다. 룰리스가 나를 보더니 〈빨리 주세요〉라고 수화로 말했는데, 두 수화를 조합한 것은 처음이었다.

룰리스는 인간 아이와 마찬가지로 사회적 소통의 뿌리 깊은 필요성 때문에 언어를 습득했으므로, 나는 워쇼가 수화를 적극적으로 가르칠 필요가 없으리라는 사실을 잘 알고 있었다. 하지만 워쇼가 아들을 가르칠 때도 있었다. 한번은 워쇼가 룰리스 앞에 의자를 놓고 〈의자 앉아〉라는 수화를 다섯 번 보여 주었다. 또 자원 봉사자가 오트밀 한 그릇을 가져다주자 워쇼는 룰리스가 보는 앞에서 수화로 〈음식〉이라고 여러 번 반복해서 말했다. 그런 다음 룰리스의 손으로 〈음식〉이라는 손 모양을 만들어서 룰리스의 입에 여러 번 대주었는데, 내가 네바다에서 워쇼에게 한 것과, 또 청각 장애아의 부모가 종종 하는 것과 똑같은 행동이었다. 룰리스가 〈음식〉이라는 수화를 즉시 익힌 것을 보면 엄마가 손을 잡고 지도해 주는 방법이 효과가 있는 것 같았다. 이 역시 침팬지가 야생에서 문화를 전달하는 방법과 무척 비슷했다. (앞서 살펴보았듯이 어미 침팬지는 망치로 견과류를 깨뜨리려다 실패한 딸에게 올바른 방법을 간략하지만 분명하게 지도했다.)

워쇼와 함께 지낸 지 단 8주만에 한 살짜리 룰리스는 인간과 침팬지에게 자주 수화로 말했다. 흥미롭게도 룰리스는 우리가 주변에서 사용했던 일곱 가지 수화는 하나도 습득하지 않았다. 룰리스는 워쇼와 앨리에게서만 배웠다. 입양 18개월 후, 룰리스는 20여 가지의 수화를 자발적으로 사용했다. 룰리스는 인간이 아닌 동물에게서 인간의 언어를 배운 최초의 동물이었다. 이로써 룰리스는 언어 습득이 우리와 침팬지가 공유하는 학습 기술을 바탕으로 이루어진다는 사실을 확인해 주었을 뿐 아니라 언어의 전파가 문화적 현상임을 보여 주었다. 워쇼는 몸짓 의사소통 체계를 아들에게 전파했는데 — 룰리스에게는 그것을 습득할 동기가 있었다 — 둘에게 사회적으로 도움이 되었기 때문이었다. 언어는 워쇼와 룰리스의 유대 강화에 도움이 되었다. 아마도 인류 선조들 사이에서 언어가 진화한 주된 이유 중 하나는 언어가 어미와 자식의 소통을 촉진했다는 사실일 것이다. 이러한 소통은 어린 시절이 길고 모방과 학습에 초점이 맞춰져 있는 모든 종에게 특히 중요하다.

1979년에 나는 심리 작용 학회Psychonomic Society 회의에서 룰리스 연구의 첫 번째 결과를 발표했다. 1982년부터 데비와 나는 룰리스의 성과를 기록한 과학 논문을 여러 편 발표했다.[3] 생물학자, 동물 행동학자,

인류학자, 수화 전문가 들은 아기 침팬지가 다른 침팬지로부터 미국 수화를 배웠다는 소식을 열렬히 환영했다. 인간과 침팬지가 행동학적으로 동족임을 이미 인정한 과학자들이었다. 반면에 많은 언어학자들은 침묵으로 대응했다. 그들이 무슨 말을 할 수 있었을까? 지금까지 언어학자들은 워쇼를 비롯한 침팬지들이 강화를 통해 훈련을 받았거나 인간의 암시를 읽을 수 있는 솜씨 좋은 따라쟁이일 뿐이라고 주장했다. 그러나 룰리스는 인간이 수화하는 모습을 보지 못했으므로 암시를 읽을 수도 없었다. 그리고 수백 시간 분량의 비디오는 룰리스가 워쇼에게서 수화를 어떻게 배웠는지 보여 주었다. 유인원 언어를 비판하는 사람들이 룰리스 프로젝트에 반박하지 못했다는 사실은 유인원이 언어를 배울 수 있음을 가장 잘 말해 주는 증거일 것이다.

1979년 6월, 룰리스가 도착하고 약 3개월 후 마침내 우리는 워쇼, 룰리스, 앨리를 약 8킬로미터 떨어진 구(舊) 공군 기지 사우스베이스로 옮겼다. 레먼과 나는 교무처장을 통해서만 연락했고, 나는 앨리를 데려가도 되느냐고 허락을 구하지 않았다. 이것이 도박이라는 사실은 나도 잘 알았다. 앨리는 국립 과학 재단의 지원을 받는 연구에 참가 중이었지만 법적으로는 레먼의 소유였다. 나는 레먼이 앨리를 버리기만을 바라고 있었다.

사우스베이스는 제2차 세계 대전 당시 해군 항공 부대 훈련을 위해서 소나무 목재로 급하게 만든 막사들이었기 때문에 확실히 문제가 있었다. 우선, 화재의 위험이 있었다. 몇 년 전에 한 막사에서 불이 나 3분만에 전소했다. 나는 번개나 전기 문제로 화재가 발생할 경우에 대비해서 학생들이 하루 종일 당직을 설 수 있는 다락방을 설치했다. 게다가 막사에 찾아오는 사람은 우리의 연구 대상이 침팬지가 아니라 바퀴벌레라고 착각했을 것이다. 불을 켜면 벽에서 바퀴벌레 수천 마리가 허둥지둥 흩어졌다.

배관 문제도 있었다. 우리는 바닥에 파이프를 설치할 수 있는 진료용 막사를 썼다. 우리 집안에는 배관공이 여럿 있었는데, 나는 그중 하나인 형에게 오물이 낮은 곳으로 흐른다는 사실만 알면 배관공이 될 수 있다며 농담을 하곤 했다. 그런데 오클라호마 대학의 배관공들은 이 원칙을 잘 몰랐던 것 같다. 바닥의 작은 배수구를 바닥 높이가 제일 높은 막사 한가운데에 설치했던 것이다. 이는 우리가 모든 오물을 배수구 쪽으로 쓸어야 한다는 뜻이었다. 게다가 배수구와 파이프가 너무 작아서 침팬지 먹이를 비롯한 쓰레기를 감당하지 못했다. 그래서 워쇼는 대걸레와 변기용 흡착기를 들고 가족의 욕실을 청소하고 뚫는 데 많은 시간을 허비했다.

이러한 단점에도 불구하고 대학 측에서 에어컨을 설치해 주었기 때문에 사우스베이스는 연구소보다 훨씬 좋았다. 철제 돼지 헛간에서 살 때 워쇼, 룰리스, 앨리는 통구이가 될 지경이었다. 사우스베이스로 옮기기 전인 1979년 6월의 가장 눈에 띄는 과학적 발견은 기온이 50도 가까이 되면 침팬지가 선풍기 앞에 누워서 수화는커녕 아무것도 하지 않는다는 사실이었다.

시원한 새집으로 옮기자 워쇼와 룰리스는 놀라운 침팬지의 학습 사례들을 우리에게 보여 주었는데, 수화와 관계없는 것들도 있었다. 워쇼는 10년 전 리노에서 나와 했던 놀이를 룰리스에게 가르쳤다. 바로 워쇼가 〈까꿍 놀이〉라고 부르는 술래잡기였다. 워쇼가 눈을 가리고 룰리스를 찾아다녔는데, 물론 못 찾겠으면 어렸을 때 그랬던 것처럼 슬쩍 엿보았다.

룰리스는 우리가 〈달리기〉 게임이라고 부르는 놀이를 만들었다. 룰리스가 워쇼나 앨리에게 〈이리 와〉라고 수화로 말하는 것이 시작이었다. 워쇼나 앨리가 다가오면 룰리스는 아슬아슬하게 피해서 다른 방향으로 달려가 다시 〈이리 와〉라고 말한다. 이런 식으로 잡힐 때까지 계속하는 놀이였다. 룰리스는 워쇼보다 훨씬 작고 빨랐기 때문에 워쇼는 룰리스를 절대 못 잡을 것 같았다. 결국 워쇼는 달리기 게임에서 이길 비겁한 방법을 생각해 냈다. 바로 벤치에 누워서 잠든 척하는 것이었다. 룰리스가 다가오면 워쇼가 갑자기 룰리스를 잡았고 게임은 끝났다.

룰리스는 야생의 새끼 침팬지가 그렇듯 둥지 만들기처럼 중요한 행동을 양어머니 워쇼에게서 배웠다. 침팬지는 아프리카의 숲에서 대략 5분이면 높은 나무 위에서 나뭇가지 여러 개를 구부려 편안한 깔개처럼 만들어서 그날 밤에 잘 침대를 마련했다. 워쇼는 바닥에다가 이불을 둘둘 말아서 자기만의 특별한 방법으로 둥지를 만들었다. 그런 다음 인형을 먼저 넣고 둥지로 들어갔다. 처음에 룰리스는 워쇼가 둥지 만드는 모습을 멍하니 보기만 했다. 가끔 워쇼에게 인형을 주면서 도울 때도 있었다. 얼마 후 워쇼는 룰리스를 안고 둥지를 만들기 시작했다. 결국 1년쯤 지나자 룰리스는 워쇼의 둥지 바로 옆에 자기 담요를 둘둘 말아서 둥지를 만들었다.

룰리스는 어미처럼 다루기 힘든 아이였고 권위에 도전하는 것을 좋아했다. 룰리스는 주목을 끌고 싶으면 우리에게 물을 뱉었다. 우리는 룰리스가 여섯 살이 될 때까지 룰리스 앞에서 수화를 하지 않았기 때문에 워쇼에게 영어로 불만을 전달해야 했다. 그러면 워쇼는 룰리스의 머리를 톡 치거나 다리를 잡아서 주의를 돌렸다. 얼마 후 워쇼는 룰리스가 누군가에게 물을 뱉으려는 모습을 보면 서둘러 달려가서 꽉 끌어안아 말렸다.

워쇼는 앨리가 곁에서 육아를 도와주어 무척 안심하는 것 같았다. 세쿼이아 때도 앨리는 아이에게 무척 흥미가 많고 친절한 아빠였다. 워쇼는 앨리에게 세쿼이아를 안겨 주지 않으려 했지만 결국 털을 골라 주는 것은 허락했다. 룰리스가 워쇼에게 왔을 때쯤 워쇼는 앨리를 완전히 믿는 것 같았다. 워쇼는 간질이고, 쫓고, 〈달리기〉를 하자는 룰리스의 끝없는 요구에 지치면 앨리에게 룰리스를 넘겨주었다. 그럴 때에도 워쇼는 근처 의자에 앉아서 주의 깊게 지켜보며 룰리스가 힘들다는 신호를 보내지 않는지 신경을 곤두세웠다. 룰리스가 울음을 터뜨리면 워쇼가 얼른 가서 아들을 빼앗았고 앨리는 수화로 〈미안 미안, 안아 줘, 안아 줘〉라고 말했다.

결국 앨리를 구하려는 내 노력은 수포로 돌아갔다. 그해 가을, 레먼이 교무처장을 통해서 앨리를 돌려 달라고 요구했다. 레먼의 학생들의 말에 따르면 그는 군락 전체를 생물 의학 실험실에 팔 계획이었다. 앨리가 결국 여키스 같은 의학의 감옥으로 가게 된다고 생각하자 가슴이 너무 아팠다.

내가 한 살짜리 앨리를, 가슴에 십자가를 그리던 장난꾸러기 새끼 침팬지를 만난 지 거의 10년이 지났다. 그동안 나는 앨리의 양육을 도왔고, 앨리에게 수화를 가르쳤고, 같은 침팬지들에게 소개했고, 엄마를 잃고 슬퍼하는 앨리의 목숨을 구했다고도 할 수 있었다. 그 보답으로 앨리는 나에게 위안을 주고, 즐거움을 주고, 많은 것을 가르쳐 주었다. 앨리는 내 친구였다. 또 앨리는 워쇼의 짝이자 세쿼이아의 아버지, 룰리스의 양아버지였다. 그러나 이제 그런 인연은 아무 소용없었다. 법에 따르면 앨리는 레먼의 재산이었고, 내가 그의 재산을 훔친 셈이었다.

내가 레먼의 요구를 거절하면 레먼이 경찰에 신고를 할 것이고, 대학이 레먼을 대신해서 끼어들 수밖에 없을 것이다. 레먼은 나에게 절대 앨리를 팔지 않을 것이다. 그렇다면 남는 방법은 앨리를 납치하는 것밖에 없는데, 그러면 내가 아는 내 삶은 끝장이다. 나는 다 큰 침팬지와 밴에 숨어 지내며 법을 피해 도망다니는 내 모습을 상상해 보려 애썼다. 얼마 안 가서 체포될 것이다.

나는 며칠 동안 곰곰이 생각한 끝에 인정해야 했다. 나는 앨리를 정말 사랑하지만 앨리를 위해서 내 자유를 희생시킬 준비는 되어 있지 않았다.

10월의 어느 아침, 나는 앨리에게 목줄을 채우고 밴에 태워서 연구소로 돌아갔다. 나는 앨리를 레먼의 실험실 관리인들에게 넘겨주고 가만히 서서 〈안녕, 괴짜〉라고 수화로 말했다.

〈좋아, 가.〉 앨리가 수화로 대답했다

내가 앨리를 본 것은 그때가 마지막이었다.

앨리가 갑자기 떠나자마자 다른 침팬지가 갑자기 들어왔다. 12월 초에 나는 앨런 가드너의 전화를 받았다.

「로저, 모자를 계속 데리고 살 수가 없네.」 그가 말했다. 「모자를 자네에게 보내는 게 제일 좋을 것 같아.」

모자는 가드너의 두 번째 수화 연구에서 나이가 가장 많은 암컷 침팬지였다. 모자라는 이름은 스와힐리어로 〈1번〉이라는 뜻이었고, 새끼 때부터 가드너 부부와 지내다가 이제 일곱 살이 되었다. 앨런과 비어트릭스는 위쇼를 기르던 작은 집에서 〈이혼 목장〉이었던 7에이커 규모의 목장으로 이사했는데, 〈빨리 해치우는〉 이혼으로 유명한 리노에 이혼을 하러 온 사람들이 묵던 곳이었다. 가드너 부부는 목장의 농가에서 살았고, 침팬지 세 마리는 각각 작은 오두막에 살았다.

가드너 부부에게서 연락이 온 것은 1년 전쯤 모자의 행동이 점점 이상해진다며 조언을 얻으려고 전화를 한 이후로 처음이었다. 모자는 경고도 없이, 그리고 겉으로 보기에는 아무 이유도 없이 사람들을 물었다. 내 눈에는 그것이 전혀 이상해 보이지 않았다. 모든 사람을 무는 게 자기 일이라고 생각하는 인간 아이라면 수없이 많이 보았다. 불행히도 가드너 부부의 프로젝트 조교 중 몇몇이 모자를 돌보지 않겠다고 거부하고 있었다. 또 호루라기를 가지고 다니다가 모자가 다른 침팬지들의 영역에 들어가려고 하면 호루라기를 불어서 다른 학생들에게 알리기도 했다. 얼마 후, 아무도 모자를 돌보려 하지 않아서 앨런은 워쇼 프로젝트의 베테랑 동료였던 그렉 거스태드를 다시 불렀다. 그런데 그렉이 다시 이사를 하게 된 것이다.

워쇼는 심술궂은 시기를 거칠 때 나에게 대들며 비웃었다. 그러나 모자는 더욱 감정적으로 사람을 조종했다. 우선 모자는 음식을 먹지 않으려고 했는데, 이 방법은 항상 가드너 부부의 관심을 끌었다. 그 다음에는 사람을 물었다. 결국 모자는 자해를 시작했다. 아주 추운 밤에 손이 동상에 걸릴 때까지 바깥에 나가 있었고, 동상 걸린 손가락을 뼈가 보일 정도로 물어뜯었다. 이 습관은 건강상 위험하기도 했지만 짓이겨진 손가락으로 어떻게 수화를 할 수 있을까라는 과학적인 문제도 있었다.

가드너 부부는 어쩔 줄 몰랐다. 이제 두 사람은 모자를 억지로 집 안에 들여보낼 힘이 없었다. 그리고 가드너 부부가 모자를 집 안으로 들여보낼 수 있다 해도, 누구도 모자를 상대하려 하지 않았다. 그들의 탈출구는 모자를 우리에게 보내는 것밖에 없는 듯했다. 10년 전 워쇼를 오클라호마로 보낼 때 그랬던 것처럼 앨런은 모자를 사우스베이스의 우리 시설로 보낼 계획을 이미 세워 놓았다. 그렉 거스태드가 비행기로 모자를 데려와서 오클라호마에 며칠 머무르며 적응을 돕기로 했다.

10년이 지났지만 나는 앨런 가드너의 부탁을 거절한다는 것은 생각도 할 수 없었다. 그래서 데비와 나는 모자를 받아들이기로 했다. 국립 과학 재단 지원금 덕분에 모자를 돌볼 여력이 있었고, 모자가 앨리를 대신해서 워쇼의 친구가 되고 룰리스를 돌봐 줄지도 몰랐다. 손가락을 물어뜯지 못하게 할 수만 있다면 분명 말 많은 친구가 될 것이다. 모자는 생후 3개월부터 수화를 했고 150가지 수화를 알았다. 하지만 겁이 나기도 했다. 우리는 모자를 몰랐고 모자도 우리를 몰랐다. 나는 1977년에 모자를 사흘 정도 본 것이 전부였다. 어떻게 봐도 신경증에 걸린 폭군으로 보이는 힘 센 침팬지를 우리가 어떻게 다룰 수 있을까?

사실 우리가 모자를 다룬 것이 아니라 워쇼가 다루었다. 모자는 자기보다 나이 많고 크고 힘 센 침팬지와 같이 지낸 적이 없었다. 모자는 남동생 다르와 여동생 타투를 놀리는 데 익숙했고, 자기가 비명을 지를 때마다 인간이 반응을 보이고 자기 몸에 상처가 날 때마다 인간이 안절부절 못할 것이라고 생각했다. 이제 32킬로그램 나가는 모자의 상대는 18개월짜리 새끼를 돌봐야 하는 68킬로그램짜리 암컷이었다. 워쇼는 모자의 자기 연민에 신경 쓸 시간이 없었기 때문에 곧 모자에게 분수를 가르쳐 주었다. 모자는 워쇼를 만난 날부터 성장하기 시작했다.

우여곡절이 많은 과도기였다. 모자는 앨런과 비어트릭스와의 이별로 무척 상심했다. 워쇼는 난관을 극복하고 오클라호마에서 잘 지냈지만 모자는 감정적이고 상태가 조금 이상했다. 모자는 먹으려 하지 않았고, 계속 설사를 했다. 또 항상 비명을 질렀고 피가 날 때까지 상처의 털을 골랐다. 이런 방법이 하나도 통하지 않자 모자는 우리에게 수화로 〈집? 집에 가?〉라는 말만 반복했는데, 손모양을 몇 초 동안 유지함으로써 절박함을 강조했다.

괴로워하는 모자를 보면 가슴이 아파서 견디기 힘들었고, 원하는 대로 다 해주는 것은 너무 쉬웠다. 모자가 샌드위치 — 모자는 땅콩버터를 바른 흰 빵만 먹었다 — 를 달라고 하면 데비와 나는 기를 쓰고 그것을 만들었다. 모자가 비명을 지르면 우리는 모자가 왜 기분이 좋지 않은지 고민했다. 모자가 손가락을 물어뜯으면 우리는 그만하라고 애원했다.

위쇼는 모자를 더욱 다부지게 다루었다. 모자가 비명을 멈추지 않으면 위쇼는 〈정 그렇다면 진짜 울려 주지〉라고 말하듯이 머리를 철썩 때렸고, 그러면 모자는 한바탕 울다가도 즉시 멈췄다. 모자가 저녁을 먹지 않으려고 하면 위쇼가 대신 먹었다. 모자가 상처의 털을 계속 고르는 것으로 우리를 조종하려고 하면 위쇼가 털 고르기에 참여해서 단체 활동으로 만들었다. 모자가 안절부절못하면 위쇼는 룰리스를 모자의 등에 업혀 주고 잠시 동안 〈이모〉 놀이를 하게 해 주었다. 룰리스는 모자를 정말 좋아했고, 룰리스의 에너지와 애정이 모자에게 자신감을 주는 것 같았다. 게다가 모자는 위쇼가 자기를 어떻게 할까 걱정하느라 시무룩할 시간이 별로 없었다.

모자의 상처가 낫기까지는 1년이 걸렸다. 우울함을 극복한 모자는 완전히 딴 침팬지가 되었다. 물기, 괴롭히기, 자해는 사라졌다. 모자는 항상 신경질적이고 특이하긴 했지만 위쇼를 존경했고 꼬마 룰리스에게 정말 헌신적이었다. 위쇼는 가드너 부부와 우리가 절대로 할 수 없는 것을 했다. 모자에게 사교적인 침팬지가 되는 법을 가르친 것이다.

모자가 도착하고 몇 달 뒤 교무처장이 레먼의 또 다른 메시지를 전달했는데, 이번에는 내가 전혀 상상도 못한 것이었다. 레먼은 위쇼가 자기 것이라고, 이미 생물 의학 연구 실험실에 워쇼를 넘기기로 하고 협상을 시작했다고 주장했다. 〈워쇼는 내 거니까 다른 침팬지들이랑 같이 보낼 거야〉라는 메시지였다. 레먼은 가드너 부부가 1970년에 워쇼의 법적 소유권을 연구소로 이전했다고 주장했다.

나는 우리가 오클라호마로 이주할 때 가드너 부부가 나에게 워쇼의 양육권을 주었다고 확신했지만 내 주장을 뒷받침할 서류가 없었다. 그리고 서류가 있다 해도 아무 의미가 없었을 것이다. 룰리스와 앨리의 경우에서 배웠듯이 침팬지의 경우 양육권이 아무 소용없었다. 침팬지가 어린아이처럼 행동하고 수화할지는 몰라도 법적으로는 자동차나 주택, 토스터나 마찬가지로 재산에 불과했다. 내게 워쇼의 소유권이 있거나 없거나일 뿐, 그 이상도 그 이하도 아니다. 교무처장은 내게 워쇼의 소유권이 있다는 증거를 요구했고, 그것도 빨리 내라고 했다.

나는 가드너 부부가 워쇼의 소유권을 가지고 있는지도 확신할 수 없었다. 내가 워쇼와 함께한 지 13년이 지났는데 워쇼의 소유주가 누구인지도 모른다니, 믿을 수가 없었다. 레먼이 정말 내 침팬지 여동생의 소유권을 가지고 있을까?

앨런 가드너가 걱정을 말끔히 해결해 주었다. 「레먼에게는 워쇼의 소유권이 없어.」 그가 말했다. 「워쇼는 공군 침팬지야.」 그래서 나는 공군에 연락을 했고, 몇 주 후 공군 대령의 서명이 담긴 간결한 편지를 받았다.

파우츠 박사님께

6571번째 항공 의학 연구소Aeromedicla Research Laboratory 군락 소속이었던 474번 침팬지(〈워쇼〉)의 소유권에 관한 귀하의 문의를 받고 관련 기록을 검토한 결과, 동물의 소유권이 1966년 6월 이주 당시 비어트릭스

T. 가드너 씨에게 이전되었음을 알려 드립니다.

내가 이 편지를 손에 넣자 앨런은 비어트리스와 자신이 워쇼의 실제 소유주임을 인정할 수밖에 없었다. 그러나 두 사람은 워쇼의 주인이 되고 싶은 생각도, 소유권에 따른 책임을 질 생각도 없었다.

데비와 내가 가드너 부부로부터 워쇼의 소유권을 쉽게 넘겨받을 수도 있었지만, 워쇼를 소유한다는 생각은 우리 아이들을 사고파는 것만큼이나 거북했다. 우리는 침팬지가 생명 없는 재산이 아니라 사람에 더 가깝다고 생각했지만 불행히도 대부분의 사회는 그렇게 생각하지 않았다. 법 체계에는 정해진 규칙이 있고 우리는 워쇼를 보호하기 위해 그것을 따라야 했다.

앨런은 워쇼를 무기한으로 나에게 맡긴다는 합의서에 서명했다. 나는 워쇼의 소유권을 증명하는 새로운 합의서를 교무처장에게 가지고 가서 증거로 보여 주었다. 이제 모든 문제가 공식적으로 마무리되었다.

위쇼의 소유권을 둘러싼 다툼과 사우스베이스의 열악한 환경 때문에 이제 침팬지들에게 더 좋은 집을 정말로 찾아야 한다는 생각이 들었다. 하지만 어디에서 찾을까? 나는 1980년 초에 캘리포니아, 텍사스, 오하이오, 노스다코타, 오리건, 미시건, 테네시, 콜로라도, 매니토바의 대학들과 이야기를 나누었다. 또 어디를 가든 유인원 시설과 보호 구역을 지을 만한 곳을 찾아다녔다. 한두 군데의 대학과 이야기를 시작했지만 진행이 너무 더뎠다.

그때 제일 가능성이 없을 것 같던 곳에서 기회의 문이 열렸다. 1980년 5월에 나는 워싱턴 엘런스버그의 센트럴 워싱턴 대학교CWU에서 강연을 했는데, CWU에는 학사와 석사 과정만 있을 뿐 박사 과정이 없었기 때문에 그곳에서 일을 찾으리라는 생각은 하지도 않았다. 학교 측은 유인원 행동 및 의사소통 고급 강의만 하는 교수에게 관심이 없을 터였다. 그러나 강연이 끝난 후 대학 행정부 직원이 다가왔다. 그는 오클라호마 대학에서 일한 적이 있었는데, 주로 홍보 업무를 담당했었다.

「박사님을 우리 학교로 모셔 오려면 뭐가 필요할까요?」 그가 나에게 물었다.

「안 됩니다.」 내가 대답했다. 「유인원 시설이 없잖아요.」

그러나 그 사람은 무척 끈질겼다. 그는 1970년대 중반에 워쇼, 루시, 앨리가 오클라호마 대학교 풋볼팀보다 미디어의 관심을 더 많이 받았던 것을 기억했다. 오클라호마 주에서 풋볼은 주의 공식 종교나 마찬가지였는데 말이다. 다음 날 그가 전화를 해서 CWU에 유인원 시설이 있으며, 그것도 거의 새것이라는 놀라운 소식을 전했다. 최근에 지은 심리학과 건물 3층에 원숭이들을 수용하기 위한 방을 네 개 마련해 두었지만 원숭이를 연구하는 사람이 아무도 없었던 것이다. 나는 시설을 보러 갔다. 멋진 트렌치 배수구와 개별 난방 및 습도 조절 장치, (방 하나에는) 바닥에서 천장까지 이어진 전면창, 그리고 사치 중의 사치인 부엌이 있었다! (침팬지 세 마리가 먹을 음식을 만드는 것은 하루 종일 매달려야 하는 일이었다.) 바퀴벌레가 득시글거리고 창문도 없고 화재에 취약한 사우스베이스에 비하면 궁궐 같았다.

나는 일자리를 정식으로 제의받은 것도 아니었지만 오클라호마로 돌아오자마자 데비에게 센트럴 워싱턴으로 가자고 설득하고 있었다. 앨런스버그는 시애틀에서 동쪽으로 두 시간 정도 떨어진 캐스케이드 동부 산기슭의 아름다운 골짜기에 자리 잡은 멋진 소도시다. 데비와 나는 침팬지들에게도 더 좋고 우리 아이들이 자라기에도 좋은 곳이라는 결론을 내렸다.

단점도 분명했다. 오클라호마 심리학과는 미국 국내 13위라는 상당한 위치를 차지하고 있었던 것에 비해 CWU는 학문적으로 뒤쳐졌다. 시애틀의 워싱턴 대학교와 달리 CWU는 연방 기금을 많이 받는 주요 대학이 아니었다. 조교를 맡아 주거나 내 연구를 진행시킬 박사 과정 학생도 없을 것이다. 그리고 데비는 박사 학위를 따겠다는 일생의 꿈을 포기해야 할 것이다.

무척 큰 희생이었다. 그러나 데비와 나는 CWU로 가면 위쇼 가족에게 제일 좋은 환경을 만들어 줄 자유를 누릴 수 있으리라고 마음 깊이 느꼈다. 사실 CWU가 학문적으로 뒤떨어져 있다는 것 역시 큰 장점이었다. CWU에는 정해진 유인원 연구 요강도, 과학자 출신 관리인도, 경비원도, 총도, 규칙도 없었다. 우리는 마침내 두려움과 지배가 아니라 상호 존중과 깊은 동정심을 바탕으로 자유롭게 침팬지 연구 환경을 만들 수 있을 것이다. 나는 침팬지가 대부분의 시간을 야외에서 보낼 수 있는 커다란 보호 구역이 더 좋았지만 CWU 총장은 가까운 미래에 야외 시설을 짓는 것에 대해서 긍정적인 입장이었다. 그때까지는 위쇼와 룰리스, 모자를 더 안전하고 편안한 집으로 데려가는 것을 우선적으로 생각해야 했다.

1980년 6월에 나는 센트럴 워싱턴 대학교 심리학과 종신 교수직을 수락했다. 내가 이 소식을 전하자 오클라호마 대학원 학장은 깜짝 놀랐다. 「어디로 간다고요?」 그는 내가 한 말을 못 들었다는 듯이 계속 이렇게 말했다. 그는 나를 붙잡으면서 1, 2년 내에 적당한 시설을 지어 주겠다고 약속했다. 또 혹시 학교에서 시설을 지어 주지 않는다 해도 분명 아이비리그 대학에서 교수직을 제안할 것이라고 덧붙였다. 학장은 아직 이해하지 못하는 것 같았다. 그 전해에 나는 대학 부속 유인원 연구소를 열 군데 정도 방문했다. 나는 그런 대학들이 비인간 영장류를 어떻게 다루는지 직접 보았고, 그런 곳에 소속되고 싶은 마음은 전혀 없었다.

나는 레먼이 최후의 순간에 뭔가 꼬투리를 잡을 것이라고 예상하고 있었기 때문에 이주 계획을 철저히 비밀에 부쳤다. 로스앤젤레스 근처의 동물 훈련 시설에서 일하는 학생에 부탁해서 말 수송용 트레일러를 빌리기로 은밀하게 약속했다. 대학원생 여섯 명을 제외하면 대학이나 연구소와 관련된 그 누구도 우리가 언제 어떻게 떠나는지 알지 못했다. 나는 침팬지의 이사를 도울 학생 두 명을 고용했다.

8월 말의 어느 날, 나는 날이 밝기 전에 사우스베이스 막사에 트레일러를 댔다. 트레일러는 침팬지 우리 두 개 — 워쇼와 룰리스가 함께 쓰는 우리와 모자가 쓰는 우리 — 가 들어갈 만큼 컸다. 나는 침팬지들과 함께 트레일러에 타고 학생 중 한 명이 트럭을 운전하기로 했다. 그러나 워쇼와 모자에게 우리에 들어가라고 설득하는 것이 예상보다 더 어려웠다. 둘 다 차 타는 것을 좋아했지만 이상하게 생긴 트레일러와 창피할 정도로 애원하는 내 모습을 보고 단순히 자동차를 타고 한 바퀴 도는 것이 아님을 눈치 챈 것이다. 내가 침팬지들에게 탄산 음료, 캔디, 요거트 등 더 많은 것을 줄수록 침팬지들의 의심은 점점 더 커졌다. 나는 난관에 봉착했다. 침팬지는 나보다 힘이 세기 때문에 억지로 우리에 넣을 수는 없었다. 마취를 시킬 수도 있었지만 그러면 〈포획용 총〉으로 바늘 달린 굵은 화살을 쏘아야 했는데, 그러면 상처가 났고 고통스러울 수도 있었다.

결국 나는 모자에게 뻔뻔한 거짓말을 했다. 〈너랑 나랑 집에 가자.〉내가 모자에게 수화로 말했다. 리노로 데려다 주겠다는 뜻이었다. 모자가 눈을 반짝 빛내더니 트레일러로 들어갔다. 워쇼는 더 힘들었다. 나는 새집으로, 더 나은 곳으로 이사하는 거라고 워쇼에게 말했지만 워쇼는 트레일러 뒷문까지 왔지만 안으로 들어가려 하지 않았다. 워쇼가 내가 뒤에서 문을 닫지 못하게 트레일러 문을 잡고서 우리로 손을 뻗어 안에 있던 간식을 모조리 챙겼다. 결국 나는 소리를 지르고 겁을 주었다. 그래도 안 돼서 결국에는 포획 총을 꺼내 워쇼를 위협해야 했다. 워쇼가 비명을 지르면서 우리로 들어갔고, 룰리스가 바로 뒤따라 들어갔다.

워쇼는 우리 구석에 앉아서 내가 억지로 들여보냈다고 불같이 화를 냈다. 두 시간 뒤 첫 번째 주유소에 들렀지만 워쇼는 트레일러 옆문을 통해 나를 보려고 하지도 않았다. 그러나 내가 편의점에서 아이스크림을 사오자 여행에 대한 워쇼의 태도가 완전히 바뀌었다. 〈얼른, 얼른, 가자, 가자.〉 워쇼가 도로를 가리키며 수화로 말했다. 갑자기 워쇼는 신이 난 것 같았고, 우리는 두 시간마다 멈춰서 기름을 넣고 아이스크림을 사야 했다.

엘런스버그에 도착할 때까지 우리가 오클라호마에 두고 온 삶에 대해 생각할 시간이 많았다. 우리가 사우스베이스를 벗어나는 순간 나는 기나긴 안도의 한숨을 쉬었다. 나는 세쿼이아가 죽고 나서 침팬지들이 너무나 걱정되어 워쇼와 룰리스, 모자가 아직 살아 있을 때 오클라호마를 빠져나가는 것밖에 생각할 수 없었다. 이제 레먼의 손이 닿지 않는 곳으로 옮기게 되어서 나는 정말 기뻤다.

그러나 우리가 두고 온 것들을 생각하자 의기양양함은 금방 사라졌다. 앞으로 일어날 일들을 생각하니 마음이 정말 불편했다. 레먼은 결국 생물 의학 연구자들을 연구소로 끌어들이거나 경매를 거쳐 침팬지들을 실험실로 넘길 것이다. 아무리 생각해 보아도 앨리, 부이, 브루노, 신디,

셀마, 매니를 비롯한 모든 침팬지들의 행복한 결말은 상상할 수 없었다.

3년 전에 아프리카로 떠난 루시는 그래도 아직 희망이 보였다. 루시는 이제 우림 보호 구역 내의 우리에서 살지 않았다. 원래 루시와 함께 〈3주〉 동안 지낼 계획으로 아프리카에 동행한 재니스 카터가 얼마 전 루시와 매리앤, 야생에서 태어난 침팬지 일곱 마리를 감비아 강의 비비 섬 다섯 개 중 한 곳으로 이주시켰다. 재니스는 둥지 만들기와 식량 채집 같은 야생 침팬지 행동을 루시에게 가르치려고 노력 중이었지만 지금까지는 별로 성과가 없었다. 불쌍한 루시는 여전히 쇠약했고 수화로 재니스에게 먹을 것을 찾아 달라고 애원했다. 〈먹을 거 더 줘, 재니스 가.〉[4] 재니스가 거절하면 루시는 결국 바오바오 나무 열매를 따기 시작했지만, 루시가 나무에 오를 수 있도록 재니스가 사다리를 놔주어야만 했다. 이제 재니스와 루시 모두 거의 한계에 다다른 것 같았다. 그러나 나는 루시가 살아 있는 한 희망이 있다고 나 자신에게 말했다.

나는 다시 주의를 돌려서 트레일러를 타고 달리는 길을, 나와 함께 타고 있는 침팬지 세 마리를, 그리고 내 앞에서 데비와 우리 세 아이를 태우고 달리는 밴을 보았다. 겨우 10년 전 오클라호마에 도착해서 비행기에서 내렸을 당시 내가 아는 침팬지라고는 워쇼밖에 없었다는 사실을 믿기 힘들었다. 그 후 몇 년 동안 워쇼의 침팬지 가족과 나의 인간 가족은 친척이 되었다. 이제 우리는 알 수 없는 미래와 간절히 바라던 보호 구역을 향해 나아가고 있었지만 나는 끔찍한 상실감을 느꼈다. 마음속 깊은 곳에서 나는 알고 있었다. 앞으로 이 침팬지들에게 아무리 멋진 집을 지어 주어도 항상 미흡한 기분이 들 것이다. 앨리를 비롯한 다른 침팬지 가족들이 갇혀 있는 한 나는 결코 마음이 편하지 않을 것이다.

3부

보호 구역을 찾아서

워싱턴 주 엘런스버그: 1980년~1997년

인간과 다른 동물의 차이는 아주 크지만 그 차이가 개별 인간들 간의 차이보다는 작다고 말할 수 있다.

— 갈릴레오, 1630년[1]

침팬지가 얼마나 똑똑해져야 침팬지를 죽이는 것이 살인죄가 될까?

— 칼 세이건, 1977년[2]

11장
둘이 더해져 다섯이 되다

데비는 아이 세 명, 개 두 마리, 고양이 한 마리와 함께 엘런스버그에 먼저 도착했다. 내가 말 수송용 트레일러를 끌고 와서 새집 앞에 멈추자 데비는 심리학과 건물의 침팬지 집이 아직 준비되지 않았다는 소식으로 나를 맞이했다. 침팬지들이 머리 위의 터널로 기어올라 매달리고 이동할 수 있도록 대학 측에서 2만 달러를 내서 네 개의 영장류실 안에 방 크기와 같은 철망 울타리를 만들기로 했다. 안전 철망, 안전문, 먹이를 넣어 줄 창 등 모든 것이 우리의 요청대로 만들어지고 있었다. 그리고 우리는 그중 일부를 〈직접 조립해야 한다〉는 사실을 곧 깨달았다.

심리학과 건물에 도착하자 조립되지 않은 우리, 터널, 들보, 기둥, 철물이 산더미처럼 쌓여 있었다. 부모가 겪는 최악의 크리스마스 이브의 악몽처럼 조립 설명서는 전혀 이해할 수 없었다. 우리가 볼트 구멍을 맞춰서 이으려 애쓰는 동안 짐팬지 세 마리는 달리 갈 곳이 없어서 말 수송용 트레일러에 갇혀 있었다. 우리는 아예 드릴로 구멍을 새로 내서 조립하기 시작했다. 몇 시간 동안 작업을 해보니 완성하려면 며칠은 걸릴 것 같았다.

위쇼와 모자, 룰리스는 엘런스버그에서의 첫날밤을 우리 집 앞에 세워 둔 트레일러에서 보내게 되었다. 일부 지역 주민들은 침팬지들이 엘런스버그로 온다고 벌써부터 걱정이었다. 『데일리 레코드*Daily Record*』의 1면 기사는 〈침팬지들이 온다! 침팬지들이 온다!〉고 알렸다. 한밤중에 트레일러에서 들려오는 우우거리는 소리나 정글에서 날 듯한 소리도 새 이웃들이 잠을 설치는 데 한몫했을 것이다.

나도 첫날밤에 잠을 설쳤다. 트레일러는 다음 날 로스앤젤레스로 돌아가야 했고 곧 수업이 시작될 것이다. 우리에게는 천사가 필요했는데, 지역의 연어알 공급 회사 포츠크 바이트*Pautzke Bait*가 구세주였다. 포츠크 바이트에서 빈 창고를 사용하게 해주었다. 나는 창고에 혼다 자동차를 세워 두고 약 6미터 길이의 목줄을 위쇼의 목에 건 다음 차에 목줄을 묶었다. (룰리스는 목줄이 필요 없었고 모자는 근처 벽에 역시 긴 목줄로 묶여 있었다.) 내가 위쇼를 학생들에게 맡기고 수업을 하러 나갈 때까지는 아무 문제없었다. 그런데 내가 나가자마자 위쇼가 탄산음료를 주지 않으면 자동차 창을 부수고 와이퍼를 떼어 내겠다고 위협하기 시작했다는 것이다. 그날 오후 돌아와 보니 위쇼와 룰리스는 산더미같이 쌓인 빈 탄산음료 캔에 둘러싸여 있었다.

일주일쯤 후에 우리는 울타리 두 개의 조립을 끝내고 위쇼와 룰리스, 모자를 심리학과 3층의 새집으로 옮겼다. 완성된 두 방은 네 개의 방 중에서 작은 편이었기 때문에 모자는 당분간 자기 방에서 혼자 지내야 했다. 모자는 너무 외로워서 자해를 하기 시작했고, 다리에 종기가 나자 뼈가 보일 때까지 털 고르기를 했다. 곧 나는 심리학 개론 학생들을 보내서 해 뜰 무렵부터 해 질 무렵까지 모자와 함께 지내도록 했다.

적당한 패션 액세서리만 가지고 오면 모자와 쉽게 어울릴 수 있었다.

모자는 외모에 무척 관심이 많았고, 낡은 옷과 신발을 착용하고 화장을 한 다음 거울 속 자기 모습을 들여다보는 것을 무엇보다도 좋아했다. 모자는 빨간 옷을 입겠다고 고집을 피웠지만 신발에 대해서는 별로 까다롭지 않았다. 우리를 청소할 때 신는 고무 장화만 신어도 파티용 구두를 신은 것만큼 좋아했다. 모자는 옷을 입고 나서 긴 털을 빗어 달라고 했고, 그러면 몇 시간 동안 즐거워했다.

위쇼와 룰리스는 더 까다로웠다. 문제는 놀이를 시작하는 것이 아니라 놀이를 끝내는 것이었다. 룰리스는 아이를 키우는 부모라면 누구나 익숙한 시기, 즉 항상 관심을 끌고 싶어 하는 힘든 시기를 거치고 있었다. 룰리스는 몇 시간 동안이고 간질이고 쫓기 놀이를 할 수 있었지만 놀이 시간이 끝나서 우리를 청소하고, 수화 데이터를 수집하고, 식사를 준비할 때가 되면 골칫덩이였다. 룰리스는 짜증을 부리면서 우리에게 물을 뿜었다. 그럴 때면 위쇼는 룰리스를 아기가 아니라 개라고 부르며 〈개야 이리 와!〉라고 수화로 말했다.

결국 모자는 위쇼, 룰리스와 몇 달 동안 떨어져 지낸 끝에 약 2미터 높이의 창으로 대학 풋볼 경기장이 내려다보이는 커다란 방에서 두 침팬지와 다시 만났다. 이제 모자는 가족과, 특히 꼬마 룰리스와 다시 어울릴 수 있었다. 위쇼는 다시 만나자마자 모자가 가장 최근에 자해한 상처를 보살폈고, 모자는 곧 육체적, 심리적으로 완전히 회복되었다.

그러나 위쇼 가족이 새집에 정착하고 한 달이 지난 1981년 2월에 앨런 가드너가 다시 한 번 내 인생을 바꿀 전화를 했다. 그와 비어트릭스는 모자의 양동생 다르와 타투를 우리에게 보내고 싶어 했다.

이번 〈문제아〉는 네 살 난 다르였다. 1976년에 가드너 부부는 홀로먼 공군 기지에서 새끼 침팬지를 데려와서 탄자니아의 옛 수도 다르에스살

람Dar es Salaam에서 이름을 따와 〈다르〉라고 지었다. 다르의 잘못은 하나도 없었다. 새끼 수컷 침팬지들이 인간 남자애들처럼 공격성을 드러내고 신체적 힘을 실험하기 시작하는 〈무서운 네 살〉이 되었을 뿐이었다. 그러나 다르는 조금 더 위협적이었는데, 호리하지만 이미 몸무게가 27킬로그램 정도인 데다가 빠르게 자라고 있었기 때문이다. 다르의 아빠 페일페이스는 홀로먼 공군 기지의 침팬지들 중에서 가장 큰 편으로, 키가 163센티미터 정도에 몸무게는 약 107킬로그램이나 나갔다. 다르의 엄마 키티는 덩치 큰 새끼들을 낳았는데, 그중에는 별명이 헐크인 침팬지도 있었다. 다르는 또 아빠의 독특한 흰색 반점과 엄마의 커다랗고 펄럭거리는 귀를 물려받았다.

가드너 부부는 유아기가 지난 수컷 침팬지를 다뤄 본 적이 없었기 때문에 다르를 어떻게 해야 할지 몰랐다. 리노에서 다르는 아야톨라*라고 불리기 시작했다. (당시 이란 혁명가들이 미국인 수십 명을 인질로 잡고 있었다.) 다르는 종종 학생들에게서 도망쳐 길가에 가만히 서 있었다. 주근깨 난 얼굴, 커다란 귀, 귀여운 표정, 어린이용 티셔츠를 입은 모습은 정말 순수해 보였다. 조깅하는 사람들이 다가오면 다르가 손을 내밀어 그들을 불렀다. 그러나 다르는 악수를 하고 나서도 손을 놔주지 않았다. 학생들이 도착하면 다르는 마치 〈내가 이 사람을 해치게 만들지 마!〉라고 말하는 것처럼 입을 벌리고 인질을 물겠다고 위협했다. 인질극을 몇 시간 동안 끈 적도 있었다.

다르는 또 새로 발견한 자신의 파괴력에서 큰 즐거움을 느꼈다. 어느 날 대학원생 몇 명이 침팬지들을 자동차에 태우고 햄버거를 사러 갔다.

---

* 시아파에서 고위 성직자에게 수여하는 칭호.

신이 난 다르가 앞 유리창을 쿵쿵 쳤더니 유리가 차체에서 빠져 버렸다. 집 안의 유리도 더 이상 견디지 못했다. 다르는 종종 날이 밝을 때 오두 막을 빠져나가 가드너 부부의 집 창문을 깨고 들어가서 앨런과 비어트릭 스의 침대에 기어올랐다. 가드너 부부는 다르가 여섯 살이나 일곱 살이 되면 어떤 난동을 부릴지 두고 보지 않기로 했다.

반면에 다섯 살 난 타투는 가족의 소중한 천사, 착한 소녀였다. 가드너 부부는 1975년에 윌리엄 레먼으로부터 타투를 데려와서 스와힐리어로 〈셋〉이라는 뜻의 이름을 붙였다. (모자와 타투 사이에 가드너 부부는 필 리라는 〈두 번째〉 침팬지를 얻었지만 1975년에 백혈병으로 죽었다.) 타 투는 자물쇠와 열쇠가 필요 없었다. 타투는 워쇼와 달리 절대 찬장을 휘 젓거나 냉장고를 습격하지 않았다. 기름을 잘 보이는 곳에 놔두어도 타 투는 절대 쏟아붓지 않았다. 타투의 방은 장난감들이 완벽하게 줄지어 서 있었고 깨끗하고 깔끔했다. 타투는 장난감을 하나 가지고 놀면 제자 리에 갖다 놓은 다음에 다른 장난감을 가지고 놀았다. 가드너 부부는 타 투가 말썽을 전혀 부리지 않아서 죽을 때까지 같이 살 수 있는 침팬지라 고 종종 말했다.

그러나 다르와 타투는 같이 자랐고, 가드너 부부는 둘을 떼어 놓고 싶 지 않았다. 앨런과 비어트릭스는 연방 지원금이 거의 다 떨어졌기 때문 에 다르와 타투를 바로 보내 버리고 싶었다. 앨런은 과학자라면 지원금 없이 연구를 해서는 안 된다고 항상 말했었다. 나는 앨런과 통화를 하면 서 데비와 나도 재정적 문제가 있다고 말하려 했다. 국립 과학 재단 지원 금 3년치가 거의 바닥난 데다가 아직 갱신되지도 않았다. 지원금을 받지 못하면 워쇼, 룰리스, 모자를 먹이고 돌보는 것만도 힘들다.

「자네가 맡지 않는다면 동물원으로 보낼 걸세.」 앨런이 경고했다.

「아니, 안 그러실 겁니다.」내가 항변했다.

「워싱턴 파크에 전화할 거야.」앨런이 포틀랜드에 있는 동물원을 언급하며 말했다. 「다르와 타투가 결국 동물원으로 가게 된다면 그건 자네 잘못이야, 자네가 맡아 주지 않았으니까.」

나는 동물원에서 다르와 타투를 받아 주지 않으리라는 사실을 잘 알았다. 동물원 사육사들은 집에서 자란 침팬지가 인간과 너무 비슷하다고 생각한다. 옷을 입고 수화로 말하고 잡지를 한 장 한 장 넘겨 보는 침팬지가 동물원 장사에는 별로 좋지 않다. 멍청한 동물을 기대하는 손님들은 대개 이런 것을 불편해 한다. 그러나 워싱턴 파크 동물원이 다르와 타투를 받아 주지 않을 경우 누가 받아 줄지 나는 알았다. 바로 생물 의학 실험실이었다. 앨런과 비어트릭스는 타투를 제외한 모든 침팬지들을 그런 실험실에서 데려왔고, 나와 달리 행동 연구와 의학 연구 모두 편안하게 생각했다. 그들은 침팬지의 안위를 가장 중요하게 생각한다고 주장하는 간염 연구자들 같은 일부 생물 의학 연구자들을 무척 높이 평가했다. 게다가 앨런은 침팬지의 주인은 과학이라고 항상 말했다.

나는 어느새 앨런에게 소리치고 있었다. 「결국 생물 의학 쪽으로 가게 되잖아요!」그러나 앨런도 같이 소리쳤다. 「자네는 지금 무슨 말을 하고 있는지 모르는군! 난 동물원에 아는 사람이 많아! 애들을 처리하는 건 문제도 아니라고!」

내 옆에 서 있던 데비는 앨런이 어떤 제안을 하고 있는지 정확히 알았다. 내가 전화를 끊고 데비를 보았고 데비도 나를 보았다. 다르와 타투를 맡는다고? 나는 1977년에 아직 새끼였던 다르와 타투를 딱 한 번 본 것이 전부였다. 우리가 두 침팬지를 맡는다면 집을 떠나 부모와 헤어진 다르와 타투를 어르고 달래서 위쇼의 가족에게 차츰 적응시켜야 한다. 또 어린 시절과 청소년기를 문제없이 지나도록 이끌어 주어야 할 텐데, 이미 룰리스를 돌보는 것만으로도 손을 놓을 수 없었다. 게다가 우리의 세 아이들도 있다. 또 우리 아이들과 달리 다르와 타투는 남은 평생, 그러니까 앞으로 40~50년 정도 우리에게 완전히 의존할 것이다(우리가 그만큼 오래 살 수 있다면 말이다). 모자를 맡을 때는 지원금이라도 조금 있었지만 이제 우리는 겨우겨우 살아가고 있었다.

그래도 우리는 거절할 수 없었다. 다르와 타투는 아기였다. 우리는 룰리스를 데려온 그런 곳으로 다르와 타투가 가게 될지도 모른다는 생각을 안고 살아갈 수 없었다. 앨리와 부이를 비롯한 침팬지들을 오클라호마에 남겨 두고 올 때 느꼈던 고뇌 때문에 우리의 두려움은 더욱 커졌다. 우리는 오클라호마의 침팬지들을 맡거나 보호할 법적 힘이 없었고, 레먼이 그들을 파는 것은 시간 문제였다. 다르와 타투 역시 가드너 부부를 떠나면 우리의 손이 닿지 않는 곳으로 가버릴 것이다.

나는 앨런에게 다시 전화를 걸어서 다르와 타투를 맡겠다고 말했다.

때는 5월이었고 나는 아직 학기 중이었기 때문에 이틀 만에 데비와 함께 차를 몰고 1,130킬로미터 정도 떨어진 리노까지 가서 다르와 타투를 데리고 다시 돌아와야 했다. 늦은 토요일 저녁 가드너 부부의 목장에 도착한 우리는 완전히 지쳤다. 다르와 타투는 이미 잠들어 있었다. 두 침팬지의 인간 친구들, 즉 나의 옛 친구 그렉 거스태드와 팻 드럼이라는 또 다른 학생이 엘런스버그까지 동행하기로 했다. 다음 날 새벽 네 시에 그렉과 팻이 다르와 타투를 깨워서 볼일을 보게 하고 옷을 입혔다. 우리는 잠에 취해 각자의 여행 가방 옆에서 기다리고 있는 어린 침팬지들을 만났다. 그렉은 다르와 타투에게 드라이브를 하러 가자고 말했고, 아직 어두웠지만 우리는 차를 몰고 떠났다.

다르와 타투는 뒷좌석에서 친구들의 무릎에 앉아 있었다. 처음 두 시간 정도는 괜찮았다. 침팬지들은 게임을 하고, 간식을 나눠 먹고, 필요할 때면 여행용 변기를 썼다. 하지만 해가 뜨기 시작하자 침팬지들의 호기심이 경계로 변하는 것이 느껴졌다. 침팬지들은 이 자동차 여행이 뭔가 잘못되었음을 느꼈다.

〈나가자, 나가자.〉 다르가 요구하기 시작했다.

〈지금은 안 돼, 기다려.〉 그렉이 다르를 말렸다.

다르는 누나와 함께 생판 모르는 사람에게 납치당하는 것은 아닌지 판단해야 했다. 물론 인간 친구들이 뒷좌석에 같이 앉아 있었지만 친구들도 같이 납치되고 있는 것일지도 몰랐다. 다르가 두 발로 서서 문을 쿵쿵 치면서 운전석에 앉은 나에게 물건을 던지기 시작했다. 그동안 타투는 완전히 굳어서 구석에 조용히 웅크리고 앉아 있었다. 이 멜로드라마는 우리가 〈훔친〉 아이들을 데리고 엘런스버그에 도착할 때까지 밤낮 없이 계속되었다.

우리는 그 후 6개월 동안 다르와 타투를 위쇼, 룰리스, 모자와 격리시켜 놓았다. 성격이 강한 침팬지들이 너무 많았기 때문에 가족 역동성을 예측할 방법이 없었다. 두 가족은 떨어져 있었지만 각 방은 문 달린 터널로 연결되어 있었기 때문에 서로 보고 만질 수 있었다. 침팬지들은 터널에서 서로를 살피며 많은 시간을 보냈다. 다르와 룰리스는 종종 문을 사이에 두고 입맞춤을 했고, 둘이 친구라는 것은 분명해 보였다. 타투는 2년 동안 떨어져 있던 양언니 모자를 만나서 기분이 좋은 것 같았지만 다르는 모자를 무서워했다. 모자 누나의 깨무는 습관을 기억하기 때문인지도 몰랐다. 위쇼는 룰리스 뒤에 바짝 붙어 다녔고 가끔 신참들에게 누가 대장인지 알려 주려는 듯 과시 행동을 했다.

12월에 우리가 터널 문을 열자마자 대혼란이 일어났다. 침팬지들이 사방에서 뛰어다니며 소리를 질렀다. 흥분과 두려움이 뒤섞인 분위기 속에서 다르와 타투가 천천히 워쇼의 방으로 기어갔다. 다르와 타투의 방에는 창문이 없었기 때문에 타투는 워쇼의 방에 자리를 잡고 앉아 창문 밖으로 하늘에서 내리는 눈을 바라보았다. 그런 다음 아스팔트 주차장을 가리키면서 수화로 〈검정〉이라고 말했다.

룰리스는 놀이 표정을 짓고 다르에게 수화로 〈얼른 와〉라고 말했고, 다르도 똑같이 말했다. 두 사내아이는 간질이고 웃고 쫓아다니기 시작했다. 어느 순간 다르가 룰리스의 다리를 잡아끌고 가자 워쇼가 자기 아들을 데려왔다. 다르는 허세를 부리고 있었고, 워쇼의 눈에는 분명 너무 마초처럼 보였을 것이다. 다르는 36킬로그램이었지만 워쇼의 상대가 안 됐다. 워쇼가 다르를 몇 번 혼낸 다음 팔을 내밀었고, 다르는 복종의 표시로 손에 입을 맞추었다. 잠시 후 다르가 워쇼에게 등을 보이자 워쇼는 다르를 톡톡 치고 목을 간질였다.

가끔 룰리스가 모자에게로 달려가서 계속 쓰다듬었는데, 마치 다 괜찮다고 말해 주는 것 같았다. 타투는 터널로 돌아가서 나오지 않았는데, 아마도 워쇼가 무서워서였을 것이다. 룰리스와 다르가 타투의 곁을 지나갈 때 타투가 룰리스를 약간 과격하게 붙잡았다. 데비가 룰리스는 아기라고 타투에게 말해 주자 손길이 더 부드러워졌다. 한 시간 후 다르와 타투가 벤치에서 룰리스와 놀고 있는데 워쇼가 방으로 달려 들어가는 바람에 세 마리가 깜짝 놀라고 말았다. 룰리스가 타투에게 〈얼른 안아 줘〉라고 말하자 타투는 그를 꼭 안아주었다. 저녁 시간이 되기 전에 내가 터널 문을 닫아서 두 가족을 갈라 놓자 룰리스가 울기 시작했다. 그날이 끝나지 않기를 바랐던 것이다.

　시간이 지나면서 침팬지들은 새로운 대가족에 나름대로 적응하는 방법을 각각 찾았다. 열여섯 살인 워쇼가 확실한 가장이었다. 다르는 룰리스와 좋은 친구가 되었고 워쇼에게서 어머니의 사랑을 듬뿍 받았지만 타투는 기가 죽고 의기소침해져서 너무 많은 침팬지들 틈에서 적응하려고 애를 쓰고 있었다. 설상가상으로 타투가 1982년 초에 사춘기에 접어들면서 첫 발정기를 맞이했다. 신체와 호르몬의 갑작스러운 변화 때문에 기분이 오락가락해서 타투는 거칠고 예측하기 힘들어졌다. 타투는 갑자기 울다가도 금방 워쇼를 비웃었고, 틈틈이 수컷 침팬지들을 붙잡았다.

　첫 생리 주기가 끝나자 타투는 감정적인 청소년이 되었다. 타투는 수컷 침팬지들과 거칠게 놀기도 하고 혼자서 혹은 모자와 함께 조용한 시간을 갖기도 했다. 이미 차분한 십대에 접어든 모자는 머리를 빗고 잡지를 뒤적일 때 제일 행복했고 실험실에 오는 젊은 남학생들의 관심을 끌려고 애썼다. 모자와 타투는 바닥에 누워서 발로 잡지를 잡고 자유로운 손으로 대화를 나누거나 품평을 하며 많은 시간을 보냈다. 특히 타투는 남자 얼굴 사진을 찾아서 〈저 친구는 타투야〉라고 수화하는 것을 좋아했고, 그 뒤에는 로맨틱한 주제에 대해서 다양한 이야기가 이어졌다.

　여느 자매들처럼 타투와 모자는 소리를 지르며 싸우기도 했다. 1982년 여름에는 타투와 모자의 발정기가 겹치면서 대소동이 일어났다. 타투와 모자는 서로가 시야에 들어오는 것도 견디지 못했고 며칠 동안 비명을 지르면서 꼬집고 찌르고 털을 잡아당겼다. 워쇼, 다르, 룰리스는 두 마리를 피했다. 그러나 발정기가 끝나자마자 두 자매는 다시 서로의 털을 빗어 주고 잡지를 같이 보았다.

　모자와 타투는 룰리스와 노는 것을 좋아했고, 룰리스를 귀여운 꼬마라고 불렀다. 그러나 귀여운 꼬마는 가끔 새 누나들을 모함해서 제일 사랑받는 아들이라는 특별한 위치를 과시했다. 룰리스는 워쇼에게 가서 우는 척하면서 암컷들을 가리켰다. 룰리스가 모자와 타투를 너무 세게 밀 때마다 모자와 타투는 룰리스를 때리고 싶지만 겨우겨우 참는 것이 눈에 보였다. 모자와 타투는 엄마의 화를 돋우고 싶지 않았다. 대신 두 마리는 애처로운 표정으로 워쇼를 보면서 용서해 달라고 소리를 질렀다.

1982년 봄, 네 살이 된 룰리스는 이제 워쇼의 아기가 아니라 침팬지 어린이였다. 룰리스는 다르와 비슷하게 공격적으로 과시 행동을 하고 발을 구르고 돌격하며 놀았다. 이제 워쇼는 룰리스가 누군가를 짜증나게 하면 매서운 표정을 지으며 말리고 심지어는 등을 때리기도 하면서 부드럽지만 단호한 방법으로 아들을 훈육하기 시작했다. 그러나 룰리스가 겁을 먹거나 다치면 터프한 행동은 즉시 사라졌다. 룰리스는 워쇼에게 달려가서 〈얼른 안아 줘〉라고 수화로 말했고, 워쇼는 옆에 앉아서 룰리스의 어깨에 팔을 두르고 진정될 때까지 털을 골라 주었다.

이즈음 데비와 나는 워쇼의 가족과 우리 아이들 사이에 유대감을 길러 주기로 했다. 오클라호마에 살 때는 우리 아이들이 가끔 연구소로 왔고, 초기에는 루시와 부이, 앨리가 가끔 우리 집으로 오기도 했다. 그러나 우리는 몇 가지 이유 때문에 침팬지와 아이들의 만남을 썩 권장하지 않았다. 아이들은 감기와 독감을 비롯한 호흡기 전염병을 많이 가지고 있었는데, 침팬지들은 그러한 질환에 특히 약했다. 또 아이들에게 익숙하지 않은 침팬지들이 흥분해서 과시 행동을 하며 겁을 줄 수도 있었다. 그래서 워쇼와 우리 아이들은 별로 친하지 않았다.

갑자기 그 사실이 유감스럽게 느껴졌다. 이제 워쇼는 우리 가족과 무척 비슷한 가족의 우두머리가 되었다. 워쇼의 나날은 우리의 나날과 마찬가지로 십대의 성장통, 자매들의 승강이, 어린 시절의 상처로 가득했다. 침팬지와 아이들 모두 서로가 성장하는 모습을 볼 수 있는 아주 좋은 기회를 놓치고 있었고, 부모들은 부모들대로 배울 점이 있었을 것이다.

조슈아, 레이철, 힐러리가 침팬지들과 오후 시간을 보내기 시작하면서 우리는 워쇼가 인간의 가족 구성을 꽤 잘 이해하고 있음을 깨달았다. 데비와 나는 워쇼 앞에서 포옹을 하거나 애정 표현을 한 적이 없었다. 이러한 조심성은 리노에 살 때로 거슬러 올라가는데, 당시 워쇼는 가끔 애정 표현을 이해하지 못하고 〈공격자〉에게 달려들었다. 워쇼는 리노 시절 이후 우리 집에 온 적이 거의 없었다. 우리가 아는 한 워쇼는 데비와 내가 친구나 동료 사이라고 생각했다. 우리는 습관에 따라 엘런스버그에서 보낸 첫해에도 계속 행동을 조심했다. 여섯 살 된 힐러리가 우리 실험실에 처음 몇 번 왔을 때 워쇼가 힐러리에게 작별 인사로 안아 달라고 했다. 힐러리와 워쇼가 포옹을 끝낸 후 내가 힐러리를 가리키며 워쇼에게 저 사람 누구야?라고 물었다. 그러자 워쇼는 아무 망설임 없이 수화로 〈로저 데비 아기〉라고 말했다. 침팬지는 비언어적 행동을 정말 잘 읽어 내는데, 우리는 이렇게 오랫동안 워쇼가 속았다고 생각한 것이다!

워쇼는 둘째 레이철을 〈꽃 소녀〉라고 불렀는데, 데비도 그렇게 불렀다. 우리는 워쇼가 데비를 꽃과 연관시키는 이유를 몰랐지만 일부 동료들은 워쇼가 매일 아침 데비와 입맞춤을 나누며 인사를 할 때 꽃 향기 나는 립밤 냄새를 맡았기 때문일 것이라고 말했다. 그해에 레이철과 힐러리는 우리 실험실에서 오후 시간을 자주 보냈고, 침팬지들은 항상 레이철과 힐러리가 오기를 고대했다. 당시 5학년이었던 레이철은 뇌성마비에 걸려 말을 하지 못하는 학교 친구와 대화를 나누려고 미국 수화 수업을 듣고 있었기 때문에 몇 가지 수화를 알았다. 힐러리 역시 미국 수화를 배우기 시작했고, 두 딸은 집에서 같이 연습을 했다.

워쇼는 레이철과 힐러리에게 게임 가르치는 것을 정말 좋아했다. 그 중 하나는 이런 놀이였다. 워쇼가 〈신발 줘〉라고 말하면 두 아이가 워쇼 앞에서 네발을 모으고 나란히 선다. 그러면 워쇼는 발 주인이 침팬지처럼 웃을 때까지 발가락을 간질인다(침팬지처럼 웃는 것은 윗니를 가리고 아랫니를 드러낸 채 헉헉거리는 소리를 내는 것이다). 한 사람이 웃으면 워쇼는 다음 발을 또 간질이고, 결국 워쇼가 실로폰을 치듯이 아이들의 발을 건드리면 아이들은 미친 듯이 웃는다. 워쇼는 이 게임을 너무 좋아해서 다른 침팬지들은 못하게 했다. 다른 침팬지들은 구경만 할 수 있었다. 한번은 워쇼가 룰리스에게 레이철과 힐러리의 발가락을 간질이게 해주었지만 룰리스는 신발끈을 풀려고 할 뿐이었다.

딸들은 룰리스와 정말 친해졌고, 룰리스는 아이들에게 소유욕을 드러냈다. 여자애들이 다르를 끼워 주려고 하면 룰리스는 다르를 쫓아내고 관심을 독차지하려고 애를 썼다. 그게 안 되면 룰리스는 딸들이 달래 줄 때까지 앉아서 울었다. 힐러리와 레이철이 친구들을 데리고 와서 워쇼와 룰리스와 함께 놀기도 했다. 어느 날 나는 힐러리가 침팬지를 보기도 싫어하는 친구를 달래는 소리를 들었다. 여섯 살 난 내 딸은 이렇게 설명했다.「워쇼가 보기에 안 예쁠지는 몰라도 마음은 예뻐. 그래서 내 친구야.」

모자와 타투는 워쇼와 룰리스만큼 우리 딸들과 쉽게 친해지지 않았지만 두 침팬지는 나를 안 지 워쇼만큼 오래되지 않았기 때문에 이해할 만했다. 모자와 타투는 침팬지든 인간이든 낯선 존재에게 늘 그러듯 항상 딸들을 시험했다. 한번은 레이철이 타투에게 사과를 주자 타투는 자기 서열이 높다는 것을 보여 주려고 레이철이 겁을 먹을 정도로 오랫동안 손을 놔 주지 않았다. 내가 서둘러 달려가서 타투를 혼내며 수화로 〈내 아기가 울잖아〉라고 말했다. 타투는 너무 놀라서 정말 미안한 표정으로 레이철에게 〈미안해, 미안해〉라고 수화로 말했다. 이와 비슷한 몇 가지 사건을 거친 후 모자와 타투는 레이철과 힐러리와 즐겁게 놀 수는 있지만 괴롭히면 안 된다는 사실을 깨달았다.

열네 살이었던 아들 조슈아는 1981년 여름에 매일 실험실에서 자원봉사를 했다. 조슈아가 실험실 일에 관여하는 것에는 상당한 용기가 필요했다. 십대였던 조슈아는 새로운 동네에 적응하는 것만으로도 힘든 시간을 보내고 있었다. 조슈아는 또 〈침팬지 자식〉이라고 놀리는 새 학교의 불량배들도 상대해야 했다. 이는 몇 번의 싸움과 자전거를 부수는 사건으로 이어졌지만 조슈아는 아무튼 침팬지들과 잘 지내려고 노력했다. 조슈아는 다르, 룰리스와 좋은 친구가 되었을 뿐 아니라 힘든 과도기였던 한 해 동안 실험실의 분위기를 띄우고 일이 매끄럽게 흘러가도록 도와주었다.

그러나 다음 해에 워쇼가 조슈아에게 홀딱 반하면서 가족 관계가 불편해졌다. 조슈아의 외모가 성적으로 성숙해지자 워쇼는 조슈아를 보기만 해도 호르몬이 끓어오르는 것 같았다. 워쇼는 조슈아가 실험실로 들어올 때마다 말 그대로 조슈아의 발치에 몸을 던지고 실연당한 간절한 구애자처럼 비명을 지르기 시작했다. 조슈아는 학교에서 여자애들의 관심을 받지 못하는 것만으로도 충분히 괴롭다고 말했다. 암컷 침팬지가 매일 자기 발치에 몸을 던지는 것은 이러한 상처에 모욕까지 더했다. 워쇼가 몇 달 동안이나 이러한 간청을 반복하자 조슈아는 한동안 실험실에 오지 않기로 했다.

엘런스버그로 이사한 후 나는 연구의 초점을 룰리스에게 맞추었다. 우리는 룰리스의 수화 발화 샘플을 매일 기록했다. 우리는 아직도 룰리스의 앞에서 수화를 쓰지 않았지만 1981년 말이 되자 룰리스는 워쇼와 모자에게서 32개의 신뢰성 있는 수화를 습득했다. 수화 두 개의 조합은 서너 개의 조합으로 발전해서 〈모자 빨리 와서 놀아〉(실험실 방문자가 모자를 쓰고 있을 때)나 〈와서 음료수 줘 얼른〉 같은 말을 했다. 이제 다르와 타투까지 들어오면서 갑자기 수화를 하는 침팬지가 자그마치 다섯 마리로 늘면서 이들의 사회적 교류를 연구할 기회가 생겼다. 다르와 타투 모두 아기 때부터 수화를 했고 각각의 신뢰성 있는 어휘력은 120개가 넘었다.[1]

당시 유인원 언어 연구 분야 전체를 집어 삼키고 미디어의 관심이 잔뜩 쏠린 유명한 논란이 일어서 사람들은 침팬지가 수화 언어를 인간 아이들처럼 사회적으로 사용할 수 없다고 생각하게 되었기 때문에 우리가 사회적 수화를 연구하게 된 것은 뜻밖의 행운이었다. 이 모든 소동은 1973년에 레먼의 연구소에서 태어난 앨리의 남동생 때문에 일어났다. 레먼은 1968년에 브루노를 뉴욕으로 데리고 갔던 심리학자 허버트 테라스에게 아기 침팬지를 빌려주었다. 테라스는 아기에게 님 침스키라는 이름을 붙이고(놈 촘스키를 빗댄 이름이었다) 4년 동안 님의 언어 발달을 연구한 다음 1977년에 오클라호마의 연구소에 돌려주었다. 테라스는 1979년에 자신의 발견을 출판했고, 그의 책 『님Nim』은 수화를 하는 침팬지에 대한 과학적 역풍을 일으켰다.

님 프로젝트의 목적은 아기 침팬지에게 미국 수화를 가르쳐서 침팬지가 문장을 만들 수 있음을 결정적으로 증명하는 것이었다. 테라스 혼자 이런 작업을 한 것은 아니었다. 1970년대에 나를 포함한 수많은 유인원 언어 실험자들이 가드너 부부의 발자취를 따랐다. 듀에인 럼보Duane Rumbaugh(럼보는 여키스 연구소에서 〈여키스어〉라는 컴퓨터화된 언어와 키보드를 통해서 침팬지 라나와 소통했다), 수 세비지럼보Sue Savage-Rumbaugh(침팬지 셔먼과 오스틴, 또 나중에는 보노보 칸지와 역시 여키스어로 소통했다), 페니 패터슨Penny Patterson(고릴라 코코에게 미국 수화를 가르쳤다), 린 마일스Lynn Miles(오랑우탄 첸텍에게 미국 수화를 가르쳤다) 등의 연구자들이 있었다. 1979년이 되자 대형 유인원이 언어를 사용할 수 있다는 것은 의문의 여지가 없는 사실이 되었고, 문제는 그 범위였다.

님 프로젝트는 효과가 입증된 가드너 부부의 방법과 두 가지 중요한 면이 달랐다. 님은 인간 아이처럼 길러지지 않았고, 자연스럽게 미국 수화를 쓰는 환경에 온전히 놓이지도 않았다. 워쇼 프로젝트의 주요 전제는 교차 양육이었다. 즉, 침팬지를 아이처럼 키우고 아이처럼 자발적으로 배우게 해야 인간의 수화 체계를 배울 수 있다는 것이다.

B. F. 스키너의 제자 허버트 테라스는 무척 다른 접근법을 취했다.[2] 테라스는 조교들에게 님을 아이처럼 다루지 말라고 분명히 지시했다. 님은 생후 9개월부터 평일이면 자동차를 타고 컬럼비아 대학교로 가서 창문이 없는 가로 세로 약 2.5미터의 방에서 세 시간 동안 두 번씩 훈련을 받았다. 테라스는 책에 이렇게 썼다. 〈이것은 계획적이었다. 나는 작은 공간이라면 님이 정신없이 뛰어다니지 않을 것이라고 생각했다. (……) 또 방에 아무것도 없으면 다른 곳에 정신이 팔리는 일이 적을 것이라고 생각했다.〉 나중에 테라스는 님의 환경을 이렇게 설명했다. 〈나는 연구소의 차가운 콘크리트 블록 벽을 별로 신경 쓰지 않았다. (……) 나를 비롯한 교사들이 이렇게 위압적인 방에서 어떻게 그렇게 많은 시간을 보낼

수 있었을까 하는 생각이 든다.〉

간단히 말해서 님은 스키너의 조작적 조건 형성 실험 상자에 들어 있는 쥐와 비슷하게 취급받았다. 테라스가 나중에 주장한 바와는 달리 님 프로젝트는 워쇼 프로젝트나 내 연구와 전혀 달랐다. 님 프로젝트는 사회성이 박탈된 환경에서 이뤄진 실험이었다. 님의 학습 환경에는 인간과의 자연스러운 교류가 너무나 부족했기 때문에 언어학자 필립 리버먼 Philip Lieberman은 비정상적인 환경에서 자라서 정상적인 언어 능력을 발달시키지 못한 사람을 일컫는 〈늑대 아이〉에서 따와서 님을 〈늑대 유인원〉이라고 묘사했다.[3]

게다가 님을 가르친 교사는 60명이나 되었는데, 테라스의 말에 따르면 그들은 〈회전문처럼 교대했다〉. 테라스는 훈련 절차를 다음과 같이 설명한다. 〈대개 님은 가지고 놀거나, 먹거나, 살펴보고 싶은 물건으로 손을 뻗었다. 그러면 교사가 물건을 숨기고 물건의 이름을 수화로 보여 준 다음 님에게 물건 이름을 수화로 말하라고 했다.〉 다시 말해서 님은 음식과 장난감 등의 물건을 달라고 애원하도록 조건 형성된 것이다. 앞서 살펴보았듯이 가드너 부부는 1967년에 스키너의 조건 형성 원칙을 포기했다. 워쇼가 관찰을 통해서 배우려는 자연스러운 경향을 방해했기 때문이다.

테라스는 이렇게 엄격한 방식으로 님을 3년 동안 훈련한 다음 님이 백 가지 이상의 수화를 익혔고 기초적인 문장을 만든다고 생각했다. 그러나 님을 오클라호마로 돌려보내고 비디오테이프를 검토하던 테라스는 님의 수화가 인간 아이의 수화처럼 자발적이지 않다는 사실을 발견했다. 슬로 모션으로 보니 님은 대부분 교사들이 자극하여 유도할 때만 수화를 했고, 방금 눈앞에서 본 수화를 흉내 내는 것에 불과했다. 그러나 이 사실에 놀란 사람은 테라스밖에 없었다. 결국 님은 교사를 흉내 내고 보상을 받았던 것이다.

테라스가 증명한 사실은 감옥 같은 환경에 갇혀서 사회성이 박탈된 침팬지는 수화를 배우지 못한다는 것밖에 없었다. 그러나 1980년에 허버트 테라스는 결함이 있는 실험을 미디어의 관심을 받는 눈부신 성공으로 탈바꿈시킬 방법을 발견했다. 그는 침팬지의 수화가 전부 착시라고 주장했다. 테라스는 나중에 〈님은 나를 속였다〉라고 썼다.[4] 테라스는 워쇼가 수화를 하는 모습을 찍은 비디오를 분석하면 님의 수화와 마찬가지로 자발적이지 않음을 증명할 수 있다고 큰소리쳤다.

유인원 언어 연구자들 대부분은 테라스가 속은 이유를 알았다. 님 프로젝트에는 영리한 한스 효과(조련사의 무의식적인 신호를 보고 〈숫자를 셀〉 수 있었던 유명한 말의 이름에서 따왔다)를 방지할 실험 절차가 전혀 없었다. 가드너 부부와 나는 복잡한 이중 맹검법을 이용해서 인간이 신호를 줄 가능성을 없앴다. 허버트 테라스는 예방 조치를 전혀 취하지 않은 유일한 유인원 언어 연구자였다. 님 프로젝트의 데이터와 결과는 이 어처구니없는 과실만으로도 의심스러웠다.

그러나 테라스는 자신이 옳고 다른 사람들이 전부 틀렸다는 주장을 멈추지 않았다. 그는 워쇼가 수화를 하는 영상을 움직임 없는 스틸 사진으로 보면 인간의 언어 활동으로 보이지 않을 것이라고 말했다. 이러한 주장은 수화 언어에 익숙하지 않은 언어학자들에게 큰 인상을 주었다. 그러나 수화는 말과 마찬가지로 시간과 관련된 신호다. 사람이 수화를 하는 모습을 찍어서 영상을 아주 천천히 돌려 보면 수화는 전혀 말이 되지 않는다. 사람의 말을 녹음해서 천천히 들어보면 말이 되지 않는 것처럼 말이다. 영상을 한 컷씩 분석하면 수화자의 눈, 손, 몸의 움직임에 담긴 수화의 억양이 모두 사라진다.

테라스는 또한 다른 사람이 수화를 하는 도중에 워쇼가 종종 끼어드는데, 이는 워쇼가 대화의 순서를 모른다는 증거라고 주장했다. 이에 비해 〈아이들은 들을 때와 말할 때에 대한 감각을 잘 보여 준다〉는 것이었다. 비디오 정지 화면을 보면 워쇼가 가끔 다른 사람이 아직 수화를 하고 있을 때 수화를 시작하는 것이 사실이지만, 이것은 수화에서 발화 차례를 바꾸는 정상적인 장치다. 수화는 말과 달리 대화의 30퍼센트 정도가 겹쳐진다.[5] 이유는 분명하다. 우리는 수화를 하면서도 상대방의 수화를 읽을 수 있지만 말을 할 때는 상대방의 말을 들을 수 없다. 워쇼의 영상을 정상 속도로 보면서 〈점수를 매긴〉 미국 수화 전문가들은 워쇼의 발화 차례 바꾸기가 청각 장애를 가진 사람의 차례 바꾸기와 비슷하다고 확인해 주었다.

나는 과학적 검토와 토론을 거치면 테라스의 비난이 곧 반박당할 것이라고 추호의 의심도 없이 믿었다. 그러나 실제로 일어난 일은 전혀 달랐다. 테라스는 대중 매체를 통해서 자기 주장을 떠들썩하게 보도했고, 이것은 곧 놈 촘스키 추종자들 사이에 유명한 쟁점으로 떠올랐다. 〈인간의 고유성〉을 주장하는 언어학자들에게 허버트 테라스의 존재는 꿈이 이루어진 것이나 마찬가지였다. 유인원 언어 연구자가 자기 침팬지에게 속았다고 고백하다니!

1980년 5월에 유인원 언어를 비판하는 사람들은 뉴욕 과학 아카데미의 후원을 받아 〈영리한 한스 현상: 말, 고래, 유인원, 인간의 의사소통〉이라는 학회를 개최했다. 수많은 과학자와 비과학자들이 줄줄이 등장해서 유인원 언어는 일종의 속임수 또는 자기기만이라고 비난했다. 학회의 분위기 자체가 앨리스의 이상한 나라 같았다. 학회의 목적은 영리한 한스 효과를 밝히는 것이었지만 학회 참석자들은 영리한 한스 효과 예방책을 세우지 못한 유일한 연구자 허버트 테라스를 추켜세웠다. 학회는 유인원 언어 실험 지원을 전부 중단하자는 제안으로 마무리되었는데, 그렇게 된다면 유인원이 언어를 사용한다는 증거가 나와서 인간 언어와 동물 의사소통이 관련 없다는 촘스키파의 주장을 깎아내리는 일은 없을 것이다.

미디어는 테라스의 선정적인 비난을 실컷 즐겼고, 미디어가 한때 칭송받던 현상을 신나게 공격해서 무너뜨리는 미국 특유의 신드롬이 이제 유인원 언어를 공격했다. 저명한 신문과 시사 주간지는 관련 기사를 계속 실어서 유인원 언어가 사기임을 밝히는 님 프로젝트의 새로운 〈증거〉를 과대선전했다. 이러한 기사들은 님과 워쇼를 비교하는 것이 늑대 아이와 일반 아이를 비교하는 것과 같다는 사실을 거의 지적하지 않았다. 결국 테라스의 열정적인 성전 때문에 미국 대중의 상당수는 유인원 언어가 스쳐지나는 지적 열풍에 불과하다고 생각하게 되었다.

미디어를 통해서 테라스에게 반박해 봤자 손해일 뿐이었다. 학계 바깥의 더 많은 사람들이 덜 선정적이고 더 중요한 전문지에 실린 논쟁을 읽었다면 좋았을 것이다. 예를 들어서 언어학자 필립 리버먼은 테라스가 〈다른 연구자들, 특히 가드너 부부의 연구를 계획적으로 오독〉하는 잘못을 저질렀다고 결론을 내렸다.[6] 비교 심리학자 토머스 반 캔트포트 Thomas Van Cantfort와 제임스 림포James Rimpau는 『수화 연구Sign Languages Studies』지에 테라스가 과학적 기록을 어떻게 왜곡했는지 상세히 설명하는 50쪽짜리 논문을 실었다.[7]

그러나 테라스를 가장 설득력 있게 반박한 것은 바로 님이었다. 1977년에 님이 오클라호마로 돌아간 후 시작된 새로운 연구는 님이 편안한 환경에서 자연스럽게 사회화할 수 있게 되자 자발적인 수화가 극적으로 증가했음을 보여 주었다.[8] 님의 〈언어적 결함〉은 지능과 아무 상관이 없었고 테라스의 엄격한 훈련 과정이 문제였던 것이다. 테라스는 님에게서 사회적 대화를 빼앗은 다음 자발성을 비롯한 사회적 언어 행동의 요소들이 없다고 비난했다.

오늘날까지도 촘스키 학파의 일부 언어학자들은 님 프로젝트가 신빙성을 잃지 않은 것처럼 여전히 그것에 집착한다. 그들은 침팬지의 수화가 고도의 훈련을 받은 동물 행동이라고, 침팬지는 자발적으로 수화를 하지 않는다고, 훈련하고 강제해야 한다고, 대화의 차례를 모른다고, 오로지 원하는 것을 얻기 위해서만 수화를 한다고 주장한다. 그들은 그 증거로 님 프로젝트를 제시한다.

워쇼를 비롯하여 수화를 하는 침팬지들에 대한, 아직도 진행 중이고 겉만 번드르르한 이러한 공격은 1983년에 선구적인 언어학자이자 미국 수화의 권위자인 윌리엄 스토키의 「수화를 하는 유인원과 그렇지 않은 비평가Apes Who Sign and Critics Who Don't」라는 적절한 제목의 논문에서 사실상 반박당했다.[9] 스토키는 『미국 수화 사전Dictionary of American Sign Language』의 주요 지자이고, 미국 수화는 그의 시각적 통사론 연구 덕분에 1960년대에 자연적인 인간 언어로 인정받게 되었다. 스토키는 지난 20년 동안 워쇼와 모자, 룰리스를 직접 관찰했고, 워쇼가 수화를 하는 영상을 열두 번이나 보았으며, 가드너 부부의 연구뿐 아니라 내 연구도 주의 깊게 검토했다.

스토키는 가장 최근에 낸 책에 이렇게 썼다. 〈침팬지가 수화를 이용해서 의사소통을 하는 잘 발달된 능력을 가지고 있다는 사실에는 의문의 여지가 거의 없다.〉[10] 스토키의 생각에 따르면 워쇼, 모자, 타투, 다르가 언어학적으로 인간 아이와 비슷하게 발달한 것은 조건 형성되거나, 훈련을 받거나, 공공연하게 가르침을 받지 않았기 때문이다. 스토키의 말에 따르면 침팬지들은 청각 장애 부모를 가진 청각 장애아처럼 수화를 하는 인간 어른과의 자발적 교류를 통해서 수화를 배웠다.[11]

물론 허버트 테라스를 비롯하여 침팬지의 수화를 비판하는 사람들도 엘런스버그의 워쇼 가족을 방문했다면 이 사실을 깨달았을 것이다. 그들은 님 프로젝트와는 전혀 다른 장면을, 물감과 잘 차려입은 옷, 잡지의 사진에 대해서 수화로 대화하는 침팬지 다섯 마리를 목격했을 것이다.

영리한 한스 학회가 열리고 1년이 지난 1981년 8월에 국립 과학 재단 지원금은 바닥났고, 추가 지원 신청은 거절당했다. 유인원 언어 연구에 대한 연방 지원금이 완전히 뚝 끊겼다. 일부 연구자들은 허버트 테라스의 잘못이라고 정면으로 비난했지만 나는 그렇게 생각하지 않는다. 테라스가 물론 도움이 되지는 않았지만 더 큰 정치적 힘이 작용하고 있었다.

그즈음 로널드 레이건이 대통령에 선출되어 〈암 치료〉를 과학 연구의 최우선 순위에 놓았다. 레이건 행정부는 사용 가능한 모든 지원금을 생물 의학 실험실로 돌리느라 바빴다. 내가 연방 정부의 지원에 대해서 문의하자 지원금 담당 사무관은 워쇼 가족에게 생물 의학 연구를 한다면 지원금을 받는 데 아무 문제가 없다고 말했다.

행동학 연구 지원의 종말은 침팬지가 우리의 유전적 혈족이라는 사실을 분자 생물학자들이 발견한 1960년대부터 이미 다가오고 있었다. 의학 연구자들은 침팬지를 인간 다음으로 좋은 피실험체로 보았고 침팬지들에게 생각할 수 있는 모든 질병을 주입하기 시작했다. 거의 동시에 실험 심리학자와 현장 동물 행동학자들은 침팬지의 지능과 가족 행동이 우리와 아주 비슷하다는 사실을 발견했다. 오랫동안 각 진영의 과학자들은 〈당신은 당신의 과학을 하시오, 난 내 과학을 할 테니까〉라고 말하듯 서로를 건드리지 않았다. 그러나 이렇게 다른 침팬지를 대한 접근법은 정면충돌할 수밖에 없었다.

1970년대에만 해도 연방 지원금을 받는 연구자들이 마취도 하지 않은 채 철제 피스톤으로 침팬지의 두개골을 부수는 실험을 할 수 있었고 실제로 했지만, 대중의 항의는 전혀 혹은 거의 없었다. 그러나 겨우 10년 만에 — 제인 구달의 현장 연구, 『내셔널 지오그래픽』 텔레비전 특집, 위쇼의 수화 덕분에 — 대중은 침팬지와 인간이 심리적, 감정적으로 무척 비슷하다는 사실을 깨닫게 된 것 같았다. 이로 인해 생물 의학 실험실은 다소 불편한 위치에 놓이게 되었다. 그들이 실험에 이용하는 침팬지는 털이 난 시험관이 아니라 생각하고 느끼는 인간에 점점 더 가까워 보였다. 2,000마리 가까운 침팬지들이 결국 죽음에 이르는 고통스러운 실험에 이용되고 있다는 사실을 사람들이 알면 어떻게 될까? 국립 과학 재단을 비롯한 정부 기관의 대응은 침팬지가 우리와 똑같다는 사실을 납세자들에게 알려 주는, 내 연구와 비슷한 연구들에 제공하던 지원금을 끊는 것이었다. 그런 다음 정부는 여러 가지 치명적 질병과 싸우는 성전을 시작했고, 침팬지를 비롯한 영장류들을 희생시켜야만 그 치료법을 찾을 수 있다고 주장했다.

이것은 내 연구에 금전적인 영향을 끼쳤다. 위쇼 가족을 먹이고 돌보는 데에만 매년 4만 달러가 들었고, 이 돈을 어떻게든 어디서든 구해야 했다. 이는 우리가 기금 마련에 온 힘을 쏟아야 한다는 뜻이었다. 데비와 나는 개인 기부를 받을 수 있는 비영리 기관 〈위쇼의 친구들Friends of Washoe〉을 즉시 설립했다. 텔레비전과 신문에서 우리의 힘든 처지를 보도하자 전국에서 선물이 쇄도했다. 그러나 우리를 정말로 구해 준 사람들은 우리가 사는 엘런스버그 주민들이었다. 어느 사업가는 워쇼의 사진이 인쇄된 티셔츠를 400장 기부했다. 우리는 시내에서 티셔츠를 팔았고, 이것으로 1981년 9월 한 달 동안 워쇼의 가족이 먹고 살 수 있었다.

침팬지 먹이를 공급하는 것은 지역 공동체 전체의 노력이 되었다. 어느 교수는 가족 텃밭에서 감자와 당근 45킬로그램을 캐도록 허락해 주었다. 대학생들은 기숙사에서 매주 과일을 모았다. 아이스크림 가게 데어리퀸Dairy Queen은 침팬지들이 제일 좋아하는 초콜릿 씌운 아이스크림 콘 쿠폰을 주었다. 어느 인심 좋은 가족은 과수원에서 사과, 배, 복숭아를 따도록 허락해 주었다. 우리는 과수원에서 나흘 동안 약 320킬로그램의 과일을 땄다. 그 후 2개월 동안 나는 수업을 하는 틈틈이 빌린 건조기로 과일 말리는 자원봉사자들을 도왔다.

침팬지들도 자기 몫을 했다. 워쇼와 다르, 타투, 모자는 1981년 10월 엘런스버그 카페에서 열린 전무후무한 미술전에 그림을 출품했다. 전시회 제목은 〈워쇼와 친구들의 침팬지 인상주의 작품들〉이었다. (우리가 아는 한) 회화는 자연스러운 침팬지 문화에 속하지 않지만 교차 양육된 침팬지들은 예술 작품 제작을 무척 좋아한다.[12] 각 침팬지는 무척 독특한 스타일을 가지고 있었다. 워쇼의 그림은 밝고 에너지가 넘쳐서 〈열광적이고 뜨거운 빨강〉 같은 제목이 붙었다. (침팬지가 자기 그림에 제목을 직접 붙였다.) 모자는 재현적인 그림을 그린 최초의 동물이었는데, 제일 좋아하는 주제는 새였다. (모자 이전에 다른 침팬지들이 재현적인 그림을 그렸을 확률도 아주 높지만 수화를 이용해서 자기 작품에 제목을 붙이지 않았기 때문에 결코 증명할 수 없었다.) 타투는 그림에 진지하게 임했고 저녁 먹을 시간이 되어도 그림을 끝내지 못했으면 치우지 않으려

했다. 타투의 그림은 구도와 색채가 풍부했다. 다르는 더욱 개성이 강한 화가였다. 다르는 빽빽하고 에너지 넘치는 그림을 그렸지만 흥미가 떨어지면 물감을 먹기 시작하는데, 이런 예술적 무례함은 누나들을 화나게 만들었다.

기금 모금을 시작하고 몇 달이 지나자 나는 연방 지원금에만 의존했던 것이 얼마나 위험한 일이었는지 깨달았다. 연방 지원금이 사라지면 모든 것이 멈춰 버린다. 그러나 이제 우리는 수백 명의 자원봉사자와 친절한 지역 공동체의 폭넓은 지원을 누렸고, 그 보답으로 지역 공동체 사람들에게 침팬지에 대해서 더 많이 알려 주었다. 그러나 기금 모금은 피곤한 일이었고, 데비와 나는 이 정신없는 일을 얼마나 유지할 수 있을지 걱정하면서 긴긴 밤을 보낸 적도 많았다.

몇 주 후 어느 날 밤에 이 문제의 해답이 나를 찾아왔다. 나는 집으로 돌아가기 전에 우편물을 살피고 있었는데 어느 통신문이 내 시선을 사로잡았다. 거기에는 다르가 태어난 홀로먼 공군 기지에서 진행 중인 생물의학 연구에 대한 기사가 실려 있었다. 기사는 사춘기의 시작을 알리는 부신 피질 기능의 활성화에 대한 연구를 설명하고 있었다. 연구자는 어른 침팬지 여섯 마리와 다섯 살짜리 침팬지 여섯 마리를 거세하고 뇌하수체를 제거했다. 수술 후 보고서에서 의사는 침팬지를 〈원숭이〉라고 불렀다.

다르는 이제 다섯 살이었다. 아직까지 홀로먼에 있었다면 다르는 거세 언구의 완벽한 후보였을 것이다. 어린 수컷 침팬지 여섯 마리가 침팬지와 원숭이의 차이도 모르는 연구자에 의해서 〈과학을 위해〉 고환을 희생당했다. 나는 집으로 돌아가기 전에 다르를 들여다보았다. 다르는 타투 옆에 몸을 웅크리고 잠들어 있었다. 허벅지 안쪽에는 털이 무성했지만 피부에 크고 파랗게 새겨진 445라는 숫자를 알아볼 수 있었다. 생물 의학 연구에서는 모든 침팬지들이 태어나자마자 문신을 한다. 다르는 몸에 숫자가 새겨진 채 평생 실험을 당했을 것이다. 그러나 이 문신은 다르가 운좋게 피할 수 있었던 고통스러운 삶과 외로운 죽음을 나에게 끊임없이 일깨우는 표식이 되었다.

그날 아침만 해도 다르가 지내는 가로 2미터 세로 3미터 크기의 방이 너무 작아 보였지만 이제 갑자기 아주 견고한 구명선처럼 보였다. 이 구명선이 가라앉지 않게 하는 것은 더 이상 과학의 문제도, 선택의 문제도 아니었다. 그것은 한 침팬지 가족의 생존이 걸린 문제였다.

몇 달 후 나는 우리가 아무리 최선을 다해도 워쇼 가족을 먹여 살리고 적절히 보살필 수 없다는 사실을 받아들여야 했다. 매일 저녁 우리 부부와 아이들이 동네 슈퍼마켓으로 가서 쓰레기통을 뒤지면서 다음날 침팬지들에게 먹일 과일이나 채소가 없는지 살펴야 할 정도로 상황이 악화되었다. 너무나 절박했던 우리는 레이니어 맥주 회사Rainier Beer가 워쇼의 친구들 앞으로 500달러를 기부하는 조건으로 타투를 텔레비전 광고에 쓰도록 허락하기도 했다. 타투는 타잔에게 맥주를 따라주는 바텐더 역할이었다. 타투는 즐거운 시간을 보냈지만 촬영 틈틈이 계속 우유를 요구했다. 〈우유! 우유!〉

우리가 거의 바닥을 칠 무렵 할리우드가 우리에게 구원의 손길을 내밀었다. 감독은 바뀌었지만 몇 년의 지연 끝에 워너브라더스가 마침내 「그레이스토크」의 제작에 들어갔던 것이다. 「불의 전차」를 만든 영국 감독 휴 허드슨이 나에게 전화를 걸어서 「그레이스토크」를 찍고 있는데 참여할 수 있느냐고 물었다. 그는 나를 만나러, 그리고 침팬지들을 관찰하러 비행기를 타고 왔다. 허드슨은 아프리카로 가서 야외 촬영을 하겠다는 생각이 확고했고 유인원 복장을 한 사람을 쓰고 싶어 했다. 그가 말했다. 「침팬지가 인간처럼 행동하게 가르칠 수 있다면 분명 인간이 침팬지처럼 행동하게 가르칠 수도 있겠지요.」

나는 가족과 워쇼를 남겨 두고 6개월 정도 걸릴 영화 프로젝트에 참여하는 것이 내키지 않았지만 가족들이 쓰레기통까지 뒤지는 상황이었으므로 거절할 입장이 아니었다. 워너브라더스는 상상도 할 수 없는 금액 —10만 달러— 을 제시했다. 규모가 큰 국립 과학 재단 지원금에 해당하는 액수였다!

나는 영화사 측에 수표를 두 장으로 끊어 달라고 했다. 학교를 1년 동안 쉬어야 했으므로 월급을 대신하기 위해서 내 앞으로 4만 달러, 워쇼의 친구들 앞으로 6만 달러였다. 6만 달러에 세금 면제까지 받으면 1년 동안 침팬지를 먹일 수 있을 것이고, 남으면 실외 놀이 공간 계약금에 보탤 수 있었다.

몇 년의 기다림 끝에 타잔이 마침내 우리를 구하러 왔다.

12장
이야깃거리

나는 아프리카로 떠날 준비를 하다가 오클라호마의 대학원 제자 크리스 오설리번Chris O'Sullivan의 전화를 받았다. 크리스는 님이 연구소로 돌아온 후 사회적, 자발적으로 수화를 할 수 있다는 사실을 증명한 연구자들 중 하나였다.

크리스는 매우 화가 나 있었다. 그녀는 레먼이 님을 포함한 침팬지 군락 전체를 뉴욕에 위치한 영장류 실험 의학 및 수술 연구소, 즉 램시프 LEMSIP: Laboratory for Experimental Medicine and Surgery in Primates에 팔았다는 소식을 막 들었다고 했다. 뉴욕 대학교 산하의 램시프는 1978년에 레먼이 오클라호마에 유치하려고 했던 머크 샤프 앤 돔의 B형 간염 실험 계약을 따낸 곳이었다. 오클라호마의 침팬지들은 결국 간염 연구에 이용당하게 되었고, 그것도 곧 일어날 일이었다. 크리스가 CBS 뉴스에 아는 사람이 있다고 해서 나는 방송국에 레먼의 연구소가 곧 팔린다는 언질을 주라고 했다.

CBS는 유명한 〈수화하는 침팬지들〉이 처한 상황에 대해 보도했지만 레먼의 계획을 막을 수는 없었다. 1982년 5월 말과 6월 초에 특수 견인

트레일러가 오클라호마와 뉴욕을 여러 번 오가며 20마리 넘는 침팬지를 렘시프로 날랐다. 모자는 1972년에 렘시프에서 태어났고, 나는 침팬지들을 보내는 것에 대해서 걱정할 만큼 그곳을 잘 알았다.

실험실에 도착한 침팬지들은 각각 가로 약 1.5미터, 세로 약 1.5미터, 높이 약 1.8미터 크기 — 외투 옷장 만한 크기 — 의 우리에 혼자 갇혔다. 바닥이 철창으로 된 우리는 새장처럼 천장에 매달려 있었는데, 이렇게 해야 침팬지의 분뇨가 바닥에 깔아 둔 비닐 시트에 떨어질 수 있었다. 우리는 통로를 사이에 두고 마주 보도록 두 줄로 죽 매달려 있었다. 침팬지들은 친구들을 보면서 부르거나 수화를 할 수 있었지만, 여럿이서 접촉하거나 야외로 나갈 수는 없었다. 금속 건물에는 창이 없어서 햇빛도 들어오지 않았다.

전체 시설은 실험실 직원들이 침팬지의 피를 쉽게 뽑을 수 있도록 설계되었다. 멸균 가운을 입은 관리인들이 시간 맞춰 와서 침팬지들에게 B형 간염 백신을 놓거나, 백신을 시험하기 위해 살아 있는 간염 바이러스를 주입하거나, 백신이 효과적인지 확인하려고 피를 뽑았다. 침팬지들은 수화를 멈추지 않았지만 관리인들은 수화를 이해하지 못했다. 실험실에 다녀온 사람들의 이야기에 따르면 부이, 브루노, 님, 앨리를 비롯한 침팬지들은 관리인들에게 수화로 〈음식〉, 〈마실 것〉, 〈담배〉, 〈우리 열쇠를 달라〉고 계속 요구했다.

CBS의 보도로 침팬지의 이전을 막을 수는 없었지만 윌리엄 레먼과 뉴욕 대학교, 그리고 렘시프에 대한 부정적인 보도는 눈덩이처럼 불어났다. 물론 침팬지들이 실험실에서 실험실로 옮겨 다니는 것은 늘 있는 일이었지만 이들은 〈말하는〉 침팬지였고, 그중에서 두 마리는 유명 인사였다. 앨리는 『피플』지에 실린 적이 있었고 동생 님은 바로 2년 전에 널리 보도되었던 영리한 한스 논란의 초점이었다. 마음씨 착한 시민과 동물 복지 단체 들이 황급히 행동에 들어가 편지, 전화, 행진으로 항의하기 시작했다.

나는 대중이 분노하는 모습을 보고 기뻤지만 어느 진영도 이 사건에 깔려 있는 비극을 제대로 이해하지 못한다는 사실을 알 수 있었다. 렘시프의 연구자들은 최근에 들어온 피실험체들이 수화로 〈나가자〉, 〈담배〉, 〈안아 줘〉 같은 말을 할 수 있다는 사실에 신경 쓰지 않았다. 그들이 원하는 것은 침팬지들의 피밖에 없었다. 반면에 침팬지의 끔직한 처우에 항의하는 사람들은 침팬지가 수화를 할 수 있다는 사실에만 신경 쓰는 것 같았다. 그 능력 때문에 침팬지들이 더 특별하고 동정받을 가치가 있다는 것처럼 말이다.

내가 보기에 수화를 전혀 하지 못하는 팬과 서른 가지 수화를 아는 부이는 하나도 다르지 않았다. 두 가지 수화 — 이리 와, 안아 줘 — 를 아는 매니와 130가지 수화를 아는 앨리도 마찬가지였다. 이 침팬지들은 모두 외로움의 고통, 낯설고 새로운 환경에 대한 끔직한 두려움을 느꼈다. 침팬지 하나하나가 당신이나 나와 마찬가지로 육체적 접촉과 애정 어린 위안을 간절히 원했디. 이 사실이 바로 이도록 사회적인 동물을 천장에 매달린 개별 우리에 넣는 행위에 있어서 비극으로 작용했다. 앨리와 님은 수화를 알았기 때문에 고통을 받고 있는 것이 아니라 침팬지이기 때문에 고통을 느끼고 있었다.

그해 봄에 나는 기자나 토크쇼 진행자와 전화 인터뷰를 할 때마다 이 점을 알리려고 노력했지만 전선은 이미 수화를 하는 침팬지들 위주로 형성되어 있었다. 이 일로 뉴욕 대학교와 렘시프는 홍보 기회를 얻었고, 재빨리 그 기회를 잡았다. 그들이 제일 유명한 침팬지 앨리와 님을 오클라호마로 돌려보내자 소동은 즉시 가라앉았다. 대중은 부이, 브루노, 셀마, 신디처럼 덜 유명한 침팬지들이 계속 독방에 갇혀 있다는 사실에 대해서는 별로 흥분하지 않는 듯했다.

오클라호마로 돌아온 앨리와 님의 행로는 다시 한 번 갈렸다. 레먼은 더 이상 부정적인 여론을 일으키지 않고 두 마리를 조용히 처분하기로 결심했다. 그는 둘 중에 더 유명한 님을 대중 작가이자 동물 보호론자인 클리블랜드 에이머리Cleveland Amory가 운영하는 동물 기금Fund for Animals에 팔았다. 님은 텍사스에 있는 에이머리의 블랙뷰티 목장으로 이주해서 야외로 나갈 수 있는 커다란 울타리 안에서 살았다. 말들 틈에서 혼자였으므로 외로웠겠지만 몇 년 뒤 샐리라는 연상의 암컷 침팬지가 왔다. 샐리는 최근에 죽었고, 현재 에이머리는 님을 위해서 또 다른 암컷을 찾고 있다.

앨리는 그만큼 운이 좋지 않았다. 레먼의 학생 하나는 레먼이 앨리를 아무도 찾지 못할 곳으로 보내고 싶어 했다고 나중에 말해 주었다. 그는 성공했다. 1982년 11월 15일에 앨리는 배에 실려서 약물, 화장품, 살충제를 동물에게 실험하는 뉴멕시코의 개인 실험실 화이트샌즈 연구 센터 White Sands Research Center로 보내졌다. 화이트샌즈의 임원들은 앨리라는 이름의 침팬지가 들어온 적이 있다고 절대 인정하지 않았다.[1] 그들은 1982년 11월 19일에 이름 없는 침팬지 두 마리를 받았다고만 말했다. 아마도 그중 하나가 앨리였을 것이다.

앨리가 정말 화이트샌즈로 갔다면, 거기서 도대체 어떤 일을 당했을까? 아무도 말하지 않을 것이고 어느 것도 알려지지 않았다. 앨리가 독성 연구에서 살충제를 주입당한 뒤 죽었다고 누군가가 나중에 알려 주었다. 그것이 사실인지 아닌지 나는 모르지만, 아마 절대 알 수 없을 것이다. 그러나 앨리는 잊히지 않았다. 위쇼가 앨리를 마지막으로 본 지 4년이 지난 1983년 10월에 위쇼와 침팬지들이 자기들의 사진을 슬라이드로 보고 있었다. 침팬지들은 웃긴 사진들을 보고 웃으며 친구들에 대해서 수화로 이야기를 나누었다. 그때 앨리의 사진이 화면에 나타났다. 위쇼가 사진을 열심히 보더니 화면으로 가까이 다가갔다. 저거 누구야? 학생 한 명이 위쇼에게 물었다. 위쇼는 화면을 열심히 보면서 〈안아 줘, 안아 줘, 괴짜〉라고 대답했다.

나는 앨리의 사진을 보면서 13년을 거슬러 올라 가슴에 성호를 긋던 한 살짜리 장난꾸러기 침팬지를 처음 만난 날로 돌아갔다. 앨리가 세례를 받던 행복한 날에 앨리의 양어머니가 했던 말이 다시, 하지만 이번에는 더욱 우울한 의미로 떠올랐다. 〈우리 아기가 다른 사람들과 똑같이 구원 받지 못할 이유가 어디 있어요?〉

「그레이스토크」는 유인원이 실제로 움직이고, 소통하고, 어울리는 방식을 보여 준 첫 번째 영화였다. 「킹콩King Kong」과 「혹성 탈출Planet of the Apes」 같은 영화는 유인원을 기괴한 캐리커처로 그렸다. 나는 「그레이스토크」에 등장하는 침팬지들이 제인 구달이 현장에서 기록하고 있었던, 그리고 내가 포획된 침팬지들을 보면서 알고 있었던, 무척 똑똑하고 감정적인 침팬지를 닮기 바랐다.

타잔 역을 맡은 크리스토퍼 램버트가 엘런스버그로 와서 어린 수컷 침팬지 다르와 룰리스가 걷고, 털 고르기를 하고, 놀고, 싸우는 모습을 관찰했다. 그는 또 타잔의 강인하고 동정심 많은 어미 침팬지의 모델 위쇼가 어린 수컷 두 마리의 싸움을 중재하는 모습을 보았다. 나는 크리스토퍼와 2주일을 보낸 후 런던으로 날아가서 타잔의 침팬지 친구와 가족을 연기할 배우 열두 명을 교육했다.

제일 처음 해야 할 일은 유인원 행동에 대한 고정 관념을 없애는 것이었다. 여배우 페이 레이Fay Wray를 훑어보는 킹콩처럼 고개를 흔드는 배우들이 많았다. 「여러분은 수탉이 아닙니다.」 내가 반복해서 말했다. 「여러분은 정면에 두 눈이 달린 침팬지입니다, 사람이랑 똑같아요.」 배우들에게 침팬지의 걸음걸이를 가르치는 것이 가장 어려운 과제였다. 인간이 무릎을 구부리고 구부정하게 걸으면 룰리스나 다르보다 코미디언 그루초 막스Groucho Marx처럼 보인다. 배우들은 침팬지 비디오테이프를 여러 번 보고 매끄럽게 굴러가는 듯한 침팬지의 이족 보행을 익혔다. 태권도 챔피언인 배우는 네발로 달리는 힘든 동작까지 해냈다.

다음으로 우리는 각 인물을 만드는 것에 초점을 맞추었다. 우리는 침팬지마다 이름을 붙였고, 공동체의 모든 일원에게 가족사를 만들어 주었다. 타잔의 양어머니 칼라와 우두머리 수컷이자 타잔의 양아버지인 실버비어드 외에 화이트아이(타잔의 라이벌), 블러시(젊은 암컷), 발리노(야심이 크지만 가끔 바보 같은 수컷) 등 침팬지들이 여러 마리 있었다. 각각의 침팬지는 엄마가 누군지, 형제가 누군지, 자기 편이 누군지 알았다.

나는 배우들에게 항상 사회적 비용과 효과를 분석하는 침팬지의 세계에 살아 보라고 말했다. 내가 이 사람 옆에 앉으면 다칠까, 안전할까? 뭔가를 훔쳐서 달아날 수 있을까? 누구에게 도전하고 누구와 동맹을 맺어야 할까? 많은 배우들이 영화 촬영이 끝나고도 한참 동안 〈침팬지〉처럼 느끼고 행동하는 자신을 발견했다고 나중에 말해 주었다.

「그레이스토크」에 그려진 침팬지 사회는 다른 영화에서 거의 재현되지 않는 사실성이 있었다. 관객들은 영화에 진짜 침팬지가 한 마리도 나오지 않는다는 사실을 잘 믿지 못했다. 몇 년 후「정글 속의 고릴라 Gorillas in the Mist」는「그레이스토크」의 뒤를 이어 고릴라를 사실적으로 그렸지만, 유인원을 다룬 최근 영화는 대부분「그레이스토크」이전의 캐리커처로 돌아갔다. 나는 여러 편의 영화에 참여했지만 가장 진짜 같은 침팬지 행동은 결국 편집실에서 잘렸는데, 제작사는 그런 장면이 〈미친 듯이 웃기기〉를, 즉 침팬지를 연기하는 사람들이 어릿광대처럼 행동하기를 바랐기 때문이다.

개인적으로 나는 진짜 침팬지를 기용하는 영화에는 참여하지 않을 생각이다. 나는 할리우드에서 충분한 시간 보냈기 때문에 — 그리고 〈전기봉〉이 등장하는 순간 영화에서 빠진 적이 아주 많았기 때문에 — 침팬지나 고릴라, 오랑우탄이 연기를 하게 만들려면 무엇이 필요한지 잘 안다. 우리가 영화에서 보고 정말 재미있다고 생각하는 유인원은 매를 맞거나, 전기 충격을 받거나, 무언가를 빼앗기거나, 혹은 세 가지를 모두 겪었을 확률이 무척 높다. 인간의 오락을 위해서 대형 유인원을 착취하는 것은 비극적인 일이다.

「그레이스토크」는 서아프리카 카메룬 화산 산기슭의 빽빽한 우림에서 촬영되었다. 미국 우주 프로그램에서 이용당한 수많은 침팬지들이 포획된 곳이었고, 위쇼도 우리가 촬영하던 바로 그 우림에서 태어났을 확률이 높았다. 카메룬에는 침팬지가 8,000마리 정도밖에 남아 있지 않았고, 나는 깊은 우림에 들어갔다가 그중 한 마리를 먼발치에서 보았다.

나는 서아프리카에 머무는 동안 옛 친구 루시를 만나고 싶었다. 루시는 영화 촬영지에서 2,000킬로미터 정도 떨어진 감비아에 있었다. 나는 얼마 전에 루시의 삶이 나아졌다는 소식을 들은 참이었다. 루시는 아직 재니스 카터에게 의존했지만 마침내 자기가 먹을 것을 채집했고 건강이 좋아지고 있었다. 이제 루시는 재활 침팬지 무리의 우두머리 암컷이었고, 워쇼처럼 고아가 된 수컷 침팬지를 입양했다. 불행히도 촬영 일정이 빠듯해서 나는 루시를 찾아가지 못했다.

나는 아프리카에서 침팬지를 한 마리도 만나지 못했지만 정글에 잘 적응한 영장류 인간, 즉 피그미족은 많이 만났다. 휴 허드슨은 영화에 들어갈 몇 장면을 찍으려고 나이지리아에서 어느 피그미 부족 전체를 데리고 왔다. 뾰족하게 간 이빨, 허리감개, 화살로 가득한 화살통에 이르기까지 전부 진짜였다. 휴식 시간이 되면 피그미족은 나무에 올라가 취침용 둥지를 만들었고, 침팬지 무리처럼 빽빽한 나뭇잎 사이로 사라졌다. 나는 가만히 서서 시야에서 사라져 숨어 버리는 피그미족을 바라보며 능력에 감탄했다. 피그미족은 워쇼의 종과 우리 종이 동족이라는 놀라운 증거였다.

「그레이스토크」를 촬영하는 내내 침팬지의 영국인 양아들 타잔이 내 친구 앨리의 운명을 알았다면 어떻게 생각했을까라는 의문이 내 머리를 떠나지 않았다. 영화의 마지막 부분에서 타잔은 19세기 서구 과학 최고의 영예인 영국 박물관의 해부학 연구동을 걸어간다. 그는 침팬지 여러 마리가 해부 탁자에 묶여 있는 무시무시한 장면을 발견한다. 신음 소리도 들리고, 산 채로 작은 우리에 갇힌 침팬지도 보인다. 이 동물이 과학자들에게는 또 한 마리의 피실험체일 뿐이지만 타잔은 그를 안다. 바로 타잔의 침팬지 양아버지 실버비어드이다. 타잔이 우리를 열어 아버지를 풀어 주고, 둘은 끌어안는다.

이것은 내가 개인적으로 앨리에게 헌정하는 장면이다. 「그레이스토크」의 원래 각본에서는 타잔이 동물원에서 양아버지를 발견했지만 내가 휴 허드슨을 설득해서 바꾸었다. 나는 20세기 초엽의 영국 해부학자들이 현대 생물 의학 연구자들의 선구자였다고, 침팬지가 생각도 감정도 없는 기계라는 데카르트적 견해를 가장 소리 높여 옹호한 사람들이었다고 말했다. 내 마음 속에서는 타잔이 우리를 열 때 양아버지뿐만 아니라 앨리와 부이, 브루노, 그리고 과학의 포로가 된 모든 침팬지를 해방시켰다.

나는 아프리카에서 돌아온 다음, 침팬지와 인간의 상호 존중을 바탕으로 하는 연구 환경이라는 목표를 실현하기 위해서 데비와 함께 열심히 노력했다. 최우선 과제는 침팬지와 긍정적인 관계를 맺을 자원봉사자 교육이었다. 우리는 항상 워쇼 가족에게 후보를 평가할 기회를 주었고, 워쇼는 오만하거나 거드름 피우는 사람을 특히 잘 골라냈다. 우리는 워쇼에게 마음에 들지 않는 사람을 해고할 권리를 주었고, 워쇼는 주로 그런 사람에게 침을 뱉음으로써 그 권리를 행사했다.

모든 지원자는 1년 동안 미국 수화와 침팬지 행동에 대한 교육을 받고 비디오테이프를 보면서 침팬지의 대화를 분석한 다음에야 침팬지 수화에 대한 과학적 데이터를 수집할 수 있었다. 우리의 지도 원칙은 1980년대에 실험실 앞에 걸려 있던 수화 표지판으로 요약할 수 있다. 〈자존심은 두고 들어 오세요.〉 워쇼 가족이 인간의 오락이나 만족을 위해서 실험실에 존재하는 것이 아니라는 사실을 받아들이기 어려워하는 사람이 많았다. 일부 자원봉사자들은 항상 침팬지를 만지거나, 비웃거나, 통제하고 싶어 했다. 어떤 사람들은 침팬지를 말처럼 조련하거나 〈무너뜨려야〉 한다고 생각했다. 룰리스가 침을 뱉으면 물을 틀고 수도 호스를 룰리스에게 흔드는 사람들도 있었다. 어느새 데비와 나는 거의 매일 다음과 같은 말을, 혹은 그중 일부를 이야기하고 있었다.

이 연구실은 워쇼의 집입니다. 여러분은 워쇼의 집에 온 손님입니다. 그러니 여러분을 찾아온 손님에게 기대하는 그대로 행동하세요. 여러분은 워쇼의 아이를 가르칠 권리도, 워쇼의 가족을 위협할 권리도, 또 침팬지들이 먼저 만져 달라고 하지 않는 한 만질 권리도 없습니다. 이 집에서는 침팬지의 복지가 우선이고 연구가 그 다음, 여러분의 욕구가 마지막입니다. 여러분은 언제든지 여기서 나갈 수 있지만 워쇼 가족은 절대 나갈 수 없습니다. 워쇼 가족은 자기 집에 갇힌 수인입니다. 여러분이 할 일은 간단합니다. 침팬지들의 삶을 가능한 한 즐겁고, 사회적이고, 재밌게 만들어 주는 것입니다.

자원봉사자들은 금방, 주로 첫째 날에, 자신들이 침팬지를 통제하는 것이 아님을 깨달았다. 봉사자들은 침팬지들에게, 영어를 잘 알아듣고 수화도 더 잘하고 비언어적 행동을 읽는 전문가이고 실험실이 어떻게 돌아가는지 다 아는 침팬지들에게 자신이 쉽게 조종당하고 있음을 발견했다. 워쇼가 좋아하는 속임수 중 하나는 새로 온 자원봉사자에게 마치 매일 먹는 것이라는 듯 점심 시간도 되기 전에 아이스크림을 달라고 하는 것이었다. 새로 온 베이비시터에게 자기들은 항상 소파나 침대 위에서 뛴다고 말하는 아이들 같았다.

이 과정을 견뎌 낸 자원봉사자들은 자신이 무척 복잡하고 털이 많은 사람들, 우연히 침팬지라는 탈을 쓰게 된 사람들의 집에 찾아온 손님이라는 사실을 받아들인 이들이었다. 자원봉사자들은 〈침팬지에 대한 통념〉을 버리고 워쇼 가족 한 마리 한 마리와 서로 존중하는 관계를 맺었다. 그들이 받은 보답은 단 하나, 바로 침팬지의 우정이었다.

오래 일한 자원봉사자 캣 비치Kat Beach는 처음 워쇼를 만났을 때 침팬지가 인간의 언어를 사용할 줄 알아서 깜짝 놀랐었다고 한다. 그러나 침팬지들을 알고 나자 워쇼가 말하는 내용에 더욱 놀랐다. 1982년 여름에 캣이 아이를 가졌는데, 워쇼는 그녀의 배를 무척 소중한 듯 바라보며 아기에 대해서 묻곤 했다. 불행히도 캣은 유산을 했고, 며칠 동안 연구실에 나오지 않았다. 마침내 캣이 돌아오자 워쇼는 다정하게 인사했지만 다시 멀리 떨어져 캣이 한동안 나오지 않아서 화가 났다는 티를 냈다. 캣은 워쇼가 새끼를 두 번 잃었다는 사실을 알고 있었기 때문에 워쇼에게 사실대로 이야기했다.

캣이 워쇼에게 수화로 말했다. 〈우리 아기가 죽었어.〉 워쇼가 고개를 숙여 땅을 보았다. 그런 다음 고개를 들고 캣의 눈을 보면서 눈 밑 뺨에 손을 대고 수화로 〈운다〉라고 말했다. 나중에 캣이 한 말에 따르면 운다라는 한 마디가 길고 문법적으로 정확한 워쇼의 다른 말보다도 워쇼라는 침팬지에 대해 더 많은 것을 알려 주었다. 그날 캣이 집으로 돌아갈 시간이 되었지만 워쇼는 캣을 놓아 주려 하지 않았다. 〈제발 사람 안아 줘.〉 워쇼가 수화로 말했다.

침팬지는 무엇보다도 사회적인 동물이다. 이는 외로움과 지루함이 포획 침팬지의 가장 큰 적이라는 뜻이다. 야생 침팬지는 변화를 무척 좋아한다. 침팬지는 매일 다른 과실나무를 습격하고, 매일 밤 다른 둥지를 만들고, 정글을 돌아다니면서 공동체의 다른 일원들과 어울린다. 콘크리트 방에 갇혀서 단조롭고 획일적인 일과를 지키는 일에 대해서는 침팬지보다 더 나쁜 후보를 생각하기 힘들다. 워쇼 가족의 경우, 우리가 실험실 환경을 바꿀 수는 없었다. 돈을 더 모금해서 큰 야외 구역을 지을 때까지 침팬지들은 항상 똑같은 네 개의 방에서 살아야 했다. 그러므로 일상의 모든 면을 풍성하게 만드는 것이 더욱 중요했다.

연구실의 전형적인 하루는 오전 8시에 우리가 실험실을 열고 워쇼와 모자, 타투, 다르, 룰리스를 깨워서 수화와 침팬지식 — 머리를 까딱거리며 우우 소리내기 — 을 섞어서 인사를 하는 것으로 시작했다. 우리는 워쇼 가족에게 아침 식사를 하기 전에 어젯밤에 쓴 그릇, 숟가락, 그리고 잘 때 쓴 담요를 치우라고 했다. 가장 듬직한 주부 타투가 물건을 다 모아서 우리가 씻을 수 있게 우리 아래로 밀어 주었다.

침팬지들은 아침 식사로 제철 과일과 얼린 과일, 비타민, 미네랄을 넣은 스무디를 먹었다. 야생 침팬지는 약용 식물을 비롯해서 140종 이상의 식물과 열매를 먹기 때문에 우리는 가능한 한 아침 과일을 다양하게 주려고 노력했다. 우리는 가장 나이가 많고 서열이 높은 지위를 존중하여 워쇼에게 제일 처음 음식을 대접했다. 나는 〈먹이를 준다〉고 하지 않고 〈대접한다〉고 말한다. 우리가 배운 바에 따르면 우리가 선택하는 단어는 우리 태도와 행동에 큰 영향을 끼친다. 우리는 집에서 가족과 친구들에게 음식을 〈대접〉하듯이 워쇼 가족에게 식사를 〈대접〉했다. 이는 〈개나 돼지에게 먹이를 주는 것〉과 무척 다르다. 식사하는 사람을 존중하면서 대하면 식사 시간은 훨씬 더 평화롭다.

아침 식사가 끝나면 우리가 가족실을 치웠다. 우리는 청소 시간 동안 침팬지들을 가두지 않고 청소를 돕게 했다. 워쇼와 타투는 청소를 정말 좋아했다. 우리가 바깥쪽을 청소하는 동안 워쇼와 타투는 비눗물이 담긴 들통과 솔을 가지고 들어가서 안쪽을 청소했다. 우리는 수많은 게임을 하고 수많은 수화로 대화를 하면서 청소를 사교 모임으로 바꾸려 애썼다. 예를 들면 호스로 〈물을 마셔〉라고 말하고, 대걸레를 들고 〈쫓아다녀〉라고 말하고, 일을 하는 대신 〈먹을 것〉을 주겠다 말했다. 항상 그렇듯 기본 교육을 받은 사람이 침팬지들의 행동과 대화를 기록했다.

우리는 청소를 하고 나서 깜짝 선물을 주었는데, 침팬지들은 항상 즐겁고 신나서 우우거리며 환영했다. 깜짝 선물은 말린 과일, 얼린 과일, 허브 차, 검, 옥수숫대 같은 먹을 것부터 과일 주스를 넣은 물풍선이나 눈처럼 색다른 것까지 다양했다. 침팬지들은 제인 구달이 추천해 준 건포도 판을 정말 좋아했다. 건포도 판이란 길이 15센티미터 정도의 판에 드릴로 구멍을 20개 정도 뚫은 다음 건포도나 마시멜로우를 끼운 것이다. 우리는 침팬지들에게 버드나무 가지나 사과나무 가지를 주고 흰개미를 〈낚는〉 야생 침팬지처럼 그것을 이용해서 건포도를 낚게 했다.

여름이나 가을이 되면 나무의 날을 정해서 초록색 사과가 달린 사과나무 가지, 버드나무 가지, 거대한 해바라기 등의 식물을 가져다 주었다. 이런 식으로 침팬지들이 사는 콘크리트 세상에 자연의 일부를 가지고 들어오면 침팬지들이 얼마나 생기에 넘치는지, 놀라울 정도였다. 워쇼는 서열이 가장 높은 침팬지답게 제일 먼저 가지를 하나하나 다 살펴보고 제일 좋은 가지를 찾아 골랐다. 워쇼는 가지를 벤치로 끌고 가서 다리를 꼬고 앉아 이파리를 씹었다. 모자는 나뭇잎 두 장을 따서 휘파람을 분 다음 먹었다. 타투는 나뭇잎을 샅샅이 살피고 곤충 알이 들어서 툭 튀어나온 옹두리를 잘근잘근 씹는 것을 정말 좋아했고, 그러는 내내 끊임없이 수화를 했다. 〈저 나무, 저 꽃, 내 거 타투 거.〉

다르와 룰리스는 싸우는 척했는데, 아프리카 우림의 침팬지들과 똑같았다. 두 마리는 가지를 들고 두 발로 서서 요란하게 쿵쿵 발을 굴렀다. 다르와 룰리스는 가지를 높이 들고 위협적으로 흔들다가 서로에게 돌진해서 부딪힌 다음 바닥에 넘어져서 엎치락뒤치락거리고 서로 간질였고, 결국에는 같이 미친 듯이 웃었다. 룰리스는 평생 야외에 나가 본 적이 몇 번밖에 없었지만 작은 가지 몇 개만 있으면 오후 내내 즐거운 시간을 보낼 수 있었다.

깜짝 선물 시간이나 나무 시간이 끝나면 침팬지들이 점심 시간까지 가지고 놀 장난감과 물건들을 가져다 주었다. 침팬지마다 제일 좋아하는 것이 있었다. 룰리스는 핼러윈 가면을, 특히 괴물과 서부극 주인공 론 레인저 가면을 좋아했다. 룰리스는 가면을 쓰고 다른 침팬지들을 쫓아다녔다. 그리고 실험실 직원에게 가면을 쓰라고 한 다음 그 모습을 보며 웃었다. 일곱 살 다르는 장난감 공룡을 좋아해서 공룡을 간질이거나 공룡에게 수화로 말했다. 가끔 다르와 론 레인저 가면을 쓴 룰리스가 머리 위 터널에서 공룡들과 숨바꼭질을 했다.

위쇼, 모자, 타투 모두 옷을 차려 입고 노는 것을 좋아했다. 가장 공들여서 옷을 입는 모자는 머리에 스카프를 매고 허리에 벨트를 찬 다음 작은 거울이 달린 분첩을 보면서 밝은 분홍색 립스틱을 발랐다. 모자는 또 벨크로에 푹 빠져서 몇 시간씩 바닥에 누워 벨크로를 붙여다 뗐다 했다. 얼마 후 실험실 직원들까지 모자를 벨크로 여자라고 부르기 시작했다.

타투는 검정 지갑, 검정 립스틱, 검정 신발 등 검정색을 좋아했다. 타투가 고른 화장품은 검정색 무독성 오일 파스텔이었다. 타투가 검정색 물건을 좋아하는 것은 어린 시절까지 거슬러 올라가는데, 어렸을 때 타투는 〈멋지거나〉, 호감이 가거나, 아름다운 것은 뭐든지 검정이라고 표현해서 〈이 음식은 검어〉라든지 〈그녀는 검어〉라고 말했다.

위쇼는 빨강색을 더 좋아했는데, 특히 신발은 더욱 그랬다. 위쇼는 실험실 직원과 맛있는 커피를 나눠 마시면서 〈신발 책〉이라고 부르던 패션 잡지의 신발 섹션에서 좋아하는 빨간 신발을 찾아보는 것을 무엇보다도 좋아했다. 데비와 위쇼의 대화가 잘 보여 주듯이, 위쇼의 잡지 취향은 무척 다양했다.

> 워쇼: 책 더!
> (데비가 남성복 카탈로그와 가구 카탈로그를 가져온다.)
> 데비: (영어로) 뭐가 좋아?
> 워쇼: 남자 책.
> (데비가 남성복 카탈로그를 준다. 워쇼가 책장을 넘기며 잠깐 보더니 내려
> 놓는다.)
> 워쇼: 여자 책, 가!
> (데비가 여성 패션 카탈로그를 찾지만 없다.)
> 데비: (수화로) 여자 책 못 찾겠어.
> 워쇼: 고기 책!
> (데비가 맛있는 요리가 나오는 주방 용품 업체 윌리엄스소노마의 카탈로
> 그를 가지고 돌아오자 워쇼가 열심히 본다.)

매일 점심은 두 조각으로 쪼개서 말린 완두콩, 강낭콩, 렌틸콩, 온갖
맛의 야채와 향신료로 만든 수프였다. 가끔 우리는 참치나 닭고기 같은
다른 단백질원도 제공했지만 고기를 좋아하는 것은 타투밖에 없었다.
우리는 그릇에 음식을 담아서 숟가락과 함께 주었지만 양상추 잎을 비롯
한 채소들은 쇠사슬 천장에 놓아 따 먹게 했다.

점심을 먹고 나면 조용한 활동 — 털 고르기, 그림책이나 사진첩 보기,
그림 그리기 — 을 했고, 늦은 오후가 되면 다시 청소를 했다. 언제나처
럼 타투가 잡지, 장난감, 껍질 벗긴 가지를 치웠다. 우리는 오후 네 시에
저녁 식사를 주었는데, 주로 밥, 시리얼, 찐 야채였지만 가끔은 샌드위치,

토르티야와 콩을 주었고 피자와 팝콘을 즐길 때도 있었다. 저녁 식사가 끝나면 침팬지들에게 담요, 짚, 버드나무 가지, 옥수숫대 같은 잠자리용 식물을 주었다. 침팬지들마다 잠자리를 만들 때 좋아하는 스타일이 있었다. 룰리스는 열 살까지 워쇼와 한 둥지에서 잤다. 워쇼는 담요 두 개를 바닥에 둥글게 말아 놓은 다음 룰리스를 불렀다. 새끼 침팬지들은 인간 아이들과 마찬가지로 잠자리에 드는 것을 항상 좋아하지는 않았기 때문에, 룰리스가 엄마의 둥지로 가지 않고 벽을 타고 오르거나 천장에 매달릴 때가 많았다. 워쇼는 침착하게 〈이리 와, 이리 와〉라고 수화를 하거나 직접 가서 데려와 룰리스가 진정하고 잠들 때까지 털을 골라 주었다.

반면에 모자는 벤치에 담요를 반반하게 편 다음 그 밑에 들어가서 잤다. 다르와 타투는 야생 침팬지처럼 위쪽 — 머리 위 터널 — 으로 올라가서 자는 것을 좋아했다. 워쇼와 룰리스 역시 터널을 좋아했지만 동그란 둥지를 만들기에는 너무 좁았기 때문에 주로 바닥에서 잤다.

우리는 매달 하루 이상 특별한 날을 만들어 축하하면서 워쇼 가족에게 특별한 경험을 주려고 노력했다. 우리는 밸런타인데이(빨갛고 하얀 리본, 풍선, 하트 모양 컵케이크), 부활절(색칠한 완숙 달걀, 보물찾기), 워쇼를 위한 어머니 날(방 하나를 라일락으로 채우면 침팬지들은 라일락 향을 맡으며 수화로 이야기하고, 먹고, 그 안에 둥지를 틀었다), 독립 기념일(불꽃놀이와 폭죽을 터뜨리려고 했지만 침팬지들이 무서워했기 때문에 쿨에이드를 넣은 풍선으로 축하했다), 핼러윈(침팬지들이 호박 조각을 도와주고, 고기와 견과류를 먹고, 분장을 하고, 사탕이 든 풍선을 찾아 돌아다녔다)을 지냈다. 또 성 패트릭의 날, 로쉬 하샤나(유대인의 새해), 하누카(유대교 빛의 축제)를 비롯해서 워쇼 가족이 즐길 만하다고 생각되는 날은 모두 축하했다.

추수 감사절과 크리스마스는 우리 실험실의 큰 명절이었다. 추수 감사절 저녁에는 새 고기, 달콤한 감자, 베리 소스, 달콤한 호박이 나왔고, 침팬지들은 각각 제일 좋아하는 칠면조 부위를 달라고 요구했다. 추수 감사절 다음 주말이면 침팬지들이 사탕 나무라고 부르는 크리스마스 트리를 터널에서 잘 보이는 곳에 세웠다. 그 후 한 달 동안 매일 사탕 나무에 땅콩, 팝콘, 크랜베리, 과일, 검, 건포도로 만든 화환이 점점 더해졌고, 사탕 나무는 침팬지들이 제일 좋아하는 화제가 되었다. 크리스마스 날이면 우리는 먹을 수 있는 트리 장식품, 간식으로 가득한 양말, 산타가 준 옷 등 특별한 선물을 주었다.

우리는 또 다섯 침팬지의 생일을 전부 축하했다. 타투의 생일은 크리스마스 5일 후였기 때문에 항상 너무 과한 느낌이었지만 우리는 마찬가지로 신나게 준비하려 애썼다. 예를 들어 1983년에 우리는 커다란 진저브레드에 타투가 제일 좋아하는 요거트를 뿌리고 촛불 여덟 개를 꽂았다. 우리가 「생일 축하합니다」 노래를 부르자(리듬에 맞춰서 수화를 했다) 타투가 신이 난 나머지 소리를 지르기 시작해서 결국 워쇼의 도움을 받아 촛불을 껐다. (집에서 자란 침팬지들은 모두 생일 촛불을 끄지만 룰리스는 자기 촛불을 먹었다.) 간식을 즐기고 나면 선물을 열어 볼 시간이다. 첫 번째 선물은 가드너 부부가 보낸 것으로, 복슬복슬한 ― 당연히도 ― 검정 담요였다. 타투는 담요를 몸에 두르면서 〈저 까만 거〉라는 수화를 하고 또 했다. 얇은 노란색 실내복이 나오자 모자가 입었고, 침팬지들에게 하나씩 줄 벨크로가 달린 손복 지갑 다섯 개에는 안에 말린 과일이 숨겨져 있었다. 룰리스는 자기 과일을 먹은 다음 지갑을 머리에 쓰고 워쇼에게 〈모자 모자〉라고 수화로 말했다. 침팬지들이 벨크로 지갑에 든 과일을 다 먹고 나면 모자가 발목과 손목에 지갑을 감고 구석으로 가서 바닥에 누워 벨크로를 떼었다 붙였다 했다.

생일의 주인공 타투는 다른 방으로 사라져서 입술과 볼에 립스틱을 두껍게 칠했다. 화장을 끝낸 타투는 립스틱을 돌려서 꺼냈다가 넣었다가 하며 조용히 앉아 있었다. 워쇼가 문 앞에서 그런 타투를 보고 얼른 달려갔지만 워쇼가 립스틱을 잡아채기 전에 타투가 얼른 돌려 넣은 다음 입에 집어넣어 버렸다. 워쇼는 주변을 샅샅이 뒤져도 립스틱이 보이지 않자 포기하고 가버렸다. 그러자 타투가 입에서 립스틱을 꺼내서 다시 발랐다. 전반적으로 타투에게는 무척 검은 날이었다.

이렇게 서로 축하하고 어울린 덕분에 자연스럽게 언어가 넘쳐 나는 가정 환경이 되었다. 수화를 하는 침팬지들을 모아서 대화를 하게 만든다는 것이 너무 뻔한 생각 같아 보일지도 모르지만 누구도 이런 연구를 한 적이 없었다. 부분적으로는 침팬지의 수가 문제였다. 연구자들은 대부분 침팬지 한 마리로 연구했다. (가드너 부부는 눈에 띄는 예외였고, 1970년대에 모자, 다르, 타투의 자발적인 수화를 보고했다.) 그러나 접근법의 문제이기도 했다. 일부 유인원 언어 연구자들은 침팬지들이 키보드의 상징을 선택 사용하는 컴퓨터화된 언어를 가르치고 있었다. 이것은 정상적이고 사회적인 대화에 별로 도움이 되지 않았고, 가끔은 우스운 결과를 가져왔다. 여키스 센터에서 컴퓨터를 쓰는 라나라는 침팬지는 밤이 되어서 인간 동료가 집으로 돌아가고 나면 〈제발 기계 라나 간질여 줘〉 같은 문장을 쳤다.[2] 비평가들이 님이나 라나 같은 침팬지를 보고 오로지 인간으로부터 보상을 받기 위해서 수화를 한다고 비난하는 것은 앞뒤가 맞지 않는다. 그런 침팬지들은 다른 침팬지와 대화를 할 기회가 한 번도 없었다.

룰리스는 워쇼에게서 수화를 배웠고, 이러한 수화의 대물림은 언어가 가족 내에서 발달한다는 증거다. 그러나 인간 아이들은 결국 가정 바깥으로 나가서 또래들과 말이나 수화를 하면서 생각과 감정을 표현하고, 우정을 쌓고, 계획을 세우고, 분쟁을 해결한다. 언어는 가정에서 발현되지만 더 넓은 공동체에서 가장 완전한 표현을 찾고, 공동체 내의 대화는 사람들 사이의 만남을 활성화시키고 문화, 통상, 교육을 용이하게 한다.

우리의 진화적 형제인 침팬지 공동체는 이와 똑같은 사회적 이유로 일상 생활에 언어를 도입할 가능성이 무척 높다. 만약 침팬지들이 그렇게 한다면 우리는 언어가 인류 선조들이 사회적 관계를 맺는 방법으로 발달했다는 더 많은 증거를 찾을 수 있을 것이다. 마찬가지로 중요한 사실은, 침팬지 무리가 자기들끼리 대화를 한다면 인간이 주는 보상에 자극을 받아서가 아니라 자연스러운 소통의 필요성 때문에 수화 언어를 사용한다는 결정적인 증거가 될 것이다.

워쇼, 룰리스, 모자, 타투, 다르는 확대 가족이나 소공동체와 같았고, 나는 침팬지들이 인간과 똑같은 대화의 자유를 누리기 바랐다. 1981년 1월에 우리가 모자, 워쇼, 룰리스를 하나의 커다란 우리에서 다시 만나게 한 첫날부터 나는 침팬지들의 자발적인 대화에 연구의 초점을 맞추었다. 평일마다 임의로 정한 40분 동안 우리는 워쇼 가족 간의 수화 소통 횟수를 기록했다. 1981년 말이 되자 워쇼, 모자, 룰리스는 한 시간에 한 번 정도 수화로 대화를 나누었다. 대부분 룰리스가 엄마나 모자에게 같이 놀자고 하면서 대화가 시작되었다. 룰리스는 〈와서 간질여 줘〉, 〈까꿍 놀이〉, 〈빨리 모자〉(룰리스가 좋아하는 장난감이었다), 〈와서 신발 줘〉(역시 좋아하는 장난감이었다) 등의 수화를 했다. 모자는 당시 아홉 살로, 어린 암컷 침팬지가 새끼들에게 매료되는 나이였다. 모자는 워쇼와 마찬가지로 룰리스와 놀거나 룰리스를 달랠 때 수화를 제일 많이 썼다.

침팬지 무리가 사회적으로 언어를 어떻게 사용하는지 한창 연구 중이던 1982년 1월에 획기적인 사건이 일어났다. 다르와 타투가 왔던 것이다. 갑자기 할 말이 더 많아졌고, 워쇼 가족의 대화 횟수는 거의 다섯 배가량 늘어났다. 2월이 되자 침팬지들은 한 시간에 열 번 정도 수화를 했는데, 이러한 비율이 1982년 내내 유지되었다. 룰리스가 주요 촉매였다. 네 살이 된 룰리스는 엄마와 떨어져 주변의 사회적 무리에게 관심의 초점을 맞추고 있었다. 인간 아이들도 마찬가지다. 네 살짜리 아이는 엄마보다 친구들에게 말을 더 많이 한다. 다르와 타투를 데려온 것은 모자 가정에 새로운 아이 두 명이 들어온 것과 같았다. 가족의 수화 비율이 급격히 늘어났다.

새해가 된 후 첫 3개월 동안 룰리스가 대화를 시작한 횟수는 거의 1,300번에 이르렀다. (룰리스의 총 수화 횟수는 훨씬 더 많았다. 우리는 평일에만 하루 3시간 30분씩 관찰, 기록했다.) 룰리스는 대부분 다르에게 수화를 했고, 다르도 수화로 대답했다. 두 침팬지의 과격한 놀이는 싸움으로 이어졌고, 이는 룰리스와 다르가 워쇼에게 달래 달라거나, 털을 골라 달라는 요청을 더 많이 한다는 뜻이었다. 다르는 모자를 대신해서 룰리스의 주요 놀이 상대가 되었지만, 대신 모자는 자매인 타투와 보내는 시간이 더 많아졌다. 그러나 모자가 발정기일 때면 대부분 인간 남성과 다르에게 수화를 했다.

침팬지들의 대화는 단어와 몸짓을 결합하는 2살짜리 아이의 말 — 혹은, 청각 장애아의 경우 수화와 몸짓의 결합 — 과 비슷했다. 아이들은 생후 10개월 정도가 되면 〈대상을 지시하는 몸짓〉 — 보여 주기, 주기,

가리키기 — 을 이용해서 무언가를 요구하고 자기 생각을 표현한다. 그러나 말이나 수화를 시작하면 몸짓을 멈춘다. 아이들은 언어학자 버지니아 볼테라Virginia Volterra가 〈연속 의사소통 신호〉라고 부르는 것을 조합한다.[3] 귀가 들리는 아이는 두 단어를 연속으로 사용하는 대신 두 가지 몸짓을 조합해서 〈나 저거〉라는 뜻을 전달하거나 몸짓 하나와 단어 하나를 조합해서 〈네가 먹어〉라는 뜻을 전달한다. 청각 장애아는 수화 두 개를 사용하는 대신 수화 하나와 몸짓 하나를 조합해서 〈엄마 저기〉라고 말할 수 있다. 구어와 수화 언어가 우리 인류 조상의 몸짓에서 진화한 것과 마찬가지로, 아이들이 처음에 사용하는 몸짓과 나중에 쓰는 언어 사이에는 깨뜨릴 수 없는 연속성이 존재한다.

어린아이들의 이러한 대면 의사소통은 학자들이 칠판에 도표로 정리할 수 있는 이상화된 언어학적 대화가 아니다. 청각 장애아들은 수화와 몸짓을 매끄럽게 엮어서 사용한다. 침팬지들도 마찬가지다. 예를 들어서 한번은 타투가 모자에게 다가갔는데, 모자는 과일 음료수를 받으려는 참이었다. 타투가 끼어들자 모자는 비명을 질렀다. 그러자 타투는 모자에게 〈웃어〉라고 수화로 말하며 등을 돌려 가게 만들었다.

모자와 타투는 이 대화에서 단 하나의 수회만을 사용했지만 언어적 요소와 비언어적 요소를 결합하여 접근, 비명, 〈웃어〉, 돌아서기라는 네 번의 대화가 오갔다. 우리는 이들의 대화를 다음과 같이 해석할 수 있다.

타투: 음료수 줘.
모자: 싫어.
타투: 웃어.
모자: 가.

침팬지는 청각 장애아처럼 소통했을 뿐 아니라 인간 가정에도 흔히 쓰는 전략을 일부 보여 주었다. 예를 들어서 수컷 두 마리가 싸울 때 룰리스는 다르 때문에 소동이 벌어졌다고 말했다. 워쇼가 얼른 싸움을 말리러 오면 룰리스는 〈착해 착해 나〉라고 수화로 말한 다음 다르에게 손가락질했다. 그러면 워쇼는 다르를 혼냈다. 몇 달이 지나자 다르도 이것을 파악하고 워쇼가 오는 모습을 보면 바닥에 몸을 던졌다. 그런 다음 울면서 워쇼에게 수화로 〈와서 안아 줘〉라고 미친듯이 말했다. 그러면 워쇼는 룰리스를 혼내고 위협했고, 밖으로 나가는 터널을 가리키며 수화로 〈저리 가〉라고 말했다.

이번 침팬지 대화 연구에서 가장 중요한 발견은 침팬지들이 테라스를 비롯한 사람들의 비난과 달리 보상을 얻기 위해 언어를 사용하지 않는다는 사실이었다.[4] 사랑이 넘치고 서로를 지지하는 환경에서 말할 자유를 주었더니 워쇼 가족은 인간 가족처럼 일상 생활에서 친밀한 관계를 만들고 유지하기 위해서 언어를 사용했다. 이들의 수화 대부분은 놀이, 교육, 청소, 위로와 관련이 있었다. 침팬지들은 혼잣말을 할 때에도, 사진이나 그림을 보거나 창밖으로 사람이나 사물을 내다볼 때에도 수화를 많이 했다. 먹을 것과 관련된 대화는 5퍼센트밖에 되지 않았다. 흥미롭게도 음식에 대한 침팬지들의 대화도 〈구걸〉이라고 할 만한 것보다는 저녁 식탁에서 나누는 인간들의 대화와 더 비슷했다.

어떤 침팬지들은 인간과 마찬가지로 음식에 대해서 이야기하는 것을 아주 좋아했고, 배가 고프면 특히 더욱 그랬다. 타투는 정기적인 식사에 집착했다. 매일 점심 시간 한 시간 전쯤이면 타투는 온가족에게 〈먹는 시간이야〉라고 말하기 시작했다. 그런 다음 메뉴가 뭔지 알려 달라고 했다. 요리하는 냄새가 나지 않으면 타투는 근처에 있는 모든 인간에게 먹는 시간이라고 알려 주었다. 그래도 음식이 나오는 것 같지 않으면 타투는 식당의 성난 손님처럼 점장을 불러오라고 했다. 〈로저 로저 로저!〉 한번은 타투에게 방을 치워야 바나나를 먹을 수 있다고 말하자 타투는 모든 침팬지들에게 이렇게 말하기 시작했다. 〈빨리 치워! 바나나! 바나나!〉

타투는 또 가족에게 시간을 알려 주는 담당이었다. 1986년 추수 감사절에 저녁 식사를 하고 다음 날 데비와 내가 실험실로 들어가서 청소를 하기 시작했다. 학생들이 집으로 돌아갔기 때문에 특히 조용했다. 바깥에는 눈이 내리고 있었다. 타투가 눈을 멍하니 바라보더니 우리를 따라다니면서 크리스마스 트리를 세우라고 알려 주려는 듯 〈사탕 나무는? 사탕 나무는?〉이라고 말했다. 데비가 〈아니, 아직 아니야〉라고 말했지만 타투는 끈질겼다. 〈사탕 나무, 사탕 나무!〉 데비가 타투에게 며칠 더 기다려야 한다고 다시 한 번 말하자 타투는 벤치에 벌렁 드러누워서 시무룩하게 엄지손가락을 입에 물고 수화로 〈바나나?〉라고 말했다. 이제 타투는 해마다 추수 감사절이 끝나자마자 사탕 나무를 조르기 시작한다.

플라톤 시대 이후 인간이 과거를 기억하고 미래를 계획한다는 것은 누구나 아는 사실이었다. 그러나 명절과 먹을 것에 대해서라면 타투 역시 과거를 기억할 뿐 아니라 그 일이 언제 일어나게 되어 있는지까지 아는 듯하다. 핼러윈 파티가 끝나면 타투는 새 고기를 요구하면서 추수 감사절이 곧 돌아온다는 사실을 알렸다. 한번은 데비의 생일을 축하한 다음 타투가 우리에게 〈아이스크림 다르? 아이스크림 다르?〉라고 계속 물었다. 디르의 생일이 다음 날이었던 것이다.

제인 구달이 야생 침팬지의 행동을 기록할 때 그랬던 것처럼 우리는 관찰 내용을 일지에 기록하는 방법으로 침팬지들의 수화를 기록했다.

그런데 1983년에 흥미로운 일들이 연달아 일어나면서 우리가 워쇼 가족의 수화 언어를 기록하는 방식에 획기적인 변화가 생겼다. 당시 실험 심리학 석사 학위를 따기 위해서 공부 중이던 데비는 점점 늘어나는 룰리스의 언어 사용에 초점을 맞추어 논문을 쓰려고 했다. 데비의 논문 심사위원회는 대부분 이런 생각을 전혀 달가워 하지 않는 스키너주의 심리학자들로 구성되어 있었다. 그들은 워쇼 가족이 수화를 하는 것 자체에 회의적이었고, 허버트 테라스의 비난을 그대로 반복했다. 데비의 지도 교수는 벽에 카메라를 설치해서 인간이 없을 때 침팬지들의 모습을 녹화해보라고 제안했다. 그렇게 하면 침팬지들이 인간의 신호를 받을 때에만 수화를 한다는 사실이 최종적으로 증명될 것이라고 확신했던 것이다.

데비는 이 이야기를 듣고 무척 흥분했다. 원격 비디오카메라가 침팬지의 수화 사용을 반박할 수 있다면 반대로 침팬지의 수화 사용을 최종적으로 증명할 수도 있을 것이다. 우리가 지금까지 그 생각을 못했다는 것이 오히려 이상했다. 우리는 룰리스가 워쇼에게 수화를 배우는 모습을 휴대용 카메라로 기록했지만 스키너주의자들은 우리의 존재 자체가 침팬지들에게 수화를 주고받으라는 신호가 되었을 것이라고 비난했다. 논리적으로 생각하면 원격 비디오를 찍는 것이 당연한 다음 단계였다.

데비는 침팬지들의 방에 카메라를 네 대 설치한 다음 다른 방에 있는 모니터에 연결했다. 그런 다음 무작위로 하루에 세 번, 각 20분씩 녹화를 했다. 테이프에 녹화된 첫 15분 분량만 따져도 침팬지들끼리 수화를 200회 이상 주고받았다. 곧 우리가 지금까지 써온 직접 관찰 방식 때문에 워쇼 가족의 수화 양이 오히려 과소평가되었다는 사실이 드러났다. 인간 관찰자는 한 번에 한 방향밖에 볼 수 없고, 일종의 속기법을 쓴다고 해도 그렇게 빨리 적을 수 없다. 우리는 많은 것을 놓치고 있었는데, 특히 침팬지 서너 마리가 동시에 수화를 할 때는 더욱 그랬다. 그러나 비디오는 아무것도 놓치지 않는다. (곰베 강에 위치한 제인 구달의 연구 센터 역시 비디오 녹화 및 분석을 추가했다.) 침팬지의 대화는 너무나 뚜렷해서 미국 수화 관찰자들이 녹화된 대화를 각자 보았을 때 열에 아홉은 해석이 일치했다.

1983년부터 1985년까지 데비는 침팬지의 대화를 무작위로 45시간 분량 녹화했다. 테이프에는 워쇼 가족이 같이 담요를 덮으면서, 놀이를 하면서, 아침 식사를 하면서, 잘 준비를 하면서 수화하는 모습이 담겨 있었다. 침팬지들은 소리를 지르며 싸우는 중에도 수화를 했는데, 이것은 수화 언어가 침팬지들의 정신적, 감정적 삶에 필수적인 부분이 되었다는 가장 좋은 표시였다. 좋아하는 음식에 대해서 이야기하는 것은 그 음식을 얻기 위해서가 아니라 (그 자리에 사람은 없었다) 그냥 그 이야기를 하고 싶어서였다. 다르가 창밖을 보면서 혼잣말로 〈커피〉라고 수화를 할 때도 여러 번 있었다. 다르의 말이 무슨 뜻인가 싶어서 연구실 창가로 가보면 커피 잔을 든 사람이 지나가고 있었다.

그러나 데비가 촬영한 룰리스의 모습이야말로 침팬지가 인간처럼 가까운 가족들 틈에서 언어를 배워서 다른 사회적 관계를 만들 때 사용한다는 가장 좋은 증거였다. 룰리스는 점점 크면서 겁에 질리거나 다치거나 화가 날 때면 여전히 워쇼를 찾았지만, 전반적으로 워쇼에게 하는 말이 훨씬 줄었다. 연구 마지막 해였던 1985년에는 특히 그랬다. 1985년이 되자 룰리스는 가족 내에서 신뢰할 수 있는 수화를 55개 배웠고, 다른 침팬지들과 상호 교류를 할 때 여덟 번 중 한 번 수화를 사용했다. 그러나 제일 친한 친구였던 다르와 함께 있을 때에는 수화를 더 자주 해서, 상호 교류 다섯 번 중 한 번 꼴이었다. 전체적으로 룰리스가 다르에게 하는 말이 워쇼에게 하는 말보다 세 배 많았다. 룰리스는 여섯 살 난 인간 아이처럼 언어를 이용해서 우정을 다지고 있었다.

흥미롭게도 룰리스는 인간과 수화로 말하지 않았다. 룰리스는 오클라호마로 온 뒤 5년 동안 인간이 수화를 하는 모습을 한 번도 보지 못했다. 우리는 1984년 6월 24일에 처음으로 룰리스에게 수화를 했지만 룰리스는 우리를 무시했다. 룰리스의 표정은 마치 〈그건 네 언어가 아니라 내 언어야〉라고 말하는 것 같았다. 룰리스는 우리가 음성으로 하는 말에만 반응했다. 룰리스가 우리의 수화를 인정하고 수화로 대답하기까지는 4개월이 걸렸다.

논문 지도 교수들은 데비의 발견을 달가워 하지 않았다. 그러나 비디오테이프에 기록된 증거에 반박할 수는 없었기 때문에 데비에게 석사 학위를 주었다. 데비와 나는 1984년 국제 심리학 학회와 1985년 미국 과학 진흥 협회 회의에서 비디오를 상영했다. 몇 년 전 님과 워쇼를 둘러싼 갖은 논란이 있었지만 침팬지가 수화하는 모습을 실제로 본 과학자는 거의 없었다. 사람들은 가드너 부부가 1960년대 후반에 워쇼를 16밀리미터 필름으로 찍은 영상 이후에 아무것도 보지 못했다. 흔히들 보면 믿게 된다고 말한다. 워쇼와 룰리스, 모자, 다르, 타투가 수화로 대화하는 광경은 과학자들을 흥분시켰다. 침팬지가 인간처럼 언어를 사용할 수 있다는 놀라운 증거가 드디어 눈앞에 있었다.

1985년 3월 어느 날 점심 식사가 끝난 후 워쇼와 모자, 다르는 벤치에 누워 있고 타투는 터널에 앉아 있었다. 룰리스는 철사로 엮은 천장에 매달려 있었는데, 갑자기 이를 딱딱 부딪치면서 고개를 앞뒤로 흔들기 시작했다. 그런 다음 천장에서 뛰어내려 고무공처럼 이 벽 저 벽에 부딪히며 다니기 시작했다. 모자가 비명을 지르면서 재빨리 뛰어갔고 워쇼는 팔을 벌리고 룰리스에게 다가가서 자리에 앉혔다. 워쇼는 사자 조련사처럼 룰리스의 입을 벌리고 무엇이 룰리스를 괴롭히는지 살피려 했다. 그러나 룰리스는 입을 꾹 다물고 워쇼를 피했다. 워쇼가 호스를 둥지처럼 말아서 자리를 만들고 룰리스를 앉혔다. 다른 침팬지들이 무슨 일인가 보려고 모여들었고, 워쇼가 룰리스의 입안을 들여다보며 쑤시기 시작했다. 워쇼가 좀 거칠었는지 룰리스가 다시 펄쩍 뛰어 천장으로 기어오르더니 이를 딱딱 부딪치며 매달려 있었다. 몇 분 후 룰리스가 다시 내려왔고, 이번에는 모자가 무슨 문제인지 살펴보았다. 그러나 룰리스는 결국 몸을 피해 벤치에 누워서 고개를 양옆으로 흔들었다.

갑자기 뭔가가 땡그랑 소리를 내면서 벤치에서 떨어졌다. 침팬지들이 전부 달려갔고, 워쇼가 룰리스의 유치를 집어 들었다. 룰리스는 그날 하루 종일 입을 벌리고 돌아다니면서 침팬지든 인간이든 모두에게 이빨이 빠진 자리를 보여 주었다. 다음 날 아침 이빨 요정이 룰리스에게 말린 배를 가져다 주었다.

여섯 살이 된 룰리스는 유아기에서 청소년기로 넘어가는 긴 변화를 시작했다. 이제 룰리스의 엉덩이에 있던 하얀 솜털은 사라졌다. 룰리스의 얼굴은 더 검어졌고 가늘어진 털이 점점 자라는 몸의 인상적인 근육 조직을 드러냈다. 너무나 귀엽고 웃기던 룰리스가 공격적으로 과시 행동을 하면 다 자란 어른 수컷처럼 정말 무시무시했다. 룰리스는 덩치 큰 다르와 훨씬 더 심각한 싸움을 벌였고, 이제는 싸울 때마다 엄마에게 달려가지 않았다.

야생에서 어린 수컷은 여섯 살 정도가 되면 보통 어미와 어미의 친구들에게 대들기 시작하고, 결국 암컷들도 더 이상 반기지 않게 된다. 수컷은 평생 엄마 품으로 돌아오지만, 이제 어른 수컷의 위계 질서에 합류하는 어색하고 공격적인 과정이 시작된다. 룰리스는 워쇼에게 반항하면서 저녁 식사 시간이 되면 워쇼가 제일 좋아하는 벤치 자리를 빼앗았고, 결국 워쇼가 룰리스를 힘으로 쫓게 되었다. 또 룰리스가 터널을 막으면 워쇼는 룰리스가 낑낑거리며 비킬 때까지 거칠게 밀어내야 했다.

룰리스는 폭동을 일으켰지만 여전히 서열 높은 암컷의 외아들이었고, 말하자면 영원한 어린아이였다. 룰리스는 여덟 살이 되어서도 자신에게 온전한 관심을 주지 않으면 상대가 인간이든 침팬지든 때리고 침을 뱉으며 공포 그 자체처럼 굴었다. 하지만 그러다가도 순식간에 더없이 다정한 소년이 되어서 손을 잡고 입맞춤을 요구했다. 그리고 룰리스는 슬픈 얼굴에 늘 약했다. 우는 척을 하면 룰리스는 눈을 크게 뜨고 입맞춤으로 달래 주려 했다.

중요한 발달 변화를 겪는 침팬지가 룰리스 혼자만은 아니었다. 까다로운 어린 시절을 보낸 다르는 무척 느긋하고 너그러운 열 살짜리 침팬지가 되었다. 다르는 몸집이 컸지만 무슨 일에든 육체적 노력은 최소한으로만 투자했다. 전형적인 수컷의 과시 행동 — 우리 안에서 여기저기 부딪히고 돌아다니면서 발을 구르고 위협하는 행동 — 을 할 때에도 다르는 〈그냥 할 일을 하는 것뿐이야〉라는 듯한 태도였다. 다르는 또 대단한 손재주꾼이 되었다. 다르는 연장을 가지고 놀거나 기계를 해체해서 어떻게 작동하는지 보는 것을 좋아했다. 배관공이나 전기 기술자가 오면 다르는 그 사람을 따라다니면서 무슨 일을 하는지 유심히 살폈다. 어느 날 우리 안에서 통통통 소리가 들려서 들여다봤더니 다르가 뮤직박스를 해체한 다음 피아노를 가지고 노는 어린아이처럼 금속 갈고리를 뜯고 있었다.

그러나 다르는 청소년기 나름의 문제를 겪고 있었다. 다르는 데비와 워쇼만 빼면 인간이든 침팬지든 암컷을 특별히 좋아한 적이 없었다. 그러나 사춘기가 된 다르는 마음을 바꿔서 모자와 타투에게 흥미를 느끼는 것 같았다. 다르가 두 암컷과 오래도록 털 고르기를 하는 광경이 종종 보였고 심지어 한번은 모자를 정말 좋아하는 빗과 거울에서 떼어 놓는 데 성공하기도 했다. 다르는 정말 하나부터 열까지 인간 십대 아이처럼 어색했다. 다르는 모자를 때리고 쿡쿡 찌르면서 괴롭혔기 때문에 결국 모자가 분수대로 가서 입안 가득 물을 채워 다르의 얼굴에 뿌렸다. 그러면 다르는 깜짝 놀라 침을 튀기고 재채기를 하면서 못된 장난을 그만두었다.

열네 살이 된 모자는 주변에 인간 남자가 있으면 부끄러움 모르는 열광 팬처럼 굴었다. 모자는 관심을 끌려고 큰 소리로 헐떡이거나 시선을 의식하며 긴 털을 빗었다. 새로운 자원봉사자가 오면 제일 먼저 친해지는 침팬지도 모자였지만 무척 불안정하고 다소 신경질적이었다. 모자는 누가 자기를 보는 시선이 마음에 들지 않거나, 가족 중 둘이 싸우거나, 자기 생일 파티에서 지나친 관심을 받으면 소리를 질렀다. 모자는 심지어 끔찍한 일이 일어날 것 같다는 생각만 들어도 비명을 질렀다. 예를 들어서 우리가 립스틱을 주면 모자는 워쇼가 뺏어 갈지도 모른다는 걱정부터 하는 것 같았다. 모자는 워쇼에게 달려가서 립스틱을 들고 소리를 질렀다. 마치 〈네가 이걸 뺏어 가려는 거 알아〉라고 말하는 것 같았다. 그러면 어떻게 되었을까? 워쇼가 립스틱을 빼앗았다.

열한 살인 타투는 인간을 대할 때 모자와 정반대였다. 타투는 무척 수줍음 많은 아가씨였고 어떤 관계에서든 자신이 정한 만큼만 주었다. 타투는 매일 가족의 우리를 치웠지만 항상 음식, 장난감, 잡지로 그 대가를 받았다. 타투는 실용적이고 단호하고 고집이 정말 셌다. 타투의 성격을 보면 어미인 셀마가 떠올랐다. 타투는 셀마와 마찬가지로 정말로 짜증 날 때가 아니면 감정을 드러내지 않았다. 그리고 제멋대로 굴 때면 딱 자기 어미처럼 짜증을 냈다. 타투의 비명 소리를 들으면 셀마가 이 건물에 있다고 믿을 정도였다. 셀마 모녀는 가드너 부부가 타투를 입양하기 전까지 오클라호마에서 딱 1년 동안 같이 지냈기 때문에 더욱 놀라웠다.

타투는 청소년기를 겪으면서 더욱 완고해졌다. 특히 발정기가 되면 타투는 항상 싸움을 찾아다녔다. 〈쫓아다니자〉라는 수화를 거의 하지 않던 타투가 갑자기 이 방 저 방 뛰어다니며 공격적인 놀이를 시작했다. 타투는 인간에게든 침팬지에게든 뭔가를 주었다가 다시 빼앗아서 교묘하게 함정에 빠뜨렸다. 제일 고집을 부릴 때는 몇 주 동안이나 우리 청소를 거부하며 파업했다. 다른 침팬지들이 가끔 여기저기서 숟가락이나 그릇을 줍기도 했지만 청소는 타투에게 완전히 맡기고 있었다. 침팬지들은 식사가 끝날 때마다 희망찬 눈빛으로 타투를 보았다. 결국 타투가 지저분한 꼴을 더 이상 견디지 못하고 다시 집안일을 맡아 하기 시작했다.

위쇼와 룰리스, 모자, 다르, 타투는 5년 동안 같이 지내면서 복잡하고 잘 뭉치는 가족이 되었다. 이들의 문화는 무척 인간적(미국 수화, 크리스마스 트리, 패션 잡지)이었지만 또 무척 침팬지(몸짓 소통, 도구 사용, 창의적인 놀이)답기도 했다. 오클라호마의 억압적인 환경과는 정말 거리가 멀었다.

그러나 나는 침팬지들의 삶에 중요한 것이 하나 빠져 있다는 사실을 잘 알고 있었다. 바로 매일 바깥에 나가는 것이었다. 침팬지들은 심리학과 건물 3층에서 안전하고 건강하고 행복한 편이었지만 신선한 공기를 마시지도, 얼굴에 햇살을 느끼지도, 큰 나무에 오르지도 못했다. 침팬지는 인간과 달리 나무에 오르도록 타고났고, 그것은 선택의 문제가 아니었다. 무엇보다도 우리는 워쇼 가족이 야외에서 햇살을 받으며 나무에 오르는 자유를 누리기 바랐다.

1985년에 데비와 나는 야외 보호 구역이라는 우리의 꿈을 구체적으로 생각하기 시작했다. 우리는 워쇼 가족이 다 함께 더 자연적인 환경에서 살 수 있는 새로운 독립 시설을 계획했고, 워쇼의 새집에 필요한 50만 달러를 모금하기 시작했다. 1986년 말까지 7만 5,000달러를 모았다. 그러나 1986년 12월 29일에 우리 실험실이 아니라 다른 곳에서 일어난 사건들이 끼어들었다.

그날 오후, 데비와 내가 건축 계획을 살피고 있는데 〈진정한 친구들 True Friends〉이라는 단체가 보낸 비디오테이프가 도착했다. 메릴랜드 주의 어느 생물 의학 실험실에 사는 침팬지들의 생활 상태를 기록한 테이프는 겨우 16분짜리였다. 그리고 그 16분은 내 인생을 영원히 바꿔 놓았다.

13장
부정한 사업

데비와 나는 데이터실로 들어가서 진정한 친구들이 보낸 비디오테이프를 VCR에 넣었다. 영상은 복도에서 카메라가 어떤 여성을 따라가는 것으로 시작한다. 여성은 마스크를 쓰고 있는데, 침팬지의 생활상을 기록하기 위해서 시설에 침입한 동물 권리 단체 소속이 분명하다. 그녀가 처음 멈춘 곳에는 작은 우리들이 바닥에서부터 천장에 거의 닿을 정도로 쌓여 있고, 각 우리에 원숭이가 한 마리씩 들어 있다. 원숭이는 대부분 작은 원을 그리며 뱅뱅 돌고 있는데, 극심한 스트레스를 받고 있다는 표시다. 다람쥐원숭이 한 마리가 우리 안에 죽은 채 누워 있다. 또 다른 다람쥐원숭이는 우리에 머리를 계속 찧고 있고 다른 원숭이들은 병에 걸려 토하고 있다. 일부는 자해를 한 것이 분명해 보인다.

옆방에는 스테인리스 스틸 냉장고 같은 것들이 줄지어 늘어서 있다. 정면에 두꺼운 플렉시 글라스 창이 달려 있는데, 카메라가 그중 하나를 줌인하자 완전히 성장한 침팬지의 형태가 보인다. 스테인리스 스틸 상자에 걸린 표지판에는 1164번 침팬지가 1986년 2월에 감염되었다고 적혀 있다. 침팬지는 바이러스가 빠져나오지 못하게 만든 스테인리스 스틸 〈격리실〉에 밀폐되어 있었다. 밀폐된 격리실을 드나드는 공기를 순환시키는 시끄러운 팬 소리가 들린다.

비디오 속 여성이 격리실 철문을 열어 철창으로 만든 내부 우리를 보여 준다. 문이 열려도 침팬지는 전혀 반응하지 않는다. 침팬지는 살균실 안에 웅크리고 앉아 몸을 앞뒤로 계속 흔들면서 혼잣말을 중얼거리는 듯 입을 움직인다. 완전히 정신이 나간 것 같다.

또 다른 방에는 너비 약 60센티미터, 높이 약 1미터의 더 작은 격리실이 줄지어 늘어서 있다. 방 양쪽 끝에 이런 철제 상자들이 두 층으로 쌓여 두 줄로 늘어서 있다. 상자에 작은 창이 나 있어서 조금 큰 전자레인지처럼 보인다. 나는 이제 무슨 장면이 나올지 알고 있기에 벌써부터 겁이 난다.

여자가 어느 격리실의 빗장을 풀고 문을 연다. 안에 든 침팬지는 네 살도 안 됐다. 이 침팬지 역시 몸을 양옆으로 흔들고 있다. 방문자들이 안을 들여다보아도 침팬지는 단 한순간도 반복 행동을 멈추지 않는다. 표정이 전혀 없고 눈은 죽어 있다. 상자 안에는 침팬지가 돌아설 공간조차 없다. 침팬지는 감각을 완전히 빼앗겼다. 보이지도 않고, 냄새도 맡을 수 없고, 촉감을 느낄 수도 없다. 들리는 것은 팬이 끊임없이 돌아가는 소리밖에 없다.

다음으로 여자는 우리에게 카일과 에릭이라는 두 아기 침팬지를 소개하는데, HIV나 간염 바이러스를 주입당한 다음 철제 상자에 들어갈 침팬지들이다. 아직 어린 두 수컷은 커다란 고양이 이동 가방 크기의 우리에 3개월 동안 갇혀 있었다. 두 침팬지가 철망 사이로 작은 손을 내미는데, 육체적 접촉과 애정에 굶주린 것이 분명해 보인다.

카메라가 침팬지들의 얼굴을 클로즈업하자 데비와 나는 믿을 수가 없어서 멍하니 바라본다. 한 마리는 묘하게도 다르와 닮았다. 두 침팬지는 공군의 번식 시설에서 태어났다고 하는데, 아마도 뉴멕시코의 홀로먼일 것이다. 다르의 아빠가 아직 홀로먼에서 번식을 하고 있었으므로 이 침팬지는 다르의 남동생일 가능성이 아주 높다. 여자가 두 아기 침팬지의 털을 골라 주자 다른 우리의 침팬지들이 철창을 쾅쾅 친다. 그들도 애정을 원하는 것이다.

마지막 장면에서 우리는 바비라는 이름의 어린 침팬지를 만나는데, 바비는 작은 격리실에 갇혀 있다. 문이 열리자 여성의 눈을 똑바로 바라보는 것을 보니 바비는 갇힌 지 얼마 되지 않은 것이 분명하다. 바비와 여성이 손을 꼭 잡는다. 여자가 바비에게 부드럽게 입맞춤하자 바비도 입맞춤을 한다. 여자가 결국 격리실 철문을 닫자 바비는 양팔로 자기를 꼭 껴안고 미친듯이 비명을 지르기 시작한다. 문이 닫힐 때 바비의 표정 — 상자 속에 혼자 갇힌다는 온전한 공포 — 는 평생 나를 쫓아다닐 것이다.

테이프가 끝났다. 데비와 나는 할 말을 잃었다. 나는 우리가 방금 본 무시무시한 영상을 이해하려 애쓰고 있었다. 나는 감옥과 비슷한 곳에 갇힌 침팬지들, 심지어는 홀로 갇힌 침팬지들도 본 적이 있었다. 하지만 대형 유인원을 철제 상자에 넣고 밀폐하다니? 이 끔찍한 장치를 운영하는 과학자들은 의학적 지식의 추구와 잔인하고 이상한 처벌의 경계를 넘은 것이 분명했다. 그 사람들은 어떻게 이 침팬지들의 표정에 드러난 고통과 고뇌를 무시할 수 있을까?

이제 여러분에게 배경 정보를 제공해야 한다. 그로부터 2년 전인 1984년에 연구자들은 에이즈를 일으키는 HIV 바이러스를 침팬지들에게 처음 주입했다. 사람들 사이에 에이즈가 창궐하자 바이러스를 주입할 〈동물 모델〉, 즉 질병을 추적하고, 치료 약을 시험하고, 백신을 개발할 비인간 종을 찾아야 한다는 엄청난 압박이 있었다. 생물학적으로 가장 가까운 침팬지가 제일 당연한 후보 같았다. 그러나 침팬지는 자연 상태에서 에이즈에 걸리지 않으므로 연구자들이 실험실에서 질병을 유도해야 했다. HIV를 주입받은 침팬지들은 항체 반응을 보였는데, 이는 침팬지가 인간이 걸리는 HIV 바이러스에 감염되었음을 나타낸다. 연구자들은 대부분의 의학 연구에 기금을 지원하는 연방 기관인 국립 보건원에 연구를 할 수 있도록 침팬지를 충분히 공급하라고 요구하기 시작했다.

그러나 그것이 바로 문제였다. 1970년대 중반까지 생물 의학 연구자들은 국제 동물상들로부터 침팬지를 사서 소모한 다음 더 주문하곤 했다. 침팬지는 나무처럼 계속 쓸 수 있는 자원으로 여겨졌다. 그동안 인간이 아프리카 열대 숲을 파괴하고, 식량감으로 침팬지를 사냥하고, 미국과 유럽의 실험실, 서커스, 동물원에 팔기 위해 수천 마리의 침팬지를 잡아들이면서 야생 침팬지 개체수가 급격히 감소했다.

1975년, 위기 동식물종의 국제 거래에 관한 협약이라는 새로운 국제 조약에서 침팬지를 멸종 위기종으로 분류하고 아프리카 반출을 단속했다. 이제 야생 침팬지의 미국 반입이 불법화되면서 실험실 침팬지 공급에 문제가 생겼다. 국립 보건원은 이러한 물량 부족에 대응하여 침팬지 번식 사업에 뛰어들었다. 1986년에 국립 보건원은 에이즈 연구에 새끼 침팬지를 공급하기 위해서 〈번식 전용 침팬지〉 327마리를 수용하여 매년 아기 침팬지 35마리를 〈산출〉하겠다는 야심찬 침팬지 번식 및 연구 프로그램을 제안했다.

비디오테이프가 도착하기 3개월 전이었던 바로 그때 나는 어느새 정치적 논란에 휘말려 있었다. 나는 침팬지 번식 프로그램에 항의하기로 하고 국립 보건원 예산을 책정한 의회 위원회에 과학적 평가를 보내 나의 의견을 알렸다. 내가 번식 프로그램에 대해 우려한 점은 두 가지였는데, 하나는 윤리적 문제, 하나는 과학적 문제였다. 나는 어미로부터 새끼를 빼앗아 감염시켜 죽이기 위해서 침팬지를 번식시키는 것이 윤리적으로 올바른지 물었다. 또 그리 많다고 할 수 없는 에이즈 연구 기금을 침팬지 실험에 사용하는 것이 가장 좋은 방법인지 과학적 의문을 제기했다.

나는 우리 사회가 우리와 가장 가까운 종을 대상으로 하는 실험의 윤리적 의미를 생각하기 시작해야 한다고 느꼈다. 어쨌든 나의 연구를 포함한 지난 25년간의 연구로 인해서 침팬지에 대한 인간의 이해가 혁신적으로 늘었다. 우리가 1950년대에 〈마음이 없는 짐승〉이라고 생각했던 동물이 사실은 지능이 무척 높고 감정을 느끼는 사회적 존재이며 우리의 언어를 이용해서 우리와 의사소통을 할 수도 있음을 이제 알게 되었다. 인간의 건강을 위한다는 미명하에 우리의 진화적 형제에게 아픔과 고통, 죽음을 가져다주는 것이 윤리적으로 올바른 일일까?

이러한 의문을 제기한다고 해서 에이즈 환자의 끔찍한 고통이나 치료법의 절박한 필요성을 어떤 식으로든 축소하려는 것은 아니었다. 인간의 질병은 항상 어려운 윤리적 문제를 정면으로 제기했다. 에이즈라는 무시무시한 현실 때문에 치료법 연구가 제기하는 윤리적 딜레마에서 벗어날 수 있는 것은 아니다. 나는 무소불위의 과학이 잘못 사용될 가능성을 견제할 민주주의의 중요한 수단 중 하나가 공공 토론이라고 항상 생각해 왔다. 문제가 의사의 방조에 의한 자살이든, 유전 공학이든, 복제든, 동물 실험이든 말이다. 그러므로 나는 이런 식으로 침팬지를 이용하는 것을 미국 시민들이 윤리적으로 받아들일 수 있는지 토론을 하자고 의회에 요청했다.

개인적으로 나는 침팬지를 번식시켜서 에이즈 연구를 포함한 모든 유해한 실험에 이용하는 것을 반대했고, 지금도 반대한다. 나의 침팬지 가족 중 누군가를, 또는 다른 침팬지를 고통스럽고 종종 죽음에 이르는 연구에 참여시킨다는 것은 생각도 할 수 없다. 그것이 인간에게 아무리 이롭다 해도, 내 가족에게 이롭다 해도 내 생각은 변함없을 것이다. 내 신조의 뿌리는 워쇼와 룰리스, 모자, 타투, 다르라는 각각의 침팬지와 함께 한 20년의 세월이다. 나처럼 개인적으로 침팬지를 안다면 많은 사람들이 비슷한 감정을 느낄 것이다.

토론의 결과에 대한 환상은 없었다. 나는 의회가 침팬지 실험을 용인할 수 있다고, 실험을 진행해야 한다고 결정할 확률이 높다는 사실을 알고 있었다. 그렇다 해도 연구자들은 침팬지가 적합한 동물 모델이라는 사실을 입증해야 했다. 3년 동안 연구가 진행되었지만 HIV에 감염된 침팬지 100마리 중 단 한 마리도 에이즈와 관련된 증상을 보이지 않았다. 과학자들의 생각은 침팬지가 바이러스를 보유하고 있을 뿐 그로 인한 병에 걸리지 않을지도 모른다는 쪽으로 점차 기울고 있다. 그렇다면 침팬지는 에이즈 관련 질환의 치료약이나 치료법을 시험하기에 적합한 모델이 아니다.

또 HIV 자체에 대한 침팬지의 저항력도 분명했다. HIV 바이러스는 인간과 달리 침팬지 내에서는 빨리 복제되지 않았고, 침팬지의 면역 체계는 인간의 면역 체계보다 훨씬 제한적인 항체 반응을 보였다. 이것은 애초에 침팬지에게서 뽑아낸 데이터를 인간에게 적용할 수 있을 것인가, 또 특히 침팬지가 HIV 백신 개발에 쓸모가 있느냐는 불편한 의문을 제기한다. 연구자들은 침팬지에게 시험 백신을 주입한 다음 HIV 바이러스의 〈면역성 검사〉를 실시하여 백신이 효과가 있는지 알아볼 계획이었다. 그러나 백신이 침팬지의 체내에서 유효한 것이 침팬지의 타고난 에이즈 저항력 때문이라면 여전히 인체 실험을 거쳐야 한다.

1986년 즈음에 우리는 침팬지가 에이즈 연구 모델로 불완전하고 어쩌면 쓸모없을지도 모른다는 사실을 알게 되었다. 게다가 에이즈 연구기금이 넘쳐나는 것도 아니었다. 에이즈는 5년 동안 동성애자들과 마약을 정맥 투여하는 사람들에게 심각한 피해를 입혔지만 레이건 대통령은 언급도 하지 않았다. 국립 과학원은 에이즈와의 싸움에 연간 20억 달러를 지출해야 한다고 정부에 요구하고 있지만 실제 예산은 1억 달러도 되지 않는다.

우리가 에이즈에 대해서 알고 있는 유용한 사실은 모두 침팬지 연구가 아니라 인체 연구에서 나왔다. 게다가 그러한 인체 연구 ─ 시약 인체 시험, 시험관 세포 연구, 역학 추적, 예방 프로그램 ─ 는 자금이 정말 부족했다. 그런데 침팬지를 번식시키는 데에만 4년 동안 1,000만~2,000만 달러를 쓰는 것이 합리적일까? 실적이 이미 증명되고 병든 자원자가 수천 명이나 되는 인체 연구에 그 소중한 돈을 쓰는 것이 더 좋지 않을까? 나는 또한 HIV에 감염된 한 세대의 침팬지들을 향후 50년 동안 수용해야 할지도 모른다고 의회에 경고했다. 이 침팬지들을 돌보기 위한 수천만 달러의 비용 역시 에이즈 연구 및 예방 프로그램에서 조달해야 할 것이다.

그러나 결국 관련된 윤리적 또는 과학적 문제에 대한 토론은 실현되지 않았다. 생물 의학계는 사람 많은 극장에서 〈불이야〉라고 소리치듯이 〈동물 모델〉을 외쳤고, 그로 인한 공황 상태 때문에 정부는 그들에게 수백만 달러의 기금을 제공했다.

데비와 나는 진정한 친구들이 제작한 비디오를 본 다음 함께 배달된, 〈동물의 윤리적 대우를 지지하는 사람들People for the Ethical Treatment of Animals〉이 작성한 보고서를 읽었다. 보고서에 따르면 이 실험실은 메릴랜드 주 록빌Rockville에 위치한 세마 주식회사 소속이었다. 세마는 에이즈와 간염을 연구하면서 국립 보건원의 예산을 통해 150만 달러를 지원받았다. 보고서에는 실험실의 끔찍한 과실 및 사망률 기록이 실려 있었다. 지난 5년 동안 수많은 영장류가 실제 질병 연구 때문이 아니라 사고를 당하거나 적절한 수의학적 처치를 받지 못해서 죽었다. 동물 실험실을 감사하는 미국 농무부의 별도 보고서에 따르면 세마는 우리 크기, 먹이 급식, 수의학적 처치 등에 있어서 동물 보호 규제를 위반했다. 그러나 세마는 여러 가지 위반 사항에도 불구하고 여전히 납세자의 돈으로 멀쩡히 사업을 하고 있었다.

역시 동물 보호 단체인 〈동물 보호 법률 기금Animal Legal Defense Fund〉의 변호사 겸 부회장인 로저 갤빈Roger Galvin의 편지도 있었다. 로저 갤빈은 나에게 세마의 상태, 특히 격리실에 대한 전문가적 의견을 적은 진술서를 작성해서 보내 달라고 부탁했다. 그는 메릴랜드 주 검찰에 동물 학대 금지법에 따라 세마를 기소하라고 요구할 수 있는 〈불필요한 고통〉의 증거가 충분하다고 생각했다. 로저 갤빈은 이러한 기소 요구가 연구 전반에 대한 공격을 의미하는 것은 아니며 세마의 격리실 사용을 금지하고 〈동물 복지를 진정으로 고민하게 만들기〉 위한 것이라고 조심스럽게 지적했다.

나를 설득할 필요는 없었다. 나는 2주도 지나지 않아서 세마의 침팬지들이 생명을 위협받는 환경에 노출되어 심리적, 신경 병리학적 고통을 겪고 있을 가능성이 매우 높다는 진술서를 써서 보냈다. 세마의 격리실에 돈을 대는 국립 보건원이 이러한 사실을 몰랐을 리는 없다. 1950년대에 해리 할로Harry Harlow 박사의 악명 높은 유인원 격리 실험에 자금을 지원한 것도 국립 보건원이었다. 할로 박사는 새끼 원숭이를 어미와 떼어 놓는 것으로 실험을 시작해서 몇 년 동안 스스로 〈절망의 구렁텅이〉 혹은 〈외로움의 지옥〉이라고 부르던 V자 모양의 금속 격리실에 원숭이들을 가두고 철저히 혼자 자라게 한 다음 실험을 끝냈다.[1] 할로 박사의 〈절망의 구렁텅이〉에서 자란 원숭이들은 인간과 똑같은 극단적 우울증과 정신 분열 증상을 보였다. 또 여키스 센터의 심리학자 리처드 데븐포트Richard Davenport는 새끼 침팬지들을 작은 상자에 2년 동안 홀로 가둬서 키우고 있었다. 고립된 침팬지는 곧 몸을 흔들고 머리를 반복해서 부딪히는 상동증을 나타냈다.

세마에 관한 진술서를 제출하고 한 달이 지난 1987년 2월에 나는 제인 구달의 전화를 받았다. 제인 역시 비디오테이프를 받아서 영국에서 가족과 함께 보낸 크리스마스 휴가 때 그것을 보았다. 제인의 가족은 이 영상을 보고 무척 가슴이 아팠다. 제인 구달은 항상 생물 의학 실험실을 멀리하면서 야생 침팬지 보호에 힘을 쏟고 있었다. 그러나 나는 이 비디오테이프가 모든 것을 바꾸어 놓았음을 알 수 있었다. 마음이 아프고 무척 화가 난 제인은 세마의 환경이 〈심리적으로 악영향을 끼치며 절대 용납할 수 없다〉는 진술서를 제출했다. 더욱 중요한 점은 제인 구달이 자기 생각을 공개하여 비인간적인 실험실 환경을 언급하지 않는 과학자들 사이의 관례적인 침묵을 깨뜨렸다는 사실이다.

세마의 대표 존 랜든John Landon 박사는 실험실에 문제가 있다는 의혹을 부인하면서 제인 구달이 실험실에 직접 와보지도 않고 동물 권익 단체가 만든 비디오테이프를 믿는다고 비난했다.[2] 그러자 제인이 실험실과 침팬지를 직접 보겠다고 요청했다. 놀랍게도 세마 측에서 동의했고, 제인이 나에게 전화를 한 것은 세마에 같이 가자고 부탁하기 위해서였다. 제인은 야생 침팬지를 잘 알았지만 포획 침팬지에 대한 전문 지식을 가진 사람과 동행하고 싶었던 것이다.

3월 말에 제인과 나는 워싱턴에서 국립 보건원의 고위 관리를 만나 자동차를 타고 메릴랜드 주 록빌 근처의 세마 실험실로 갔다. 나는 무엇을 보게 될지 몰랐지만 우리가 도착한 건물은 겉으로 보기에 너무나 평범해 보였기 때문에 어리둥절했다. 세마 실험실은 커튼이 내려진 1층짜리 교외 사무실 건물로, 바로 옆에 은행이 있었다. 나는 매일 수백 명의 사람들이 이 앞을 지나다니겠지 하고 생각했다. 저 안에 원숭이와 유인원 500마리가 금속 상자에 갇혀 있을 것이라고 의심한 사람이 단 한 명이라도 있었을까?

랜든 박사가 우리를 맞이했고, 수석 수의사가 우리를 안내했다. 수의사는 무척 사무적이었다. 나는 세마 임원들이 우리의 방문에 대비해서 실험실을 정리하고 더 큰 우리를 가져다 두지 않았을까 의심했다. 그러나 복도를 따라 걸으며 실험실마다 잠깐씩 들어가 본 나는 임원들이 그렇게 하지 않았음을 확실히 알 수 있었다. 실험실 환경은 비디오테이프에 나온 것과 똑같았다. 다람쥐원숭이들이 원을 그리며 뱅글뱅글 돌았다. 다른 원숭이들은 철창에 머리를 찧었다. 새끼 원숭이 두 마리가 가로 세로 약 0.5미터 크기의 우리에 억지로 들어가 격리된 채 HIV 바이러스를 주입받고 격리실에 갇히기를 기다리고 있었다. 가로 약 70센티미터, 세로 약 80센티미터, 높이 약 100센티미터의 스테인리스 스틸 격리실에 밀폐된 새끼 침팬지가 서른두 마리였다. 나는 격리실을 들여다보았지만 너무 어두워서 얼굴도 알아볼 수 없었다.

제인과 나는 공포에 질려 비명을 질렀던 새끼 침팬지 바비를 보여 달라고 했다. 수의사는 바비가 항상 그렇게 비명을 지르는 것은 아니라고 큰소리쳤다. 침입당해서 화가 난 것뿐이었다고 말이다. 수의사가 우리를 바비가 갇힌 격리실로 데리고 갔고, 실험실 관리인이 문을 열었다. 바비는 비명을 지르지 않았다. 다른 침팬지들처럼 몸을 앞뒤로 흔들지도 않았다. 바비는 절망에 빠져서 고개를 숙이고 우리 바닥에 딱 달라붙어 있었다. 바비가 천천히 고개를 들고 우리를 보았다. 눈이 텅 비어 있었다. 제인이 나중에 해준 말에 따르면 부모님이 살해당하고 집이 불탄 후 굶어 죽어가는 아프리카 아이들의 눈에서 본 것과 똑같은 눈, 〈3,000킬로미터 밖을 보는 시선〉이었다. 바비는 없었다.

「쟤 꺼내.」 수의사가 관리인에게 말했다. 「쟤 꺼내라고.」

관리인은 감자 부대를 끌어내듯 바비를 격리실에서 꺼냈다. 그는 바비에게 말을 걸지도, 달래려고 하지도 않았다. 바비는 관리인의 품에 가만히 누워서 매달리지도 않았다.

「사과 줘봐.」 수의사가 아마도 우리 때문에 실험실 탁자에 놓아 두었을 사과를 가리켰다. 바비는 흥미를 보이지도 않고 기뻐하지도 않으며 로봇처럼 사과를 먹었다.

「봐요, 괜찮죠.」 수의사가 말했다. 「비명 같은 건 안 지른다니까요.」

내가 세마를 둘러보면서 가장 놀란 점은 동료 과학자들이 아무렇지도 않게 자기 일을 한다는 사실이었다. 바로 옆 은행에서 고객 몇 명을 모아 와서 세마를 잠시 보여 주면 대부분 말 그대로 육체적인 고통을 느끼며 밖으로 내보내 달라고 애원할 것이다. 그러나 세마의 과학자와 관리인들은, 집으로 돌아가면 자기가 키우는 개와 고양이를 사랑하는 가정적이고 좋은 사람들이겠지만, 자신의 잔악한 행동에 대해서 거의 아무런 감정도 드러내지 않았다. 그들은 우리에게 뭔가를 숨겨야 한다고 생각하지도 않았다.

「여기서 어떻게 견디는 걸까요?」 내가 실험실을 나서며 제인에게 물었다.

「잔혹함이 습관이 되면 동정심은 모두 메마를지니.」 제인 구달이 셰익스피어를 인용하여 대답했다. 한때 이들이 어떤 동정심을 느꼈는지 모르지만 그것은 이미 오래전에 사라지고 없었다.

우리는 실험실을 둘러본 다음 실험실 임원과 정부 관리들을 만났다. 제인은 침팬지의 심리학적 특성 — 오래 지속되는 모자 간 유대, 보호를 받고 장난을 치며 보내는 유년기, 복잡한 사회적 관계, 웃고 슬퍼하고 절망하는 능력 — 에 대해서 박학다식하게, 그리고 감동적으로 설명했다. 이것은 매년 적어도 100편 정도의 과학 논문에 등장하며 텔레비전 프로그램만 봐도 누구나 아는 사실이다. 그러나 탁자에 둘러앉은 사람들을 둘러보자 무표정한 얼굴들밖에 없었다. 아직 1959년이고 침팬지에 대해서 아무것도 알려지지 않은 것 같았다. 과학자들이 침팬지 피실험체들은 고통을 느낄 수 없다고 믿으면 그러한 고통을 줄이는 방법에 대한 제안을 훨씬 더 쉽게 거부할 수 있다.

예를 들어서 세마 임원들은 〈생화학적 봉쇄〉를 위해서, 실험실 근로자들을 HIV나 간염으로부터 보호하기 위해서 격리실이 반드시 필요하다고 말했다. 제인과 나는 HIV 감염자가 세마에서 일하고 있을지도 모르지만 국립 보건원이 분명 그들을 격리실에 격리시키라고 요구하지는 않을 것이라고 지적했다. 우리가 HIV와 B형 간염의 감염 경로에 대해서 가지고 있는 지식에 따르면 침팬지들에게 이토록 잔인하고 이례적인 조치를 취하는 것은 의학적으로 절대 정당화될 수 없었다. 수많은 최고의 연구자들이 그러한 생각을 옹호하고 있었고, 비A형, 비B형 간염을 발견한 뉴욕 혈액 센터의 앨프리드 프린스Alfred Prince 박사도 그중 하나였다.

우리는 세마 임원들에게 HIV 감염 침팬지들이 같이 지낼 수 있도록 무리나 짝을 지어 수용할 수 없는 이유를 물었다.

그들이 대답했다. 「비효율적이에요. 감염 침팬지 두 마리를 한 우리에 넣으면 연구 〈측정점〉이 하나밖에 안 됩니다. 침팬지 낭비예요.」

그러자 제인이 원숭이 한 마리와 침팬지 한 마리를 같이 수용하는 게 어떠냐고 제안했다. (원숭이 종은 대부분 HIV에 감염되지 않지만 SIV라는 관련 바이러스를 가질 수 있다.) 어린 원숭이와 침팬지들은 종종 잘 어울린다.

「너무 골치 아파요.」

「그렇다면 적어도 좀 움직일 수 있도록 우리 크기를 키우면 어떨까요.」

「관리인이 주사를 놓고 혈액을 뽑기가 힘듭니다.」

「그것도 안 된다면 가지고 놀 수 있는 장난감이라도 좀 주세요.」

「장난감이 병균을 옮길 수 있어요.」

「가압 멸균기(실험실 장비를 소독하는 증기 기계)가 있잖아요. 장난감을 살균하면 돼요.」

「우리 청소가 힘들어질 겁니다.」

계속 이런 식이었다. 최대한 싸고, 효율적이고, 공간을 절약하도록 만들어진 시스템에서 침팬지의 정신 건강은 전혀 중요하지 않았다. 결정적인 역설은 연구자들이 피실험체의 심리적 욕구를 무시함으로써 쓸모없거나 아주 의심스러운 과학적 데이터를 만들어 내고 있다는 사실이다. 심리적 스트레스가 모든 동물의 면역 체계를 심각하게 둔화시켜서 다양한 생리학적 장애에 더 취약해질 수 있다는 사실은 잘 알려져 있다. 그러나 세마 실험실은 침팬지를 일상적으로 이상 행동을 일으킬 정도로 스트레스가 큰 환경에 수용하고 있었다. 이처럼 비정상적인 침팬지들이 정상적인 인간을 대표할 수는 없다. 건강한 사람에게 사용할 백신을 혼자 갇혀서 신체적 애정과 사회적 접촉, 정신적 오락거리를 전부 박탈당한 인간 피실험체에게 실험할 연구자는 한 사람도 없을 것이다.

최적의 실험 데이터를 얻고 싶다면 사회적 접촉과 정신적 자극에 대한 침팬지의 욕구를 해결해야 한다. 그것이 바로 골칫거리다. 모든 생물 의학 연구자들은 모순 속에서 일한다. 〈침팬지는 우리와 생리학적으로 똑같으므로 우리는 침팬지에게 실험을 해야 한다.〉 그렇다면 왜 우리와 똑같은 동물을 격리하고, 고문하고, 심지어 죽이는 것까지 허용하는가? 〈침팬지는 심리학적으로 우리와 똑같지 않기 때문이다.〉

침팬지 피실험체가 감정적 욕구를 가지고 있다고 인정하기 시작한 과학자들은 곧 헤어나기 힘든 윤리적 딜레마에 빠질 것이다. 침팬지의 눈을 들여다보고 그 안에 인간이 들어 있음을 인정하면 침팬지에게 고통을 가하는 것이 훨씬 더 어려워진다.

나는 제인 구달과 함께 세마 실험실을 나서면서 국립 보건원 측에서 우리에게 실험실을 보여 준 이유가 궁금해졌다. 국립 보건원 관리가 우리를 태우고 워싱턴으로 돌아가는 동안 우리는 자동차 뒷좌석에 앉아서 한 마디도 하지 않았다.

「제인 씨.」관리가 어깨 너머로 말했다. 「적어도 이 침팬지들이 제대로 보살핌받고 있다는 사실에는 동의하시겠지요. 세마 실험실이 농무부 규정을 지키고 있으며 어떠한 위반 사항도 없다는 진술서를 쓰시는 데 아무 문제도 없으리라 믿습니다.」

내 생각에 그는 룸미러로 제인을 보지 못했던 것 같다. 그랬다면 그런 말을 하지 못했을 것이다. 제인은 눈물을 뚝뚝 흘리고 있었다.

제인이 자세를 가다듬고 천천히, 또박또박 말했다. 「저는 무슨 일이 있어도 그런 진술서는 쓰지 않을 겁니다.」

제인은 국립 보건원에 그들이 원하던 진술서를 써주는 대신 『뉴욕 타임스 매거진』에 통렬한 세마 방문기를 실었다.[3] 「과학의 포로」라는 제목의 글은 〈가장 악독한 범죄자를 가두는 감옥보다도 나쁜〉 환경에서 침팬지들이 어떤 종신형을 살고 있는지 설명했다. 제인은 실험실에서 동물들을 조금 더 인간적으로 보살피도록 더 엄격한 기준을 새롭게 마련해야 한다고 촉구했다. 제인 구달의 전례 없는 맹렬한 비난은 〈전 세계에 울려 퍼진 한 방〉이었다. 그녀는 2,000마리 가까운 침팬지가 상상도 할 수 없는 잔인한 대우를 받고 있다는, 정부가 철저히 감춰 온 비밀을 폭로했다. 게다가 이제는 국립 보건원도 이것이 몇몇 동물 권익 〈광신자들〉의 말도 안 되는 비난이라고 일축할 수 없었다.

이제 우리가 인도주의적인 실험실 관리를 밀어붙일 적절한 시기였고, 우연히도 다음 달인 1987년 4월에 기회가 생겼다. 의회는 2년 전에 동물 복지법을 강화하고 실험실에 〈영장류의 심리적 건강 증진에 적합한 물리적 환경〉을 제공하라고 명령했었다. 이제 미국 농무부가 실험실에서 침팬지를 관리할 때 지켜야 하는 새로운 규칙 권고안을 만들기 위해서 제인 구달과 나를 포함한 영장류 전문가들을 소집했다.

제인은 회의에 참석할 수 없었지만 나는 그녀와 의논하여 더 큰 우리를 권고하는 것에 초점을 맞추기로 했다. 그것은 포획 침팬지의 삶을 개선할 수 있는 가장 단순하고 가장 효과적인 방법이었다. 현재의 규제에 따르면 다르의 아빠처럼 105킬로그램 정도 나가는 침팬지를 — 심지어는 270킬로그램이 넘는 고릴라를 — 가로 세로 약 1.5미터 크기의 우리에 넣고 물을 하루에 한 번만 줘도 법적으로는 문제가 없었다. 그것은 말도 안 되는 일이었고, 나는 모두가 동의하리라 생각했다.

그러나 내 생각이 틀렸다. 아홉 명의 전문가로 구성된 위원회에는 국립 보건원의 기금을 지원받는 대규모 실험실에서 온 대표 여섯 명이 포함되어 있었고 그들은 침팬지 행동을 연구하는 전문가 세 명에게 확실히 적대적이었다. 사실상 모든 위원의 기금을 대주고 있는 국립 보건원 관리들은 당연히 회의에서 오가는 말을 전부 기록했다. 내가 우리 크기를 키우는 것이 최우선 순위가 되어야 한다고 주장하자 그게 얼마나 비싼지 아느냐는 비난이 쏟아졌다. 국립 보건원의 지원을 받는 어느 실험실 대표는 〈우리 크기를 키우라고 하면 원숭이의 반은 개 사료로 만들 거야〉라는 말로 그들의 입장을 요약했다. 나는 동물 복지법의 요점은 실험실 입장에서 값싸고 편리한 방법으로 영장류의 심리적 건강을 증진시키라는 것이 아니라고 지적했다. 우리가 모인 것은 비용이 아무리 많이 든다 해도 더욱 인도적인 규제를 제안하기 위해서였다.

다음 날 나는 침팬지가 신체 활동을 하고 놀 수 있는 공간을 충분히 제공하도록 우리 크기를 가로 세로 약 6미터로 늘리자는 구체적인 제안을 발의했다. 아무도 내 제안을 지지하지 않았다. 침팬지 행동 전문가 두 사람도 마찬가지였다. 위원회 의장이자 국립 보건원의 지원을 받는 침팬지 연구 센터의 소장 마이클 킬링Michael Keeling 박사는 다른 참석 위원들이 조금 더 따를 만한 다른 제안은 없냐고 비꼬듯이 물었다. 나는 똑같은 제안을 반복했고, 다시 한 번, 아무도 지지하지 않았다.

결국 내가 말했다. 「음, 최소한 4.5제곱미터는 줍시다.」 다시 한 번 침묵이 흘렀다.

「음, 로저 씨.」 킬링 의장이 미소를 지으며 말했다. 「아무도 당신의 제안을 지지하는 데 관심이 없는 것 같군요.」

나는 위원회의 다른 행동 과학자 두 명에게 배신을 당한 기분이었고, 회의가 끝난 후 그중 한 사람에게 따졌다. 그는 이렇게 말했다. 「로저, 이 사람들이 내 연구를 지원한단 말입니다.」 그는 분명 다른 모든 위원들을 대변하고 있었다. 나는 국립 보건원의 힘이 얼마나 막강한지 서서히 깨달았다. 세마 같은 실험실을 비난하는 진술서를 제출하거나 의회 보고서에서 국립 보건원의 정책을 문제 삼는 것과 동료들 앞에서 연구 방식을 바꾸라고 말하는 것은 전혀 다른 문제였다. 나는 동료 영장류 전문가나 연방 기금 지원 기관 들과 다른 의견을 내놓았다. 이제 내가 국립 보건원에 지원금 신청서를 제출하면 곱게 보이지 않을 것이다.

나는 왜 위원회에 참석한 다른 행동 과학자들처럼 입을 다물고 있지 않았을까? 목소리를 높여서 얻을 것은 없고 잃을 것은 많았다. 나는 왜 그런 식으로 내 경력을 위험에 빠뜨리고 있었을까?

나는 그 순간에도 홀로 갇혀서 고통받고 있을 침팬지들을 생각했다. 앨리는 아직 죽지 않았다면 화이트샌즈 실험실에 있을 것이다. 부이는 렘시프에 있고 타투의 어미 셀마와 모자의 어미도 마찬가지였다. 룰리스의 엄마는 여키스 센터에 있다. 다르의 아빠는 홀로먼에, 다르의 남동생은 세마에 있다.

내가 아니면 누가 그들을 위해서 목소리를 높일까? 나는 순교자가 되고 싶은 생각이 없었지만 엘런스버그에 빈손으로 돌아가 워쇼 가족과 함께 틀어박혀서 생물 의학 실험실 같은 것은 존재하지 않는다는 듯이 지낼 수 없었다. 이제 나는 진짜 싸움을 하고 있었다. 정부는 내게 과학계 동료들과 그들의 피실험체 침팬지들 중 하나를 선택하라고 강요하고 있었다.

나는 내 입장이 비합리적이라고 생각하지 않았다. 나는 과학자가 침팬지에게 평생 인간을 위해 살라고 강요하려면 적이도 더 큰 우리, 운동, 동료를 제공함으로써 침팬지의 공로를 인정해야 한다고 느꼈다. 그 정도는 소소한 친절이자 감사의 표시 같았다.

이 땅의 법은 분명했다. 의회는 포획 영장류의 상태를 개선하려고 동물 복지법을 통과시켰고, 나는 그 법을 지지하기 위해서 다시 한 번 노력할 준비가 되어 있었다. 다행히도 나에게는 제인 구달이라는 동지가 있었다. 제인은 생물 의학자들이 무지의 희생자일 뿐이라고 굳게 믿었다. 생물 의학 연구자들은 우리가 침팬지의 지능과 감정적 욕구를 파악하기 훨씬 전에 만들어진 체제에서 일했다. 제인은 우리가 실험실의 문을 열고 충분히 많은 과학자들에게 사실을 알릴 수만 있다면 그들 역시 이해하고 상황 개선에 동의하리라고 굳게 믿었다.

그래서 우리는 새로운 접근법을 찾았다. 제인과 나는 생물 의학 연구자, 행동학 전문가, 아프리카의 동물 행동학자 들로 구성된 국제 과학 회의를 열어서 새롭고 더욱 인도적인 침팬지 생활 환경 기준을 마련해 보겠다고 국립 보건원에 제안했다. 보건원 관리들은 세마 소동 이후 피해 수습 태세였으므로 과학자들 사이에 다리를 놓겠다는 우리의 제안에 열의를 보였다. 보건원은 주목받는 국제 회의에 자금을 지원하고 후원할 테니 즉시 제안서를 써서 내라고 요청했다. 그러나 우리의 제안 때문에 생물 의학 연구자들은 경계심이 커졌고, 몇 달간의 독려와 장담 끝에 국립 보건원 부원장이 제인과 나를 워싱턴의 자기 사무실로 불렀다. 그는 회의가 취소되었다고 말했다. 나는 제인의 표정을 보고 그녀가 사태를 파악했음을 깨달았다. 우리는 국립 보건원에서 환영받지 못하는 과학자였던 것이다.

나는 그날 국립 보건원을 나서면서 내가 과학계에서 영구적으로 제명되었음을 알았다. 체제를 운영하는 관리들은 예전처럼 운영하기로 결정했다. 국립 보건원 대변인들은 곧 제인 구달과 나를 이단이자 극단적인 동물 권리주의자로 낙인찍었다. 그들의 주장대로라면 동물의 복지 향상에 힘쓰는 사람은 모두 생물 의학 연구의 폐지를 주장하며 따라서 제명되어야 했다.

제인 구달을 비롯한 동물 행동학자들과 달리 나는 실험 과학자였다. 내가 연방 기금을 지원받고 싶으면 국립 보건원이나 그 자매 기관인 국립 과학 재단에 신청해야 했다. 나는 정부가 워쇼를 대상으로 생물 의학 연구를 제안했던 1980년 이후로 연방 기금에 의존하지 않았지만 대체로 장비 마련을 위해서 매년 소규모 지원금을 신청했었다.

보건원과 과학 재단 모두 나의 모든 신청을 거절하기 시작했다. 그들은 탈락이 내 행보와 관련이 없다고 부인했지만 과학 재단이 보낸 분홍색 탈락 안내서에 적힌 문구가 모든 것을 말해 주었다. 〈연구자[파우츠]는 모든 유형의 동물 실험에 반대하는 여러 단체의 회원이다.〉 당시 내가 속한 단체는 〈동물의 윤리적 대우를 지지하는 심리학자들의 모임〉 하나밖에 없었는데, 이 단체는 실험실 동물의 인도적인 대우를 주장할 뿐이었다.

사실 동물 연구를 보는 나의 관점은 점점 변화하고 있었고, 생물 의학 진영이나 〈폐지론〉 진영에 딱 맞지 않았다. 나는 생물 의학뿐만 아니라 모든 연구에서 유인원을 이용하는 것이 괴로웠다. 오클라호마에서의 경험 때문에 나는 행동학 연구에서 침팬지가 겪는 고통에 너무나 익숙했다. 나는 1974년에도 워쇼와 함께 유인원 언어 연구에서 빠져나갈 방법을 모색했지만 소용없었다. 결국 방법을 찾지 못한 나는 적어도 내가 보살피는 침팬지들의 삶을, 나중에는 모든 포획 침팬지들의 삶을 조금이나마 개선해 주기로 결심했다. 나는 세마를 방문했을 때 생물 의학 실험과 언어 실험을 윤리적으로 명확히 구분 지으려 애쓰는 것이 부질없다는 사실을 알고 있었다. 수많은 생물 의학 실험실이 끔찍한 것은 사실이었지만 근본적인 문제는 포획이었다. 포획 침팬지의 생활 환경은 잔혹함의 정도만 다를 뿐 똑같았다. 내 생각에 인도적인 해결책은 모든 포획 유인원 연구를 점차적으로 없애는 것이었다. 내가 이 문제에서 도덕적 권위를 가지려면 나 자신의 연구도 포함시켜야 할 것이다.

나는 여러 가지 연구를 윤리적으로 구분 짓기 힘든 만큼 종들을 윤리적으로 구분 짓는 것도 점점 어려워지고 있음을 깨달았다. 생물 의학 실험에 쓰이는 개코원숭이나 개도 침팬지나 인간만큼 고통을 느낀다. 그리고 마찬가지로 골치 아픈 문제가 제기된다. 인간의 수명을 연장하기 위해서 다른 동물을 죽이는 것이 옳을까? 어떤 종의 고통을 덜기 위해서 다른 종에게 고통을 가해야 할까?

〈인간〉이란 〈존재〉의 한 형태일 뿐임을, 나에게 나의 본질은 인간이 아니라 존재라는 것을 가르쳐 준 것은 워쇼였다. 세상에는 인간이라는 존재, 침팬지라는 존재, 고양이라는 존재가 있다. 나는 한때 내가 그러한 존재들 사이에 그었던 선 — 어떤 종은 가두고 어떤 종에게는 실험을 하도록 허락하는 선 — 을 더 이상 도덕적으로 옹호할 수 없었다.

모든 동물을 연구에서 최종적으로 배제하는 것이 나의 목표라는 국립 보건원의 주장이 옳았을지도 모른다. 그러나 내가 〈모든 유형의 동물 연구에 반대했다〉는 말은 틀렸다. 어쨌든 나는 동물 연구 지원금을 신청하고 있었다. 내가 공식적으로 모든 연구에 반대한다는 입장을 취했다면 더없는 위선이었을 것이고, 나는 그런 입장을 취하지도 않았다. 이 점에서 나는 모든 동물 연구를 즉시 폐지하자는 사람들과 생각이 달랐다. 동물 연구를 단계적으로 없애고 나의 피실험체를 포함한 모든 피실험체를 인간적으로 돌본다는 목표를 이루려면 수십 년이 걸리리라는 사실을 나는 잘 알고 있었다. 그렇기 때문에 나는 실용적인 접근법을 옹호했다. 가능하면 실험실 동물의 고통과 괴로움을 줄이고 실현 가능하다면 동물 피실험체의 대안을 찾자는 것이었는데, 실제로 가능한 경우가 많다. 나는 이처럼 인도적인 길을 따름으로써 언젠가는 엘런스버그의 내 실험실을 비롯해서 모든 실험실의 모든 우리가 텅 비기를 바란다.

그러나 국립 보건원 관리들은 나의 인도적, 점진적 접근법을 이해하지 못했다. 그들은 침팬지를 대변하는 사람의 의도를 비웃기 위해서 에이즈라는 유령을 불러들이는 것을 특히 좋아했다. 감히 실험실 환경을 비판하는 과학자는 〈비이성적〉이거나 〈반인간적〉이라고, 혹은 둘 다라고 낙인 찍혔다. 나는 정부가 법률이 요구하는 선함과 동정심을 가지고 침팬지를 대우해야 한다고 촉구하고 있을 뿐이라는 명백한 사실은 그러한 인신공격에 가려졌다.

1987년 12월에 제인 구달과 나는 국립 보건원의 지원이나 참여 없이 침팬지 활동 활성화에 대한 회의를 열었다. 국립 보건원 대신 미국 인도

주의 협회Humane Society of the United States가 워크숍을 주최했고, 주요 실험실, 동물원, 침팬지 군락의 전문가들이 참석했다. 우리는 합리적인 권고 목록을 만들었다. 침팬지는 항상 무리로 수용해야 하고, 우리는 운동과 사회적 활동이 가능할 정도로 커야 하며(약 37제곱미터), 가능한 한 새끼 침팬지를 어미와 떨어뜨려서는 안 되고, 장난감과 다양한 활동으로 침팬지의 삶을 풍부하게 만들어야 한다는 내용이었다. 우리는 당시 의회의 명령에 따라 영장류의 심리적 복지 증진을 위한 규제안을 작성 중이던 미국 농무부에 이 권고안을 제출했다.[4]

1991년, 정부가 마침내 이미 기한이 한참 지난 침팬지 관리 규제안을 발표했다. 그러나 우리 확장을 비롯해 회의에서 결정한 권고 조치는 새로운 규제안에 전혀 언급되지 않았다. 생물 의학 산업이 막후에서 로비를 펼쳐서 개선안을 무효로 만들었지만 나는 의회의 의지 — 동물 복지법 — 가 결국에는 실현될 것이라고 생각했다. 나는 새로운 규제가 완전 말도 안 된다고 생각하는 많은 과학자들을 알고 있었고, 여기에는 몇몇 생물 의학 연구자도 포함되었다. 새로운 규제는 침팬지들에게 좋지 않을 뿐 아니라 과학에 대한 대중의 신뢰를 갉아먹을 것이다. 과학계는 반기를 들었어야 했고, 나는 누군가가 경고의 목소리를 내기 기다렸다. 그러나 그 누구도, 아무 말도 하지 않았다.

나는 깨달았다. 이제 내부에서 연구 관행을 바꾸려는 노력에 대한 기대는 포기해야 했다. 누군가가 연방 법원에 정부를 동물 복지법 위반으로 고발해야 할 것이다. 곧 알게 되었지만 몇몇 사람들이 비슷한 생각을 가지고 있었다. 동물 복지 기관Animal Welfare Institute의 크리스틴 스티븐스Christine Stevens는 동물 보호 법률 기금과 함께 바로 그런 소송을 제기하자고 나에게 요청했다. 그들은 공동 고발인을 맡을 연구 과학자를 찾고 있었다.

나는 기성 과학계를 고발하는 법적 소송에 동물 단체 두 곳과 함께 참여하면 내가 어떻게 보일지 잘 알았다. 이미 내부 고발자였던 내가 이제는 〈적〉과 협력하는 것처럼 비칠 것이다. 25년의 연구 끝에 과학자에서 운동가로 변신하는 것이다. 게다가 그 결과를 감수하며 살아야 한다.

나는 세마 고발 사건 당시 동물 보호 법률 기금 변호인들을 알게 되었고, 무척 큰 인상을 받았다. 그들은 광기 어린 눈빛의 극단주의자가 아니었다. 모두 자기 분야에서 성공한 전문가로, 양심의 가책에 뒤척이다가 실험실 동물 보호에 헌신하기로 결심한 사람들이었다. 그런 사람들이 동지라고 생각하자 마음이 놓였다.

1991년 7월 5일, 나는 미국 농무부를 고발하는 소송에 합류했다. 거의 2년 뒤인 1993년 2월에 미국 지방 법원 판사 찰스 리시Charles Richey는 우리의 손을 들어 주었을 뿐 아니라 정부와 생물 의학계를 크게 비난했다. 판사는 우리 확장과 영장류의 심리적 복지 기준 마련을 거부하는 정부의 태도가 〈자의적이고 변덕스러우며 법률에 어긋난다〉고 말했다.[5] 리시 판사는 의회의 주장을 그대로 받아들여야 한다고 생각했다. 실험실은 포획 침팬지의 삶을 개선하기 위해 실제적이고 측정 가능한 조취를 취해야 한다. 만약 생물 의학 산업이 그러한 조치를 취하는 데 큰 비용이 든다면 안타까운 일이지만, 의회도 법안을 작성할 때 그 사실을 인식하고 있었다. 잠깐이나마 나는 정부에 대한 믿음을 회복했다.

불행히도 리시 판사의 판결은 오래가지 못했다. 미국 생물 의학 연구 협회National Association of Biomedical Research가 정부와 힘을 모아 리시 판사의 판결에 항소했다. 1994년 7월에 열린 항소심은 더 엄격한 실험실 기준을 마련하라는 리시 판사의 명령을 뒤집었다. 법원은 리시 판사의 말에 반박하지 않았지만 인간이 침해당한 것이 아니므로 소송이 성립되지 않는다는 판결을 내렸다. 정부가 동물 복지법을 지키지 못해서 고통을 받은 것은 사람이 아니라 침팬지라는 것이다.

현재의 법 체계에서 침팬지들은 진퇴양난의 상황에 처해 있다. 침팬지는 재산이며, 법적으로 재산은 침해를 당하거나 소송을 제기할 수 없다. 내가 누군가의 차를 부수면 법적 침해를 당한 것은 자동차의 소유주지 자동차가 아니다. 침팬지도 이와 마찬가지다. 연구자가 침팬지를 육체적, 심리적으로 침해할 수 있지만 법적으로 침팬지는 침해를 받을 수 없으므로 보상받을 수 없다.

언젠가 우리의 법 체계가 침팬지들을 생명 없는 물체가 아니라 생각하고 느끼며 고통을 받고 따라서 법적 보호가 필요한 개별적인 존재로 인정하는 날이 오면 이 모든 것이 바뀔 것이다. 정부를 대상으로 한 우리의 소송은 침팬지를 법적으로 보호하기 위한 싸움의 시작일 뿐 끝은 아니었다.[6] 나는 향후 10년 안에 연방 법원이 우리 사회가 같은 유인원을 대하는 법을 영구적으로 바꿀 선례가 될 결정을 내리리라 믿는다.

나는 아직도 희망을 안고 있다. 일부 실험실은 크게 나아졌기 때문에 더욱 그렇다. 예를 들어서 아직 존 랜든 박사가 운영하지만 지금은 디아논Diagnon으로 이름을 바꾼 세마는 격리실을 폐기했고 현행 규제의 요구보다 더 큰 플렉시 글라스 칸막이에 침팬지들을 수용하고 있다. 침팬지들은 아직 대체적으로 외롭게 지내지만 인간과 정기적으로 교류하고 가끔 다른 침팬지들과 놀기도 한다. 이상과는 거리가 한참 멀지만 제인 구달과 내가 1987년에 목격한 악몽에 비하면 훨씬 나아진 모습이다.

그러나 나는 연구자들에게 강제력을 행사하지 않으면 전반적인 업계가 개선되지 않을 것이라고 생각한다. 그러므로 나는 의회가 이미 오래

전인 1985년에 명령한 것처럼 모든 생물 의학 실험실이 침팬지의 심리적 복지를 증진할 때까지 동물 권리를 주장하는 대변인들과 계속 협력할 것이다.

미국에서 우리가 실험실 환경을 두고 싸우고 있을 때 제인 구달 연구소는 아프리카 야생 침팬지 개체 수에 대한 기념비적인 보고를 발표했다.[7] 개체수가 정체 중이었다. 20세기에 들어설 무렵 아프리카 대륙에는 침팬지 500만 마리가 있었지만 이제는 17만 5,000마리로 줄어들었다. 한때 25개국에서 번성했던 침팬지는 이미 4개국에서 사라졌고, 5개국에서 사라지려 하고 있었으며, 가까운 미래에 5개국에서 멸종될 확률이 무척 높았다. 서아프리카의 침팬지 개체수는 100만 마리에서 추정치 7,000마리로 급속히 감소했다. 기니, 시에라리온, 라이베리아와 같은 국가들에서 침팬지 개체수가 감소한 것은 대부분 생물 의학 연구의 수요 때문이었다.

미국 어류 및 야생 동식물 보호국은 제인 구달 연구소의 보고서를 검토한 끝에 침팬지의 상태를 위험에서 위기로 상향시키겠다고 발표했다. 나는 이러한 움직임을 열렬히 지지했는데, 그렇게 되면 실험실들이 침팬지를 어떻게 이용하고 대우하는지 대중에게 보고해야 하기 때문이다. 그러나 이처럼 분별 있는 제안을 또 다른 정부 기관이 강력하게 반대했다. 바로 국립 보건원이다. 국립 보건원 관리들은 실험 동물이 심각하게 부족하기 때문에 오히려 아프리카에서 야생 침팬지를 더 많이 데리고 와야 할 필요성이 절박하다고 주장했는데, 1970년대 초 이후로는 야생 침팬지를 미국으로 데려온 적이 없었다.[8] 국립 보건원 측은 침팬지 개체수의 〈소위 말하는 감소〉에 의문을 제기하고 제인 구달 연구소의 보고서를 문제 삼았다.

미국 어류 및 야생 동식물 보호국은 개별 시민, 야생 동물 보호 단체, 전문 과학자, 아프리카 정부로부터 위기 종 분류를 지지하는 편지 5만 4,212통을 받았다.[9] 새로운 분류에 반대 의사를 드러낸 사람은 생물 의학 연구자 여덟 명과 서커스 단원 한 명밖에 없었다.

그러나 생물 의학계의 로비가 통했다. 국립 보건원은 미국 어류 및 야생 동식물 보호국과 협상 끝에 침팬지의 분류를 둘로 나누었다. 그 결과 포획 침팬지들은 계속 위험으로 분류하기로 했는데, 이는 연구자들이 어떠한 책임도 없이 비공개적으로 포획 침팬지에 대한 실험을 계속할 수 있다는 뜻이었다. 야생 침팬지만이 위기 상태로 상향될 것이다.

미국은 모든 침팬지를 완전히 보호하지 않음으로써 편의에 따라 침팬지의 생존보다 인간의 필요가 우선적이라는 메시지를 나머지 세계에 보내고 있었다. 결국 미국인들이 어떠한 국제 당국에도 해명하지 않고 포획 침팬지를 매매하고 이용하고 죽일 수 있다면 아프리카 밀렵꾼이 야생 침팬지를 사냥하지 않을 이유가 어디 있을까? 국립 보건원은 〈멸종〉을 의미 없는 추상 개념으로 만들고 아프리카 대륙에 남은 최후의 야생 침팬지 17만 5,000마리를 죽이려는 사람들을 윤리적으로 지지한 셈이다.

그렇게 희생될 침팬지들이 국립 보건원 관리들에게는 얼굴 없는 동물들이었을지 모르지만 1988년에 위기 상태를 둘러싼 싸움이 벌어지고 있을 당시 나는 옛 친구 루시가 감비아의 개코원숭이 섬에서 죽은 채 발견되었다는 소식을 들었다. 재니스 카터는 예전에 야영장으로 쓰던 곳에서 루시의 해골을 발견했다.[10] 밀렵꾼이 루시를 총으로 쏘아 죽인 다음 가죽을 벗긴 듯했다. 루시는 항상 섬에서 인간 침입자에게 제일 먼저 접근하는 침팬지였다. 루시는 끝까지 인간을 두려워하지 않았다. 루시를 죽인 사람은 손과 발을 잘라 갔다. 아마도 고릴라 해골과 코끼리 발을 파는 아프리카의 수많은 시장 중 한 곳에서 기념품으로 팔렸을 것이다.

루시와 내가 1972년 『라이프』에 실린 것이 전생의 일 같았다. 루시는 두 번의 생을 살았다. 플로리다 카니발에서 태어난 루시는 13년 동안 인간 부모 밑에서 애지중지 귀여움을 받는 딸로, 다른 침팬지를 한 번도 만난 적 없는 침팬지로 살았다. 그런 다음 루시는 아프리카에서 지난 10년을 보내면서 온갖 악조건에도 불구하고 동종 공동체에 성공적으로 적응했다.

루시가 죽기 얼마 전, 재니스는 루시를 만나려고 6개월만에 개코원숭이 섬을 찾았다. 그녀는 루시에게 거울, 인형, 모자, 책, 그리고 오클라호마에서 살던 시절의 기념품들을 주면서 그 기억이 더 이상 루시를 괴롭히지 않기를 바랐다. 재니스가 포옹과 털 고르기를 하고 나자 루시는 기념품을 땅에 놓아둔 채 돌아서서 정글로 걸어 들어갔다.

루시는 위쇼처럼 어떻게든 극복해 나가는 유형이었다. 루시는 부모의 바람대로 윌리엄 레먼의 손아귀에서 벗어났다. 앨리와 부이가 견뎌야 했던 독방과 생물 의학 실험도 피했다. 그러나 루시는 인간 자체를 피하지 못했다. 인간이 루시를 길렀고, 언어를 가르쳤으며, 아프리카로 보냈고, 자연으로 복귀시켰다. 그리고 결국 인간이 루시를 죽였다.

루시의 범상치 않은 인생은 멸종 위기종의 통계로 축소되었다. 루시는 남아 있는 아프리카 침팬지 17만 5,000마리, 고군분투하며 사는 인간의 가장 가까운 혈족 중 하나였다. 내 친구가 야만적으로 살해당하면서 침팬지는 멸종을 향해 한 걸음 더 떠밀렸다.

14장
마침내 찾은 집

위쇼가 어리고 우리가 아직 리노에 살고 있을 때, 위쇼는 매일 아침 식사를 마친 후 트레일러 문으로 달려가서 〈나가자, 나가자〉라고 수화를 했다. 비가 오든 해가 나든 위쇼는 내가 문을 열 때까지 그 앞에서 기다렸다. 뒤뜰로 나간 위쇼는 모래 상자나 제일 좋아하는 버드나무로 곧장 달려갔다. 일단 나갔다 하면 위쇼를 트레일러로 불러들이기란 거의 불가능했다. 위쇼에게는 밖으로 나간다는 것이 곧 행복이었다.

1990년대 초가 되자 위쇼를 비롯한 침팬지들이 밖으로 나간 지 너무 오래되었나. 위쇼가 마지막으로 햇살을 느끼고 새소리를 들은 것은 새로 입양한 아들 룰리스를 데리고 산책을 나갔던 1979년이었다. 모자, 타투, 다르가 발밑에서 바스락거리는 풀을 느낀 것은 1982년이 마지막이었다.

우리가 타투를 데리고 데어리퀸 아이스크림 가게에 갔을 때 겪은 일화는 더 이상 침팬지들을 밖으로 데리고 나갈 수 없었던 이유를 잘 보여 준다. 우리는 차에 탄 채 드라이브스루 창구에서 차례를 기다리고 있었는데, 앞 차에 탄 여자가 룸미러로 타투를 보았다. 내가 무슨 일인지 깨닫기도 전에 앞 차의 문이 활짝 열리더니 여자가 〈원숭이다, 원숭이〉라고 소리를 치며 달려왔다.

침팬지 입장에서 보면 세상에서 두 발로 돌진하는 영장류보다 위협적인 것은 없다. 손을 흔들면서 소리를 친다면 더욱 그렇다. 타투가 자신을 방어하기 위해 그 여자를 문다고 해도 이해할 만한 일이었다. 내가 재빨리 차창을 올렸지만 여자가 이미 다가와서 팔을 차 안으로 밀어 넣은 뒤였다. 나는 차창을 올렸고, 여자의 팔이 창틀에 끼었다. 그녀는 미친 사람을 보듯 나를 보았다. 그러나 여자가 타투를 붙잡았다가 공격을 당했다면 다들 타투를 탓했을 것임을 나는 아주 잘 알았다.

그것이 침팬지와의 마지막 외출이었다. 침팬지들은 심리학 건물 3층에서 자연을 내다보는 것으로 만족해야만 했다. 침팬지들은 창가에 앉아서 꽃, 자동차, 풀, 나무, 개에 대해 이야기를 나누었다. 몇 년 후 침팬지들이 수화로 말하는 〈밖〉은 더 이상 바깥을 의미하지 않게 되었다. 〈나간다〉라는 수화는 복도 건너 놀이방에 가고 싶다는 뜻이 되었다. 이제 침팬지들에게 자연으로 나가는 것은 가망조차 없는 일이었고, 그것을 나타내는 수화조차 없었다.

그러나 무엇보다도 나쁜 점은 실내에 갇힌 생활이 타투와 모자에게 끔찍한 피해를 입히고 있다는 것이었다. 타투와 모자는 알 수 없는 병 때문에 점차 발을 절게 되었다. 1991년 말에 타투는 눈에 띄게 뻣뻣해지고 활기를 잃었고 1년이 지나자 끊임없이 설사를 했으며 체중이 40킬로그램에서 27킬로그램으로 뚝 떨어졌다. 너무 비쩍 말라서 생리 주기까지 완전히 멈췄다. 모자 역시 관절이 굳어 가고 있었다. 손으로 울타리를 붙잡지도 못할 정도였다.

우리는 암컷들이 심리학 건물 강철 울타리의 아연 성분에 중독된 것이 아닐까 의심했다. 여러 가지 검사를 해보았지만 아무것도 나오지 않았다. 우리는 식단을 다양하게 바꾸고 비타민 결핍일 경우에 대비해 수많은 식품 보조제를 급여했다.

그러나 1993년 즈음에는 타투가 거의 기지도 못할 지경에 이르렀다. 타투는 열일곱 살이었지만 여든 살 먹은 곱사등이 노파 같았다. 우리 주치의 릭 존슨이 한밤중에 지역 병원으로 타투를 몰래 데리고 가서 초음파 검사를 해보니 막히고 비대해진 결장이 보였지만, 그것이 다른 기능 상실 징후를 설명하지는 못했다.

결국 나는 타투의 비디오테이프와 검사 결과를 우리가 알고 지내던 저명한 의사에게 보냈다. 그의 대답은 정말 충격적이었다. 「타투가 곧 죽을 것 같으니까 대비하세요.」

1993년 5월 7일, 잠에서 깬 워쇼가 주위를 둘러보더니 눈을 비볐다. 어젯밤에 잠든 방이 아니었다. 유리문을 내다보자 자신이 있는 곳은 심리학과 건물 3층이 아니었다. 워쇼의 눈앞에 펼쳐진 것은 넓은 풀밭 — 약 460제곱미터 이상 — 이었고, 기어오를 수 있는 커다란 기둥과 구조물들, 흙으로 된 테라스, 늘어진 소방 호스가 있었다. 이 모든 것이 약 10미터 높이의 철망 돔으로 감싸여 있었다. 돔을 통해서 쏟아져 들어오는 햇빛이 풀밭에 넘실거렸다.

워쇼는 새집에 와 있었다. 기금 모금 10년, 설계 8년, 건축 2년을 포함하여 15년의 계획 끝에 침팬지 인간 커뮤니케이션 센터Chimpanzee and Human Communication Institute라는 우리의 꿈이 마침내 실현되었다. 그날 새벽 2시에 우리는 침팬지들에게 신경 안정제를 놓은 후 신체 검사를 했다. 그런 다음 담요로 침팬지를 싸서 한 마리씩 밴에 태워 심리학과 건물에서 새 연구소로 옮겼다. 총 350미터 정도밖에 안 되는 거리였지만 마지막으로 모자를 옮길 때 자동차 휘발유가 떨어졌다. 아무도 휘발유를 채워 놓을 생각을 못했던 것이다. 결국 우리는 마취에서 깨어 일어난 모자를 임시변통으로 만든 가마에 앉혀서 캠퍼스를 가로질렀다. 모자는 시바의 여왕 같았고 가마를 타고 가는 내내 좋아했다.

대규모 이사 전까지 몇 주가 힘들었다. 우리가 상자에 짐을 싸고 장난감을 치우며 침팬지 가족의 일상을 방해하자 특히 워쇼가 무척 조심스러워지고 풀이 죽었다. 워쇼는 다섯 살 때 리노를 떠나면서, 또 열다섯 살에 오클라호마를 떠나면서 겪었던 크나큰 변화를 잊지 않았는지도 모른다. 어쩌면 이번에는 가족과 친구 들 중에서 누가 뒤에 남겨질까 생각하고 있었을 것이다.

침팬지들이 새집에 편안하게 적응하도록 자원봉사자 몇몇이 미리 보기 영상을 만들었고 영상 속에서 데비와 내가 새로운 침실과 부엌, 실내 운동장, 야외 놀이장을 소개했다. 이사 이틀 전에 워쇼, 룰리스, 모자, 다르, 타투가 텔레비전 주변에 모여 비디오테이프를 보았다.

〈봐!〉 자원봉사자 한 명이 침팬지들에게 수화로 말했다. 〈너희들의 새 집에 로저가 있어! 로저가 침대를 보여 주고 있네. 안으로 들어간다 ─ 큰 놀이방이야. 봐! 저기 문 ─ 밖으로 나갈 수 있어! 풀밭을 봐. 달리고, 기어 올라가고, 놀 수도 있어. 새집이 정말 마음에 들 거야. 우리 모두 너희랑 같이 갈 거야!〉

침팬지들은 좋아서 어쩔 줄 몰랐고 새집에서 익숙한 얼굴들을 보고 확실히 편안해진 것 같았다. 테이프가 끝나자 침팬지들은 다시 보고 싶다고 했다.

이틀 후 아침, 나는 새집에 들어간 워쇼 근처에 서 있었고 워쇼가 약에 취한 채 잠에서 서서히 깨어났다. 워쇼는 문밖에 펼쳐진 햇살 내리쬐는 들판을 바라보았다. 워쇼는 자신이 비디오테이프에 나왔던 집에 있다는 사실을 순식간에 깨달은 것 같았고, 크리스마스 날 아침처럼 기뻐서 소리를 지르기 시작했다. 워쇼가 벌떡 일어나더니 룰리스에게 가서 끌어안았다. 그런 다음 유리문으로 비틀비틀 다가와서 눈을 빛내며 나를 똑바로 보더니 〈밖, 밖!〉이라고 수화로 말했다.

우리는 2주일 동안 침팬지들을 실내에 가둬 둘 계획이었지만 첫 이틀 내내 침팬지들이 나가고 싶다고 애원했다. 그래서 셋째 날 아침 식사가 끝난 후 내가 침팬지들에게 말했다. 〈오늘은 나가도 돼.〉 워쇼가 벌떡 일어나더니 바깥 위쪽 데크로 나가는 유압식 문 앞에 버티고 앉았다. 워쇼는 그 자리에서 한 시간 넘게 기다렸고, 룰리스가 워쇼의 바로 뒤에 있었다. 룰리스는 약간 긴장한 것 같았고 안심시켜 줄 엄마가 필요했다.

드디어 문이 옆으로 열렸다. 룰리스가 뽐내며 걸어가다가 생각을 바꿔 물러나 앉았다. 워쇼는 참을성 있게 룰리스를 기다렸지만 다르가 비집고 지나 문밖으로 튀어나가더니 계단을 내려가 땅에 발을 디뎠다. 다르는 너무나 기뻐서 날뛰며 풀밭을 가로질렀기 때문에 네발로 깡충깡충 뛰는 것처럼 보였다. 다르는 저 멀리 테라스로 곧장 달려가더니 10미터 정도 되는 울타리 꼭대기로 기어올라 엘런스버그를 내려다보았다. 그런 다음 행복에 겨워 우리를 향해서 큰 소리로 우우거렸다.

다음으로 워쇼가 나갔다. 워쇼는 똑바로 서서 테라스, 정원, 아래쪽 관측장에 보여든 익숙한 얼굴들을 살폈다. 워쇼가 다리를 뻗어서 첫 번째 계단에 발가락을 내디뎠다가 재빨리 다시 뺐다. 그러다가 근처 울타리에 서 있는 데비를 알아보았다. 워쇼가 데비 쪽으로 걸어가서 울타리 너머로 몸을 내밀어 철망 사이로 데비에게 입맞춤을 했다. 〈고맙다〉는 나름의 인사가 분명했다.

이제 룰리스가 문간으로 조금씩 나왔다. 워쇼가 룰리스를 격려하려고 몇 계단 더 내려간 다음 뒤를 돌아보며 수화로 〈안아 줘〉라고 말했다. 룰리스는 울타리에 달라붙어 있었다. 기다리다 지친 워쇼가 나머지 계단을 지나 땅으로 내려갔다. 워쇼는 똑바로 서서 발을 구르고 손등으로 관측창을 툭툭 쳐서 자기 영역을 표시했다. 그런 다음 유리에 입술을 붙이고서 수의사 프레드 뉴슈반더Fred Newschwander를 포함한 몇몇 친구들에게 입맞춤을 했다.

다르가 울타리에서 내려와 들판을 가로지르더니 워쇼를 끌어안았다. 워쇼는 들판을 여유롭게 느릿느릿 걸어다니다가 장대에 올라서 꼭대기에 자리를 잡더니 이제야 문 밖으로 나오는 모자를 보았다. 모자는 느릿느릿 뻣뻣하게 움직였지만 어떻게든 계단을 내려와서 테라스로 올라갔다. 그러더니 놀랍게도 울타리를 잡고 제일 높은 곳까지 올라갔다. 모자는 땅 위 높이 솟은 정원 가장자리를 어슬렁거리기 시작했다.

타투가 데크로 기어 나왔다. 타투는 흥분한 침팬지들을 한동안 물끄러미 바라볼 뿐이었다. 결국 타투가 아픈 몸을 이끌고 서서히 계단을 내려갔다. 맨 아래쪽에 도착한 타투는 정원의 좋은 장소에 자리를 잡고 오후 내내 풀잎을 살펴보고 다양한 잡초를 맛보았다.

룰리스는 여전히 데크에서 어쩔 줄 몰랐기 때문에 워쇼가 홰에서 내려와 룰리스에게 다가갔다. 룰리스는 문 안으로 기어 들어가 이제 안으로 들어갈 시간이라고 설득하려는 듯 워쇼를 향해 고개를 끄덕였다. 워쇼가 손을 뻗어 룰리스를 밖으로 끌어냈다. 그러자 다르가 룰리스를 데리고 내려오려는 듯이 데크로 올라갔다. 다르는 친구 룰리스 옆에 앉아서 내가 본 중에 가장 환한 침팬지 미소를 지으며 하늘을 올려다보았다.

룰리스는 다르가 곁에 있어서 기운이 나는 듯했고, 드디어 조심스럽게 계단을 내려왔다. 룰리스의 발이 아기 때 이후 처음으로 땅에 닿았다.

다르가 큰 소리로 우우거리면서 달려가 2.5미터 높이 데크에서 아래쪽 땅으로 훌쩍 뛰어내렸다. 다르는 몸을 둥글게 말고 착지한 다음 타이어 쪽으로 달려 가서 펄쩍 뛰어 워쇼를 끌어안았고, 그런 다음 워쇼가 룰리스를 끌어안았다.

놀랍게도 룰리스는 울타리로 가더니 꼭대기까지 기어올랐다. 룰리스는 평생 땅에서 2미터 이상 올라가 본 적이 없었다. 룰리스는 9미터 아래의 땅을 내려다보면서 공포에 질려 소리를 질렀다. 워쇼가 급히 울타리를 올라가 룰리스를 구했다.

땅으로 내려온 룰리스는 다르에게 다가갔고, 다르는 남동생의 어깨에 팔을 두르고 꼭 끌어안았다. 「이게 사는 거야, 꼬마야.」 다르는 이렇게 말하는 것 같았다. 「이게 사는 거라고.」

몇 주 동안 모자와 타투는 식사 때에도 안으로 들어오려 하지 않았다. 우리는 모자와 타투에게 먹이를 먹으라고 애원하고 꾀어야 했다. 모자와 타투는 햇볕을 너무 많이 쫴서 창백하던 피부가 벌겋게 변했다. 그러나 모자와 타투는 볕에 타는 것을 전혀 신경 쓰지 않는 것 같았다. 둘은 햇볕을 쬐려고 살았다. 이사한 지 겨우 3개월째였던 8월이 되자 모자와 타투는 볕에 탔을 뿐 아니라 신체적, 정신적으로도 달라졌다. 실험실에서 지낼 때는 발을 너무 심하게 절룩거려서 멋진 옷을 덮고 벤치에 누워 대부분의 시간을 보내던 모자가 이제는 야외의 벽과 천장에서 아주 능숙하게 움직였다. 거의 죽을 뻔했던 타투는 달리고, 소방 호스를 타고 오르고, 간질이고 쫓기 게임을 하면서 다시 열일곱 살짜리처럼 굴고 있었다.

심지어 타투는 빠졌던 몸무게도 회복했다. 타투는 매일 정원에서 본 모든 것에 대해서 〈검정색, 검정색〉이라고 수화로 말했다. 타투와 모자 역시 영역 표시 행동을 하기 시작했는데, 옛날 실험실에서는 상상도 할 수 없는 일이었다.

우리는 기적적인 회복에 정말 기뻤지만, 몇 주 후 또 다른 의학 문헌을 읽고 나서야 병의 수수께끼가 풀렸다. 타투와 모자는 비타민 D 결핍으로 인한 골질환 구루병을 앓고 있었던 것이다. 침팬지들은 식단과 식품 보조제를 통해서 비타민 D를 충분히 섭취하고 있었지만 햇빛에 직접 노출되지는 않는데, 비타민 D를 뼈 성장에 이용 가능한 형태로 변환하려면 반드시 햇볕을 직접 쬐어야 했다. 유리가 자외선을 차단하기 때문에 실험실 유리창을 통해 들어오는 햇빛은 소용이 없었다. 타투와 모자는 햇빛에 굶주려 있었던 것이다.

지금도 나는 타투와 모자가 약 10미터 높이에서 엎치락뒤치락하며 쫓아다니는 모습을 보면 무엇을 하고 있든 손을 멈춘다. 묘기하듯 움직이는 둘을 보면 현기증이 날 정도다. 저 두 침팬지가 1993년에는 불구의 몸으로 콘크리트 바닥에 누워 있었다니, 누가 믿을까?

비가 오거나 눈이 오는 날에도 타투와 모자는 밖에 나가자고 졸랐다. 새집에서 처음 맞이한 겨울, 어느 추운 아침에 타투가 문 앞에서 기다리다가 수화로 〈나가자〉라고 말했다.

〈미안, 너무 추워.〉 자원봉사자가 대답했다. 〈기다려야 돼.〉

〈옷 줘.〉 타투가 요구했다. 그래서 우리는 타투에게 스웨터를 주었고 타투는 밖으로 나갔다.

새로 찾은 자유에 기뻐하는 것은 타투와 모자만이 아니었다. 나이 스물여덟, 몸무게 72킬로그램이 된 워쇼는 실험실에서 지낼 때는 소파에 누워서 감자칩을 먹으며 텔레비전을 보는 사람처럼 항상 벤치에 누워서 음식 잡지나 패션 잡지를 보았다. 그러나 이제는 리노에서 새끼 침팬지 때 그랬던 것처럼 아침마다 문 앞에서 기다렸다. 워쇼는 한시도 가만히 있지 않았다. 룰리스를 쫓아다니는가 하면 순식간에 천장으로 기어올라서 북쪽 눈 덮인 산을 물끄러미 바라보았다. 가끔 워쇼는 단지 달릴 수 있기 때문에 이리저리 뛰어다니는 것 같았다. 그러면서 워쇼는 살이 몇 킬로그램 빠졌다.

열일곱 살인 다르는 마침내 침팬지 수컷의 특성을 드러낼 수 있는 집을 찾았다. 다르는 바깥으로 나가면 더 커보이기까지 했고, 달리거나 높은 곳에서 뛰어내리고 관측창을 발로 차면서 엄청난 힘을 뽐냈다. 불쾌하다는 뜻으로 이러한 영역 표시 행동을 하는 것 같지는 같았다. 데비의 표현대로 〈다르는 행복해서 흥분했고〉, 자신감이 넘쳐 권위를 드러내며 즐기고 있었다. 다르는 여전히 매일 아침 우리에게 입맞춤으로 인사를 했지만 〈언덕의 왕〉 노릇을 하느라 바빠서 인간과 많은 시간을 보낼 수 없었다.

1985년에 침팬지 인간 커뮤니케이션 센터 설립 계획을 처음 시작했을 때부터 나의 최우선 목표는 워쇼 가족의 심리적, 생물학적 요구를 충족시키는 것이었다. 침팬지는 인간과 똑같이 자신을 지지해 주고 서로 소통하는 가정 환경이 필요하다. 그러나 침팬지는 우리와 달리 숲에서 살도록 타고났다. 야생 침팬지는 때로 15~25미터나 되는 나무에 올라가서 잠자리를 만든다. 우리가 아프리카의 숲을 재현할 수는 없지만 나는 차선이라도 이루고 싶었고, 침팬지의 눈으로 봤을 때 숲과 같은 기능을 하는 환경을 만들고 싶었다.

이러한 기능적 접근법은 보통 동물원에서 취하는 접근법과 정반대다. 동물원은 대부분 그곳에 사는 동물이 아니라 그곳을 찾는 인간의 요구에 맞게 설계된다. 침팬지 우리는 사람이 어떤 각도에서든 침팬지를 볼 수 있게 만들어지기 때문에 침팬지가 숨을 곳이 없다. 땅 자체도 인간을 즐겁게 하기 위해서 만들어진다. 현대 동물원은 대부분 옛날처럼 침팬지를 우리에 넣는 것이 아니라 해자로 둘러싸인 섬에 둔다. 이 커다란 섬이 인간의 눈에는 좋아 보일지 모르지만 타고 오를 것이 없으면 침팬지들에게는 아무 소용없다. 침팬지에게 발밑의 땅은 별로 많이 필요하지 않다. 침팬지에게 필요한 것은 수직으로 기어오를 수 있는 공간이다.

위쇼의 집은 열대 우림을 3차원적으로 만든 모습이다. 초목으로 뒤덮여 침팬지들이 탐험하고 놀 수 있는 땅이 500제곱미터 정도 있고, 그 위로 벽을 타고 기어오를 수 있는 세 배 정도 더 높은 수직 공간이 있다. 총 3층 정도 높이에 공기가 통하는 그물망 지붕이 덮여 있어서 침팬지들은 야생에서 열대 우림의 높은 나뭇가지에 차례로 매달리며 이동하듯 그물망 천장을 가로지를 수 있다. 나무를 심으면 위쇼 가족이 껍질을 다 벗겨버릴 테니 그 대신 전신주를 세워서 타고 오를 수 있게 하고 가지를 대신할 가로대를 설치한 다음 덩굴 역할을 할 낡은 소방 호스를 여기저기 연결했다. 또 침팬지들이 탐험할 수 있는 여러 층의 테라스, 쉴 수 있는 그물, 도구를 이용해서 간식을 파낼 수 있는 흙더미, 혼자만의 시간을 보낼 수 있는 동굴이 있다.

널따란 실내 운동 공간 두 곳 — 각각 3층 높이에 약 55제곱미터였다 — 에는 자연광이 들어오고 여러 층의 테라스가 설치되어 있으며 기어오를 수 있는 구조물, 매달릴 수 있는 소방 호스, 트랙터 타이어가 있다. 울타리로 둘러싸인 잠자리 구역은 유리벽이 설치된 부엌을 마주보고 있기 때문에 침팬지들이 식사를 준비하는 사람들을 보면서 수화로 대화를 나눌 수 있다.

청소를 하거나 설비를 보수하거나 침팬지들을 치료할 때만 빼면 인간은 워쇼의 집에 들어가지 않았기 때문에 워쇼 가족은 자기들끼리 사회적 공동체를 이루며 자연스럽게 살 수 있다. 침팬지들이 어릴 때는 신체적 애정 표현이 필요하지만 이제 침팬지들에게는 서로가 있다. 게다가 침팬지가 성체로 자라면서 인간은 놀이에서 점차 빠지게 되었다. 다르는 체력이 아주 좋고 체중 350킬로그램의 인간과 맞먹는 힘을 가지고 있다. 다르는 나와 함께 놀 때 무척 조심했는데, 그렇지 않으면 내가 다칠 수도 있었다. 내가 아직 뼈가 약한 어린아이와 풋볼을 할 때와 비슷했을 것이다. 침팬지들은 항상, 철장을 사이에 두고 있을 때에도, 인간을 조심스럽게 대했지만 나를 포함해서 누구든지 침팬지의 집으로 들어가는 것은 좋은 생각이 아니다. 내가 들어갔을 때 침팬지들끼리 가족 싸움이라도 벌어지면 침팬지가 정신을 잃고 나를 침팬지처럼 대할지도 모른다. 그러면 그 결과는 끔찍할 것이다.

정해진 식사 시간과 실내로 들어와서 잠자는 시간만 빼면 침팬지들은 원하는 때에 원하는 곳에서 원하는 것을 자유롭게 할 수 있다. 장난감이나 잡지, 화려한 옷을 가지고 놀고 싶으면 여전히 인간 자원봉사자들과 함께 놀 수 있다. 그러나 달리고 기어오르고 자유롭게 놀 수 있는 새로운 야외의 집에서는 우리가 침팬지의 삶을 즐겁게 해주려고 제공하던 끊임없는 활동이 필요 없었다.

침팬지 인간 커뮤니케이션 센터의 주요 과학적 목적은 워쇼 가족끼리의 수화 사용을 연구하는 것이었다. 학생들은 예전처럼 침팬지 가족에게 식사를 주고 활동을 지켜보면서 수화 데이터를 수집하지만, 이제는 침팬지들의 집 밖에서 수집한다. 우리는 원격 비디오카메라도 계속 사용한다. 우리 연구에는 연습이나 시험, 훈련이 전혀 없다. 침팬지와 인간의 상호 작용이 필요한 연구가 하고 싶으면 침팬지가 동의해야만 진행할 수 있다. 연구에 침팬지와 인간의 대화가 필요할 경우 침팬지가 대화를 하고 싶어 하면 할 수 있지만 침팬지들이 흥미를 보이지 않으면 ─ 어슬렁거리며 멀찍이 가서 잡지를 보거나 기둥에 오르면 ─ 연구를 할 수 없다. 가끔 대학원생들이 어떤 침팬지를 연구에 참여시킬 수 없다고 불평할지도 모른다. 그러면 나는 이렇게 말한다. 「안됐군. 더 재밌는 연구를 찾아 봐.」

위쇼의 집 건설 비용은 대부분 워싱턴 주가 대학 예산을 통해서 지불했다. 그 보답으로 우리는 대중, 특히 학생과 대학생 들을 대상으로 침팬지 생물학, 의사소통, 가족 생활, 문화에 대한 교육을 실시하기로 했다. 나는 위쇼의 집이 어린이와 젊은이 들에게 대상을 침입하지 않고 배려하는 과학 연구의 모범을 보여 주기 바랐다. 우리는 침팬지들의 야외 지역에 약 20미터의 구불구불한 유리 패널 관찰로를 만들었다. 관찰로에 들어가면 침팬지들 사이에 서 있는 기분을 느낄 수 있지만, 침팬지의 선택에 달려 있다. 위쇼 가족은 관측창으로 다가와서 찾아온 인간들과 인사를 할 수도 있고 인간에게 보이지 않는 곳에서 나오지 않을 수도 있다. 두꺼운 유리 덕분에 인간의 목소리가 위쇼 가족을 괴롭히지 않는다.

위쇼의 집을 설계할 때 세운 유일한 원칙은 침팬지의 요구가 우선이고 인간의 교육은 그다음이라는 것이었다. 일부 동물원 역시 낡은 철학을 완전히 뒤집은 이 원칙을 따르고 있는데, 그러자 방문객이 증가했다. 사람들은 침팬지들이 더욱 활기차고 흥미롭고 사회적인 삶을 영위하는 인도적인 환경에 더 끌린다. 그것이 가끔 침팬지가 아예 보이지 않는다는 뜻이라 해도 말이다. 지난 10년간 데비와 나는 사육사 수백 명에게 침팬지의 환경을 풍부하게 만들어 보라고 권했다. 신세대 사육사들은 이런 마음으로 일하고 있고, 요즘 동물원에 가면 침팬지 우리에서 10년 전에는 생각도 할 수 없었을 것들 ─ 건포도판, 수도 호스, 크레용, 쿨에이드 풍선 ─ 을 볼 수 있다.

지난 몇 년 동안 위쇼의 집 건설 예산은 50만 달러에서 230만 달러로 치솟았는데, 대학 당국의 예상을 훨씬 넘는 액수였다. 우리는 수백 통의 편지를 보내고 전화를 걸어서 주 의원들에게 로비를 했다. 대학 임원 론 다차우어Ron Dotzauer 덕분에 부스 가드너Booth Gardner와 진 가드너Jean Gardner 주지사 부부가 위쇼를 찾아왔고, 곧 우리가 제안한 시설의 유력한 후원자가 되었다. 그리고 중요한 시기에 제인 구달이 워싱턴 주 올림피아까지 와서 워싱턴 주 의회 양원 합동 회의에서 연설을 했다. 제인이 위쇼 가족을 대표해서 감정적으로 호소했던 20분 동안 모두 꼼짝도 하지 않았다. 의회는 위쇼의 집 건설 비용의 90퍼센트 이상을 부담하기로 의결했고, 나머지 비용은 위쇼의 친구들 앞으로 들어오는 개별 기부금 형식으로 모금했다.

새집으로 이사하자 이미 오래전에 했어야 하는 또 다른 일도 처리할 때가 된 것 같았다. 룰리스는 14년 동안 위쇼의 양아들로 살았지만 아직 여키스 센터 소유였다. 센터는 1979년에 〈무기한 대여〉 형식으로 룰리스를 우리에게 주었다. 우리에게 무슨 일이 생기면 룰리스는 위쇼와 헤어져 여키스 센터의 생물 의학 연구로 돌아갈 확률이 높았다.

걱정거리는 그뿐만이 아니었다. 에이즈 연구 붐이 일면서 실험실들이 앞다투어 HIV나 간염, 기타 전염병에 감염되지 않은 〈깨끗한〉 침팬지를 찾고 있었다. 여키스 센터가 그런 이유로 룰리스를 돌려받으려 하지 않는다 해도, 내가 국립 보건원의 정책에 소리 높여 반대했기 때문에 그들 눈에 곱게 보일 리가 없었다.

데비와 나는 여키스 쪽에서 찾아와 문을 두드릴 때까지 기다리지 않기로 했다. 위쇼와 가족이 새집으로 들어가게 되었으니 여키스 센터 측에 룰리스를 사겠다고 제안하기 딱 좋은 시점이었다. 룰리스를 사면 위쇼의 곁에 룰리스의 자리를 확보하고 영원히 보호할 수 있을 것이다. 나는 여키스 센터장 프레드 킹Fred King에게 전화를 걸었다. 그는 룰리스가 수화 연구에서 세운 공을 인정하여 〈깨끗한〉 침팬지의 시가인 1만 달러에 룰리스를 팔겠다고 했다. 우리는 그 후 몇 달에 걸쳐서 돈을 모금했는데, 대부분 위쇼와 룰리스에 대한 기사를 읽은 전국의 국민들이 5달러, 10달러씩 보내 준 것이었다. 그런데 우리가 여키스 센터에 돈을 보내려고 할 때 회계사가 750달러가 부족하다고 알려 왔다. 자동차를 살 때처럼 판매세 7.5퍼센트를 내야 한다는 것이었다. 우리는 돈을 조금 더 모금하여 1만 750달러를 보냈고, 룰리스는 위쇼 가족의 복지만을 위한 단체 〈위쇼의 친구들〉의 합법적인 소유물이 되었다.

1993년 6월에 나는 쉰 살이 되었다. 데비와 나는 우리 아이들과 침팬지들과 함께 내 생일을 축하했다. 우리는 침팬지들에게 도넛과 크림을 듬뿍 넣은 커피 — 침팬지들이 제일 좋아하는 음료수 — 를 주었다. 그런 다음 「생일 축하합니다」를 소리 없이 합창했고, 나는 침팬지들의 도움을 받아 거대한 생일 도넛의 촛불을 껐다. 그날 밤 친구들이 파티를 열어 주었다. 친구들의 선물은 포장지로 싼 휠체어와 종합 비타민 한 병이었다.

나는 그렇게까지 늙은 느낌은 아니었지만 삶의 새로운 국면에 들어선 기분이었다. 저명한 발달 심리학자 에릭 에릭슨Erik Erikson의 말에 따르면 쉰 살 즈음에, 가족을 이루고 경력을 쌓은 후 〈내가 다음 세대에게 무엇을 남길 수 있을까? 내 삶이 후손에게 어떤 도움이 될까?〉라는 질문을 하기 시작할 때쯤에, 인생의 일곱 번째 단계가 끝난다.

특히 과학자들은 20~30대에 획기적인 발전을 한다고 여겨지므로 가장 생산적인 연구 시기가 이미 지났음을 깨달으면 회고의 순간이 오는 것 같다. 이 넓은 세상에 내가 과연 중요한 기여를 했을까 생각하기 시작하는 것이다.

내게는 이 회고의 순간이 큰 기회였다. 나는 먼저 내 이력서를 보면서 중요하든 그렇지 않든 충분히 길다는 결론을 내렸다. 나는 이미 연구를 줄이고 워쇼 가족이 아닌 다른 침팬지들의 복지 옹호에 점점 더 많은 시간을 쓰고 있었다. 내가 가르치는 학생들은 여전히 워쇼 가족의 수화 대화를 연구하고 그 결과를 전문지에 실었다. 나는 학생들의 연구를 감독하고 학생들을 논문 제1저자로 실어서 경력을 쌓을 기회를 주었다. 특이할 것은 하나도 없었다. 늙어 가는 교수는 당연히 학문적 후계자들을 애지중지하는 법이다.

그러나 내가 실험실 바깥에서 하기로 결심한 일들은 정통적이라고 할 수 없었다. 나는 학생들을 가르치는 것만 빼면 이론의 영역에서 멀어져 행동의 영역에 들어가기로 했다. 언어학자, 심리학자, 인류학자 들과 대화를 나누는 일은 더 적어졌다. 데비와 내가 한 팀이 되어 사육사, 야생 보호주의자, 생물 외학 연구자 들의 회의에서 강연하는 횟수가 점점 더 늘어났다. 데비와 내가 출간을 할 경우에는 보통 포획 침팬지의 인도적인 대우나 침팬지 실험의 윤리적 딜레마가 주제였다.

쉰 살에 접어든 나는 과학 전문지에 게재한 침팬지 논문이 아니라 침펜지를 위해서 한 일로 평가받고 싶었다. 그것이 특별히 고귀하거나 고결한 일이라고 생각하지는 않았다. 그저 나의 다소 특이한 과학적 경력에 반드시 필요하고 자연스러운 결말이었을 뿐이다.

내가 워쇼와 그 가족에게 감정적 애착을 가지고 있다는 사실은 기꺼이 인정하지만, 정치적 영역으로 들어가게 된 이유는 그것뿐만이 아니다. 나는 침팬지들에게 배운 것들 때문에 이렇게 행동할 수밖에 없는 기분이다. 30년 동안 침팬지들과 대화하고 침팬지를 관찰한 끝에 나는 침팬지의 마음과 인간의 마음이 근본적으로 똑같다고 더욱 확신하게 되었다. 그럴 수밖에 없는 것이, 침팬지의 뇌와 인간의 뇌는 같은 뇌로부터, 공동의 유인원류 선조로부터 진화했기 때문이다. 침팬지와 인간의 뇌에서 진행되는 정신적 과정은 600만 년 넘는 세월에 걸쳐 서로 다른 사회적 요구에 적응하며 특화되었지만 그 기저에는 우리 공동 선조의 지능이 있다.

나는 인간 두뇌 진화의 많은 부분이 혀에 의해 이루어졌다고 믿는다. 앞서 말했듯이 약 20만 년 전 우리 조상은 몸짓과 도구 제작이 점점 더 정교해지면서 혀도 똑같이 정확하게 움직이게 되어 말을 하기 시작했을 것이다. 그리고 정말 이상한 일이지만 이러한 혀의 움직임이 인간 두뇌의 진화를 불러왔다.

우리의 인류 선조가 입으로 말을 하기 전에는 그들의 두뇌도 다른 유인원 종의 두뇌처럼 기능하여 우뇌가 좌반신을, 좌뇌가 우반신을 제어했을 것이다. 그러나 의사소통처럼 특화된 기능은 좌뇌나 우뇌 중 한 쪽이 아니라 두뇌 전체에서 다루었다. 인간 진화의 풀리지 않는 수수께끼 중 하나는 왜 유인원 중에서 인간만이 우성 대뇌 반구를 발전시키게 되었는가다.

내 생각은 이렇다. 우리의 선조는 유인원 사촌들과 마찬가지로 양쪽 두뇌를 모두 이용하여 몸짓으로 의사소통을 했다. 양쪽 두뇌는 손짓을 하는 양쪽 손을 제어했고 좌뇌는 오른손을, 우뇌는 왼손을 담당했다. 그러나 인간의 혀가 정확히 움직이면서 말을 만들어 내기 시작하자 인간의 두뇌는 중대한 신경학적 문제에 직면했다. 양쪽 두뇌가 하나의 혀를 제어하려고 경쟁하자 그 결과 일종의 음성 마비가 온 것이다. 두 운전자가 핸들 하나를 두고 싸울 때처럼 말이다. (사실 이러한 양쪽 뇌의 경쟁은 말을 더듬는 원인 중 하나다.) 인간의 두뇌는 혀의 음성 운동 제어를 한쪽 뇌에 할당함으로써 이 문제를 해결했다.

좌뇌는 말의 순차 배열을 제어하는 메커니즘을 발달시키면서 치기, 자르기, 조각내기라는 복잡한 순차적 동작이 필요한 도구 제작 등 다른 정교한 근육 운동까지 자연스럽게 제어하게 되었다.[1] 이와 같은 말과 도구 제작의 연관성은 인간이 언어와 우세 손 제어에 특화된 우성 대뇌 반구를 발전시킨 이유를 설명할 수 있다. 각 침팬지는 오른손잡이일 수도 있고 왼손잡이일 수도 있지만, 둘의 수가 거의 비슷하다. 그러나 인간의 90퍼센트는 오른손잡이이고, 이들의 좌뇌에는 말과 주로 사용하는 오른손을 모두 제어하는 신경 메커니즘이 있다. (왼손잡이의 80퍼센트는 우뇌가 주로 쓰는 왼손을 제어하지만 좌뇌가 언어를 다룬다.)

인간의 두뇌 기능이 한쪽 우성 대뇌 반구에 심하게 편중된 경향은 인간의 지능 발달 방식에 큰 영향을 주었다. 인간은 혀와 손을 순차적으로 움직임에 따라 순차적으로 생각할 수 있게 되었고, 한 가지 생각은 논리적으로 다른 생각으로 이어진다. 찰스 다윈은 이것을 〈복잡한 사고의 흐름〉이라고 불렀고, 순차적으로 생각하는 인간의 능력이 순차적인 언어 기술에서 나왔을 것이라고 올바르게 추측했다.[2] 약 5,000년에서

6,000년 전에 우리의 선조는 순차적인 생각을 기록할 방법을 알아냈고, 이는 곧 수학, 천문학, 공학을 포함한 논리적 사고의 폭발로 이어졌다.

물론 좌뇌가 우성을 차지하면서 우뇌는 점차 뒷받침하는 역할을 맡기 시작했다. 우뇌는 정보의 동시적 처리와 관련된 일에 특화되었다. 우리는 다른 사람의 몸짓을 읽는 동시에 생각한다. 예를 들어서 내가 친구와 이야기를 나누다가 의도치 않게 기분을 상하게 했다면 〈그래, 말이 없어지고 얼굴이 빨개지고 시선을 피하면서 손을 신경질적으로 움직이고 있군. 내가 감정을 상하게 했나 봐〉라고 논리적으로 생각하지 않는다. 오히려 의식적인 생각 없이 모든 정보를 동시적으로 처리한다.

우리는 모두 처음에는 순차적으로, 그리고 나중에야 동시적으로 처리하는 활동에 익숙하다. 예를 들어 자동차 운전을 배울 때는 해야 할 일을 차례대로 한다. 시동을 켜고, 브레이크에 발을 올리고, 핸드브레이크를 내리고, 룸미러를 확인하고, 기어를 넣고, 액셀러레이터를 밟고, 등등 말이다. 이러한 행동을 연결해서 운전을 하려면 순차적인 행동 하나하나에 의식적으로 완전히 집중해야 한다. 그러나 조금만 지나면 순차적 행동에 신경을 쓰지 않고 운전을 하게 된다. 운전은 곧 두뇌의 동시적 과정으로 넘어가고, 우리는 어느새 도로의 굴곡과 다가오는 자동차, 지나가는 신호등에 아무런 생각 없이 반응한다. 사실 운전이라는 것 자체가 아주 자동적인 과정이 되어서 차를 조작하면서도 연속적인 사고를 할 수 있다. 나는 토요일에 장을 보러 가려고 집을 나섰다가 딴 생각을 하거나 데비와 이야기를 나누다 정신을 차려 보니 가게 대신 학교로 가고 있었던 적이 몇 번이나 있다. 내 두뇌가 평일에 보통 나를 데리고 가는 곳이 대학이기 때문이다.

마찬가지로 우리는 야구공, 골프공, 테니스공 치는 법을 처음 배울 때 정확한 연속 동작에 집중해야 하는데, 각각의 동작은 바로 앞의 동작에 의존한다. 그러나 연습을 많이 하다 보면 전체 과정은 각 부분을 합쳐 놓은 것 이상이 된다. 공을 〈정통으로〉 치는 능력은 두뇌가 수많은 정보에 직관적, 즉각적으로 반응하는 동시적 처리의 특징이다. 아무 어려움 없이, 어떤 의식적인 생각도 없이 동작이 자연스럽게 연결되는 것을 선수들은 〈물 흐르듯 흐른다〉라고 말한다. 상황을 순간적으로 종합하여 무의식적으로 반응하는 이러한 정신적 힘은 위대한 예술과 통찰의 비밀로 수세기 동안 칭송받아 왔다.

수많은 대중 심리학 책은 이 두 가지 정신적 과정 ─ 순차적 과정과 동시적 과정 ─ 이 곧 〈좌뇌〉와 〈우뇌〉의 동의어라고 설명하지만 인간의 두뇌는 그렇게 깔끔하게 나뉘지 않는다. 오른손잡이의 2퍼센트와 왼손잡이의 약 20퍼센트는 우뇌가 언어를 비롯한 기타 순차적 처리를 제어하고 좌뇌가 동시적 처리를 제어한다. 앞서 알렉스라는 영국 소년의 사례에서 언급했듯이 한쪽 뇌가 모든 사고 과정을 제어하는 사람도 있다.

우리의 정신적 과정을 좌뇌와 우뇌로 나누어서 보는 것보다 실제 두뇌 물질을 그려 보는 것이 더욱 정확하다. 두뇌 물질에는 두 종류 ─ 회백질과 백질 ─ 가 있고, 비율은 다르지만 양 뇌에 모두 존재한다. 회백질은 순차적 처리에, 백질은 동시적 처리에 이용된다. 대부분의 사람의 경우 좌뇌가 우뇌보다 회백질 비율이 높다.[3] 이는 좌뇌 사고와 우뇌 사고에 대한 일반화로 이어진다. 오른손잡이의 2퍼센트와 왼손잡이의 20퍼센트는 우뇌의 회백실 비율이 더 높으므로 좌뇌─우뇌 법칙을 무시하는 셈이다.

모든 인간은 살아남기 위해서 두 종류의 뇌 물질과 두 종류의 사고 ─ 순차적 사고와 동시적 사고 ─ 가 필요하다. 우리는 무엇보다도 도구를 제작하고 식량을 재배하기 위해서 순차적으로 계획을 세울 수 있어야 한다. 또 사회적 신호에 동시적으로 반응해야 구애와 짝짓기를 할 수 있다. 더 중요한 것은, 좌뇌와 우뇌를 연결하고 양 뇌가 조화롭게 기능하도록 해 주는 근섬유 다발 덕분에 우리는 거의 모든 행동에서 순차적 사고와 동시적 사고를 모두 이용할 수 있다.

유감스러운 일이지만 플라톤 시대 이래로 철학자들은 동시적 지능을 부차적으로 여기거나 완전히 무시했다. 르네 데카르트는 하나의 뇌에 뒤섞여 있는 이성과 직관을 보고 간단하게 둘로 나눠 버렸다. 그는 인간의 정신을 분석력으로 정의하고 비언어적 처리 과정은 미개한 동물의 영역에 속한다고 말했다. 그 이후로 심리학자 대부분은 순차적 사고와 동시적 사고의 자연스러운 상호 작용을 무시하고 쉽게 측정할 수 있는 단선적인 사고에만 초점을 맞추었다. (눈에 띄는 예외는 동시적 인식을 연구했던 게슈탈트 심리학자들이다.)

육체와 정신, 언어와 비언어를 구분하는 접근법은 모든 인간 내에서 일어나는 동시성과 순차성의 풍성한 상호 작용을 무시한다. 현대인은 측정 가능한 순차적 지능에 집착하기 때문에 많은 과학자들은 인간 지능이 침팬지의 지능과 다르다고 믿게 되었다. 사실 인간 정신과 침팬지의 정신 모두 똑같은 두 가지 과정에 의지한다.

손짓을 이용해서 구애하는 침팬지 두 마리는 촛불 밝힌 저녁 식사를 앞에 두고 서로의 눈을 바라보며 소통하는 인간 연인과 마찬가지로 동시적 처리 과정을 이용한다. 견과류를 깨뜨릴 때 쓸 특정한 모양의 돌을 미리 골라 두는 침팬지는 쓰레기차가 오기 전날 밤에 쓰레기통을 내놓는 인간과 마찬가지로 순차적 처리 과정과 계획을 이용한다.

혀가 발달하면서 인간의 두뇌는 순차적 사고에 더욱 의존하게 되었다. 인간 사고의 진화는 유아 발달 과정에서 가장 쉽게 볼 수 있다. 아기는 (새끼 침팬지와 마찬가지로) 태어날 때 좌뇌나 우뇌의 우성을 드러내지 않는다. 아이들은 특히 엄마의 표정을 해석하는 법을 배울 때 동시적 처리 과정에 크게 의존한다. 그러나 두 살부터 네 살 사이에 혀가 정밀하게 움직이고 말을 하기 시작하면서 급속히 팽창하는 회백질이 한쪽 뇌, 보통 왼쪽 뇌에서 우세해진다. 그러나 미취학 아동의 경우 자유로운 글씨체, 풍부한 상상력, 아직 자연과 밀접하게 연결되어 있는 상태가 증명하듯 사고가 아직 무척 동시적이다. 아이가 읽고 쓰는 법을 배우면서 두 뇌는 순차적, 분석적 사고에 더욱 편중되는데, 약 5,000년 전 이러한 활동이 시작되면서 인류에게 끼친 영향과 같다.

동시적 사고와 순차적 사고는 결코 떼어 놓을 수 없지만 개개인에 따라 그 비율은 다르다. 내 동료 중 하나는 순차적 사고가 너무나 강해서 운전을 하면서 동시에 생각을 하지 못했다. 그는 계속 사고를 냈고, 결국 면허가 취소되었다. 반면에 나는 침팬지나 아이들처럼 정말 천재적으로 몸짓을 읽고 이용하는 포커 선수나 법정 변호사 들을 알고 있다.

침팬지 지능과 인간 지능을 구별하는 뚜렷한 경계는 없다. 두 지능 모두 동시적, 순차적 사고가 서로 다른 비율로 섞여 있다. 같은 종이라도 개개인에 따라서 이러한 비율이 바뀔 수 있다는 사실은 침팬지의 정신과 인간의 정신이 얼마나 밀접하게 관련되어 있는지 보여 주는 가장 강력한 증거이다. 침팬지와 우리의 두뇌는 아직 너무나 비슷하기 때문에 서로 비슷한 정신적 과정을 발달시킬 수 있다.

그것이 바로 워쇼에게 일어난 일이다. 우리가 새끼였던 워쇼를 인간들 틈에서 키움으로써 워쇼의 뇌가 정글에서 중요한 동시적 처리가 아닌 인간 언어에 필요한 순차적 처리에 편향되게 만든 것이다. 각 두뇌의 회로망 — 수십억 개의 뉴런을 연결하는 통로 — 은 초기 형성기에 어떤 정보를 처리하고 경험하느냐에 따라 만들어진다. 워쇼의 뇌와 사고 처리 과정이 전형적인 인간과 똑같은 것은 아니지만 야생 침팬지와도 달랐다. 워쇼는 수화를 하는 침팬지의 독특한 지능을 가지고 있다. 워쇼가 이런 식으로 발달할 수 있었던 것은 인간과 침팬지가 같은 유인원류 선조에게서 두뇌와 지능을 물려받았기 때문이다.

인간과 침팬지의 지능은 정도만 다를 뿐 사고 처리 과정의 종류가 다른 것은 아니다. 순차적 사고에서 침팬지는 인간만큼 〈똑똑〉하지 않다. 침팬지가 수화를 사용하는 청각 장애 성인만큼 완전한 통사론 — 복잡한 순차적 패턴 — 으로 미국 수화를 사용하는 것은 불가능하다. 그러나 침팬지는 수화를 배워서 놀라울 정도의 순차적 의사소통을 할 수 있다. 마찬가지로 동시적 사고에 관해서라면 인간은 침팬지만큼 〈똑똑〉하지 않다. 인간이 비언어적 신호를 침팬지만큼 잘 읽을 확률은 낮다. 그러나 야생 침팬지들 사이에서 자란 인간은 물론 동시적 처리 기술이 놀랄 만큼 발달할 것이다.

인간 지능이 침팬지의 지능보다 뛰어나다고 말하는 것은 인간의 이족보행이 침팬지의 사족보행보다 낫다고 말하는 것과 같다. 침팬지는 평생 소규모로 친밀한 무리를 이루며 산다. 침팬지의 동시적 지능은 그러한 사회적 환경에 완벽하게 맞는다. 침팬지는 전 세계적 전자 네트워크처럼 고도로 순차적인 언어가 필요 없다.

인간의 순차적 사고가 숭고한 문학과 놀라운 건축 등 풍부한 문화를 만들었다는 사실에는 의문의 여지가 없지만 그 대신 우리는 많은 것을 포기했다. 아이들의 세상에 10분만 들어가 보면 아이들은 현실을 아주 즉각적이고 아주 육체적이고 아주 감정적으로 포착하기 때문에 소설 한

권과도 비교할 수 없음을 알 수 있다. 우리 아이들은 이제 다 컸지만, 우리 선조의 멋진 동시적 인식 능력을 가지고 있는 워쇼, 룰리스, 다르, 모자, 타투를 찾아가면 언제든지 이 잃어버린 세상에 들어갈 수 있다.

순차적 지능은 진화의 새로운 실험이고, 그 적응 가치는 여전히 의문에 싸여 있다. 1만 2,000년 전 농업의 발명과 5,000년 전 문자 언어의 발명 이후 순차적 지능은 점점 더 빠른 속도로 기술적 혁신을 차례차례 일으키는 〈폭포 효과〉를 불러왔다. 지난 3, 4세대 만에 불균형하게 증가한 우리의 회백질은 인류에게 이익이 되는 것들도 많이 발명했지만 핵무기, 대규모 오염, 지구 생명 유지 체계의 끈질긴 붕괴도 가져왔다. 진지한 진화학자라면 적어도 50만 년은 지난 후에야 인간 정신이라고 불리는 이 실험을 판단해야 한다고 생각할 것이다.

1993년 가을에 데비와 나는 다시 한 번 재정적 위기를 맞이했다. 센트럴 워싱턴 대학교는 매년 침팬지 인간 커뮤니케이션 센터 운영비 21만 달러를 주 기금에서 조달해 주기로 약속했다. 그 돈으로 공동 소장인 우리 두 사람의 월급뿐 아니라 침팬지 먹이, 풍부화 활동, 관리인에게 드는 비용을 지불하게 되어 있었다. 그러나 첫해에 우리는 운영에도 부족한 9만 달러밖에 받지 못했다. 그 후 몇 년 동안 센트럴 워싱턴 대학교는 일반 대학이 종종 그러듯 우선순위를 바꾸었고, 우리의 기금은 거의 0달러로 떨어졌다.

우리가 늘 꿈꾸던 최첨단 침팬지 시설이 있었지만 그것을 운영할 돈이 없었다. 침팬지 관찰 데이터를 수집하려고 등록한 학부생 40명과 대학원생 10명은 어떻게 해야 할까? 돈이 부족해서 문을 열 수 없다면 일반인을 교육한다는 약속을 어떻게 지킬 것인가?

새로운 위기에 직면한 나는 입장료를 받고 워쇼의 집을 개방해서 그 수입으로 연구소를 독립 경영하는 새로운 프로그램 "침포지움"을 생각해 냈다. 나는 한 시간짜리 교육 워크숍인 침포지움을 지역 주민들이 운영하면 좋겠다고 생각해서 교사, 농장주, 농부, 지역 사업가, 주부, 심지어는 경찰 서장까지 교육했다. 열정 넘치는 자원봉사자들은 침팬지 행동 관찰과 기초적인 미국 수화 의사소통에 아주 익숙해졌다.

우리는 매주 토요일 아침에 1시간 동안 열리는 침포지움에서 한 사람당 10달러짜리 표를 받고 수화를 하는 침팬지를 일반인들에게 소개했다. 워크숍은 아프리카 침팬지 문화가 처한 고난 및 워쇼 프로젝트에 관한 짧은 강의와 필름으로 시작했다. 그런 다음 방문객들은 몸을 낮게 숙이고 걷는 법, 이를 가리는 법, 수화로 〈친구〉라고 말하는 법 등 침팬지의 에티켓을 배운 다음 워쇼의 집 바깥쪽 방음 장치가 된 관찰 구역으로 들어갔다. 방문객들은 침팬지들이 놀고, 수화로 대화하고, 잡지나 책을 보면서 수화로 혼잣말 하는 모습을 볼 수 있었다.

첫 두 달 동안 500명이 침포지움에 참가했다. 1995년이 되자 안내원 50명이 매년 전 세계에서 온 8,000명의 방문객을 환영했고, 연구소는 기본 운영 예산을 위한 충분한 기금을 마련했다. 침팬지들은 이 모든 것을 편안하게 받아들였다. 손님을 맞이할 기분이 아니면 좋아하는 은신처로 사라졌다. 그러나 처음에는 사람들에게 여기는 우리 집이야라고 알려 주듯이 과시 행동 ─ 발 구르기, 돌진하기, 유리 치기 ─ 을 하지만 곧 수화를 하면서 방문객을 맞이할 때가 더 많았다. (동물원의 침팬지들은 자신들의 〈집〉인 우리에서 스스로가 우월하다고 느끼지 않기 때문에 과시 행동을 거의 하지 않는다.)

룰리스는 특히 초등학생들을 좋아했고 종종 여러 명 가운데 한 명을 골라서 쫓기 놀이를 하자고 했다. 침팬지들 모두 방문객의 체형, 복장, 티셔츠에 그려진 그림, 대머리, 수염, 일회용 밴드, 흉터, 웃긴 행동에 대해서 한두 마디씩 했다. 인간이 침팬지들에게 매료된 만큼 침팬지들도 인간에게 매료되었다.

침포지움 프로그램은 다른 사람들도 나처럼 침팬지로부터 많은 것을 배울 수 있으면 좋겠다는 내 오랜 꿈을 이루어 주었다. 이제 수천 명의 사람들이 상호 존중과 이해의 분위기 속에서 우리 진화적 형제의 눈을 들여다보는 경험을 했다. 워쇼의 집에서 인간 방문객과 침팬지들은 종종 대화를 나누고 서로를 혈족으로 인정한다.

워쇼 가족을 찾아온 모든 사람들 중에서 침팬지가 우리의 가장 가까운 친척임을 제일 먼저 알아보는 사람들은 청각 장애아들이다. 자신과 똑같은 사람들에게 자기 말을 이해시키기 위해서 매일 애쓰는 청각 장애아가 침팬지와 신이 나서 수화로 대화하는 모습을 보면 〈생각하는 인간〉과 〈멍청한 동물〉이라는 오랜 구분이 정말 부조리하다는 사실을 인정하지 않을 수 없다. 청각 장애아가 보는 워쇼는 동물이 아니다. 사람이다. 언젠가 모든 과학자들이 그 사실을 분명히 깨달았으면 하는 것이 나의 가장 큰 바람이다.

1995년 초에 ABC 뉴스매거진 「20/20」의 제작자 딘 어윈Dean Irwin이 내게 전화를 했다. 그는 침팬지 생물 의학 실험의 윤리적 문제에 대한 프로그램을 기획하다가 부이를 비롯해서 뉴욕 대학 소유의 생물 의학 실험실 렘시프에서 지내는 나의 옛 침팬지 제자들에 대해 알게 되었다. 어윈은 나에게 렘시프에 가서 텔레비전 카메라 앞에서 부이와 재회할 생각이 있는지 물었다.

나는 거절하고 싶었다. 1982년에 부이를 비롯한 침팬지들이 렘시프로 옮겨간 후 나는 그곳을 일부러 피해 왔다. 내가 부이와 침팬지들을 구하기 위해 아무것도 할 수 없음을 알기에 침팬지들을 보면 무척 괴로울 것이다. 나는 이미 렘시프의 침팬지들을 도우려고 노력했다. 1988년에 나와 제인 구달은 내 제자 마크 보대머Mark Bodamer를 렘시프로 보내서 침팬지 250마리를 위한 풍부화 활동 프로그램을 시작했다. 프로그램은 무척 성공적이었지만 불행히도 마크가 떠나자 무산되었다.

마크는 부이를 한 번도 보지 못했지만 — 부이는 잠시 다른 실험실에서 지내고 있었다 — 나를 위해 브루노를 찾아가 주었다. 마크가 브루노에게 수화로 말을 걸자 브루노는 딱 두 마디로 대답했다. 〈열쇠, 나갈래.〉 10년이 넘게 지난 지금 내가 찾아가면 부이가 나를 알아볼지 확신할 수 없었다. 또 부이가 나를 기억한다면 내가 자기를 풀어 주러 왔다고 생각할 가능성도 높았지만, 그것은 내가 할 수 있는 일이 아니었다. 그러면 부이와 나는 정말 가슴이 아플 것이다.

그러나 내가 텔레비전에 출연하면 분명 좋은 그림이 될 것이다. 수백만 명에게 생물 의학 실험실 내부를 보여줄 수 있을 텐데, 그것은 내가 7년 전 세마를 둘러본 후 항상 꿈꾸던 것이었다. 현실을 널리 알려서 환경을 개선하거나 부이를 도울 가능성이 조금이라도 생긴다면 해야 한다.

몇 달 뒤, 나는 기다란 검정 리무진 뒷좌석에 앵커 휴 다운스Hugh Downs와 나란히 앉아서 렘시프로 향했다. 맞은편에 앉은 음향 담당자와 촬영기사가 우리의 대화를 찍었다. 나는 리무진 뒷좌석이 부이의 우리보다 더 크다는 생각을 떨칠 수 없었다. 휴 다운스는 부이가 나를 기억할지 물어 보았다. 나도 몰랐다.

우리에 혼자 갇혀서 13년을 보내는 것이 성격과 정신에 어떤 영향을 줄지 나는 감히 추측도 할 수 없었다. 그러나 렘시프가 가까워질수록 나는 부이가 나를 기억하지 못하기를, 실험복을 입고 지나가는 또 다른 방문자라고 생각하기를 바라고 있었다. 나는 부이에게 〈잘 있어〉라고 말하고 싶지 않았다. 그래야 한다면 나는 무너져 버릴 것이다.

실험실에 도착하자 흰 가운과 모자를 써야 한다고 했다. 그런 다음 제임스 마호니James Mahoney 박사가 휴 다운스와 나, 촬영기사를 창문 하나 없는 부이의 막사로 안내했다. 부이는 수감 침팬지들이 모두 이런 저런 바이러스에 감염된 〈활성 집단〉 소속이었고, 진행성 간 질환을 일으킬 수 있는 C형 간염에 감염되어 있었다. 문 너머로 우리에 혼자 앉아 있는 내 친구가 보였다.

나는 〈생긴 건 그대론데 몸집은 더 커졌네〉라고 생각했다.

마지막으로 보았을 때 룰리스처럼 아직 십대 초반이었던 부이가 이제 스물일곱 살이 되었다.

〈정말로 실현되어 버렸어. 이젠 되돌릴 수 없어.〉

나는 조금 더 망설이다가 몸을 숙여 방 안으로 들어갔다. 나는 침팬지식 인사로 우우거리는 소리를 나지막이 내면서 부이의 우리에 접근했다.

부이의 얼굴에 함박미소가 떠올랐다. 결국 나를 기억했던 것이다.

〈안녕, 부이.〉 내가 수화로 말했다. 〈기억해?〉

〈부이, 부이, 나 부이야.〉 누군가가 자신을 알아보았다는 사실에 무척 기뻐하며 부이가 수화로 대답했다. 부이는 손가락으로 머리 정가운데를 긋는 수화 동작을 했다. 국립 보건원 연구자들이 아기 부이의 뇌를 반으로 가르고 나서 3년 후인 1970년에 내가 붙여준 이름이었다.

〈먹을 걸 줘, 로저.〉 부이가 애원했다.

부이는 내가 항상 부이에게 줄 건포도를 가지고 다녔던 것을 기억했을 뿐 아니라 25년 전에 자신이 붙여준 별명으로 나를 불렀다. 부이는 로 저라는 뜻으로 귓불을 당기는 대신 귀에 대고 손가락을 튕겼다. 〈로저〉 가 아니라 〈로지〉라고 부르는 것이나 마찬가지였다. 부이가 내 옛날 별 명을 수화로 말하는 모습을 보자 어안이 벙벙했다. 나는 잊고 있었지만 부이는 잊지 않았던 것이다. 부이는 예전의 좋았던 시절을 나보다 더 잘 기억했다.

나는 부이에게 건포도를 주었고, 옛 친구 둘이 만나면 으레 그렇듯 그 동안의 세월은 녹아버렸다. 부이가 철창 사이로 손을 뻗어 내 팔에 털 고 르기를 해 주었다. 부이는 다시 행복했다. 위쇼와 내가 레먼 연구소의 침 팬지 섬에 처음 발을 디뎠던 10여 년 전 가을 날 내가 만난 다정한 소년 그대로였다. 그것은 모든 일이 벌어지기 전, 전기 충격기와 도베르만과 어른 침팬지 군락과 세쿼이아의 죽음과 여키스 연구소와 세마 이전이었 다. 그때 나는 대학원을 막 마친 젊고 오만한 교수였다. 어느 날 내가 부 이에게 고함을 지르자 부이는 내가 처음 가르치는 대학생 제자들 앞에서 나를 들어 올려 대롱대롱 흔들었다. 나는 부이가 나를 끌어안고 자신에 게 화낸 것을 용서해 주었다는 이야기를 25년 동안 늘 학생들에게 해 주 었다.

내가 생각했다. 부이 좀 봐. 지옥 같은 곳에서 13년을 보냈는데 아직 도 순수하고 쉽게 용서하는구나. 부이는 인간에게 별별 짓을 다 당했지 만 아직도 나를 사랑했다. 이렇게 관대한 사람이 얼마나 될까?

나는 철창을 사이에 둔 채 부이와 수화로 대화를 나누고 쫓기와 간질 이기 놀이를 하는 동안 카메라의 존재를, 또 이 장면을 보게 될 수백만 명을 잊었다. 그 멋진 순간, 나는 우리가 어디 있는지조차 잊었다. 그러 나 한순간일 뿐이었다.

〈난 이제 가야 돼, 부이.〉잠시 후 내가 수화로 말했다. 부이의 미소가 찌푸린 얼굴로 바뀌고 몸이 축 늘어졌다. 〈가야 돼, 부이.〉부이가 우리 안쪽으로 물러갔다. 〈잘 있어, 부이.〉

렘시프를 나설 때 나는 연구소장 잰 무어잰코스키Jan Moor-Jankowski 박사와 평범한 사업 교섭을 마친 동료처럼 우호적인 악수를 나누었다. 수치심이 나를 덮쳤다. 나는 부이의 간염이 부끄러웠고 무어잰코스키와 나의 전문가다운 태도가 부끄러웠으며 이 모든 고통을 감추는 사회적 체면이 부끄러웠다.

우리를 태운 리무진이 묵직한 철창으로 만든 출입문을 빠져나와 호텔로 돌아가는 내내 누구도 아무 말도 하지 않았다.

「20/20」은 1995년 5월 5일에 방영되었다. 프로그램이 보여 준 부이의 모습, 생물 화학 연구의 포로가 된 인간 아닌 인간의 모습은 전국의 시청자들에게 내 생각보다 훨씬 큰 영향을 주었다. 대부분의 사람들은 이 비밀스러운 세계를 처음 보았고, 생각하고 사랑하고 수화를 하는 침팬지가 동료도 위안도 없이 우리에 갇혀 사는 것에 분노했다. 부이가 남은 평생 — 앞으로 30년 정도 — 우리에 갇혀 지내야 한다는 사실은 생각조차 하기 힘든 일이었다.

부이가 연구에서 빠질 수 있도록 비용을 내주고 싶다는 동정심 넘치는 시청자들로부터 ABC 방송국에 성금이 쏟아져 들어왔다. 렘시프는 침팬지의 사면을 요구하는 대중에게 또다시 포위되었다. 「20/20」 방영 5개월 후인 1995년 10월, 렘시프는 부이를 비롯한 어른 침팬지 아홉 마리를 풀어 주었다. 침팬지들은 트럭에 실려 캘리포니아의 비영리 기관 와일드라이프 웨이스테이션Wildlife Waystation으로 이송되었고, 크고 공기가 잘 통하고 햇볕이 내리쬐며 창밖으로 산쑥 덤불이 내다보이는 〈양

로윈〉에 정착했다. 그곳에서는 밧줄을 타고 오를 수도 있고, 음악, 책, 텔레비전, 잡지, 장난감 등 풍부화 활동도 다양하다. 부이는 아직도 렘시프 연구자들이 준 불치병 보균자이지만 우리가 알기로는 아직까지 아무 증상도 없다.

몇 달 뒤 데비와 나는 새집으로 이사한 부이를 만나러 갔다. 부이는 우리를 보고 기뻐했다. 우리는 오전 내내 털 고르기를 하고, 놀고, 수화로 대화를 나누었다. 우리가 떠날 시간이 되어도 부이는 화를 내지 않았다. 부이는 자기 우리에 서서 수화로 차분하게 〈잘 가〉라고 말했다.

15장
다시 아프리카로

데비와 나는 부이를 만나고 집으로 돌아와서 워쇼 가족과 오후를 보냈다. 침팬지들이 수화로 대화하거나 노는 모습을 보면서 나는 이 침팬지들이 누리는 행운이 정말 무작위적이라는 생각이 들었다. 동세대의 침팬지들은 미국에서 40년 동안 이리저리 옮겨 다녔지만 각 침팬지가 결국 그곳으로 가게 된 데에는 어떤 이유나 근거도 없었다.

워쇼는 정글에서 포획되었지만 결국 사랑이 넘치는 가족을 찾았다. 셀마 역시 정글에서 포획되었지만 결국 생물 의학 실험실로 갔다. 오클라호마에서 태어난 셀마의 딸 타투는 실험실을 한 번도 본 적이 없었지만 역시 오클라호마에서 태어난 브루노는 렘시프로 들어가서 몇 년 전 그곳에서 죽었다. 모자, 룰리스, 다르 모두 〈실험실 동물〉로 태어났지만 지금은 멋진 집에서 워쇼와 함께 살고 있다. 앨리와 루시는 사랑 넘치는 가정에서 교차 양육되었지만 세상을 떠났다. 그리고 부이의 삶은 동세대 모든 침팬지들의 삶이 모두 담긴 축소판이었다. 부이는 실험실에서 태어나 인간 가정에 입양되어 길러지다가 오클라호마로 이송되어서 다른 침팬지를 처음 만났고, 생물 의학 실험실에 다시 팔렸다가 결국 두 번째로 자유를 찾았다. 이 모든 일이 부이가 서른 살도 되기 전에, 반생을 살기도 전에 일어난 일이었다.

나는 이 모든 이야기를 이해해 보려 노력했지만 불가능했다. 그러나 행복한 결말과 불행한 결말에는 분명한 패턴이 있었다. 워쇼, 룰리스, 모자, 다르, 타투, 부이가 운이 좋았던 것은 데비와 내가 어떤 시기에 우연히도 그들을 도울 힘이 있었기 때문이었다.

그렇다면 운이 좋지 않았던 침팬지들은? 평생 인간의 건강을 위해 봉사했지만 이제 쓸모없어진 침팬지에게 우리는 어떤 의무를 지고 있을까?

이제 침팬지를 보유한 수많은 생물 의학 실험실들에 너무 늙었거나, 병이 심하거나, 정신병이 심해서 더 이상 연구에 쓸 수 없는 잉여 침팬지들이 점점 더 많아지고 있다. 보통 HIV나 간염에 감염된 침팬지들은 〈끝〉이다. 부이 같은 침팬지가 백신 실험 프로토콜을 끝내면 다시 이용되지 않을 확률이 높다. 그런데도 나이는 일고여덟 살에 불과할 수도 있다. 그런 침팬지들을 기다리는 삶은 좁은 벽장 정도밖에 안 되는 규정 크기의 우리에 혼자 갇혀서 40~50년을 더 사는 것이다. 이렇게 살아남은 침팬지들을 우리는 어떻게 해야 할까?

1950년대와 1960년대에 미 공군에 의해 아프리카에서 강제 모집된, 미국에서 가장 유명한 침팬지들 ─〈우주 침팬지〉─ 의 운명을 보자. 존 글렌과 앨런 셰퍼드를 위해 길을 닦은 침팬지 우주 비행사 햄과 에노스는 이미 오래전에 죽었고 워쇼처럼 운 좋은 몇몇 침팬지는 다른 곳으로 옮겼지만 뉴멕시코 홀로먼 공군 기지에는 우주 침팬지와 그 자손 115마리가 아직도 우리에 갇혀 살고 있으며 또 다른 29마리는 전국 각지의 실험실에 갇혀 있다.

공군이 초고중력의 영향을 실험하기 위해서 침팬지들을 원심 분리기에 넣어 돌리는 것을 그만둔 지 이미 여러 해가 지났다. 공군 침팬지들은 지난 30년 동안 여러 생물 의학 실험실을 옮겨 다녔다. 내가 들은 바에 따르면 침팬지의 치아를 철공으로 깨뜨린 다음 치의예과 학생들의 재건 수술 연습용으로 쓰는 경우도 있다.

우주 침팬지들은 여전히 공군의 소유이지만 1994년에 맺은 5년 임대 계약에 따라 콜스턴 재단Coulston Foundation이 관리하고 있다. 콜스턴 재단의 창립자이자 소유주인 프레더릭 콜스턴Frederick Coulston은 자기 회사가 침팬지를 연구에 활용하는 방식이 다소 독특하다고 인정하는 독물학자였다. 주요 생물 의학 연구자들은 감염성 질환이나 유전 연구에만 침팬지들을 이용해 왔지만 콜스턴은 살충제와 화장품 개발에 침팬지를 활용했다. 그는 침팬지가 〈외부 화학 물질이 인간에게 끼칠 영향과 운명을 실험하기 가장 좋은 모델〉이라고 말한다.[1]

콜스턴은 1982년에 앨리를 데려갔다고 알려진 화이트샌즈 연구 센터를 운영한다. (화이트샌즈는 1994년에 콜스턴 재단에 합병되었다.) 그의 실험실은 동물 복지법을 여러 차례 위반하고 여러 침팬지들을 비고의적 죽음으로 몰고 간 이력을 가지고 있다. 최근에 일어난 암울한 예를 하나만 들자면, 콜스턴의 침팬지 우리 바깥에 있던 난방기가 초고온에 맞춰지는 바람에 실내 온도가 140도까지 치솟으면서 침팬지 세 마리가 타죽은 일이 있었다.[2] (이를 비롯한 몇 가지 사건 때문에 농무부는 콜스턴 재단을 정식으로 제소했다.)

1995년에 공군은 은밀하게 콜스턴 박사와 영구 계약을 맺으려고 했다. 공군은 우주 침팬지들의 법적 소유권을 콜스턴 재단에 넘기게 해달라고 의회에 요청했는데, 그러면 공군은 침팬지들에 대한 윤리적, 재정적 책임에서 벗어날 수 있었다. 최근『뉴욕 타임스』에 기고한 글에서 침팬지를 소 떼처럼 키워 살아 있는 혈액 및 기관 은행으로 사용할 수 있을 것이라고 제안한 연구자에게 침팬지를 넘기면 공군의 침팬지 문제는 영구적으로 해결되었을 것이다.[3]

그러나 몇몇 동물 복지 단체가 열심히 노력하고 제인 구달이 중대한 시점에 개입한 덕분에 콜스턴 재단에 우주 침팬지를 넘기겠다는 제안이 대중의 관심을 끌게 되었고, 결국 1995년에 의회에서 무산되었다. 의회는 침팬지 영구 소유 계약을 공개 입찰에 부치라고 공군에 제청했다. 이로써 동물 복지 단체가 입찰에 참가할 길이 열렸고, 성공한다면 모든 침팬지가 연구에서 물러날 수 있을 것이다. 그때까지 우주 침팬지들은 임대 계약이 끝나는 1999년까지 홀로먼에서 콜스턴 박사 밑에서 지내게 된다.

우주 침팬지 외에도 과거에 워쇼와 관련이 있었지만 결국 콜스턴의 실험실로 가게 된 침팬지들이 있었다. 셀마와 신디를 비롯해서 오클라호마 시절 나에게 수화를 배웠던 침팬지들은 15년 동안 렘시프에 갇혀 지내다가 다른 곳으로 옮겨 가고 있었다. 1995년, 렘시프의 소유주 뉴욕 대학교는 침팬지들을 실험에서 물러나게 하고 장기적으로 보살피는 데 필요한 자금(700만~800만 달러)을 투자하지 않겠다고 선언하고 침팬지들을 콜스턴에 넘기는 계약을 맺었다. 아직 계약이 완전히 체결되지는 않았지만 침팬지 225마리 중 100마리가 이미 콜스턴 재단 시설로 이송되었다. 윌리엄 레먼의 침팬지들은 자유의 몸이 된 부이와 세상을 떠난 브루노를 제외하면 모두 결국 40년 전 미국 침팬지 전설이 시작된 뉴멕시코의 연구 시설로 가게 될 것이다.

콜스턴이 렘시프까지 인수하면 침팬지를 총 750마리를 관리하게 되는데, 이는 미국 생물 의학 연구에서 이용하는 전체 침팬지의 절반에 해당한다. (콜스턴은 렘시프를 인수하지 않더라도 600마리 이상의 침팬지를 관리하게 될 것이다.) 콜스턴은 자신의 표현에 따르면 〈연구용 침팬지의 유일한 공급원〉이 되는 길을 착실히 밟고 있다.[4] 콜스턴은 침팬지 은퇴라는 생각을 비웃고[5] 침팬지를 연구에 더 많이 이용하게 해 달라고 요구해 왔다. 콜스턴이 운영하는 실험실들은 드라이클리닝에 쓰는 산업 용제 트라이클로로에틸렌부터 널리 알려진 발암 물질 벤젠까지 온갖 약품을 침팬지에게 주입해 왔기 때문에 우리는 점점 커지는 콜스턴의 실험실 제국 침팬지들이 앞으로 오랫동안 모든 것을 박탈당한 채 실험을 겪어야 할지도 모른다고 추측할 수 있을 뿐이다. 침팬지 산업에서 완전히 빠져나올 길을 찾는 실험실이 점점 더 많아짐에 따라 콜스턴 제국은 더 커질 수밖에 없다.

10년 전 국립 보건원은 침팬지가 부족하다고, 야생 침팬지를 사야 할지도 모른다고 불평했다. 그러나 오늘날 침팬지 시장은 과잉 공급에 시달리고 있고, 국립 보건원은 침팬지 번식 프로그램을 축소했다. 실험실 침팬지들 대부분은 출산을 통제당한다. 최대 규모 영장류 실험실 소장은 최근에 어느 기자에게 이렇게 말했다. 「누가 침팬지 백 마리를 공짜로 준다고 해도 고맙지만 됐다고 기절할 겁니다.」[6]

침팬지 수요가 줄어든 것은 침팬지가 에이즈 연구 모델로 적합하지 않다는 사실이 밝혀졌기 때문이다. 1986년 이후 침팬지 번식에 직접 비용 3200만 달러를, 그리고 알려지지 않은 수의 연구에 수백만 달러를 썼지만 우리는 사실상 침팬지로부터 에이즈에 대한 아무런 지식도 얻지 못했다. 에이즈 연구의 주요 발전의 결과는 — 바이러스가 질병을 어떻게 일으키는지에 대한 이해에서부터 중요한 신약(AZT, 3TC, 단백질 분해 효소 억제제) 개발, 저항력을 가져올 가능성이 있는 유전 요소 규명에 이

르기까지 — 모두 인체 연구에서 비롯된 것이다.[7]

1984년 이후 100마리가 넘는 감염 침팬지 중에서 에이즈와 비슷한 증상을 나타낸 침팬지는 서너 마리밖에 없었고, 그것도 돌연변이 바이러스나 새로운 바이러스에 의해 일어났을 가능성이 있다. 의료 연구 현대화 위원회의 최근 보고서에 따르면 인간과 침팬지 면역 체계의 근본적인 차이 때문에 침팬지에게서 얻은 모든 데이터는 〈사실상 인간에 대입해서 해석할 수 없다〉.[8]

이제 생물 의학계는 침팬지가 에이즈 연구에 필요 없다고 대체로 동의한다. 1986년에 나는 침팬지를 번식시켜 HIV에 감염시키는 것은 에이즈 연구 기금 수백만 달러를 낭비하는 것이며 버려진 침팬지를 양산할 수 있다고 정부에 경고했다. 정말 슬프지만 내 말이 옳았다. 현재 전도유망한 인체 연구는 여전히 자금이 부족하지만 실험실에는 HIV에 감염된 침팬지들이 가득하고, 이 침팬지들은 생화학 밀폐 우주복을 입은 사람들의 보살핌을 받으면서 비싼 독방에서 수십 년 동안 살아갈 것이다. 지원금이 부족한 몇몇 실험실은 이렇게 남아도는 침팬지들에게 〈광우병〉같은 새로운 바이러스를 감염시키려 한다. 또 다른 실험실들은 프레더릭 콜스턴이 구원해 주기를 기대하고 있다. 침팬지를 윤리적, 재정적으로 책임지는 것보다 버리는 것이 훨씬 더 쉽다.

예전에 국립 보건원은 남아도는 침팬지를 처리할 경제적인 방법으로 안락사를 제안했다. 보건원의 제안은 극심한 논란에 부딪혀 결국 폐기되었지만 일부 실험실 소장들은 계속 안락사를 제안하고 있다. 최근에 국립 보건원은 권고안 작성 위원회를 구성했지만 오랜 경험을 가지고 침팬지를 옹호할 사람은 하나도 포함되지 않았다. 그러므로 국립 보건원이나 생물 의학계가 침팬지에게 가장 좋은 방법을 찾을 것이라고 믿을 수 없다.

따라서 나를 비롯해 이러한 현실에 우려를 느낀 과학자들이 의회에 해결책을 제안하고 있다. 바로 국립 침팬지 보호소가 그것이다. 우리는 이제 연구에 필요 없어진 침팬지들이 사회 집단을 이루어 발밑에 풀을 느끼며 기어오르고 자유롭게 놀면서 살 수 있는 일종의 난민 네트워크를 꿈꾼다.

과학 자문 위원회가 현재 그러한 보호 구역을 설계하고 있다. 열세 명으로 구성된 위원회에는 제인 구달, 동물학자 버논 레이놀즈Vernon Reynolds, 인류학자 리처드 랭엄Richard Wrangham 등 세계 최고의 영장류 전문가들이 포함되어 있었다. 데비와 나는 위원회 공동 위원장으로 뽑혔고, 우리는 워쇼의 집을 지을 때만큼, 아니 그보다 더 열심히 보호 구역을 지을 생각이다.

우리가 설계할 보호 구역에서는 침팬지 한 마리당 최소 1에이커, 11~20마리라면 20에이커 정도의 공간이 필수적이다. 우리는 침팬지들이 어울리며 놀 수 있도록 야외 구역에 자연적인 장애물과 울타리를 칠 예정이다. HIV 침팬지들은 HIV 침팬지들끼리, 간염 침팬지는 간염 침팬지들끼리 지내는 식으로 감염성 바이러스를 가진 침팬지들도 자기들끼리 어울릴 수 있다. 몇 년, 몇 십 년 동안 혼자 갇혀 지낸 탓에 심리적으로 고통받는 침팬지들의 재활을 위해 특별히 노력할 것이다. 사회적 연대를 맺지 못하는 침팬지들에게는 사람이 풍부화 활동을 제공한다. 보호 구역의 침팬지들은 먹을 것과 수면 구역, 의료를 제공받는다. 교육 프로그램을 통해서 사람들이 찾아와 침팬지를 관찰할 수 있겠지만 침팬지의 공간과 활동, 사생활을 침해하지 않는 머리 위 통로에서만 볼 수 있다.

우리의 목표는 2000년까지 국립 침팬지 보호 구역에 침팬지 수백 마리를 수용하는 것이다. 물론 우리는 공군 〈우주 침팬지〉 144마리도 보호 구역에 처음 들어오는 침팬지에 포함되기를 바란다. 그러나 우선 의회에서 보호 구역을 의무화하는 법안을 통과시켜야 한다. 그런 다음 기금을 모으고, 땅을 사고, 시설을 지어야 한다. 보호 구역은 비영리 민간 기관으로 운영될 것이고, 첫 모금은 (정부가 침팬지 은퇴를 위해 이미 마련해 놓은 돈을 포함한) 연방 기금, 개인 기부금, 남아도는 침팬지를 더 이상 돌보지 않아도 되는 생물 의학 실험실의 기부금을 합쳐서 마련하면 된다. 보호 구역은 건설에만 몇 백만 달러가 들고 기본 운영비도 몇 백만 달러 필요하겠지만 실험실의 단독 우리에 침팬지를 넣어 두는 것보다 훨씬 더 싸다.

일부 생물 의학 연구자들은 벌써부터 우리가 제안하는 방법을 공격한다. 그들의 주요 목표는 앞으로 실시할 생물 의학 실험을 위해서 침팬지 공급을 확보하는 것이고, 그들은 보호 구역의 침팬지를 실험실로 데려오거나 실험실 침팬지를 보호 구역에 보내는 것은 물론이고 보호 구역에서 침팬지를 번식시켜 앞으로의 수요를 충족하려고 한다. 우리는 침팬지들을 최종적으로, 절대적으로 은퇴시켜야 한다고 생각한다. 어떤 침팬지가 언제 은퇴할지 결정하는 것은 실험실이지만 일단 침팬지들이 보호 구역에 들어가면 두 번 다시 실험에 참여하지 않도록 보호받아야 한다.

지난 40년간 우리는 침팬지들을 원심 분리기에 넣어서 돌리고 우주로 쏘아 올렸다. 우리는 금속 피스톤으로 침팬지들의 머리를 박살 내고 자동차 충돌 시험에서 인체 모형 대신 이용했다. 우리는 침팬지에게서 어미의 품을 빼앗고, 그들을 정신병으로 몰아갔다. 우리는 치명적인 해충약과 암을 유발하는 산업 용제 시험에 침팬지를 이용했다. 우리는 침팬지들에게 어마어마한 양의 척수 회백질염, 간염, 황열, 말라리아, HIV

바이러스를 주입했다.

살아남은 침팬지들은 평화와 고요함 속에서 여생을 자유롭게 보낼 자격이 있다.

우리가 〈다 쓴〉 침팬지들을 위한 보호 구역을 만드는 데 성공하더라도 침팬지에게 유해한 실험을 하는 것을 윤리적으로 받아들일 수 있느냐는 더욱 근본적인 문제를 해결해야 한다.

겨우 40년 전 공군이 아프리카 우림에서 침팬지를 강제로 데려올 때 과학자들은 이 털이 숭숭한 짐승에게 그 어떤 정신적, 감정적 삶도 없다고 자신 있게 말했다. 침팬지가 도구를 만든다는 아프리카 부족들의 주장은 미신으로 치부되었다. 어떤 인류학자가 감히 〈침팬지 문화〉라는 말을 했다면 비웃음을 사고 학계에서 쫓겨났을 것이다.

오늘날 우리는 1960년 이전에 침팬지에 대해서 가지고 있던 과학적 지식이 대부분 중세적 미신에 불과했다는 사실을 안다. 제인 구달이 곰베에서 침팬지가 도구를 만드는 모습을 처음 관찰한 후 수많은 발견이 잇따르면서 침팬지 공동체가 기술이 등장하기 전 인간 공동체처럼 자기들만의 독특한 수렵 채집 문화를 가지고 있음이 밝혀졌다.

스위스 동물 행동학자 크리스토프 보슈는 서아프리카의 침팬지 석기 문화를 연구했다.[9] 이 지역의 침팬지들이 견과류를 깨뜨릴 때 사용하는 망치와 모루는 인류 선조들의 도구와 똑같으며, 도구 제작 양식이 공동체마다 다르다는 점 역시 초기 인류와 똑같다.

인류학자 리처드 랭엄은 침팬지가 약용 식물을 이용한다는 사실을 입증했다.[10] 서아프리카 멘데Mende족은 오랫동안 침팬지를 본받고 배워서 〈나뭇잎〉이라고 부르는 그들의 약초학 지식을 보완했다.[11] 현재 서구 의학 연구자들도 똑같이 하고 있다. 침팬지들은 예전에는 알려지지 않았던 다양한 식물 종들이 항생제부터 항바이러스제까지 여러 가지 약용으로 쓸 수 있음을 과학자들에게 가르쳐 주었다. 리처드 랭엄은 아프리카 전역의 침팬지들이 지역별로 다양한 약학 문화를 가지고 있을지도 모른다고 생각한다. 인간과 침팬지의 문화적 격차는 두 종의 인지적 격차만큼이나 환상에 불과하다는 사실이 밝혀졌다.

40년 전 우리가 처음 침팬지를 가두기 시작했을 때는 침팬지들을 제대로 몰랐지만 지금은 잘 안다. 우리는 침팬지가 마음이 없는 동물이 아니라 수백만 년에 걸쳐 복잡한 문화를 후대에 전달해 온 무척 똑똑하고 창의성이 풍부한 존재라는 사실을 안다. 침팬지는 우리 인간의 진화적 형제자매다. 이와 같은 과학적 발견이 윤리적으로 어떤 영향을 끼칠까?

인류 역사상 우리는 항상 우리와 같은 존재는 포함시키고 다른 존재는 배제하면서 윤리적 우주를 만들어 왔다. 우리는 윤리 영역 내에 존재하는 자들에게는 권리와 자유를 주고 그 바깥의 존재는 마음껏 착취한다. 누가 〈내부자〉이고 누가 〈외부자〉인지 어떻게 결정할까? 역사적으로 이러한 구분은 심한 편견, 미신, 종교적 교리, 문화적 관습, 법적 판례, 혹은 과학적 〈증거〉를, 또는 이 모두를 합친 것을 근거로 삼았다.

우리는 과학이 항상 객관적 지식을 고결하게 추구하면서 진실을 향해 전진한다고 생각하는 편이다. 그러나 과학자는 자기 시대의 편견을 체화한다. 그리고 과학자는 무지를 지식인 척 포장할 수 있고 그들이 주장하는 〈사실〉이 윤리적 경계를 세우고 뒷받침하는 데 쓰일 수 있기 때문에 편협한 일반인보다 훨씬 더 위험하다. 불행히도 역사가 증명하듯 무지와 오만이 결합하면 해당 문화의 윤리적 우주 바깥의 존재에게 치명적인 결과를 낳는다.

서구 과학의 철학적 아버지인 아리스토텔레스 시대부터 과학은 윤리학의 시녀였다. 아리스토텔레스는 거대한 존재의 사슬에서 그리스 남성을 가장 완벽한 존재로 상정하고 코끼리, 돌고래, 여자가 순서대로 그 뒤를 따른다고 말했다. 남편이 아내를 때릴 권리를 폐지하는 데 2,000년이 걸렸다. 그동안 수 세대에 걸친 과학자들은 여자가 마녀, 미치광이, 히스테리 환자임을 〈증명〉했다. 여자는 흑인, 아시아인, 원주민 민족들과 함께 서구 윤리 질서의 바깥에 존재했고, 19세기 유럽의 신경 해부학이라는 유사과학은 이 모든 집단의 열등함을 〈증명〉했다. 허울만 그럴듯한 실험실에서의 발견이 아프리카인을 노예로 삼고, 원주민을 추방하고, 아시아인들의 법적 권리를 부정하는 논리를 제공했다. 과학의 역사에서 이처럼 부끄러운 시기는 피그미족을 비롯해서 〈열등한 문화와 지능을 가진〉 종족들을 침팬지, 원숭이와 함께 일종의 교차 동물원에 가두었던 1904년 세인트루이스 세계 박람회에서 정점에 달했다.

현대 생물 의학 실험이 대두하면서 과학과 윤리학의 거래는 양방 통행로가 되었다. 윤리적 질서에서 어떤 집단을 배제하는 것을 정당화할 때 과학이 이용되었고, 이렇게 추방된 자들은 다시 과학에 의해 실험실에서 착취당했다. 아프리카계 미국인, 유럽 유대인, 그리고 정신적 장애를 가진 어린이들은 〈실험실 동물〉 취급을 받았다.

미국 공공 보건 서비스로부터 자금을 지원받는 백인 의사들은 아프리카계 미국인 남성 400명을 대상으로 1932년부터 매독의 진행 과정을 연구하면서 40년 동안 치료를 제공하지 않았다. 이것은 의학 역사상 인간을 대상으로 실시된 가장 긴 비자발적 실험이었다.[12] 1940년대에 나치 의사들은 강제 수용소에 갇힌 유대인을 대상으로 무시무시하고 종종 죽음에 이르게 하는 의학 실험을 실시했다. 1950년대에 뉴욕 윌로우브룩

Willowbrook 주립 학교에서는 의사들이 정신 장애를 가진 아이들에게 간염 바이러스를 주입했다.

이러한 연구자들은 모두 자기 실험이 윤리적이라고 생각했다. 더욱 중요한 점은 이러한 실험을 반대하거나 방해하는 것이 비윤리적으로 여겨졌다는 사실이다. 얼음같이 차가운 물에서 서서히 죽어 가는 유대인들을 연구함으로써 나치 비행기 조종사 한 명의 목숨을 구할 수 있다면 나치의 윤리적 우주에서는 그러한 연구를 하지 않는 것이 비윤리적이었다. 목화 농장에서 일하는 흑인들에게 실험을 함으로써 매독으로 고통받는 단 한 명의 백인을 살릴 수 있다면 백인들의 생각에는 실험을 하지 않는 것이 비윤리적이었다.

오늘날 우리는 그러한 실험들을 공포에 질려 되돌아보면서 문화적, 인종적, 인지적 차이와 상관없이 모든 인간을 포함시키는 윤리적 경계를 짓는다. 이러한 차이가 무척 큰 경우도 있다. 나는 정신적 장애가 너무 심해서 일반 아이들과 비슷한 점이라곤 외모 외엔 아무것도 없는 아이들을 대상으로 일해 왔다. 부모가 보기에도 아이의 주의력과 반응이 애완 동물만도 못한 경우도 있었다. 그러나 우리는 결국 우리의 사랑과 법적 보호가 절실히 필요한 이런 아이들을 윤리적 우주에 포함시켜야 한다고 인정하게 되었다.

의학 연구자들은 더 이상 아프리카계 미국인, 유대인, 장애아를 대상으로 실험을 할 수 없자 윤리적 우주 바깥에 있으면서 우리와 가장 가까운 존재인 침팬지에게로 눈을 돌렸다. 연구자들이 사악한 의도를 가지고 그랬던 것은 아니다. 그들은 인간과 동물을 구분하는 정신적, 감정적 경계가 있다고 믿었다.

그러한 경계는 환상에 불과하다는 사실이 밝혀졌지만 여전히 그러한 생각이 우리의 행동을 지배한다. 그 결과 우리는 과학을 수포로 돌아가게 만드는 이중적인 기준을 유지하고 있다. 생각도 하지 못하고 느끼지도 못하는 뇌사자를 대상으로 실험을 하는 것은 불법이지만 의식이 있고 생각하고 느끼는 침팬지를 대상으로 똑같은 실험을 하는 것은 완벽하게 합법적이며 윤리적으로도 올바르다. 어떤 실험이 우리의 윤리적 공동체 내의 한 인간의 삶을 연장할 수 있다면 윤리적 공동체 바깥에 존재하는 수많은 침팬지에게 고통을 가해도 괜찮다.

간단히 말해서 우리는 내부인과 외부인 — 이 경우, 인간과 침팬지라는 두 종 — 의 임의적인 구분을 바탕으로 하는 도덕률에 따라 살고 있다. 윤리적 원칙이 이성적이고 보편적으로 적용되어야 한다고 생각하는 사람이라면 누구나 이 사실에 괴로움을 느낄 것이다.

예를 들어 우리는 윤리적 우주를 넓혀서 지능과 자의식, 가족 관계, 정신적 고뇌를 가진 모든 존재를 포함시킬 수 있다. 이 원칙을 공정하게 적용하면 모든 대형 유인원 — 침팬지, 고릴라, 오랑우탄 — 이 윤리적 공동체에 속한다는 것을 즉시 인정하게 될 것이다. 대형 유인원은 그러한 특징을 모두 가지고 있기 때문이다.

이것이 바로 내가 소속된 국제 과학자 및 철학자 연합인 대형 유인원 프로젝트Great Ape Project의 목표다. 우리는 유인원에게 삶과 자유, 고문으로부터의 자유와 같은 기본적인 권리를 주어야 한다고 믿는다. 다시 말해서 인간이 적절한 법적 절차 없이 유인원을 죽이거나 가두거나 유인원에게 고통을 가하도록 허락되어서는 안 된다.

이처럼 제한적인 권리를 준다고 해서 워쇼를 비롯한 유인원들이 우리 사회의 온전한 일원이 되는 것은 아니다. 우리는 유인원이 법을 지키고, 배심원을 맡고, 대통령 선거를 할 것이라고 기대할 수 없다. 그러나 우리는 아이들이나 정신 장애를 가진 성인이 이러한 책임을 다할 것이라고 기대하지 않으면서도 감금, 고문, 불법 행위에 의한 사망으로부터 보호한다.

우리의 목표를 방해하는 것은 인간이 당연히 유인원보다 우월하다고 믿으며 그렇지 않다고 말하는 모든 과학을 거부하는 사람들이 아직 많다는 사실이다.

우리는 영혼을, 적어도 〈더욱 고귀한〉 영혼을 가지고 있다. 신은 우리를 우월하게 만들었다, 성경에 그렇게 적혀 있다. 우리는 지구를 통제할 수 있으며, 그것은 우리가 더 고귀하다는 증거다.

여성보다 남성이, 흑인보다 백인이, 원주민보다 유럽인이 우월하다는 주장을 뒷받침해 온 것도 이와 똑같은 주장이었다. 인간의 우월성을 옹호하는 사람들은 대부분 자기 생각이 19세기 인종주의를 만들어 낸 낡은 생각에서, 열등한 생명 형태는 우월한 생명 형태를 섬기기 위해서 존재한다는 생각에서 나왔다는 사실을 알지 못한다. 이러한 천국의 사다리에서 맨 위 칸을 차지하는 존재가 백인 남성에서 인간으로 바뀌었을 뿐이다.

천국의 사다리를 만들어 낸 그리스 및 근동 지역 철학자들은 각 생명 형태가 생물학적으로 어떻게 연관되어 있는지 몰랐다. 그들은 백인종이 흑인종과 연관되어 있음을, 또 모든 인간이 똑같은 인류 선조로부터 내려온 사촌임을 몰랐다. 그들은 침팬지가 공동의 선조를 통해 인간과 연관되어 있다는 사실은커녕 침팬지의 존재 자체도 몰랐다. 인종의 우월성에 대한 믿음과 인간의 우월성에 대한 믿음 모두 자연이 서로 관련 없는 생명 형태들의 집합이라는 낡은 환상에서 나온 것이다.

나는 우리 가족사를 통해서 인종의 우월성이라는 환상 때문에 얼마나 끔찍한 대가를 치러야 했는지 아주 잘 알고 있다. 나의 외증조부 윌리엄 헨리 해리슨 존스William Henry Harrison Jones는 노예를 소유했었다. 나는 외증조할아버지를 본 적 없지만 특별한 은혜를 입은 느낌이다. 외증조부는 외할머니가 엄마를 낳다가 돌아가시자 우리 어머니를 아기 때부터 길러 주셨다. 어머니의 애정 어린 이야기에 따르면 외증조부는 착하고 존경스럽고 성실하고 동정심 많은 사람이었다. 외증조부는 다만 어쩌다 흑인이 〈인간 이하〉라고 믿게 되었을 뿐이었다. 그 결과 그는 흑인을 소유하고 그들의 고통과 괴로움을 무시할 권리가 있다고 생각했다. 그러한 고통에서 파생된 경제적 이익은 흑인이 열등하다는 외증조부의 믿음을 강화할 뿐이었다. 외증조부는 자기 이익을 지키기 위해서 목숨도 기꺼이 내놓을 수 있었고, 실제로 남북 전쟁에서 거의 돌아가실 뻔했다.

나의 외증조부와 같은 19세기 백인 인종주의자들이 절대 받아들일 수 없었던 진화적 사실은 지구상의 모든 인간이 다른 모든 인간과 연관되어 있다는 것이었다. 그리고 오늘날 우리가 아직도 받아들이지 못하는 진화적 사실은 지구상의 모든 인간이 지구상의 모든 침팬지, 고릴라, 오랑우탄과 연관되어 있다는 것이다. 우리는 모두 같은 사람과에 속한다. 깨뜨릴 수 없는 모녀 관계, 부자 관계를 따라 600만 년을 거슬러 올라가면 당신과 나 모두 워쇼와 연결되어 있다.

그렇다면 우리는 왜 인간의 고통이 침팬지의 고통보다 더 중요하다고 생각할까? 인간의 생명이 왜 침팬지의 생명보다 더 소중할까? 우리는 윤리적 원칙이 아니라 기껏해야 노골적인 자기 이익 때문에 침팬지를 대상으로 실험을 하는 것이다. 흥미롭게도 점점 더 많은 생물 의학 연구자들이 이 사실을 인정하고 있다. 이제 연구자들이 〈우리가 침팬지에게 실험을 할 권리는 없을지 몰라도 실험을 할 필요는 있다〉라는 말로 실험을 정당화하는 것이 흔한 일이다.

자기 이익은 도덕성만큼 고귀하지 않을지는 모르지만 우리 모두 가지고 있는 생존 본능이다. 우리는 자신과 자기 가족을 가장 먼저 생각한다. 연구자들이 〈자식의 목숨을 살릴 수 있다면 침팬지 실험에 찬성하겠습니까?〉라는 수사적 질문을 던지면 대부분의 부모는 즉시 그렇다고 대답한다. 우리는 그들과 우리 중 하나를 신택하도록 깅요빋고, 따라시 당연히 우리를 택한다.

그러나 하나의 사회로서 우리는 노골적인 자기 이익에 일상적이고 정당한 윤리적 한계를 짓는다. 예를 들어 내 딸이 심장병을 앓고 있어서 내 이웃의 심장을 이식받아야만 살 수 있다고 해보자. 나는 이웃의 심장을 꺼내야 할 필요성이 절박하고, 내 딸과 이웃 중 하나를 택해야 한다면 항상 내 딸을 택할 것이다. 결국 내 딸은 이웃보다 유전적으로 나와 더 가깝고, 이웃보다 나에게 훨씬 더 큰 의미를 갖는다.

그러나 우리 사회는 내가 이웃의 심장을 꺼내도록 허락하지 않을 것이다. 이웃과 나는 다르지만 무척 비슷하기 때문이다. 그가 나의 직계 가족은 아니지만 우리는 공동의 선조를 통해 연결되어 있다. 우리는 사촌이다. 내가 우리 사이에 긋는 유전적 경계는 임의적이며, 나는 이웃을 죽여서 내 아이를 살리고 싶다는 자연스러운 생각을 꺾어야 한다. 물론 나는 내 이웃을 알고 그에게 공감하기 때문에 이를 받아들이는 것은 별로 어렵지 않다. 내가 이웃을 죽이는 것을 법이 허락한다 할지라도 내 양심이 막을 것이다.

진화적 관점에서 보면 침팬지의 심장을 꺼내는 것은 옆집으로 걸어 들어가서 이웃의 심장을 꺼내는 것과 마찬가지다. 침팬지가 내 딸만큼 나와 가깝지 않을지는 모르지만 우리는 공동의 조상을 통해 연결되어 있다. 침팬지는 내 이웃과 마찬가지로 나의 사촌이다. 내가 인간 사촌을 죽이는 것을 윤리가 금지한다면 침팬지 사촌을 죽이는 것도 금지해야 한다. 우리가 이러한 윤리적 금지 논리를 받아들이는 것이 왜 이토록 어려울까? 나는 대부분의 사람들이 이웃을 잘 알지만 침팬지는 잘 알지 못하기 때문이라고 생각한다. 침팬지를 우리와 다른 존재, 동정의 가치가 없는 존재로 객관화하는 것이 더 쉽다. 침팬지를 〈그들〉로 보는 것이 더 쉽다.

더 나아가 이러한 원칙을 침팬지, 고릴라, 오랑우탄에게만 적용해야 할 이유는 무엇일까? 우리는 개와도 공동의 선조를 가지고 있다. 개들에게까지 권리를 확장해야 할까? 쥐는 어떨까? 어디서 멈춰야 할까? 나는 알지 못한다. 그러나 나중에 〈덜 바람직한〉 동물들까지 들어올지도 모른다는 두려움 때문에 윤리적 우주의 빗장을 걸어 잠글 수는 없다. 시간은 계속 전진하고, 우리의 윤리적 영역은 계속 확장될 뿐 축소되는 일은 거의 없다. 그것은 좋은 일이다. 그렇지 않다면 우리는 여전히 백인만이 권리를 가지고 아프리카계 미국인, 유대인, 정신적 장애인을 생물 의학 연구의 소모품으로 이용하는 법 체제 안에서 살고 있을 것이다. 겨우 50년 전에 그랬던 것처럼 말이다.

지난 100년에 걸쳐서 생물학이 우리에게 가르쳐 준 것이 하나 있다면 생물 종들을 이쪽 아니면 저쪽으로 나누는 것이 정말 무의미하다는 사실이다. 자연은 거대한 연속체다. 한 해 한 해 지날수록 물고기부터 새, 원숭이, 인간에 이르기까지 모든 동물의 인지적, 감정적 삶은 단지 정도의 차이만 있을 뿐이라는 다윈의 혁명적인 가정을 뒷받침하는 증거들이 더 많이 발견되고 있다.

나는 개인적으로 과학적 경계가 존재하지 않는 곳에 윤리적 경계를 세운다는 것이 무의미하다고 생각한다. 천국의 사다리 가장 위의 초자연적인 칸에 인간과 침팬지를 함께 올려 놓으면서 지능이 무척 높고 사회적이고 감정적인 존재인 개코원숭이와 돌고래, 코끼리는 제외한다는 것은 말이 되지 않는다. 이상적인 세상에서라면 나는 이 낡은 사다리 자체를 없애고 싶다. 그러나 현재의 법적, 윤리적 체제는 인간과 동물을 나누는 상상 속의 간극을 바탕으로 한다. 대형 유인원은 그 간극을 극복할 확률이 가장 높은 후보다. 대형 유인원이 간극을 극복하고 나면 인간이 자연에서 차지하는 신과 같은 권위를 포기하고 우리의 정당한 자리는 자연의 일부라고 생각하는 경향이 더 커질 것이다.

결국 우리는 모든 생명 형태의 연속성을 가정하는 생물학과 똑같은 방식으로 윤리를 가정해야 한다. 그러므로 나는 연구에서 모든 동물을 제외하는 것을 궁극적 목표로 삼아야 한다고 믿는다. 오늘 우리의 실험 대상인 동물이 내일이면 분명 우리의 윤리적 우주 안으로 들어올 것이다. 피할 수 없는 그날을 미루는 것이 아니라 앞당기는 건 어떨까?

동정심은 종들을 나누는 상상 속의 경계 앞에서 멈추지 않으며 멈춰서도 안 된다. 하얀 실험복을 입고 있다는 이유만으로 동물 학대 방지법에서 제외시키는 체제는 뭔가 잘못되었다. 다른 존재의 고통을 모르는 척하는 과학은 금방 괴물이 된다. 좋은 과학은 머리와 가슴 모두로 한다. 생물 의학에 종사하는 의사들은 〈무엇보다도 해를 끼치지 말라〉라는 히포크라테스 선언의 기본 원칙에서 너무 많이 벗어났다. 히포크라테스가 이야기하는 것은 인간만이 아니다. 그는 〈살아 있는 모든 생명체의 육체는 다르지만 그 안의 영혼은 똑같다〉라고 말했다.

찰스 다윈은 이를 잘 이해했다. 그는 우리의 윤리적 감각이 다른 존재에게 신경을 쓰는 〈사회적 본능〉에서, 인간과 다른 동물 종이 공유하는 본능에서 비롯되었다고 믿었다. 처음에 우리는 가까운 존재에게만 신경을 썼다. 그러나 시간이 흐르면서 우리는 점점 더 많은 동료 생명체들에게 관심을 보인다. 다윈의 말에 따르면 우리가 동정심을 모든 인종에게, 그리고 〈지능이 낮고, 불구가 되고, 기타 쓸모없는 사회 구성원〉에게, 그리고 결국 모든 종에게까지 확장해야만 윤리적 진보가 완성될 것이다.[13] 다윈이 무엇보다도 혐오했던 당시의 두 가지 관습이 아프리카인의 노예화와 동물에 대한 잔학 행위였다는 점은 전혀 놀랍지 않다. 다윈은 노예제와 동물 잔학 행위를 없애기 위해서 열심히 노력했다.

다윈은 과학자이면서 동시에 종교인이었지만 모든 생명 형태를 존중해야 한다는 생각이 과학자나 종교인으로서의 속성과 충돌한다고 생각하지 않았다. 나 역시 마찬가지다. 모든 종의 진화적 연속성을 인정할 때 자연스럽게 따라오는 생명 존중은 동서양의 모든 주요 종교 전통에서 가르치는 피조물의 하나됨에 대한 존중과 다르지 않다. 두 가지 모두 똑같은 경외감과 동정심을 일으킨다. 나는 외증조부가 그랬던 것처럼 교회에 다니는 기독교인이다. 그러나 외증조부가 지금 살아 계신다면 나와 할아버지는 한 가지 본질적인 면에서 극단적으로 달랐을 것이다. 외증조부는 피조물들 사이에 경계선을 그어서 자신과 같은 이들은 포함시키고 다른 이들은 배제했다. 반면에 나는 그러한 선을 긋지 않기 위해서 최선을 다해 왔다. 나에게 이런 겸손함을 가르쳐 준 것은 목사님이나 교수님이 아니라 바로 워쇼였다.

1966년에 앨런 가드너와 비어트릭스 가드너는 홀로먼 공군 기지에서 침팬지를 데려와 이 새끼 침팬지가 앞으로 살게 될 네바다 주 카운티의 이름을 따 워쇼라고 불렀다. 당시 두 사람은 워쇼라는 단어가 무슨 뜻인지 전혀 몰랐다. 여러 해가 지난 후 우리는 네바다 북부의 첫 번째 주민이었던 워쇼 인디언 말로 워쇼가 〈사람들〉이라는 뜻임을 알게 되었다.

워쇼 덕분에 나는 많은 침팬지 사람들을 알게 되었다. 나는 워쇼가 혈기왕성하고 선동적인 두 살짜리 아이에서 의지가 강하고 사랑 넘치는 집안의 어머니로 자라는 모습을 지켜보았다. 그리고 나는 워쇼를 통해서 다른 침팬지 사람들을 만났다. 당당한 브루노. 천성이 다정한 부이. 감성적인 루시. 익살스러운 앨리. 실용적인 타투. 마음 편한 다르. 불안한 모자. 그리고 물론, 워쇼의 작은 왕자님 룰리스까지. 이들 모두 기쁨과 슬픔, 두려움, 분노, 동정심, 사랑, 후회까지 모든 감정을 똑같이 느낀다. 그러나 인간과 마찬가지로 침팬지들이 감정적, 정신적 삶을 외부로 표현하는 방법은 아주 다르다. 예를 들어서 모자와 워쇼 모두 그림을 그리지만 내가 둘의 그림을 혼동하는 일은 절대 없다.

나는 평생 침팬지의 개별성을 탐구했지만 워쇼의 이름에 대해서는 내가 반만 옳았음이 밝혀졌다. 1996년에 아프리카를 다시 방문한 나는 침팬지들이 개개의 사람들일뿐 아니라 하나의 민족임을 깨달았다. 『아메리칸 헤리티지 사전』에 따르면 민족이란 〈같은 종교나 문화, 언어를 공유하는 사람들의 집단〉이다. 물론 나는 침팬지가 하나의 민족임을 머리로는 알고 있었지만 침팬지 문화를 직접 목격한 것은 내 인생의 신비한 순간들 중 하나였다.

데비와 나는 아이들과 함께 아프리카에 가자는 이야기를 몇 년 동안이나 했고, 제인 구달은 엘런스버그에 올 때마다 탄자니아의 곰베 강으로 놀러오라고 말했다. 그러나 우리는 계속 미뤘다. 애들이 너무 어리거나, 침팬지에게 우리가 필요하거나, 그만한 돈이 없었기 때문이었다. 그러던 1996년, 우리는 적당한 때를 기다리기만 하면 절대 갈 수 없다는 사실을 마침내 깨달았고, 그래서 제인의 초대를 받아들였다.

영화 제작을 전공한 아들 조슈아는 야생 침팬지를 찍을 수 있는 기회가 생겨서 무척 흥분했다. 그리고 인류학 대학원 진학을 앞둔 딸 힐러리는 책에서만 읽었던 곳들을 직접 보고 사진을 찍을 생각에 들떴다. 아쉽지만 딸 레이철은 학생들을 가르치고 있었기 때문에 함께 갈 수 없었다.

데비와 나는 이번 여행에서 두 가지 과학적 목표를 세웠다. 우리는 야생 침팬지가 몸짓으로 소통하는 장면을 비디오테이프에 담아서 워쇼 가족의 소통과 비교해 보고 싶었다. 그리고 또 아프리카 침팬지 보호 구역을 방문하여 미국에 세울 보호 구역 설계에 도움을 받고 싶었다.

아프리카로 가는 길에 나는 거의 압도적인 기대에 부풀었다. 30년 동안 포획 침팬지를 연구한 끝에 마침내 침팬지들이 원래 속한 곳에서, 아프리카 정글에서 자유롭게 사는 모습을 본다고 생각하니 믿을 수가 없었다. 1996년 6월 4일 아침, 우리 네 사람은 곰베 강 연구소의 침대에서 기어 나왔다. 우리는 위치 추적기와 〈행동 기록 장치〉의 안내에 따라 곰베 침팬지 공동체의 으뜸 수컷 프로이트와 그의 친구 김벨의 둥지를 찾았다. 그런 다음 두 수컷을 따라서 공터로 갔고, 프로이트의 어미이자 공동체에서 가장 지위가 높은 암컷 피피가 곧 합류했다. 피피는 아직 어린 두 아들 다섯 살짜리 파우스티노와 두 살짜리 페르디난트와 함께였다. 사내아이들이 나무 위에서 노는 동안 어른 침팬지 세 마리는 그 밑에 앉아서 한가롭게 털 고르기를 했다.

가족들끼리 시간을 보내는 이 조용한 광경은 『내셔널 지오그래픽』영상에 나오는 장면 같았다. 내가 사진을 한 장 더 찍으면서 생각했다. 야생 침팬지를 관찰하는 게 뭐가 그렇게 어렵다는 거지? 그러자 그게 신호라도 된 것처럼 침팬지 다섯 마리가 전부 벌떡 일어나 정글로 들어가 버렸다.

그 후 몇 시간 동안 피피 가족을 추적하면서 나는 평생 가장 지독한 고생을 경험했다. 우리는 덩굴을 필사적으로 붙들면서 바위투성이 언덕을 올라갔고, 지나갈 수 없는 덤불은 밑으로 기어서 통과하고 맨손으로 빽빽하게 난 가시를 마구 쳤다. 우리는 미끄러지고 비틀거리고 넘어지고 욕을 했다. 다들 팔, 다리, 머리에서 피를 흘리고 있었다. 데비는 골짜기에서 미끄러지다가 날카로운 바위에 걸려서 찔리는 바람에 흉골에서 피가 났다.

발 디딜 곳이 위태롭거나 덩굴이 느슨해서 삶과 죽음이 왔다갔다 하는 듯한 순간들도 있었고, 살아야겠다는 강렬한 생각에 침팬지에 대한 흥미는 지워져 버렸다. 나는 이제 아드레날린의 힘으로 버티고 있었고, 나의 모든 감각 뉴런은 아마도 평생 처음으로 일제히 흥분했다. 이제 혹 멧돼지가 보이기도 전에 냄새로 알 수 있었다. 약 1.5킬로미터 앞 정글에서 침팬지들이 서로 인사하며 부르는 소리가 들렸다. 얼굴에 난 상처에서 흐르는 피와 땀이 섞여 입안으로 들어와서 달콤하고 짭짤한 맛이 났다. 내 정신은 모든 정보를 동시적으로 처리하고 있었는데, 우리 선조도 분명히 그랬을 것이다. 내 두뇌의 가장 원시적인 부분에서 오랫동안 묻혀 있던 어떤 의식이 깨어나 내 의식을 제어하고 있었다. 그 목소리는 이렇게 말했다. 〈멈추지 마. 그리고 하나의 시각, 후각, 소리에 집중하지 마. 그렇지 않으면 넌 무리와 떨어져 길을 잃을 거야.〉

네 발로 빠르고 정확하게 정글을 누비는 침팬지는 우리를 순식간에 따돌릴 수 있었다. 그러나 침팬지들은 전혀 서두르는 것 같지 않았다. 우리가 겨우 따라잡았지만 침팬지들은 개코원숭이나 벌레 등 정글의 다른 귀찮은 동물들에게 신경을 쓰지 않는 것처럼 우리에게도 신경을 쓰지 않았다. 우리는 이제 그들의 영역에 있었고, 우리의 모든 순차적 지능은 아무런 쓸모도 없었다. 어떤 과학자들은 동물의 정신과 인간의 아이큐를 비교해서 측정하는 것을 정말 좋아한다. 이런 식으로 시험하면 침팬지는 정신 장애를 가진 어린이나 어른과 같은 결과를 낸다. 그러나 우리가 정글에 떨어지면 갑자기 정신 장애를 가진 침팬지가 되고 침팬지는 공인된 천재처럼 보인다.

정글을 가로지를 때는 단 두 가지 생각도 순차적으로 엮을 시간이 없다. 생존은 결국 동시적 처리의 문제가 되었고, 우리는 매 순간 가족과 사회 집단이나 잠재적 포식자 위치, 열매가 맺힌 나무의 방향을 의식해야 했다. 페르디난트와 파우스티노처럼 어린 침팬지들조차 정글에서 완벽하게 생각하고 살아가는 것에 아름답게 적응했다는 사실을 쉽게 알 수 있었다. 나는 그렇지 않았다.

우리는 세 시간 동안 터벅터벅 걸은 끝에 언덕 꼭대기에 도착했다. 우리가 비틀비틀 공터로 들어가자 적어도 스물두 마리는 되는 침팬지들이, 사실상 곰베의 침팬지 공동체 전체가 햇볕 내리쬐는 공터에 모여 있었다. 어른 침팬지들은 대부분 털 고르기를 하며 어울렸고, 발정기 암컷 몇 마리가 수컷에게 구애를 하거나 교미를 하고 있었다. 근처에서 새끼 침팬지와 어린 침팬지 들이 나무에서 뛰놀며 덩굴에 매달리거나 장난스럽게 싸웠다. 어른 수컷 침팬지 한 마리가 놀이터 관리인 같은 역할을 하면서 지나치게 소란을 피우거나 털 고르기하는 어른들 위로 떨어지는 아이들을 훈육하고 있있다. 몸짓 의사 소통을 관찰하기 정말 좋은 기회였다. 우리는 그러한 소통을, 특히 털 고르기를 하자고 권유하는 모습을 정말 많이 보았다. (분명 미묘한 몸짓을 많이 놓쳤을 테니 데비와 나는 이번 겨울에 몇 달 동안 아프리카에 머물면서 야생 침팬지의 의사소통을 더 깊이 연구할 예정이다.)

침팬지들은 이런 식으로 몇 시간 동안 어울리다가 흩어졌고, 우리는 다시 피피 가족을 따라갔다. 한 순간 피피가 정글로 사라졌다가 몇 분 뒤 기다란 나뭇가지를 가지고 돌아왔다. 나는 피피가 나뭇가지를 어디에 쓸지 궁금했다. 피피는 탁 트인 풀밭으로 걸어가더니 나뭇가지에서 잎을 떼어낸 다음 개미집에 쑤셔 넣기 시작했다. 나뭇가지를 꺼내자 꿈틀거리는 붉은 군대 개미 무리가 가지를 뒤덮고 있었다. 피피는 개미가 그녀의 입을 물기도 전에 매끄러운 연결 동작으로 막대에 붙은 개미를 빨아들이고 얼른 씹어서 삼켰다. 피피의 아들 페르디난트가 옆에 앉아서 어미의 행동을 주의 깊게 지켜보았다.

갑자기 원숭이들의 비명소리가 들려서 다른 공터로 달려갔더니 붉은 콜로부스 원숭이 한 무리가 나무 꼭대기에서 침팬지들의 사냥 파티를 보며 소리를 지르고 있었다. 너무 늦었다. 쌍안경으로 보자 어른 수컷 침팬지 베토벤이 원숭이 한 마리를 이미 잡았다. 침팬지들이 다들 사냥감을 한 몫 차지하려고 나무 위로 재빨리 올라갔다. 그들은 높이 15미터 정도의 나뭇가지에 앉아서 원숭이를 찢었다. 두 살짜리 페르디난트가 자기도 한 몫 달라며 짜증을 부렸다. 페르디난트는 비명을 지르며 나무에서 몸을 던졌다가 떨어지기 직전에 나뭇가지를 잡았다. 페르디난트가 요란하게 소동을 피웠기 때문에 피피가 고기 한 조각을 주었고, 그러자 잠잠해졌다. 우리의 카메라맨 조슈아가 이 보기 드문 장면을 비디오에 담았다.

우리는 정글에서 피피 가족을 계속 따라다녔다. 침팬지들이 잠시 멈춰서 길가에 열린 작은 주황색 산딸기를 먹으면 우리도 멈췄다. 또 다른 공터에 도착하자 피피는 암컷 패티를 만나 어울렸고, 패티의 아이들인 탕가와 티탄은 페르디난트, 파우스티노와 어울려 놀았다. 그러다가 놀이가 거칠어져서 파우스티노가 소리를 지르기 시작하자 즉시 피피가 달려가서 아들을 달랬다.

나는 20년 동안 제인 구달의 글을 통해 피피가 어미 노릇을 어떻게 하는지 읽어 왔지만 이 전설적인 침팬지가 두 아들을 돌보는 모습을 직접 목격하자 왠지 초현실적인 기분이 들었다. 제인 구달은 30년 전에 피피와 어미 플로의 친밀한 관계를 관찰하면서 침팬지의 모성과 가족 간 유대의 본질을 처음으로 목격했다. 피피가 자기 무리에게 어떤 영향을 미치는지 너무나 뚜렷이 보였다. 피피는 곰베 공동체에서 가장 영향력이 크고 존경받는 암컷이다.

피피가 막내 아들을 달래는 모습을 보면 워쇼를 떠올리지 않을 수 없었다. 워쇼는 피피처럼 타고난 집안의 어머니였다. 이곳 정글에서라면 워쇼가 어떤 가정을 꾸렸을까? 워쇼는 자기 무리에게 어떤 흔적을 남겼을까? 우리는 결코 알지 못할 것이다. 1965년에 동물 밀렵꾼은 미국 우주 프로그램에 보낼 새끼 워쇼를 납치하면서 어미를 죽였을 것이고, 이로써 워쇼의 미래만이 아니라 그 이상을 빼앗았다. 그들은 워쇼의 무리에게서 사랑이 넘치는 어미와 아이들을 돌보는 자매, 불굴의 정신을 훔친 셈이다.

엘런스버그에서 워쇼가 어떻게 사는지 생각하자 갑자기 끔찍한 슬픔이 밀려왔다. 워쇼는 드디어 달리고 기어오를 수 있는 야외 공간을 갖게 되었다. 하지만 정글에서 단 하루만 지내도 그 공간이 얼마나 하찮아 보일까. 이 우림이야말로 워쇼가 속한 곳이었다. 곰베를 떠나기 위해 짐을 꾸릴 때 나는 워쇼 가족을 아프리카로 다시 데려올 방법이 없을까 다시 한 번 생각하지 않을 수 없었다.

다음 날 우리는 비행기를 타고 케냐 스위트워터스Sweetwaters 금렵 구역의 야생 태생 침팬지를 위한 대형 보호 구역을 방문했다. 이곳의 침팬지들 — 어른 침팬지 20마리와 어린 침팬지 20마리 정도 — 은 애완동물, 서커스단, 또는 생물 의학 피실험체로 외국에 팔려가기 전에 밀렵꾼들의 손에서 구조되었다.

스위트워터스는 데비와 내가 미국에 세우고자 하는 국립 침팬지 보호 구역의 좋은 모델이었기 때문에 꼭 보고 싶었다. 스위트워터스의 침팬지들은 100에이커가 넘는 사바나에 살았고, 모든 구역이 전기 울타리로 둘러싸여 있어서 포식자와 밀렵꾼이 들어올 수 없었다. 낮이면 침팬지들은 자기 영토에서 놀고, 서로 어울리고, 돌아다닌다. 침팬지를 돌보는 사람들이 신선한 과일을 주고, 밤이면 침팬지들은 실내로 들어와 해먹에서 잠을 잔다.

침팬지들을 야생으로 돌려보낼 희망이 있다면 그것은 스위트워터스나 제인 구달 연구소가 운영하는 몇몇 아프리카 보호 구역 같은 곳에 달려 있다. 이곳의 야생 태생 새끼 침팬지들은 자연 공동체에서 살지는 않지만 침팬지 문화의 채집, 사냥, 도구 제작 같은 생존 기술이 대부분 남아 있다. 이 침팬지들은 밀렵꾼의 손에서 구조된 더 어린 침팬지들에게 문화를 전달할 수 있다. 이상적으로 생각할 때 아프리카 보호 구역은 침팬지들을 삼림 경비관들이 순찰하면서 보호하는 우림 지역으로 이주시키기 전까지 돌보는 중도시설인 셈이다. 지역 주민들이 서식지 보호에서 경제적 이득을 얻을 수 있도록 야생 보호 구역을 직접 운영해야 할 것이다.

불행히도 아프리카의 인구가 지금처럼 폭발적인 속도로 증가해서 경작지와 목재의 수요가 점점 늘어나면 야생에서 태어나 스위트워터스 같은 곳에서 사는 침팬지들은 우림으로 절대 돌아갈 수 없다. 이제 인간과 침팬지는 같은 처녀림을 두고 경쟁 중이고, 인간이 이기고 있다. 그러나 장기적으로 보면 두 종의 이익이 겹친다. 아프리카 정부가 인구 증가를 통제하고 지속가능한 발전을 육성하지 못한다면 아프리카 사람들은 압도적인 빈곤의 순환에서 벗어날 수 없을 것이고 침팬지는 살아남지 못할 것이다.

스위트워터스의 야생 태생 침팬지들이 직면한 문제를 보고 나는 미국과 유럽 동물원의 침팬지 번식 프로그램이 얼마나 헛된지 확실히 깨달았다. 종 보존이라는 명목 하에 점점 더 많은 동물원이 멸종위기의 동물을 번식시키면서 남아 있는 동물들로 그들이 〈방주〉라고 부르는 것을 만들고 있다. 어떤 종이 멸종하면 이들을 야생으로 돌려보낼 수 있다는 것이다. 그러나 동물원 침팬지로 야생 침팬지의 빈자리를 채우는 것은 불가능하다. 동물원 등에서 포획 상태로 번식한 침팬지는 문화 전통과 생존 기술을 모두 잃었다. 포획 침팬지와 그 자손은 동물원 방주에 영원히 고립될 것이다. 동물원은 오히려 아프리카 서식지를 보존하고 우림에서 살아남을 가망이 조금이라도 있는 야생 태생 침팬지들의 지원에 초점을 맞추어 노력해야 한다.

동아프리카 여행을 마칠 때쯤 나는 워쇼 가족을 야생으로 돌려보내고 싶다는 낭만적인 생각을 거의 포기했다. 정글은 무척 유혹적이었지만 나는 워쇼의 개인적인 욕구와 역사를 생각해야 했다. 워쇼가 스위트워터스 같은 보호 구역에서는 잘 지낼지도 모르지만 (장난감과 잡지를 가지고 갈 수 있다면 말이다) 원래 태어난 우림으로 결코 돌아갈 수 없음을 나는 깨달았다. 나는 30년 전에 워쇼가 빼앗긴 자유를 결코 되찾아 줄 수 없을 것이다.

데비와 내가 미국으로 돌아오자 워쇼 가족은 가슴 따뜻해지는 비명과 우우거리는 소리로 우리를 맞이했다. 꼭 환호하는 침팬지 응원단 같았다. 그러나 재회는 달곰쏩쓸했다. 나는 곰베에 대해서, 그토록 고귀하고 우아하게 살아가는 피피와 그 아이들에 대해서 생각을 멈출 수 없었다. 나는 워쇼가 야생에서 태어났다는 사실을 30년 동안 알고 있었다. 하지만 워쇼가 얼마나 많은 것을 잃었는지는 이제야 정확히 알았다.

우리의 재회는 또 다른 면에서 무척 중요했다. 예전에는 데비와 내가 며칠이나 몇 주 동안 어딘가에 다녀오면 침팬지들은 매번 우리가 돌아오자마자 화가 난 티를 분명히 냈다. 특히 워쇼는 내가 없는 동안 침울하게 서성거렸고, 내가 돌아오면 줄곧 나를 못 본 척 하면서 가끔 못된 로저! 같은 말만 했다. 그러나 이번에는 워쇼를 비롯한 침팬지들이 우리를 그렇게 보고 싶어 했던 것 같지 않았다.

사실 침팬지들은 정말 만족했고 행복했다. 침팬지들에게는 정말 좋아하는 커다란 야외의 집이 있었다. 침팬지들은 겨울에도 매일 아침 일어나서 자유롭게 밖으로 나갈 수 있었고, 실제로 나갔다. 우리가 새집에 들어가지 않기로 한 결정 — 물리적으로 침팬지들 앞에서 모습을 감추기로 한 결정 — 은 보람이 있었다. 침팬지들은 인간이 아니라 서로에게 감정적으로 의지했다. 먹을 것을 비롯한 여러 가지 문제 때문에 여전히 우리가 필요했지만 익숙하고 침팬지들을 사랑하며 돌봐주는 사람들이 많았다. 나의 제자 메리 리 젠스볼드Mary Lee Jensvold 박사는 1986년부터 침팬지들과 함께 지냈고 우리가 자리를 비운 사이에도 연구소를 흠 잡을 데 없이 운영하고 있다.

데비와 나는 긴 아프리카 여행을 다녀와서야 깨달았다. 침팬지들은 우리 아이들처럼 정말 다 자랐다. 포획 유인원을 평생 아이처럼 대하는 것은 무척 빠지기 쉬운 함정이다. 그래서 여러 해 동안 우리는 워쇼와 룰리스, 모자, 다르, 타투를 무엇이든 할 수 있는 다 자란 어른으로 존중하기 위해서 비상한 노력을 기울였다. 이제 침팬지들이 감정적으로 독립했다는 사실을 마침내 받아들이자 슬프면서도 마음이 놓였다.

동시에 우리는 이제 성인이 된 우리의 세 아이들에게 무척 감탄했다. 우리에게는 아이들이 항상 최우선이었지만 30년 전부터 침팬지들을 하나씩 둘씩 가정에 들였고, 아이들에게 그것은 우스꽝스럽게 생긴 침팬지가 새로 들어올 때마다 부모의 사랑을 나누어 가져야 한다는 뜻이었다. 조슈아와 레이철, 힐러리가 침팬지들을 경쟁 상대가 아니라 특별히 돌봐 줘야 할 형제 자매로 보았다는 사실은 많은 것을 말해준다. 사람들은 우리 아이들에게 워쇼와 함께 자라는 것이 어떠냐고 물어보곤 했는데, 아이들은 이 질문을 이상하게 생각했다. 다른 삶을 몰랐기 때문이다. 명절이 되면 집으로 돌아와 침팬지들과 함께 축하하는 것이 우리 아이들에게는 당연한 삶의 일부였다. 아이들은 어려서부터 우리의 일을 도우면서 동물을 아주 좋아하고 존중하게 되었다. 여느 가정과 다름없이 나름의 굴곡이 있었지만 우리는 이 긴 여정을 함께 했고, 우리 아이들의 말에 따르면 이러한 경험이 삶을 무척 풍성하게 해 주었다고 한다.

침팬지들이 다 자라서 자립하자 이제 나의 가장 야심찬 목표는 우리 연구소를 궁극적으로 쓸모없는 곳으로 만드는 것이 되었다. 나는 나 자신의 연구를 포함해서 포획에 의존하는 모든 연구가 차차 사라질 것이라고 믿는다. 그 목표를 이루기 위해서 우리는 워쇼 가족을 번식시키지 않으려 한다. 지금까지 침팬지들이 가끔 서로 성적 호기심을 보일 때도 있었지만 짝짓기까지 발전하지는 않았다. 함께 자랐기 때문에 야생 침팬지들처럼 근친상간 금기를 지키는 것인지도 모른다. 만약 워쇼 가족 중

두 마리가 짝짓기를 시작하면 우리가 즉시 출산 제한에 들어갈 것이다. 우리 사회에서는 그 자식들이 행복해질 수 없다.

워쇼와 모자, 타투가 아이를 낳아서 기를 기회가 있으면 좋겠다는 감상적인 생각이 들기도 한다. 멸종 위기에 처한 아프리카 토박이 침팬지의 개체 수가 급격히 줄고 있는 상황에서 포획 침팬지들의 출산을 제한해야 한다는 사실은 말할 수 없을 만큼 비극적이다. 그러나 워쇼 같은 침팬지들은 북아메리카나 아프리카 생태계에서 자립적으로 살아갈 준비가 되어 있지 않다. 꼭 필요한 문화 전통과 생존 기술이 없기 때문에 기껏해야 중도시설에서 지내면서 인간이 먹이를 주고 보호하고 건강을 관리해 주어야 할 것이다. 이는 워쇼 같은 침팬지들이 처한 곤경을 인도적으로 해결하는 방법이 아니다.

데비와 나는 지금보다 나은 반독립적 환경을, 하와이 같은 열대 기후의 숲에 보호 구역을 만들어서 워쇼 가족을 옮기고 싶다. 워쇼 가족은 자유롭게 돌아다니면서 열매를 따 먹고 친구들과 어울릴 수 있을 것이다. 이 계획이 실현된다면 데비와 내가 일시적으로 혹은 영구적으로 — 침팬지들에게 제일 좋은 쪽으로 — 워쇼 가족과 함께 새 서식지로 이사할 것이다. 그런 다음 나는 의사소통이 어려운 아이들, 30년 전에 심리학자가 되고 싶다고 처음 생각하게 만든 아이들을 가르치고 치료면서 행복하게 살아갈 것이다.

1996년 6월 21일, 데비와 내가 아프리카에서 돌아온 것과 같은 주에 우리는 워쇼의 서른 번째 생일이자 가장 길고 아직 끝나지 않은 유인원 언어 연구인 워쇼 프로젝트의 30주년을 축하했다. 워쇼는 사실 1965년에 태어났지만 우리는 워쇼의 진짜 생일을 모르기 때문에 1966년 가드너 부부의 집에 도착한 날을 생일로 삼아 축하한다. 우리는 워쇼의 서른 번째 생일에 대규모 학술 회의를 개최할 계획이었지만 가족과 친구들끼리 작은 파티를 여는 것이 더 적절하다는 결론을 내렸다.

생일날 아침, 바깥으로 나간 워쇼는 줄기가 긴 장미 열두 송이를 발견했다. 워쇼가 제일 좋아하는 꽃이었다. 워쇼는 무척 흥분했다. 〈냄새 좋아.〉 워쇼가 장미 다발을 코에 가져다 대면서 누구에게랄 것도 없이 수화로 말했다. 워쇼는 그런 다음 장미를 소중하게 안고 높이 매달린 하역망으로 올라가서 꽃잎을 하나씩 따서 맛을 음미하며 가끔 〈맛있는 음식이야〉라고 수화로 말했다.

동네 꽃집에서 노란 셀로판지로 싼 바나나 24개도 배달되었는데, 워쇼의 인간 친구들이 보낸 선물이었다. 침팬지들은 맛있는 간식을 보자 신이 나서 소리를 지르고 우우거리며 법석을 피웠다. 그런 다음 우리는 「생일 축하합니다」를 신나게 수화로 불렀다. 생일의 주인공이 온 가족을 끌어안았고, 그런 다음 침팬지 가족은 우리가 키운 덤불에 숨겨놓은 선물과 간식 봉지를 찾으러 달려 나갔다. 앨런 가드너와 제자들이 보낸 커다란 상자에는 연, 모자, 봉제 인형, 맛있는 간식들, 그리고 온갖 종류의 신발이 들어 있었다. (워쇼 프로젝트의 중심 인물이었던 다정하고 너그러운 비어트릭스 가드너는 1년 전 유럽 순회 강연 중 갑자기 세상을 떠났다.) 전 세계의 친구들이 푸른 코코넛, 크레용, 멋진 옷, 축구공도 보내주었다.

워쇼는 천국에 온 것 같았다. 워쇼는 몇 시간 동안이나 플라스틱 통을 끌고 다니면서 보물을 주워 담았다. 모자는 멋진 옷들, 책 몇 권, 간식 봉지를 들고 높은 단으로 올라가서 오전 내내 옷을 입어 보고 사진을 넘겨보았다. 타투는 껌을 다 씹고 사탕을 다 먹은 다음 선물 봉지에서 발견한 새 칫솔과 치약으로 양치질을 했다. 룰리스는 자기 선물 봉지뿐 아니라 다르의 선물 봉지까지 뒤졌다. 인내심 많은 형 다르는 룰리스가 다 뒤질 때까지 기다렸다가 봉지를 들고서 높이가 9미터 정도 되는, 제일 좋아하는 자리로 갔다. 한 시간 뒤 다르는 잠수 마스크를 쓰고 뱅글뱅글 원을 그리며 룰리스를 쫓아다녔다.

나에게 위쇼의 서른 번째 생일은 지난날을 회고하는 시간이었다. 침팬지들과 늘 함께인 나에게는 무척 드문 순간이었다. 지난 30년은 엄청난 기쁨과 격렬한 고뇌, 놀라운 발견으로 가득했다. 결코 지루하지는 않았다. 카누에 올라 제일 험한 급류를 타는 사람처럼 나는 절대 뒤를 돌아보지 않았다. 하지만 위쇼의 생일이 되자 나는 뒤를 돌아보았다.

위쇼가 처음으로 수화를 했던 순간부터 어미로서 겪은 고난까지 수없이 많은 순간들이 물밀 듯 떠올랐는데, 그중에서도 특히 뚜렷하게 기억나는 순간이 있었다. 그것은 바로 1970년, 다섯 살 난 위쇼가 오클라호마 영장류 연구소의 침팬지 군락에서 잠을 깬 끔찍한 아침이었다. 위쇼는 아기 때 이후 다른 침팬지를 처음 보는 것이었고, 경멸하듯 〈검은 벌레〉라고 불렀다. 그때 위쇼는 〈인간처럼 우월한 태도〉를 고집하면서 다른 침팬지들을 무시하거나 괴롭힐 수도 있었다. 어쨌거나 다른 침팬지들은 생긴 것도 낯설고 예의도 없고 수화도 몰랐으니 말이다. 그러나 위쇼는 문화적 오만을 버렸고 오랫동안 잃어 버렸던 동족을 다시 만나 무척 기쁜 것 같았다. 위쇼는 어린 침팬지들을 어미처럼 돌보고 약자를 보호하고 새로 온 침팬지의 목숨을 구했다.

나는 위쇼가 그랬던 것처럼 우리도 어느 날 아침 잠에서 깨어 인간이 지금까지 생각했던 것처럼 우월한 존재가 아니라는 사실을 깨닫는다면 어떨까 종종 생각해 본다. 예를 들어서 나의 외증조부가 자신에게 흑인의 피가 섞여 있다는 사실을 깨달았다면 어떻게 반응했을까? 자신의 진정한 자아를 인정하고 새로 찾은 동족을, 자신이 부리던 노예를 받아들였을까? 아니면 들킬지도 모른다는 공포와 자기 혐오 때문에 흑인들을 더 탄압했을까? 그런 딜레마에 직면했을 때 당신이나 나는 어떻게 할까?

당신은 〈난 절대 그럴 일 없어〉라고 말하고 있을지도 모른다.

그러나 당신에게도 이미 그런 일이 있었다. 찰스 다윈이 우리와 유인원이 친척이라고 말했을 때 우리는 모두 끔찍한 악몽을 마주했다. 그들이 바로 우리다. 그 후 백여 년 동안 우리는 부정, 오만, 자기 이익에서 기인한 분노 속에서 수백만 마리의 침팬지들을 쓸어버렸다. 형제 살해는 거의 성공했다. 지금 당장 그만두지 않는다면 어느 날 우리는 잠에서 깨어 우리를 진화적 과거와 연결해 주는 살아 있는 연결 고리를 깨뜨려 버렸음을 깨달을 것이다. 워쇼는 인간이 혼자서 이 지구에 나타난 것이 아님을 나에게 끊임없이 알려 주었다. 지난 600만 년 동안 우리는 침팬지라고 부르는 생물학적, 정신적 형제와 함께 살아 왔다.

워쇼와 내가 침팬지를 멸종에서 구하는 데에 아주 작은 도움이라도 줄 수 있다면 우리가 함께 겪어온 모든 일은 의미를 찾을 것이다. 모든 인간과 모든 침팬지를 연결하는 모녀 관계, 부자 관계는 아직 그대로이다. 내 손자들은 침팬지 사촌들과, 정글에 사는 워쇼의 자매의 손자들과 마주할 것이다. 나의 손자들은 경쟁 관계에 있는 형제를 노예로 삼거나 죽이기 위해서가 아니라 자기 형제를 끌어안기 위해서 600만 년의 단절을 넘어 손을 뻗을 것이다.

감사의 말

가족에 대한 감사 인사는 맨 마지막에 하는 것이 관례이지만 『침팬지와의 대화』는 워쇼 프로젝트와 마찬가지로 가족사이고, 따라서 우리는 평생의 파트너에 대한 감사로 시작하고 싶다. 데비 파우츠는 사실상 이 책의 세 번째 저자였다. 데비는 이 책에 나오는 이야기를 헌신적이고 용감하게 직접 겪었으며, 그녀의 기억과 지혜, 따뜻한 마음이 이 책의 모든 페이지에 들어 있다. 이 책에 기록된 삶과 행동은 데비의 무한한 사랑과 격려가 없었다면 일어나지 못했을 것이다. 수전 에밋 리드Susan Emmet Reid는 이 책의 씨앗을 심어 주었고 처음부터 잠재력을 알아보았으며 자상한 마음과 끝없는 호기심, 예리한 통찰력으로 이 책이 매일 한 페이지씩 자라도록 도와주었다. 우리 두 사람 모두 마음 깊은 곳에서부터 우리의 아내들에게 감사한다.

그 다음은 우리 아이들이다. 여러 해에 걸친 모험 내내 불평도 하지 않고 언제나 든든하게 지원하며 멋진 동료가 되어 준 조슈아, 레이철, 힐러리 파우츠에게는 아무리 고맙다고 말해도 부족하다. 세 사람은 착하게도 아주 어린 시절의 기억을 나눠 주었으므로 이 책과 뗄 수 없는 관계이다. 스카이 레이드밀스Sky Reid-Mills는 세 살부터 네 살까지 끝없는 영감의 원천이자 정말 걸어다니는 영장류 행동 백과사전이었다. 이 책의 이야기마다 스카이가 새겨져 있다.

이 책을 구상하고, 두 저자를 모으고, 힘들었던 18개월 내내 산파 역할을 해 준 리빙 플래닛 프레스Living Planet Press의 조슈아 호르위츠Joshua Horwitz에게 정말 큰 빚을 졌다. 그가 없었다면 우리는 해내지 못했을 것이다. 우리는 또한 공동 작업의 길을 닦아 준 동물 법률 보호 기금의 스티브 앤 챔버스Steve Ann Chambers와 이 책의 가장 좋은 집을 찾아 준 에이전트 게일 로스Gail Ross에게도 감사한다.

편집을 맡아 준 모로Morrow의 헨리 페리스Henry Ferris은 극적으로든 과학적으로든 『침팬지와의 대화』가 엇나가지 않게 잡아 주었다. 그가 연필로 쓴 수백 개의 주석과 사려 깊은 이메일 메시지는 명료하고 잘 읽히는 책을 만들기 위해서 꼭 필요한 것이었다.

우리는 『침팬지와의 대화』를 쓰기 위해 조사를 하면서 이야기와 자료, 전문적 견해를 나누어준 수많은 사람들의 도움을 받았다. 특히 밥 파우츠Bob Fouts, 던 파우츠Don Fouts, 마크 보대머Mark Bodamer, 밸러리 스탠리Valerie Stanley, 레이먼드 코비Raymond Corbey, 마이클 에이스너Michael Aisner, 조지 킴벌George Kimball, 앤 플린Anne Flynn, 쇼나 그랜트Shawna Grant, 크리스티앤 보닌Christiane Bonin, 동물을 수호하는 사람들In Defense of Animals의 에릭 클라이먼Eric Kleiman의 도움에 감사한다.

여러 단계에서 원고를 읽고 도움이 되는 조언을 많이 해 준 리처드 존슨Richard Johnson, 제럴딘 브룩스Geraldine Brooks, 헬렌 색세니언Helen Saxenian, 태니아 로즈Tania Rose, 바버라 뉴월Barbera Newell, 제프리 무새이프 매슨Jeffrey Moussaieff Masson, 제프리 노먼Jeffrey Norman, 브라이

언 캐리코Brian Carrico에게도 감사를 표하고 싶다. 특히 내용에 대해서 이야기해 줄 뿐만이 아니라 흔들리지 않고 윤리적으로 지지해 준 린다 로페즈Linda Lopez, 시들 터클Sydell Turkel, 케네스 투켈Kenneth Tukel에게 감사한다.

우리는 비평을 통해 이것을 더 나은 책으로 만들어 준 세 과학자 어거스틴 푸엔테스Agustin Fuentes 박사, 리사 웨이언트Lisa Weyandt 박사, 메리 리 젠스볼드Mary Lee Jensvold 박사에게 무척 큰 빚을 졌다. 이 책에 오류가 남아 있다면 그것은 물론 우리의 책임이다.

워쇼 프로젝트와 침팬지 인간 커뮤니케이션 센터는 마음씨 좋은 수천 명의 헌신 덕분에 가능했다. 우리는 지난 30년 동안 워쇼 가족을 더욱 잘 이해하고 돌보기 위해서 아무런 보수 없이 시간을 내 준 수백 명의 학생 자원봉사자들에게 감사 인사를 하고 싶다. 너무 많아서 여기에 이름을 나열할 수는 없지만 학생들 대부분은 『워쇼의 친구들 뉴스레터』에 개인적으로 겪은 일화와 관찰 내용을 보내 주었고, 그 이야기들이 이 책도 들어갔다. 우리는 또 매일 대중 교육을 도우며 우리 종에 대한 의식을 높이고 침팬지들을 먹여 살릴 기금을 모금해 준 침팬지 인간 커뮤니케이션 센터의 자원봉사 안내원들에게도 감사한다.

우리는 가장 힘든 시기에 워쇼 가족이 잘 먹고 안전히 지낼 수 있도록 자원을 기부해 준 오클라호마 노먼과 워싱턴 엘런스버그의 시민들 — 모유 수유 장려 모임인 라 르쉬 리그La Leche League 회원들부터 식료품 체인점 앨벗슨스Albertsons의 청과물부 직원들까지 — 에게도 진심 어린 감사 인사를 보낸다. 여러 해 동안 기부금을 통해 워쇼 가족을 지원해 준 마음씨 좋은 워쇼의 친구들에게 정말 감사한다. 우리는 또 워쇼 연구가 별로 인기가 없을 때에도 옹호해 준 전 세계의 학계 지원자들에게도 감사하고 싶다. 또 워쇼를 찾아와서 아무 주저 없이 워쇼를 같은 사람으로 받아들여 준 모든 아이들에게 항상 너희를 위해서, 또 침팬지와 함께 하는 미래를 위한 너희의 노력을 위해서 기도하겠다는 말을 전하고 싶다.

사랑을 주면서 인정 넘치는 방식으로도 견실한 과학 연구를 할 수 있다고 증명해 준 앨런 가드너와 비어트릭스 가드너 부부에게도 특별한 감사를 전한다. 그리고 이미 오래전에 이 책을 상상했던 제인 구달에게도 진심 어린 감사를 전한다. 제인 구달은 이 책을 쓰라고 다정하게 졸랐을 뿐 아니라 여러 해 동안 아주 중요했던 수많은 순간에 워쇼의 가족을 도왔으며 전 세계 침팬지들을 위해 많은 일을 했다.

우리가 이 책을 쓰고 있을 때 세상을 떠난 형제 에드 파우츠Ed Fouts와 밀튼 밀스Milton Mills의 기억은 무척 소중하다. 두 사람은 이 책을 읽을 수 없지만 이 책의 일부다.

마지막으로, 그리고 가장 행복한 마음으로, 우리는 이 책에 영감을 준 다섯 사람, 워쇼, 룰리스, 모자, 타투, 다르에게 — 고맙다는 말로, 포옹으로, 우우거리는 소리로 — 경의를 표한다. 우리는 침팬지들이 지금까지 보여 준 아름다운 영혼으로 침팬지들의 이야기를 전하려고 최선을 다했다.

주

1부

1   Robert M. Yerkes, *Almost Human*, The Century Company, 1925 참조.

2장 집안의 아기

1   J. R. and P. H. Napier, *The Natural History of the Primates*, MIT Press, 1994; John G. Fleagle, "Primate Locomotion and Posture," and Matt Cartmill, "Nonhuman Primates," in *The Cambridge Encyclopedia of Human Evolution*, Cambridge University Press, 1995 참조.

2   R. Allen Gardener and Beatrix T. Gardner, "A Cross-Fostering Laboratory," in *Teaching Sign Language to Chimpanzees*, eds. R. Allen Gardner, Beatrix T. Gardner, and Thomas E. Van Cantfort, State University of New York Press, 1989 참조.

3   W. N. and L. A. Kellogg, *The Ape and The Child*, Hafner Publishing Co., 1933 참조.

4   Cathy Hayes, *The Ape in Our House*, Victor Gollancz LTD, 1952 참조.

5   Robert M. Yerkes, *Almost Human*, The Century Company, 1925.

6   Beatrix T. Gardner and R. Allen Gardner, "Two-Way Communication with an Infant Chimpanzee," in *Behavior of Nonhuman Primates*, Vol. 4, eds. Allan M.

Schrier and Fred Stollnitz, Academic Press, 1971.

3장 아프리카를 떠나서

1 Michael Aisner, "The Astro Chimps on Their 30th Anniversary," in *Gombe 30 Commemorative Magazine*, The Jane Goodall Institute, 1991 참조. 우주 침팬지에 대한 자료는 대부분 아이스너의 연구를 바탕으로 한다.

2 Eugene Linden, *Apes, Men & Language*, Penguin Books, 1981 참조.

3 Paul Richards, "Local Understandings of Primates & Evolution: Some Mende Beliefs Concerning Chimpanzees," in *Ape, Man, Apeman: Changing Views since 1600*, eds. Raymond Corbey and Bert Theunissen, Department of Prehistory, Leiden University, 1995 참조.

4 Frederic Joulian, "Representations Traditionnelles du Chimpanze en Cote d' Ivoire," in *Ape, Man, Apeman: Changing Vies since 1600*, eds. Raymond Corbey and Bert Theunissen, Department of Prehistory, Leiden University, 1995 참조. 바울레족, 바크웨족, 베테족에 대한 자료 역시 쥘리앵의 연구에서 가져왔다.

5 Steven M. Wise, "How Nonhuman Animals Were Trapped in a Nonexistent Universe," *Animal Law*, 1, no. 1, 1995 참조.

6 Emily Hahn, *On the Side of the Apes*, Thomas Y. Crowell Company, 1971 참조. 바텔의 설명은 1613년에 새뮤얼 퍼처스Samuel Purchas에게 전달되었고 그의 책 『순례*Purchas His Pilgrimes*』에 실렸다.

7 J. M. M. H. Thijssen, "Reforging the Great Chain of Being," in *Ape, Man, Apeman: Changing Views since 1600*, eds. Raymond Corbey and Bert Theunissen, Department of Prehistory, Leiden University, 1995 참조.

8 Robert Wolker, "Enlightening Apes," in *Ape, Man, Apeman: Changing Views since 1600*, eds. Raymond Corbey and Bert Theunissen, Department of Prehistory, Leiden University, 1995 참조.

9 Thomas Henry Huxley, *Evidence as to Man's Place in Nature*, Williams and Norgate, 1863 참조.

10 *The Essential Darwin*, ed. Robert Jastrow, Little, Brown and Company, 1984에서 인용.

11 V. Sarich and A. Wilson, "Immunological Timescale for Human

Evolution," *Science*, 158, 1967 참조. 유명한 증거 요약 설명과 땅다람쥐에 대한 새 리크의 말은 V. Sarich, "Immunological Evidence on Primates," in *The Cambridge Encyclopedia of Human Evolution*, Cambridge University Press, 1994 참조.

12 C. G. Sibley and J. E. Ahlquist, "The Phylogeny of the Hominid Primates, as Indicated by DNA-DNA Hybridization," *Journal of Molecular Evolution*, 20, 1984 참조. 시블리-앨키스트 증거의 가장 유명한 요약 설명은 Jared Diamond, *The Third Chimpanzee*, HarperCollins, 1993 참조.

13 C. G. Sibley and J. E. Ahlquist, "DNA-DNA Hybridisation in the Study of Primate Evolution," in *The Cambridge Encyclopedia of Human Evolution*, Cambridge University Press, 1994 참조. 계보에 표시된 햇수는 이 글과 재러드 다이아몬드가 제공한 시블리의 증거에서 가지고 왔다. 사람과 분류는 스미스소니언을 따른다(다음 미주 항목 참조). DNA 시계와 유인원 계보의 적용에 대한 회의적인 시간은 J. Marks, "Chromosomal Evolution in Primates," in *The Cambridge Encyclopedia of Human Evolution* 참조. 이 주제에 대한 과학 논문과 입장에 대해서는 Jared Diamond, The Third Chimpanzee의 〈더 읽을 거리〉 부분 참조.

14 *Mammal Species of the World*, Second Edition, eds. Don. E. Wilson and DeeAnn M. Reeder, Smithsonian Institution Press, 1993 참조.

15 V. Sarich, "Immunological Evidence on Primates," in *The Cambridge Encyclopedia of Human Evolution*, Cambridge University Press, 1994 참조.

4장 지적 생명체라는 징후

1 데카르트의 말은 Jeffrey Moussaieff Masson and Susan McCarthy, *When Elephants Weep*, Delacorte Press, 1995에서 인용. 원문의 출처는 *Discours de la Methode*.

2 헉슬리의 말은 Sue Savage-Rumbaugh and Roger Lewin, *Kanzi*, John Wiley & Sons, Inc., 1994에서 인용. 원문 출처는 *Evidence as to Man's Place in Nature and Other Anthropological Essays*, D. Appleton and Company, 1990.

3 Merlin Donald, *Origins of the Modern Mind*, Harvard University Press, 1991 참조. 다윈의 언어 기원에 대한 뛰어난 책이다.

4 K. Hayes and C. H. Nissen, "Higher Mental Functions of a Home-raised Chimpanzee," in *Behavior of Nonhuman Primates*, Vol. 4, eds. Allan M. Schrier

and Fred Stollnitz, Academic Press, 1971.

5 B. T. Gardner, R. A. Gardner, and S. G. Nichols, "The Shapes and Uses of Signs in a Cross-Fostering Laboratory," in *Teaching Sign Language to Chimpanzees*, eds. R. Allen Gardner, Beatrix T. Gardner, and Thomas E. Van Cantfort, State University of New York Press, 1989 참조.

6 Beatrix T. Gardner and R. Allen Gardner, "Two-Way Communication with an Infant Chimpanzee," in *Behavior of Nonhuman Primates*, Vol. 4, eds. Allan M. Schrier and Fred Stollnitz, Academic Press, 1971 참조.

7 R. Allen Gardner and Beatrix T. Gardner, "A Cross-Fostering Laboratory," in *Teaching Sign Language to Chimpanzees*, eds. R. Allen Gardner, Beatrix T. Gardner, and Thomas E. Van Cantfort, State University of New York Press, 1989 참조. 가드너 부부는 위쇼가 수화로 더, 칫솔, 담배를 어떻게 배웠는지도 설명한다.

8 Beatrix T. Gardner and R. Allen Gardner, "Two-Way Communication with an Infant Chimpanzee," in *Behavior of Nonhuman Primates*, Vol. 4, eds. Allen M. Schrier and Fred Stollnitz, Academic Press, 1971 참조.

9 Beatrix T. Gardner and R. Allen Gardner, "Two-Way Communication with an Infant Chimpanzee," in *Behavior of Nonhuman Primates*, Vol. 4, eds. Allen M. Schrier and Fred Stollnitz, Academic Press, 1971 참조.

10 Beatrix T. Gardner and R. Allen Gardner, "Two-Way Communication with an Infant Chimpanzee," in *Behavior of Nonhuman Primates*, Vol. 4, eds. Allen M. Schrier and Fred Stollnitz, Academic Press, 1971 참조.

11 C. Boesch, "Aspects of Transmission of Tool-Use in Wild Chimpanzees," in *Tools, Language and Cognition in Human Evolution*, eds. K. R. Gibson and T. Ingold, Cambridge University Press, 1993 참조. 보슈는 내셔널 지오그래픽 영상 The New Chimpanzees에서도 어미 침팬지의 유도에 대해서 이야기한다.

12 B. T. Gardner, R. A. Gardner, and S. G. Nichols, "The Shape and Uses of Signs in a Cross-Fostering Laboratory," in *Teaching Sign Language to Chimpanzees*, eds. R. Allen Gardner, Beatrix T. Gardner, and Thomas E. Van Cantfort, State University of New York Press, 1989 참조.

13 R. Allen Gardner and Beatrix T. Gardner, "Feedforward Versus Feedbackward: An Ethological Alternative to the Law of Effect," *Behavioral and Brain Sciences*, 11, 1988 참조.

14 Beatrix T. Gardner and R. Allen Gardner, "Two-Way Communication with an Infant Chimpanzee," in *Behavior of Nonhuman Primates*, Vol. 4, eds. Allen M. Schrier and Fred Stollnitz, Academic Press, 1971 참조.

15 Beatrix T. Gardner and R. Allen Gardner, "Two-Way Communication with an Infant Chimpanzee," in *Behavior of Nonhuman Primates*, Vol. 4, eds. Allen M. Schrier and Fred Stollnitz, Academic Press, 1971 참조.

16 R. Allen Gardner and Beatrix T. Gardner, "Feedforward Versus Feedbackward: An Ethological Alternative to the Law of Effect," *Behavioral and Brain Sciences*, 11, 1988 참조. 침팬지 그림에 대한 데스먼드 모리스의 인용이 이 글에 나온다. 원문은 Desmond Morris, *The Biology of Art*, Knopf, 1962.

17 코르틀란트의 인용 출처는 모두 Emily Hahn, "Chimpanzees and Language," *The New Yorker*, December 11, 1971. 원문은 Adriaan Kortlandt, "The Use of the Hands in Chimpanzees in the Wild," in *The Use of the Hands and Communication in Monkeys, Apes and Early Hominids*, eds. B. Rensch, Verlag Hans Huber, 1968. (이 글과 책은 원래 독일어이나 코르틀란트의 글은 영어 요약본이 있다.)

18 W. C. McGrew and C. E. G. Tutin, "Evidence for a Social Custom in Wild Chimpanzees?" *Man*, 13, 1978 참조.

19 T. Nishida, "Local Traditions and Cultural Transmission," in *Primate Societies*, eds. B. B. Smuts, D. L. Cheney, R. M. Seyfarth, R. W. Wrangham, and T. T. Struhsaker, University of Chicago Press, 1987.

20 Jane Goodall, *The Chimpanzees of Gombe*, Harvard University Press, 1986 참조.

5장 그러나 이것이 언어일까?

1 Noam Chomsky, *Knowledge of Language: Its Nature, Origin, and Use*, Praeger, 1986 참조.

2 Philip Lieberman, *The Biology and Evolution of Language*, Harvard University Press, 1984 참조.

3 Noam Chomsky, *Cartesian Linguistics*, Harper and Row, 1966 참조.

4 R. L. Birdwhistell, "Background to Kinesics," *ETC*, 13, 1995; R. L. Birdwhistell, *Kinesics and Context: Essays on Body Motion Communication*,

University of Pennsylvania Press, 1970 참조.

5 Douglas C. Baynton, *Forbidden Signs*, The University of Chicago Press, 1997.

6 B. T. Gardner and R. A. Gardner, "A Test of Communication," in *Teaching Sign Language to Chimpanzees*, eds. R. Allen Gardner, Beatrix T. Gardner, and Thomas E. Van Cantfort, State University of New York Press, 1989 참조. 이 글은 가드너 부부의 시험 절차, 수화를 유창하게 하는 청각 장애인의 독립 관찰자 역할, 위쇼의 시험 결과 및 실수를 설명한다.

7 이러한 관찰은 Beatrix T. Gardner and R. Allen Gardner, "Two-Way Communication with an Infant Chimpanzee," in *Behavior of Nonhuman Primates*, Vol. 4, eds. Allan M. Schrier and Fred Stollnitz, Academic Press, 1971에서 보고 되었다.

8 Beatrix T. Gardner and R. Allen Gardner, "Development of Phrases in the Utterances of Children and Cross-Fostered Chimpanzees," in *The Ethological Roots of Culture*, eds. R. A. Gardner, B. T. Gardner, B. Chiarelli, and F. X. Plooij, Kluwer Academic Publishers, 1994 참조. 이 논문은 어린이와 교차 양육 침팬지의 유사한 언어 발달을 추적한다.

9 R. A. Gardner and B. T. Gardner, "Teaching Sign Language to a Chimpanzee," *Science*, 165, 1969 참조.

10 S. E. Snow, "Mother's Speech to Children Learning Language," *Child Development*, 43, 1972 참조. 영어 사용 가정과 스페인어 사용 가정에 대한 연구는 B. Blount and W. Kempton, "Child Language Socialization: Parental Speech and Interactional Strategies," *Sign Language Studies*, 12, 1976 참조. 미국 수화 이용 가정에 대한 연구는 J. Maestas y Moores, "Early Linguistic Development: Interactions of Deaf Parents with Their Infants," *Sign Language Studies*, 26, 1980 참조.

11 J. S. Bronowski and Ursula Bellugi, "Language, Name, and Concept, *Science*, 168, 1970 참조.

12 R. A. Gardner and B. T. Gardner, "Comparative Psychology and Language Acquisition," *Annals of the New York Academy of Science*, 309, 1978 참조.

2부

1 폴리냑의 말은 Robert Wokler, "Enlightening Apes," in *Ape, Man, Apeman: Changing Views since 1600*, eds. Raymond Corbey and Bert Theunissen, Department of Prehistory, Leiden University, 1995에서 인용. 원문은 Diderot, *Suite du Reve de d'Alembert*. 디드로는 폴리냑이 〈오랑우탄〉에게 이렇게 말했다고 썼는데, 당시 오랑우탄은 오랑우탄과 침팬지를 모두 가리키는 말이었다. 살아 있는 오랑우탄이 유럽에 처음 온 것은 1776년의 일이었으므로, 폴리냑이 본 것은 침팬지가 분명하다.

2 루소의 말은 Robert Wokler, "Enlightening Apes," in *Ape, Man, Apeman: Changing Views since 1600*, eds. Raymond Corbey and Bert Theunissen, Department of Prehistory, Leiden University, 1995에서 인용. 원문은 1766년 3월 29일에 루소가 데이비드 흄에게 보낸 편지.

6장 레먼 박사의 섬

1 Emily Hahn, "Chimpanzees and Language," *The New Yorker*, December 11, 1971에서 인용.

2 Herbert S. Terrace, *Nim*, Knopf, 1979 참조.

3 Roger Fouts, "Acquisition and Testing of Gestural Signs in Four Young Chimpanzees," *Science*, 180, 1973 참조.

4 F. Vargha-Khadem, L. Carr, E. Isaacs, E. Brett, C. Adams., and M. Mishkin, "Onset of Speech After Left Hemispherectomy in a Nine-year-old Boy," *Brain*, 120, 1997 참조.

5 Philip Lieberman, *Uniquely Human*, Harvard University Press, 1991은 바우어만의 주장을 논한다. 원래 연구는 Melissa Bowerman, "What Shapes Children's Grammars," in *The Cross-linguistic Study of Language Acquisition*, ed. D. I. Slobin, Lawrence Erlbaum Associates, 1987 참조.

7장 가정 방문

1 Maurice K. Temerlin, *Lucy: Growing Up Human*, Science and Behavior

Books, 1975 참조. 모리스 테멀린은 제인이 어떻게 카니발에서 루시를 데려와 오클라호마로 데려왔는지 설명한다. Dale Peterson and Jane Goodall, *Visions of Caliban*, Houghton Mifflin Company, 1993 역시 참조. 카니발의 공동 소유주였던 매 노엘Mae Noell이 데일 피터슨에게 한 말에 따르면 레먼은 행동학 실험이 끝나면 루시를 돌려주겠다고 서면으로 약속했다.

2 Maurice K. Temerlin, *Lucy: Growing Up Human*, Science and Behavior Books, 1975 참조. 루시의 가정생활에 대한 일화들은 테멀린의 책에 잘 나와 있다.

3 Dale Peterson and Jane Goodall, *Visions of Caliban*, Houghton Mifflin Company, 1993 참조.

4 R. S. Fouts, "Communication with Chimpanzees," in *Hominisation and Behavior*, eds. G. Kurth and I. Eibl-Eibesfeldt, Gustav Fischer Verlag, 1975 참조.

5 J. S. Bronowski and Ursula Bellugi, "Language, Name, and Concept," *Science*, 168, 1970 참조.

6 R. S. Fouts, G. Shapiro, and C. O'Neil, "Studies of Linguistic Behavior in Apes and Children," in *Understanding Language Through Sign Language Research*, eds. P. Siple, Academic Press, 1978; R. S. Fouts and R. L. Mellgren, "Language, Signs and Cognition in the Chimpanzee," *Sign Language Studies*, 13, 1976 참조.

7 Jane Goodall, *The Chimpanzees of Gombe*, Harvard University Press, 1986 참조.

8 Dale Peterson and Jane Goodall, *Visions of Caliban*, Houghton Mifflin Company, 1993 참조.

9 인용 출처는 Emily Hahn, "Chimpanzees and Language," *The New Yorker*, December 11, 1971.

10 M. Shatz and R. Gelman, "The Development of Communication Skills: Modifications in the Speech of Young Children as a Function of Listener," *Monographs of the Society for Research in Child Development*, 38, 1973; M. Tomasello, M. J. Farrar, and J. Dines, "Children's Speech Revisions for a Familiar and an Unfamiliar Adult," *Journal of Speech and Hearing Research*, 27, 1984 참조.

11 D. Gorcyca, P. H. Garner, and R. S. Fouts, "Deaf Children and Chimpanzees: A Comparative Sociolinguistic Investigation," in *Nonverbal Communication Today*, ed. M. R. Key, Mouton Publishers, 1982 참조.

1 8장에 등장하는 자폐아 두 명의 이름은 가명이다.

2 B. A. Ruttenberg and E. G. Gordon, "Evaluating the Communication of the Autistic Child," *Journal of Speech and Hearing Disorders*, 32, 1967; W. Pronovost, P. Wakstein, and J. Waksten, "A Longitudinal Study of the Speech Behavior of Fourteen Children Diagnosed as Atypical or Autistic," *Exceptional Children*, 33, 1966 참조.

3 R. Fulwiler and R. S. Fouts, "Acquisition of American Sign Language by a Noncommunicating Autistic Child," *Journal of Autism and Childhood Schizophrenia*, 6, no. 1, 1976 참조.

4 A. Miller and E. E. Miller, "Cognitive Developmental Training with Elevated Boards and Sign Language," *Journal of Autism and Childhood Schizophrenia*, 3, 1973; C. D. Webster, H. McPherson, L. Sloman, M. A. Evans, and E. Kuchar, "Communicating with an Autistic Boy by Gestures," *Journal of Autism and Childhood Schizophrenia*, 3, 1973 참조.

5 D. Kimura, "The Neural Basis of Language Qua Gesture," in *Studies in Linguistics*, Vol. 2, eds. H. Whitaker and H. A. Whitaker, Academic Press, 1976 참조.

6 Gordon Hewes, "Primate Communication, and the Gestural Origin of Language," *Current Anthropology*, 14, nos. 1-2, 1973 참조.

7 Derek Bickerton, *Language and Species*, University of Chicago Press, 1990 참조.

8 David F. Armstrong, William C. Stokoe, Sherman E. Wilcox, *Gesture and the Nature of Language*, Cambridge University Press, 1995 참조.

9 Gordon Hewes, "The Current Status of the Gestural Origin Theory," in *Origins and Evolution of Language and Speech*, eds. S. R. Harnad, H. D. Steklis, and J. Lancaster, *Annals of the New York Academy of Sciences*, 280, 1976 참조.

10 Jane Goodall, *The Chimpanzees of Gombe*, Harvard University Press, 1986 참조. 야생 침팬지의 성, 구애, 근친상간에 대한 자료는 구달의 책에서 가져왔다.

11 Maurice K. Temerlin, *Lucy: Growing Up Human*, Science and Behavior Books, 1975 참조. 뒤의 두 문단에 인용된 내용 역시 테멀린의 책에서 가져왔다.

10장 모전자전

1 R. M. Yerkes, *Chimpanzees: A Laboratory Colony*, Yale University Press, 1943 참조.

2 Gordon Hewes, "The Current Status of the Gestural Origin Theory," in *Origins and Evolution of Language and Speech*, eds. S. R. Harnad, H. D. Steklis, and J. Lancaster, *Annals of the New York Academy of Sciences*, 280, 1976 참조.

3 R. S. Fouts, A. D. Hirsch, and D. H. Fouts, "Cultural Transmission of a Human Language in a Chimpanzee Mother-Infant Relationship," in *Psychobiological Perspectives: Child Nuturance Series*, 3, eds. H. E. Fitzgerald, J. A. Mullins, and P. Gage, Plenum Press, 1982; R. S. Fouts, and T. Van Canfort, "The Infant Loulis Learns Signs from Cross-Fostered Chimpanzees," in *Teaching Sign Language to Chimpanzees*, eds. R. Allen Gardner, Beatrix T. Gardner, and Thomas E Van Cantfort, State University of New York Press, 1989 참조.

4 Janis Carter, "A Journey to Freedom," *Smithsonian*, April, 1981 참조.

3부

1 Galileo, *Dialog Concerning the Two Chief World Systems*, translated by Stillman Drake, University of California Press, 1967 참조.

2 Carl Sagan, *The Dragons of Eden*, Random House, 1977 참조.

11장 둘이 더해져 다섯이 되다

1 B. T. Gardner, R. A. Gardner, and S. G. Nichos, "The Shapes and Uses of Signs in a Cross-Fostering Laboratory," in *Teaching Sign Language to Chimpanzees*, eds. R. Allen Gardner, Beatrix T. Gardner, and Thomas E. Van Cantfort, State University of New York Press, 1989 참조.

2 Herbert S. Terrace, *Nim*, Knopf, 1979 참조. 테라스의 말은 달리 표기하지 않은 경우 전부 이 책에서 따왔다.

3 Philip Lieberman, *The Biology and Evolution of Language*, Harvard

University Press, 1984 참조.

4 "Why Koko Can't Talk," *The Science*, 8-10, December 1982 참조.

5 C. Baker, "Regulators and Turn-Taking in ASL Discourse," in *On the Other Hand*, ed. L. Friedman, Academic Press, 1977 참조.

6 Philip Lieberman, *The Biology and Evolution of Language*, Harvard University Press, 1984 참조.

7 T. Van Cantfort and J. B. Rimpau, "Sign Language Studies with Children and Chimpanzees," *Sign Language Studies*, 34, Spring 1982 참조.

8 C. O'Sullivan and C. P. Yeager, "Communicative Context and Linguistic Competence: The Effects of a Social Setting on a Chimpanzee's Conversational Skill," in *Teaching Sign Language to Chimpanzees*, eds. R. Allen Gardner, Beatrix T. Gardner, and Thomas E. Van Cantfort, State University of New York Press, 1989 참조.

9 W. Stokoe, "Apes Who Sign and Critics Who Don't" in *Language in Primates*, eds. H. T. Wilder and J. de Luce, Springer-Verlag, 1983 참조.

10 David E. Armstrong, William C. Stokoe, and Sherman E. Wilcox, *Gesture and the Nature of Language*, Cambridge University Press, 1995 참조.

11 W. C. Stokoe, "Comparative and Developmental Sign Language Studies: A Review of Recent Advances," in *Teaching Sign Language to Chimpanzees*, eds. R. Allen Gardner, Beatrix T. Gardner, and Thomas E. Van Cantfort, State University of New York Press, 1989 참조.

12 K. Beach, R. S. Fouts, and D. H. Fouts, "Representational Art in Chimpanzees," *Friends of Washoe Newsletter*, Summer 1984 (Part 1 of the study), and Fall 1984 (Part 2 of the study) 참조.

12장 이야깃거리

1 Eugene Linden, *Silent Partners*, Times Books, 1986 참조.

2 Boyce Rensberger, "Computer Helps Chimpanzees Learn to Read, Write and 'Talk' to Humans," *The New York Times*, May, 29, 1974 참조.

3 V. Volterra, "Gestures, Signs, and Words at Two Years," *Sign Language Studies*, 33, 1981 참조.

4 R. S. Fouts, D. H. Fouts, and D. Schoenfeld, "Sign Language Conversational Interactions Between Chimpanzees," *Sign Language Studies*, 42, 1984 참조.

13장 부정한 사업

1 Deborah Blum, *The Monkey Wars*, Oxford University Press, 1994 참조.

2 Dale Peterson and Jane Goodall, *Visions of Caliban*, Houghton Mifflin Company, 1993 참조.

3 Jane Goodall, "Prisoners of Science," *The New York Times*, May 17, 1987 참조.

4 권고안 전문은 Dale Peterson and Jane Goodall, *Visions of Caliban*, Houghton Mifflin Company, 1993 부록에 나와 있다.

5 813 F. Supp. 888-890 (D.D.C. 1993) 참조. 상고 법원 판결은 29 F. 3rd 720 (D. C. Cir. 1994) 참조.

6 1996년 3월에 동물 법률 보호 기금은 동물 복지법에 따라 영장류의 심리적 복지를 위한 적절한 규제안을 발표하지 않는다는 이유로 미 농무부를 다시 고발했다. 이 소송으로 보호하려고 했던 영장류 중 하나는 바니라는 침팬지로, 정부의 인가를 받은 농장의 우리에 혼자 갇혀서 고통받고 있었다. 나는 바니를 찾아가 본 다음 바니는 동료가 없으며 따라서 심각한 심리적, 육체적 고통을 겪고 있다고 기록했다. 1996년 10월 30일, 찰스 리시 판사는 다시 한 번 농무부가 법을 어겼으며 동물의 고통을 방지하도록 구제를 다시 만들어야 한다는 판결을 내렸다. 이러한 기념비적인 판결은, 뒤집히지 않는다면, 연구 실험실을 포함한 모든 환경의 포획 침팬지에게 더 나은 환경을 제공할 수 있다. 그 뒤 미 생물 의학 연구 협회는 최근 농무부와 함께 리시 판사의 판결에 상소할 것이라고 발표했다. 최근 판결은 ALDF v. Madigan, 943. F. Supp. 44 (D. D. C. 1996) 참조.

7 Geza Teleki, "Population Status of Wild Chimpanzees and Threats to Survival," in *Understanding Chimpanzees*, eds. Paul G. Heltne and Linda A. Marquardt, Harvard University Press, 1989 참조. 현재 제인 구달은 아프리카에 약 25만 마리의 침팬지가 있으며 대부분은 소공동체를 이루고 살면서 21개국에 퍼져 있다고 말한다. 세계 야생 동물 기금World Wildlife Fund은 침팬지 수를 10만~20만 마리로 추정한다.

8 Geza Teleki, "Testimony Submitted to The Subcommittee on Oversight and

Investigations of the House Committee on Merchant Marine and Fisheries Concerning Implementation of CITES," July 13, 1988, on behalf of the Committee for Conservation and Care of Chimpanzees and the Jane Goodall Institute 참조. 침팬지 수입에 대해서는 Dale Peterson and Jane Goodall, *Visions of Caliban*, Houghton Mifflin Company, 1993 11장 참조.

9 Geza Teleki, "They Are Us," in *The Great Ape Project*, eds. Paola Cavalieri and Peter Singer, St. Martin's Press, 1993 참조.

10 Janis Carter, "Freed from Keepers and Cages, Chimps Come of Age on Baboon Island," *Smithsonian*, June 1988 참조.

14장 마침내 찾은 집

1 도린 기무라는 반대의 이론을 세웠다. 즉, 좌뇌가 이미 도구 제작에서 정확한 동작에 특화되었기 때문에 언어를 제어하게 되었다는 것이다. Doreen Kimura, "Neuromotor Mechanisms in the Evolution of Human Communication," in *Neurobiology of Social Communication in Primates*, eds. H. D. Steklis and M. J. Raleigh, Academic Press, 1979 참조.

2 Merlin Donald, *Origins of the Modern Mind*, Harvard University Press, 1991 참조.

3 R. C. Gur, I. K. Packer, J. P. Hungerbuhler, M. Reivich, W. D. Obrist, W. S. Amarnek, and H. Sackeim, "Differences in the Distribution of Gray and White Matter in Human Cerebral Hemispheres," *Science*, 207, 1980.

15장 다시 아프리카로

1 *Regulatory Toxicology and Pharmacology*, 5, 1985 참조.

2 "King of the Apes," *U. S. News and World Report*, August 14, 1995 참조. 농무부가 콜스턴 재단을 상대로 제기한 소송은 Animal Welfare Act Docket No. 95-65 참조. 콜스턴 재단이 벌금 4만 달러를 내고 동물 복지법 위반을 중단하기로 하면서 소송은 합의로 끝났다.

3 "Chimp Surplus Spurs Debate About Animals' Future," *The New York Times*, February 4, 1997 참조.

4 *Almagordo* (New Mexico) *Daily News*, October 2, 1994 참조.

5 "Apes on Edge," *The Boston Globe*, November 7, 1994 참조.

6 "King of the Apes," *U. S. News and World Report*, August 14, 1995 참조.

7 Neal D. Barnard and Stephen R. Kaufman, "Animal Research Is Wasteful and Misleading," Scientific American, February 1997 참조.

8 S. Kaufman, M. Cohen, and S. Simmons, "Shortcomings of AIDS-Related Animal Experimentation," *Medical Research Modernization Committee Report*, 9, no. 3, September 1996 참조.

9 C. Boesch and H. Boesch, "Tool Use and Tool Making in Wild Chimpanzees," *Folia Primatologica*, 54, 1990 참조; Frederic Joulian, "Comparing Chimpanzee and Early Hominid Techniques: Some Contributions to Cultural and Cognitive Questions," in *Modelling the Early Human Mind*, eds. P. A. Mellars and K. A. Gibson, McDonald Institute for Archaeological Research, 1996 역시 참조.

10 Michael A. Huffman and Richard W. Wrangham, "Diversity of Medicinal Plant Use by Chimpanzees in the Wild," in *Chimpanzee Cultures*, eds. R. W. Wrangham, W. C. McGrew, F. de Waal, and P. Heltne, Harvard University Press, 1994.

11 Paul Richards, "Local Understandings of Primates & Evolution: Some Mende Beliefs Concerning Chimpanzees," in *Ape, Man, Apeman: Changing Views since 1600*, eds. Raymond Corbey and Bert Theunissen, Department of Prehistory, Leiden University, 1995 참조.

12 Marjorie Spiegel, *The Dreaded Comparison*, Mirror Books, 1996; "Tuskegee's Long Arm Still Touches a Nerve," The New York Times, April 13, 1997 참조.

13 다윈 인용 출처는 James Rachels, "Why Darwinians Should Support Equal Treatment for Other Great Apes," in *The Great Ape Project*, eds. Paola Cavalieri and Peter Singer, St. Martin's Press, 1993. 원문은 Charles Darwin, *The Descent of Man, and Selection in Relation to Sex*, John Murray, 1871.

찾아보기

옮긴이의 말

　이 책은 저자가 우연한 계기로 침팬지 워쇼를 만나 약 30년 동안 워쇼를 돌보고 연구하다가 마침내 워쇼 가족을 위한 침팬지 인간 커뮤니케이션 센터를 마련해 입주하기까지의 이야기를 담고 있다. 완전한 교차 양육을 통해 침팬지의 언어 능력을 검증하는 드문 케이스의 이야기를 담고 있기 때문에 인간 언어 능력의 기원이나 자폐증 치료 등 여러 갈래의 흥미진진한 이야기와 인간 가정에서 자란 침팬지의 뛰어난 언어 및 생활 능력에 대한 귀엽고 놀라운 에피소드들이 풍성하다. 수화로 의사소통을 할 뿐 아니라 집으로 찾아온 손님에게 차를 끓여 대접하고 칵테일을 만들어 마시며 잡지를 팔랑팔랑 넘기는 침팬지들의 이야기는 믿기 힘들 정도다. 그러나 책을 덮은 후에도 머릿속을 가장 오래 맴도는 것은 동물권과 관련된 이야기일 것이다.

　침팬지를 대상으로 언어 연구뿐만 아니라 우주 탐사, 의학, 독극물 실험까지 당연하게 실시되는 연구 환경 속에서 저자는 다른 연구자들과 달리 좁은 우리에 혼자 갇혀 비참한 일생을 보내는 포획 침팬지들의 처우에 안타까워하며 포획 침팬지 개체 수를 줄이고 실험에서 은퇴시켜 편안한 여생을 보내도록 돕는 일에 점차 열중하게 된다. 그가 이런 길을 걷게 된 여러 이유가 있겠지만 무엇보다도 침팬지 워쇼를 여동생처럼 키우면서, 또 침팬지 언어 연구를 통해 침팬지의 의사소통 능력을 확인하면서, 침팬지가 우리와 크게 다르지 않다는 깨달음을 얻었기 때문일 것이다. 침팬지는 유전적으로 인간과 가장 가까운 동물로서, 겉모습은 크게 다르지만 그 유사성은 다른 동물들 사이의 그것보다 훨씬 커서 DNA의 98.4퍼센트가 일치한다. 문명의 발달은 남이 나와 다르지 않음을 깨닫고 가족과 친척처럼 나와 가까운 존재에서부터 생김새와 피부색이 다른 나와 먼 존재까지 형제애의 외연을 확장하는 움직임이었다고도 할 수 있다. 그렇다면 그러한 형제애를 다른 생명체에게까지 확장할 수 있지 않을까? 저자는 내 딸에게 심장이 필요하다고 해서 옆집 사람의 심장을 빼앗는 것이 정당화되지 않는다면 다른 동물에 대해서도 마찬가지라고 역설한다.

우리나라에서도 동물권에 대한 관심이 점차 높아지면서 애완동물이나 길고양이 등의 문제로 여러 가지 충돌이 생기기도 하고 관련 법 개정 움직임도 늘어나고 있다. 예전에는 인간을 위한 동물의 희생이 당연하게 여겨졌지만, 기술이 발전하면서 인간이 생존을 위해서 다른 동물을 잡아먹는 것에 그치지 않고 축산 산업의 대량 사육을 통해 많은 동물이 짧은 삶을 비참하게 살게 하고, 물고기 몇 마리를 잡기 위해 해양 생태계를 몰살시키고, 각종 연구를 위해 여러 동물을 희생시키면서 그와 관련된 고민도 커지고 있다. 물론 인간은 다른 동물의 희생 없이 살기 힘들기 때문에 형제애의 외연을 다른 생명체에게까지 넓힌다고 할 때 저자의 고민처럼 어디에서 선을 그을 것인가라는 문제에는 쉽게 답하기 힘들 것이다. 그러나 육가공 제품뿐만 아니라 의약품이나 화장품, 세제와 같은 화학 제품을 사면서 그 뒤에 수많은 동물의 희생이 있었음을 의식하는 사람은 적다. 동물권 문제를 해결하려면 그러한 희생을 의식하고 이 책의 저자처럼 동물이 우리와 다르지 않다는 사실을 실감하는 것에서부터 출발해야 할 것이다. 이 책이 많은 사람들에게 그러한 깨달음의 계기가 될 수 있기를 바란다.

2017년 9월 허진

옮긴이 **허진** 서강대학교 영어영문학과와 이화여자대학교 통번역대학원 번역학과를 졸업했다. 옮긴 책으로는 『살아야 할 이유』, 『체 게바라: 혁명가의 삶』, 『우리는 어떻게 포스트휴먼이 되었는가』, 『시간의 틈』, 『황금방울새』, 『런던 필즈』, 『누가 개를 들여놓았나』, 『택시』, 『미라마르』, 『지하실의 검은 표범』, 『델프트 이야기』, 『레니 리펜슈탈, 금지된 열정』 등이 있다.

침팬지와의 대화

발행일 2017년 9월 15일 초판 1쇄

지은이 로저 파우츠 · 스티븐 투켈 밀스
옮긴이 허진
발행인 홍지웅 · 홍예빈
발행처 주식회사 열린책들

경기도 파주시 문발로 253 파주출판도시
전화 031 955-4000 팩스 031-955-4004
www.openbooks.co.kr

Copyright (C) 주식회사 열린책들, 2017, *Printed in Korea.*
ISBN 978-89-329-1847-1 03490

이 도서의 국립중앙도서관 출판예정도서목록(CIP)은 서지정보유통지원시스템 홈페이지(http://seoji.nl.go.kr)와 국가자료공동목록시스템(http://www.nl.go.kr/kolisnet)에서 이용하실 수 있습니다.(CIP제어번호 : CIP2017023281)